インフォグラフィックで見る

サイエンスの世界

ビッグバンから人工知能まで

インフォグラフィックで見る

サイエンスの世界

ビッグバンから人工知能まで

EUREKA!

An Infographic Guide to Science

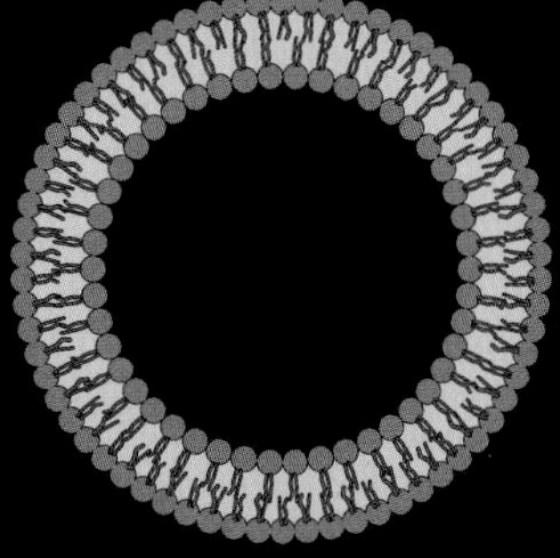

［著］トム・キャボット

［訳］柴田浩一、千葉啓恵

創元社

EUREKA!
An Infographic Guide to Science
by
Tom Cabot

Originally published in English by HarperCollins
Publishers Ltd under the title: EUREKA © Tom Cabot 2016

目次

ビッグバンから人工知能まで …… 14
パワーズオブテン ◆ トラファルガー広場から超銀河団まで …… 16

UNIVERSE 宇宙 18

宇宙の幾何学 ◆ 宇宙空間の形 …… 22

基本的な力の展開 ◆
最初の1/100万秒／重力・強い力・弱い力・電磁気力 …… 24

物質の成分 ◆ ハドロンとレプトン …… 26

物質と見えない物質 ◆ 物質とダークマター …… 28

ビッグバンから38万年後まで ◆ 宇宙背景放射 …… 30

電磁放射 ◆ スペクトル／黒体／白熱 …… 32

相対論 ◆ ブラックホール／重力波 …… 34

原子論 ◆ ラザフォード／ボーア／量子モデル …… 36

量子エネルギー状態 ◆ 電子／共振／放出スペクトル …… 38

星形成 ◆ 恒星の最期／衝撃波／新しい恒星 …… 40

恒星内元素合成 ◆ 化学のあけぼの …… 42

元素 ◆ 周期表／元素組成 …… 44

化学反応性 ◆
電子軌道／周期性／イオン化エネルギー／スペクトル線 …… 46

金属 ◆ 特性／エキゾチック金属／原子価 …… 48

炭素 ◆ 結合構造／同素体 …… 50

物質の状態 ◆ 状態変化／エキゾチック状態 …… 52

超新星 ◆ II型超新星／重元素の合成 …… 54

放射性元素 ◆
核種／超重元素／放射性崩壊／自然放射線 …… 56

核分裂 ◆ 連鎖反応／原子力／核爆弾の設計 …… 58

恒星のライフサイクル ◆
種類と大きさ／赤色巨星／原始星／中性子星 …… 60

銀河 ◆ 構造／銀河団／超銀河団 …… 62

ブラックホール ◆
シュワルツシルト／カー／実物大のブラックホール …… 64

太陽 ◆ 太陽の一生／内部構造／大きさの比較 …… 66

◆ 1,001桁の円周率 …… 68

EARTH 地球 70

惑星形成 ◆ 星間のちり／原始太陽系星雲／大気組成
／凍結線 …… 74

太陽系 ◆ 主惑星と衛星／構成／大きさ …… 76

太陽系：惑星以外の天体 ◆
対数図／オールトの雲／大きさと分類 …… 78

月とその他の衛星 ◆ 起源と組成／その他の衛星 …… 80

地球 ◆ 形成／構造／組成／初期の歴史 …… 82

リソスフェア ◆ 構造と組成／対流／磁場／人類が掘った穴 …… 84

プレートテクトニクス ◆ 構造プレート／海底の広がり …… 86

地震 ◆ エネルギーと規模／地震波 …… 88

大気 ◆ 構造／組成の変化／不透明度／有人探査 …… 90

気候帯：大気循環 ◆ 地上風／海流 …… 92

気象学 ◆ 力学／気団／気象／雲形 …… 94

気候極値 ◆ 気候区分／最高気温・最低気温／最も湿潤・最も乾燥／気圧 …… 96

太陽活動と気候 ◆ 太陽黒点／太陽活動周期／歴史的な気候変化 …… 98

気候変化：スノーボールアース ◆ 氷河期／大量絶滅／温室効果 …… 100

水と水の化学 ◆ 化学／物理的性質／結合／表面張力 …… 102

有機化学 ◆ 分子／構造と極性／親水性／疎水性 …… 104

タンパク質 ◆ 構成／アミノ酸／構造の階層／大きさと重さ …… 106

DNAコード ◆ 核酸塩基／転写／タンパク質合成／生命のコード …… 108

◆ 地球の内部組成 …… 110

LIFE 生命　112

自然発生：生命の誕生 ◆ 化学進化説 …… 116

最初の生命：化学組成の変化 ◆ 元素組成 …… 118

原始細胞：最初の細胞 ◆ リポソーム／プロトン勾配 …… 120

細胞膜 ◆ 脂質二重層／膜タンパク質／イオンチャネル …… 122

生物の分類 ◆ ドメイン／進化系統樹／生物の大きさ …… 124

真核細胞 ◆ 起源／細胞核／内部共生説 …… 126

ミトコンドリア ◆ エネルギー生産工場／ATP合成酵素 …… 128

ウイルス ◆ 起源／構造／大きさ …… 130

大酸化イベント ◆ 光合成／縞状鉄鉱床の形成／生命の進化 …… 132

光合成と一次生産 ◆ クロロフィル／効率／C3・C4植物 …… 134

代謝経路 ◆ クエン酸回路／異化・同化／エネルギー消費量 …… 136

酵素 ◆ 立体構造／遷移状態／基質・生産物 …… 138

免疫系：生物学的な自己認識 ◆ 免疫系の細胞／免疫グロブリン …… 140

染色体：構造と凝縮 ◆ DNAの長さ／ゲノムの謎 …… 142

細胞の増殖 ◆ 有糸分裂／間期／速度 …… 144

有性生殖と多様性 ◆ 減数分裂／組み換え／突然変異／多様性 …… 146

細菌 ◆ 形態／人体の微生物叢 …… 148

単細胞生物 ◆ 形態／群体／多細胞生物 …… 150

先カンブリア時代の生物 ◆ エディアカラ生物群／氷河時代／形態／保存 …… 152

左右相称動物 ◆ 相称性／基本的な体の構造／三胚葉性 …… 154

大量絶滅イベントと進化 ◆ 絶滅の原因／勝者と敗者 …… 156

カンブリア爆発 ◆ 動物門の出現／バージェス頁岩／エディアカラ紀の属 …… 158

脊索動物 ◆ 脊椎動物の出現／体の構造／脳 …… 160

魚類 ◆ 顎の進化／デボン紀 …… 162

海の生息環境 ◆ 大陸棚／漸深層 …… 164

鰓と肺の違い ◆ 空気と水／物理化学／酸素 …… 166

陸上への進出 ◆ 上陸／昆虫／魚類から四肢動物へ …… 168

石炭紀 ◆ 昆虫／炭素の埋没／石炭 …… 170

節足動物 ◆ 最大級の節足動物／現生種 …… 172

有羊膜類 ◆ 陸上脊椎動物／卵 …… 174

恐竜 ◆ 恐竜の知能／足の速さ …… 176

樹木と森林 ◆ ボレアル亜氷期の盛衰 …… 178

翼竜：脊椎動物の飛行 ◆ 離陸と歩行 …… 180

被子植物と飛翔昆虫 ◆ 花／共進化／多様化と虫媒 …… 182

脊椎動物の視覚 ◆ 視力／両眼視 …… 184

チクシュルーブ衝突体 ◆
最大級の絶滅イベント／デカントラップの火山活動 …… 186

鳥の渡り ◆ 飛行ルート／記録 …… 188

哺乳類の出現 ◆ 多様化と大型化 …… 190

妊娠期間 ◆
有胎盤哺乳類／胎生／妊娠期間と体の大きさ／産子数 …… 192

進化的適応とその見返り ◆
海から陸へ／陸から空へ／陸から海へ …… 194

イネ科植物の進化 ◆
草原の発達／齧歯類とウマ／高歯冠 …… 196

生物圏と炭素循環 ◆ 食物連鎖 …… 198

◆ 絶滅した哺乳類のRNA …… 200

HUMAN 人類 202

霊長類 ◆ 進化／脳の大きさ …… 206

初期の人類 ◆ ラエトリの足跡 …… 208

人類の拡散 ◆ アフリカからの脱出
／地球規模での移住／ミトコンドリアDNA …… 210

人類の解剖学的特徴 ◆ 人体の進化 …… 212

消化 ◆ 消化管／pHと機能 …… 214

循環系 ◆ 血管／血圧と血流 …… 216

ホルモン ◆ 内分泌系／恒常性 …… 218

言語の進化 ◆ 言語の系統樹／言葉の存続期間 …… 220

脳の進化：大きさと複雑さ ◆ 大脳皮質中のニューロン …… 222

知覚 ◆ 知覚システム／風変わりな感覚 …… 224

味覚 ◆ フレーバーホイール …… 226

神経伝達 ◆ シナプス／神経伝達物質／神経生理学 …… 228

感情 ◆ プルチックの感情の輪と人間の欲求のピラミッド …… 230

学習と記憶 ◆ 情報の処理／神経構造 …… 232

コンピューターの使用 ◆ 能力の向上とチップのサイズ …… 234

人工知能 ◆ 弱いAIと強いAI／認知科学／結びつけ問題 …… 236

◆ 人体の元素 …… 238

参考情報 …… 241

索引 …… 245

インフォグラフィックで見る目次

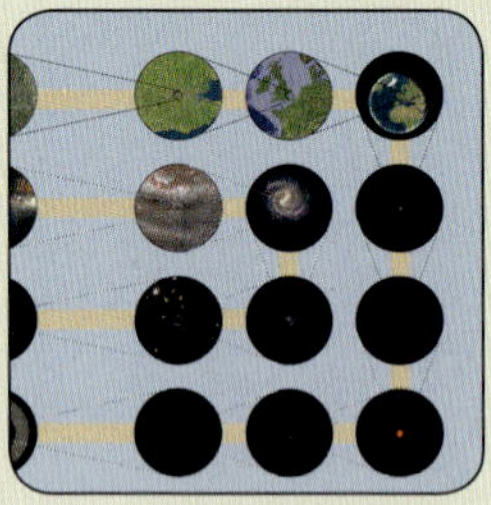

16−7　パワーズオブテン
18　宇宙

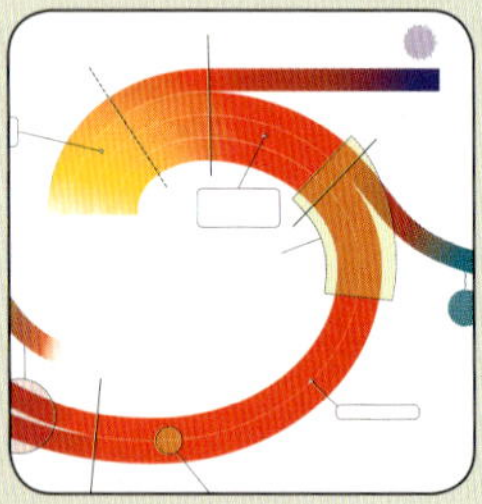
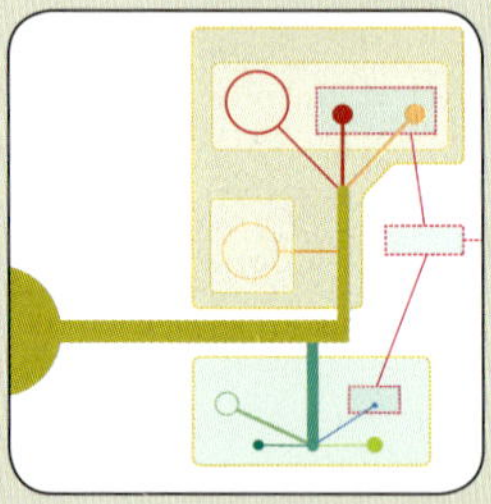
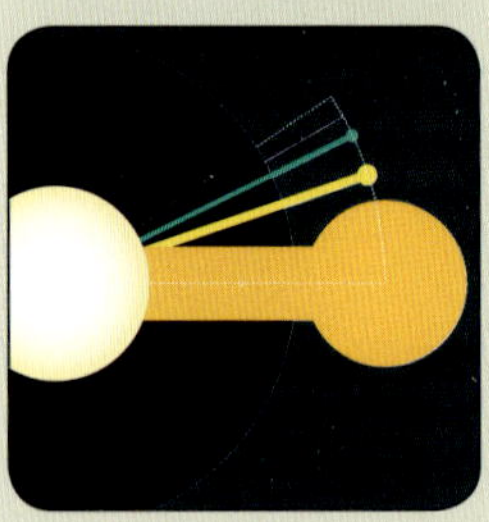

22−3　宇宙空間の幾何学
24−5　基本的な力
26−7　物質の成分
28−9　見えない物質

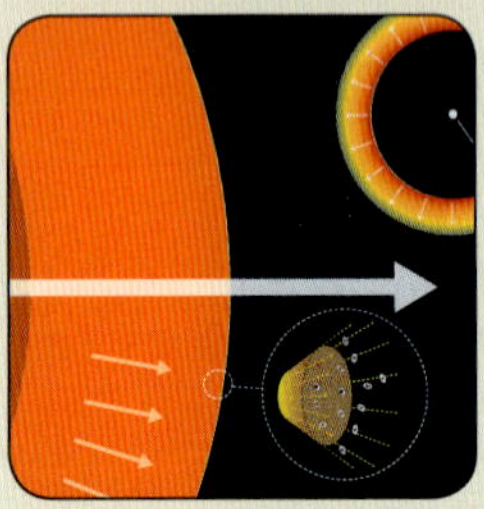
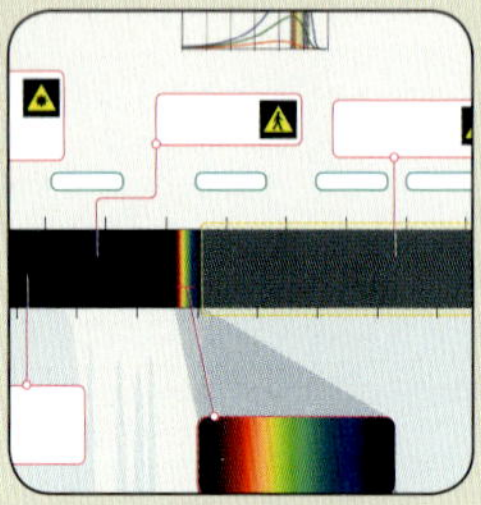
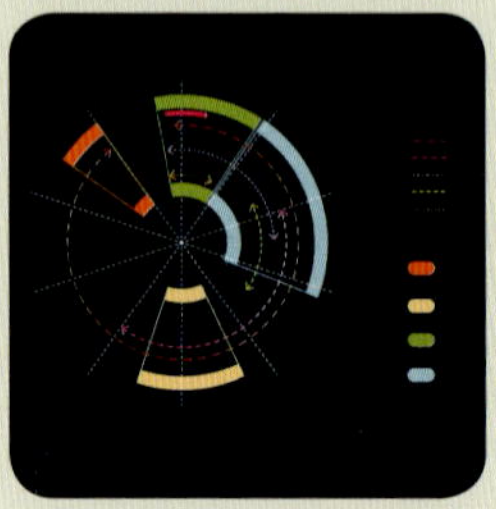
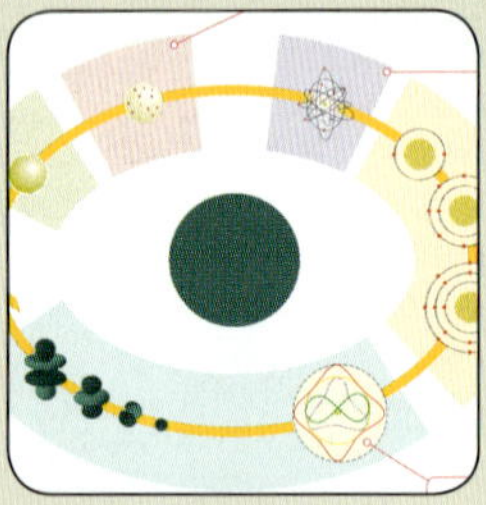

30−1　最初の38万年
32−3　放射
34−5　相対論
36−7　原子論

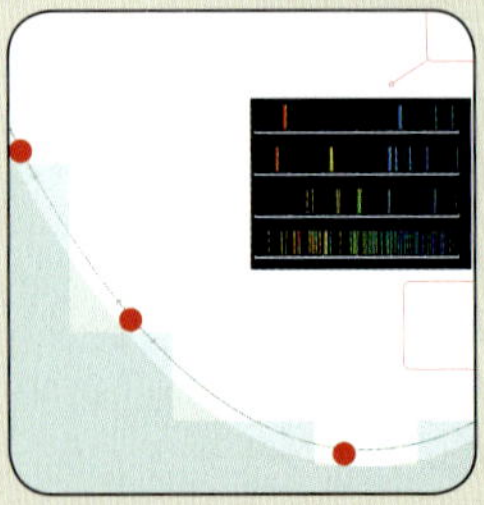
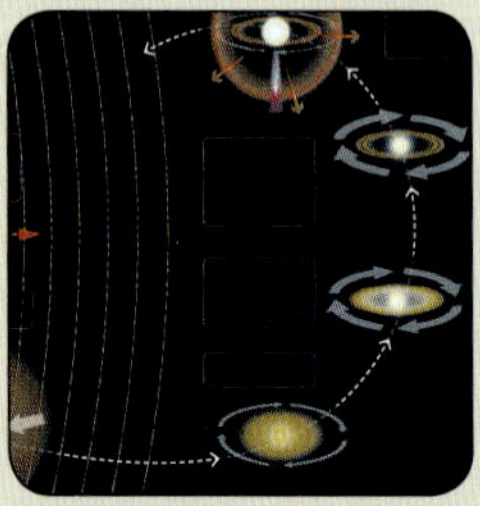
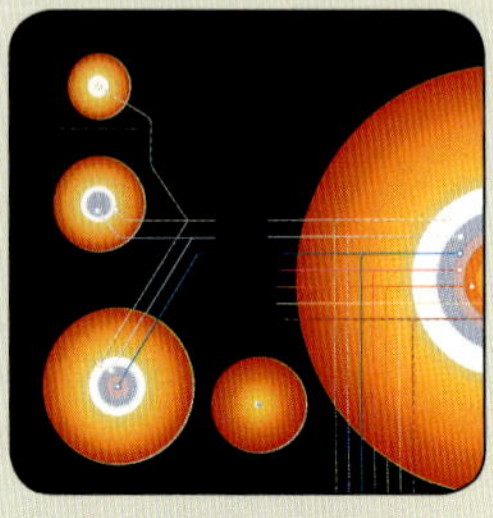
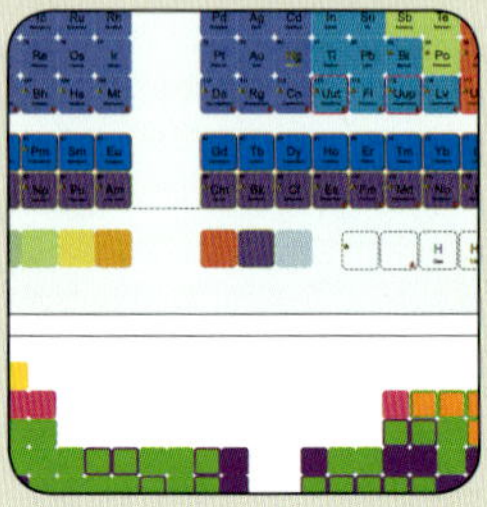

38−9　量子エネルギー状態
40−1　星形成
42−3　恒星内元素合成
44−5　元素

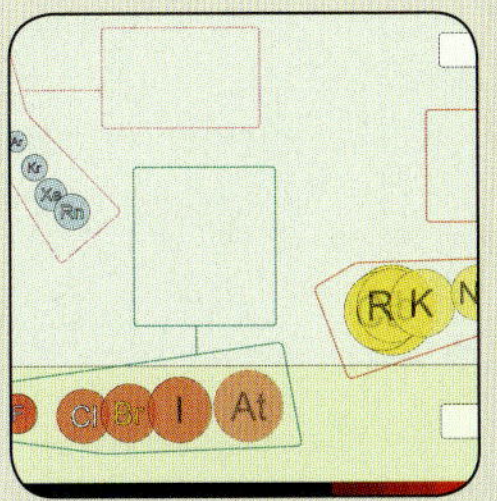

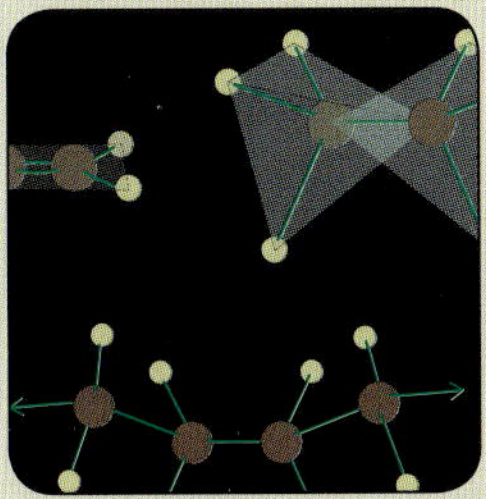

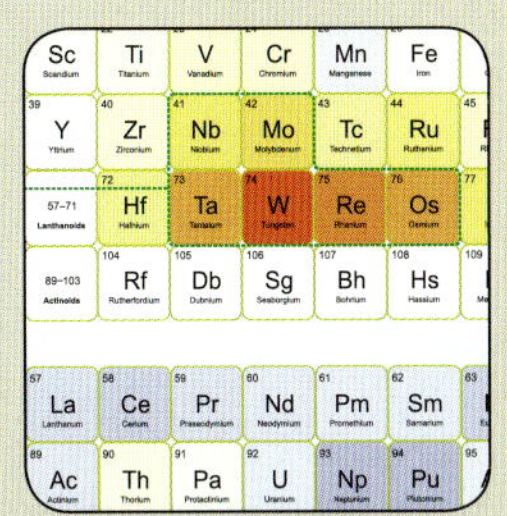
Sc Ti V Cr Mn Fe
Y Zr Nb Mo Tc Ru
Hf Ta W Re Os
Rf Db Sg Bh Hs
La Ce Pr Nd Pm Sm
Ac Th Pa U Np Pu

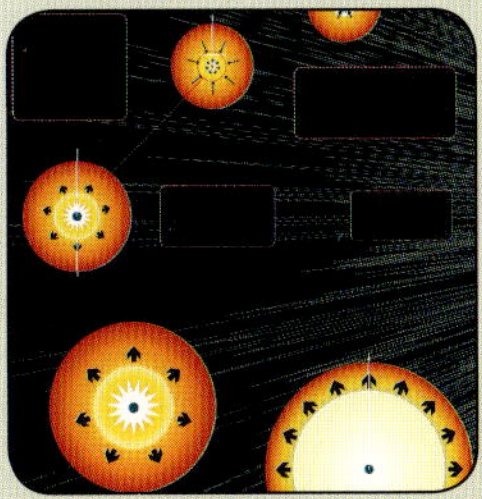

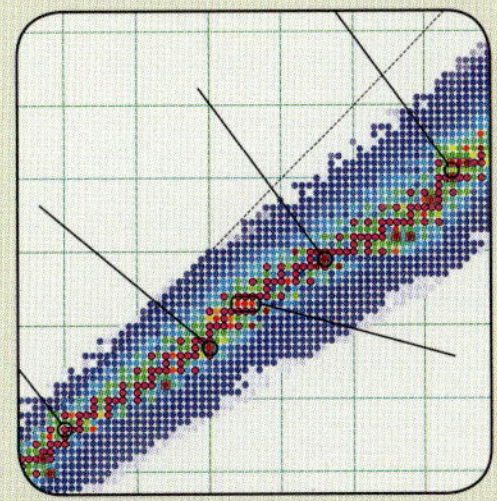

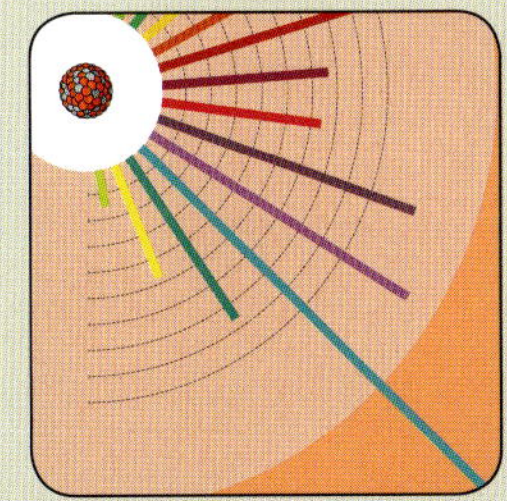

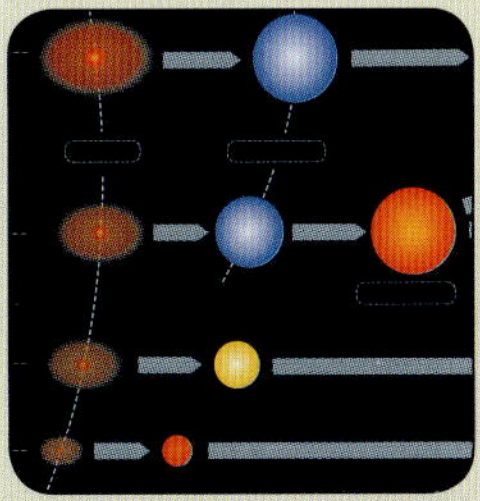

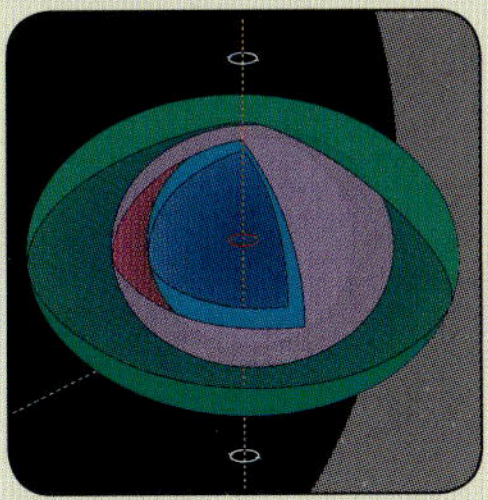

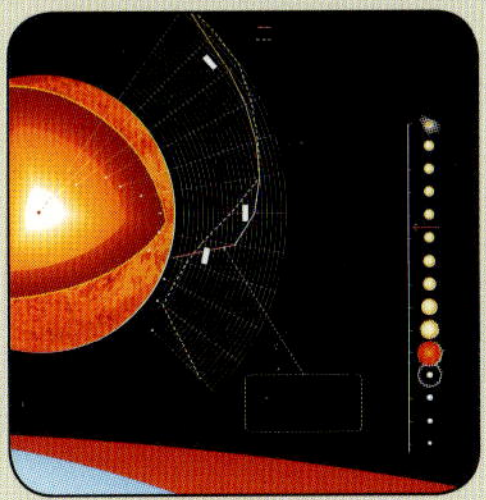

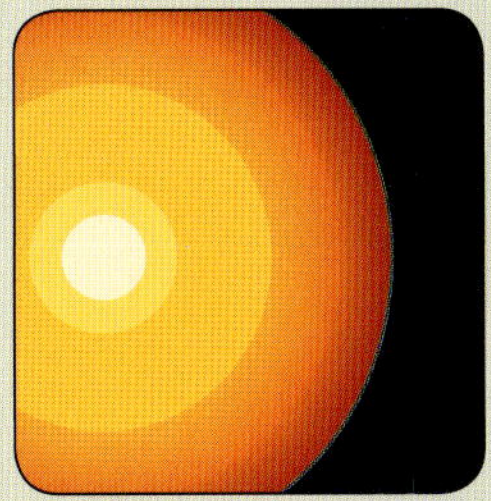

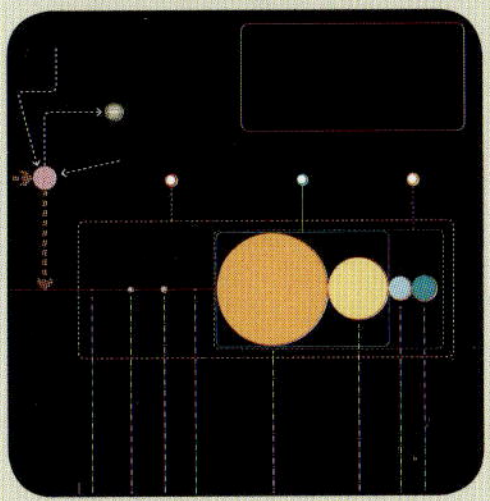

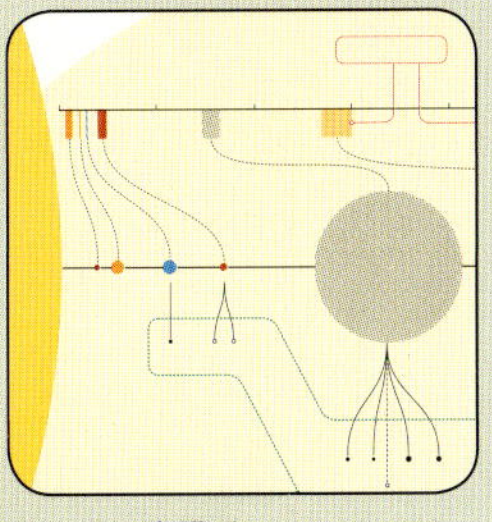

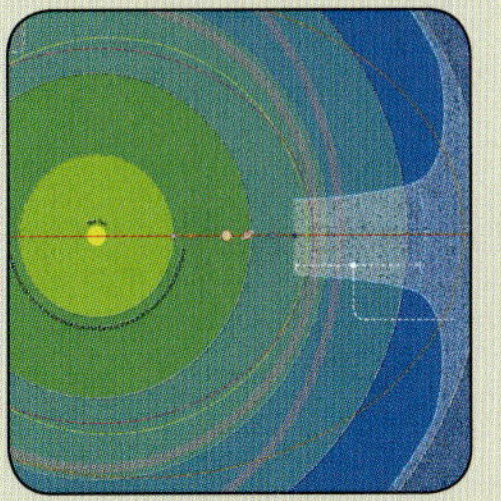

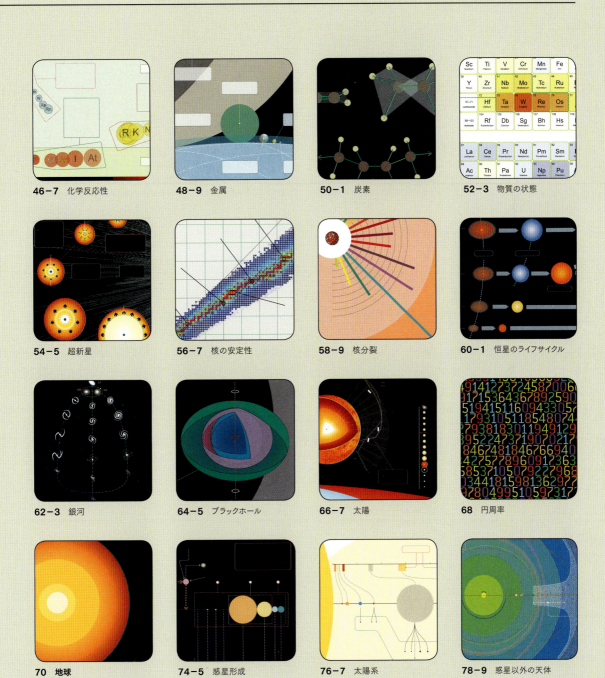

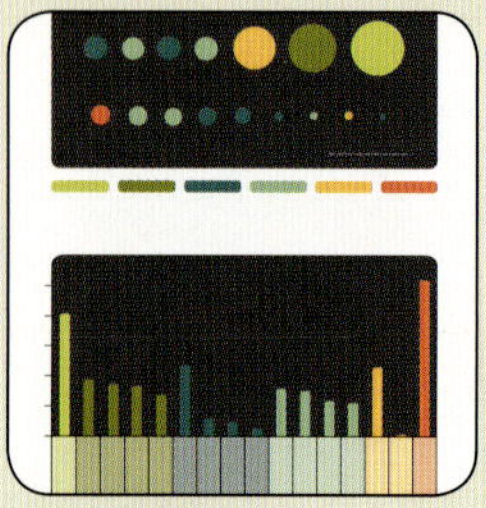
80−1　月

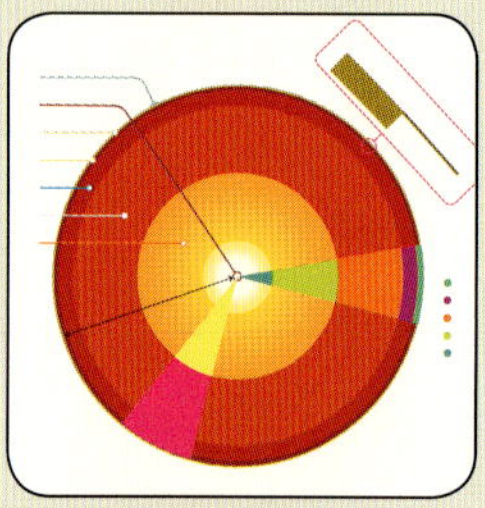
82−3　地球

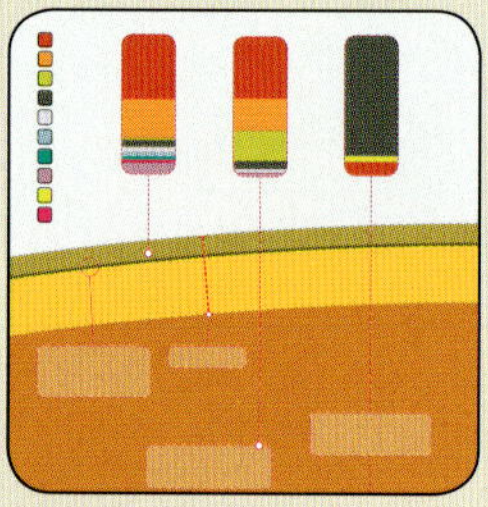
84−5　リソスフェア

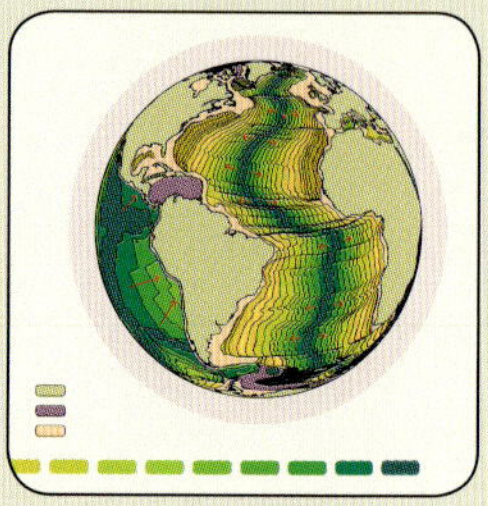
86−7　プレートテクトニクス

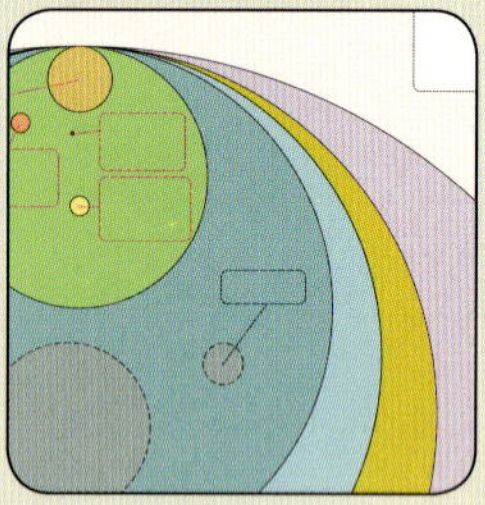
88−9　地震

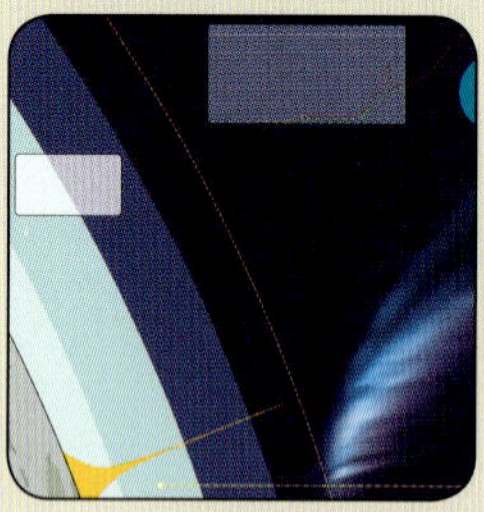
90−1　大気

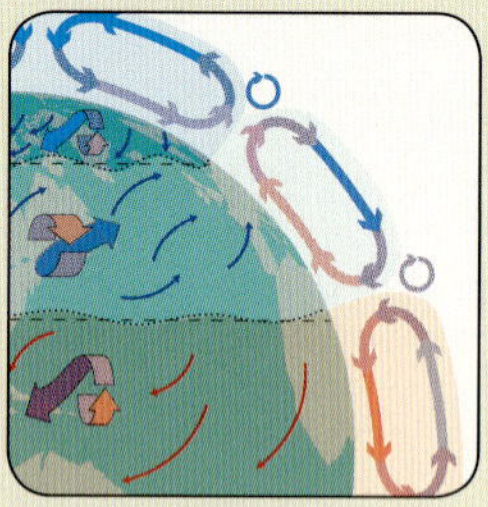
92−3　大気循環

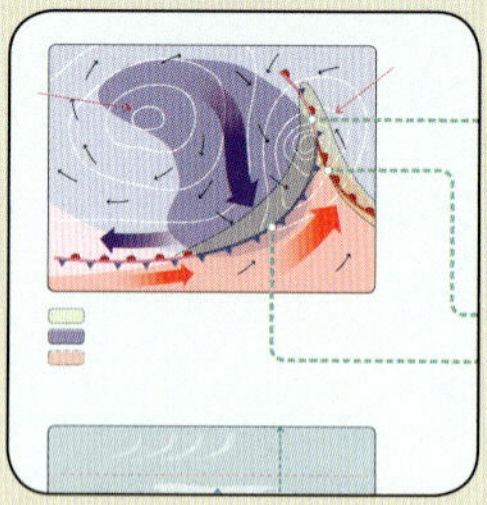
94−5　気象学

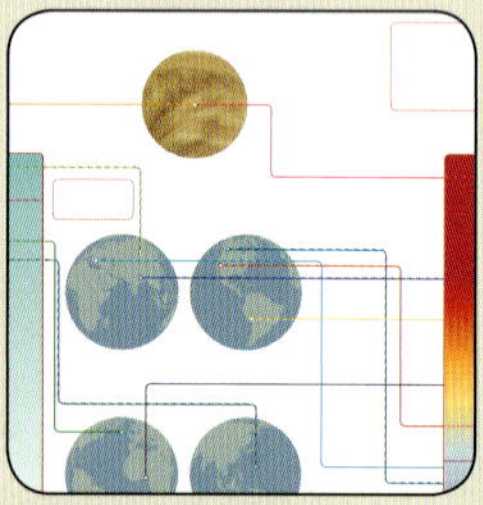
96−7　気候極値

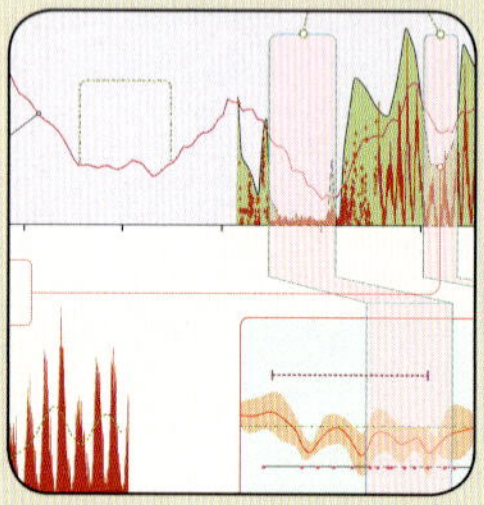
98−9　太陽活動と気候

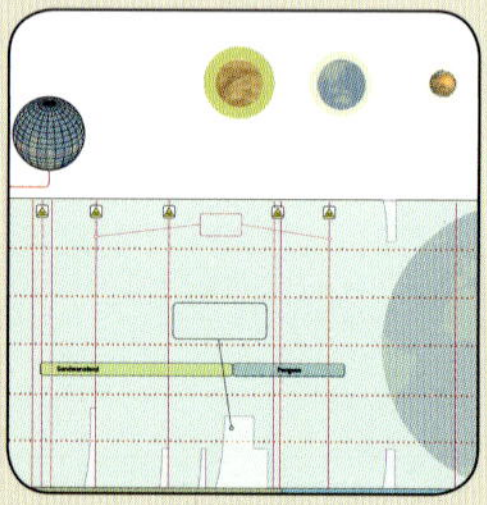
100−1　スノーボールアース

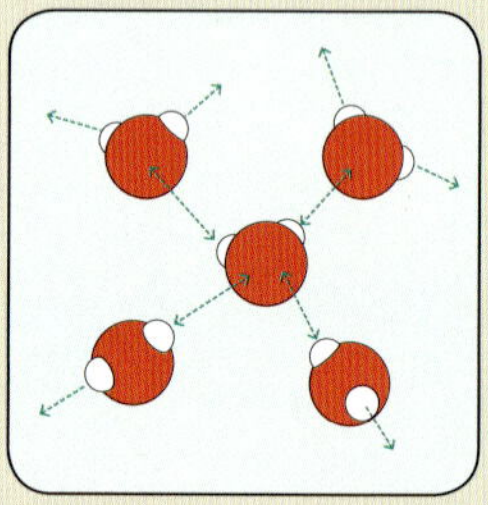
102−3　水

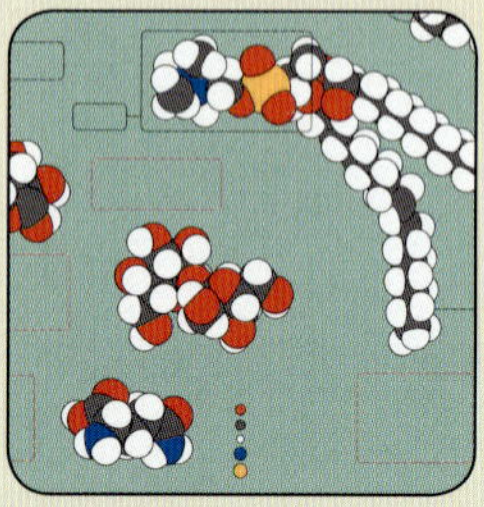
104−5　有機化学

106−7　タンパク質

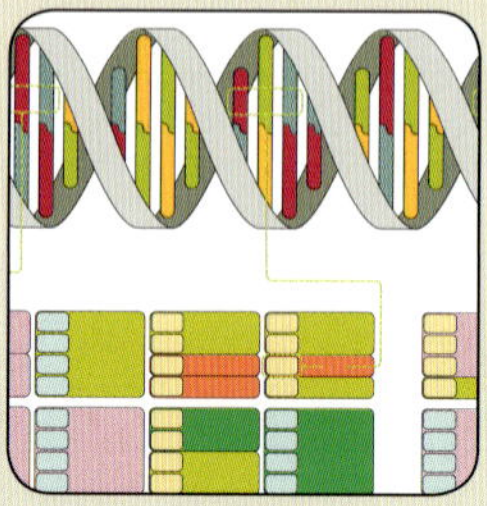
108−9　DNAコード

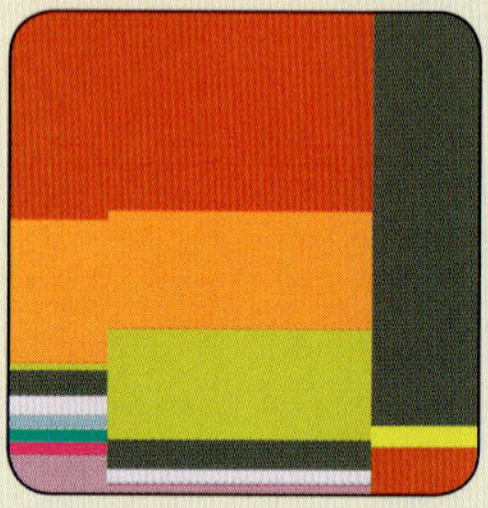
110　地球

112　生命

116−7　自然発生

118−9　最初の生命

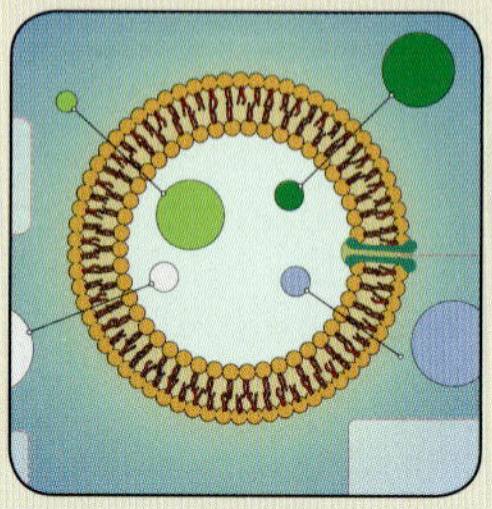
120−1　原始細胞

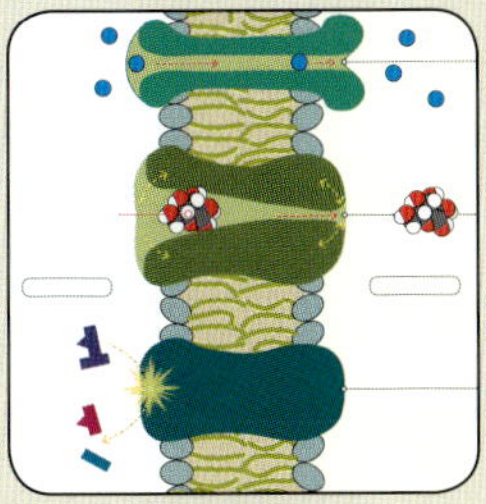
122–3　細胞膜

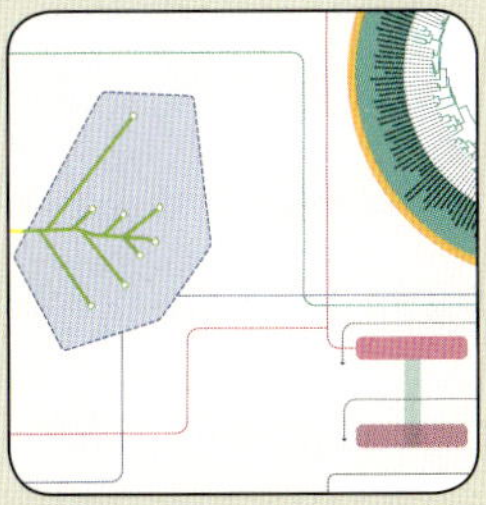
124–5　生物の分類

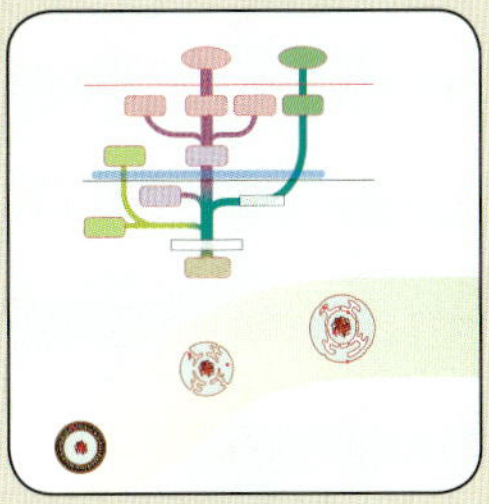
126–7　真核生物

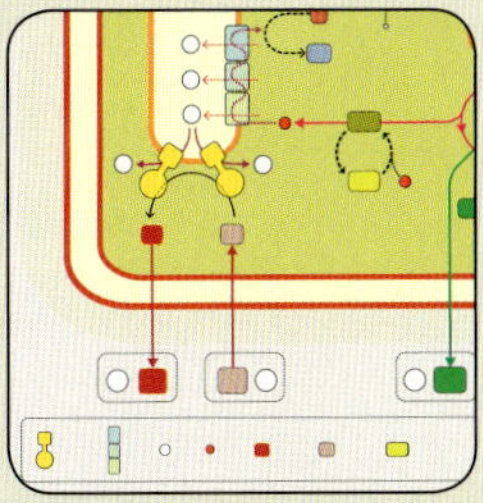
128–9　ミトコンドリア

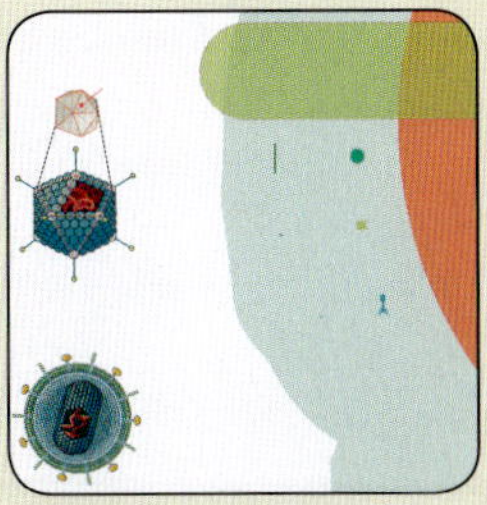
130–1　ウイルス

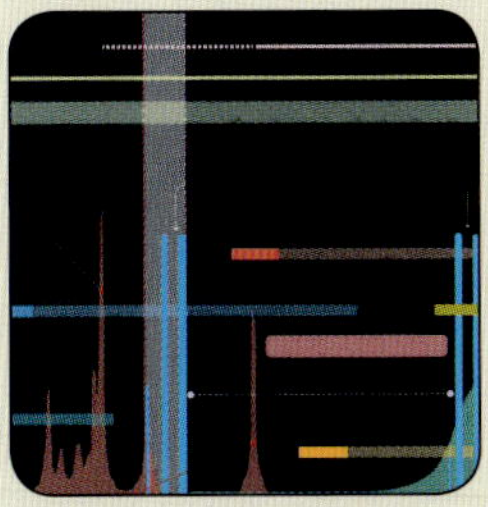
132–3　大酸化イベント

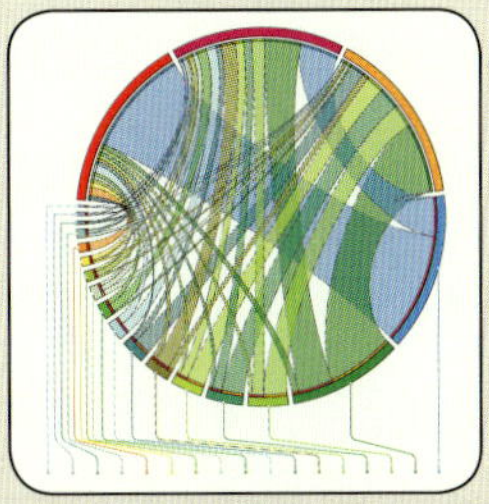
134–5　光合成

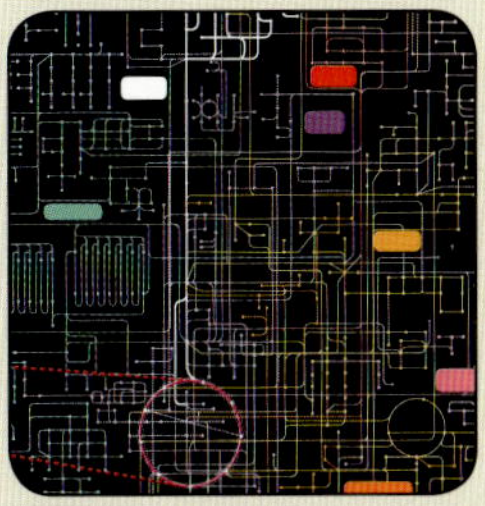
136–7　代謝経路

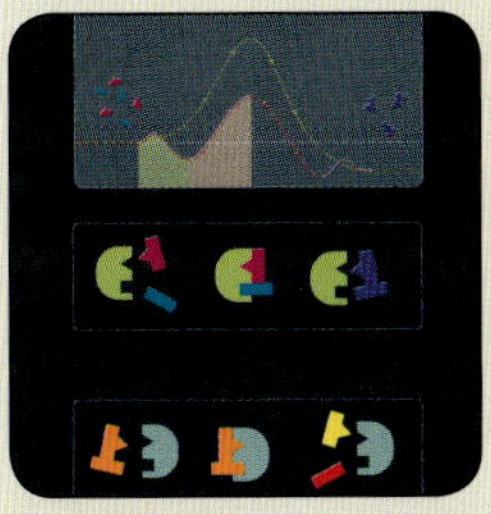
138–9　酵素

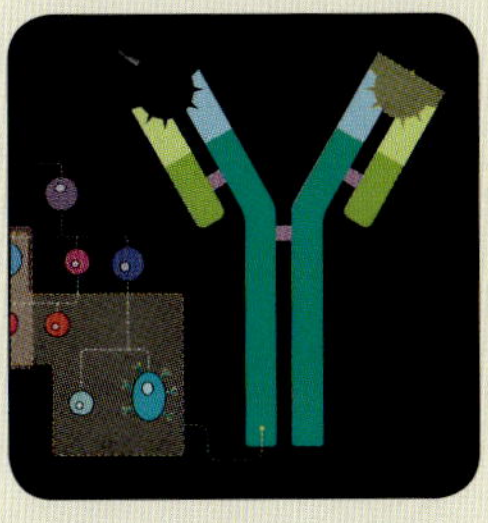
140–1　免疫系

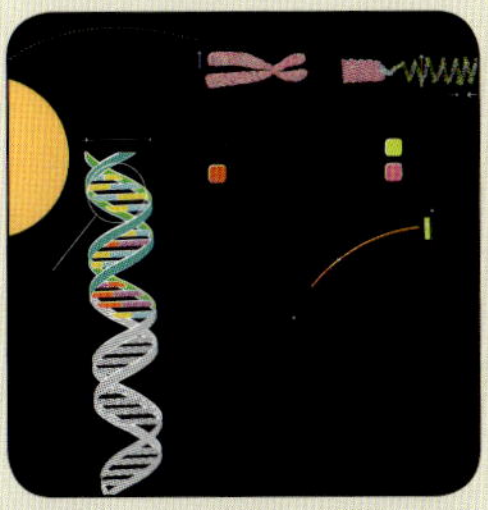
142–3　染色体

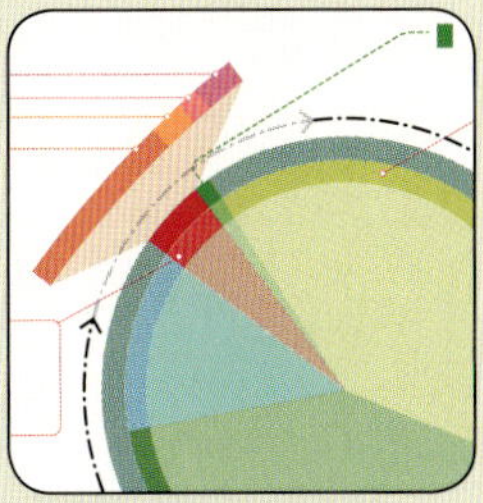
144–5　細胞の増殖

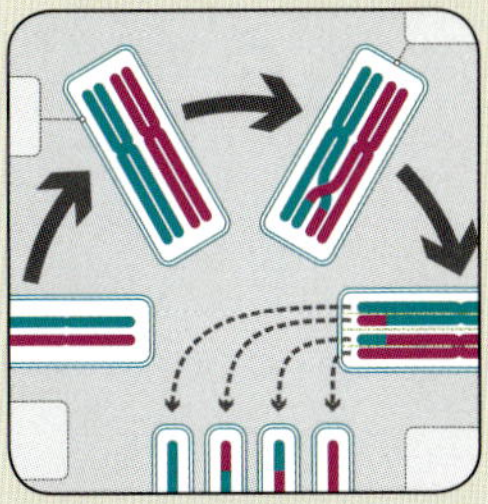
146–7　有性生殖

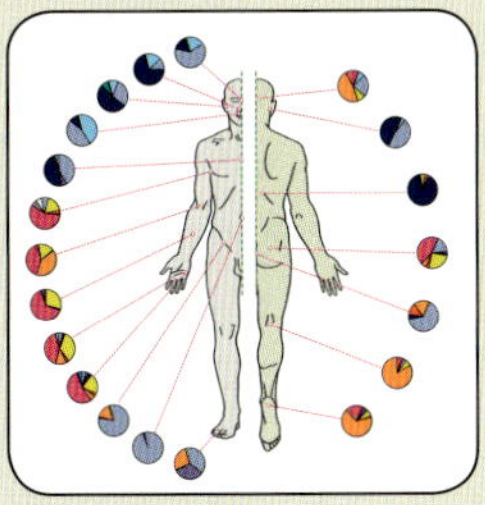
148–9　細菌

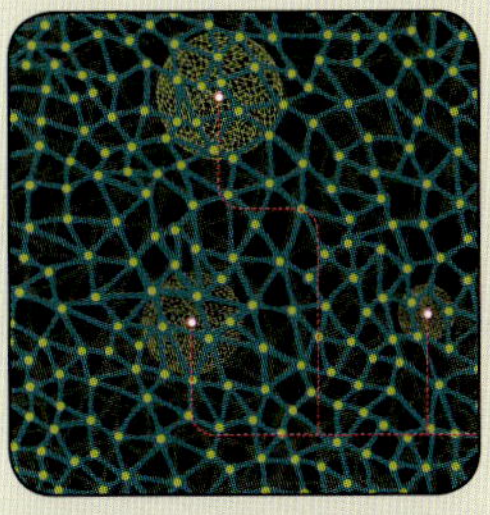
150–1　単細胞生物

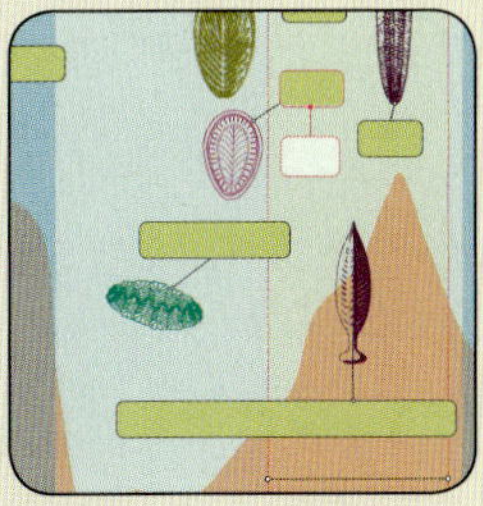
152–3　先カンブリア時代

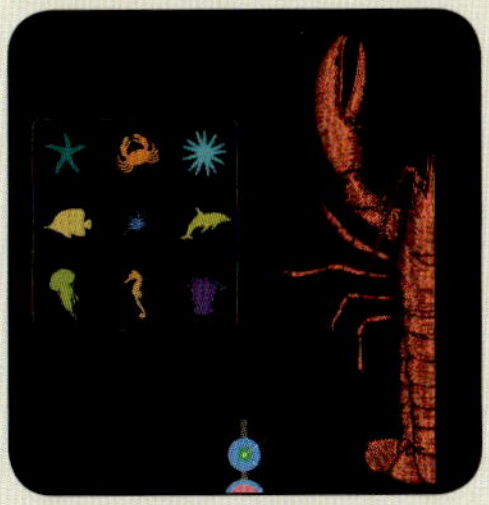
154–5　左右相称動物

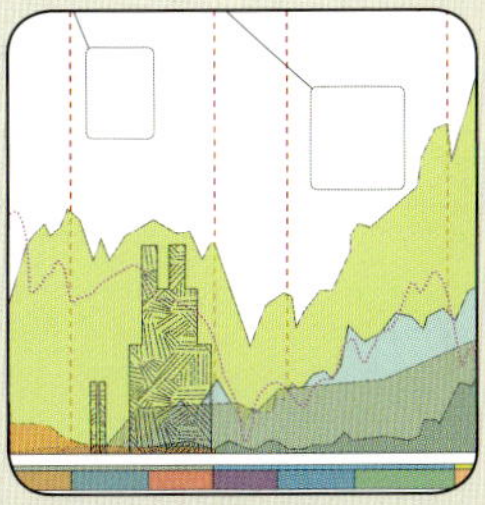
156–7　大量絶滅

158–9　カンブリア爆発

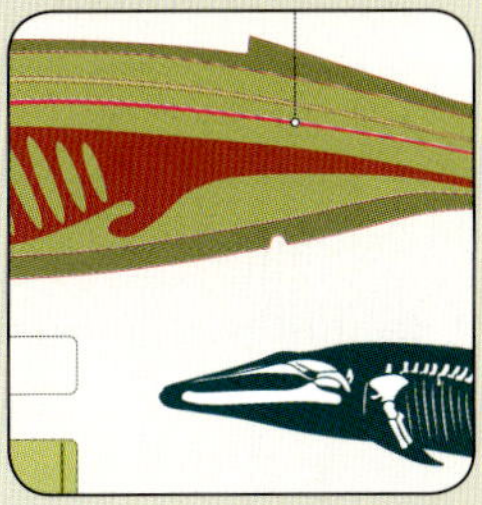
160–1　脊索動物

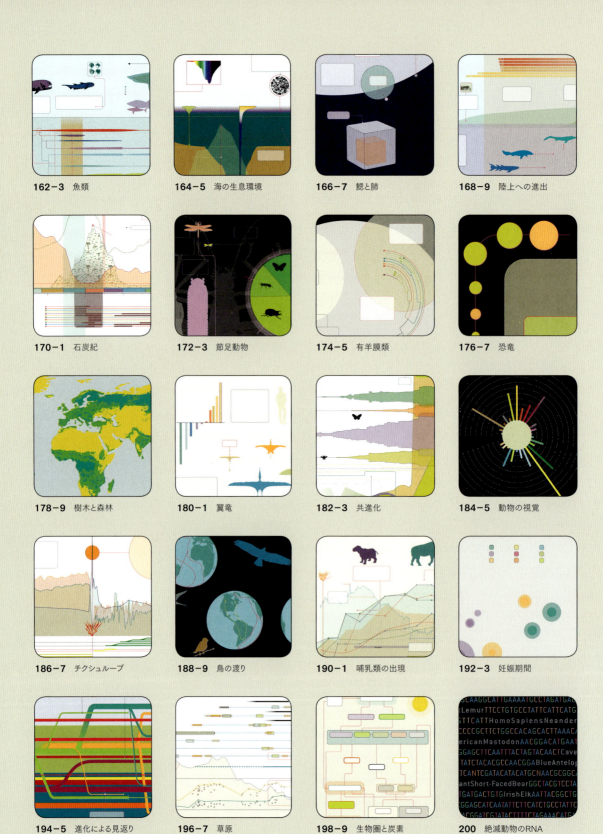

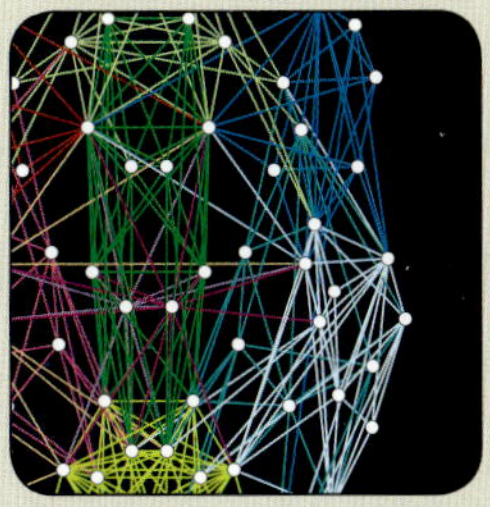

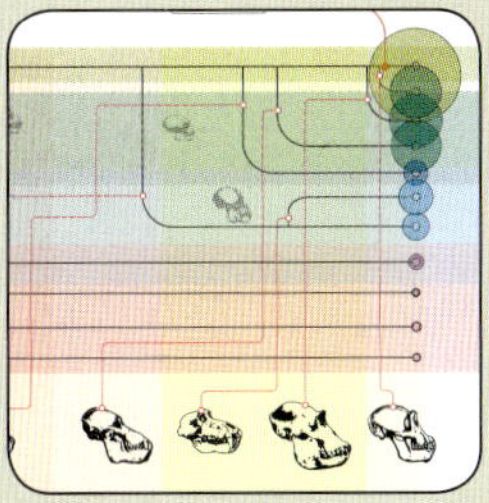

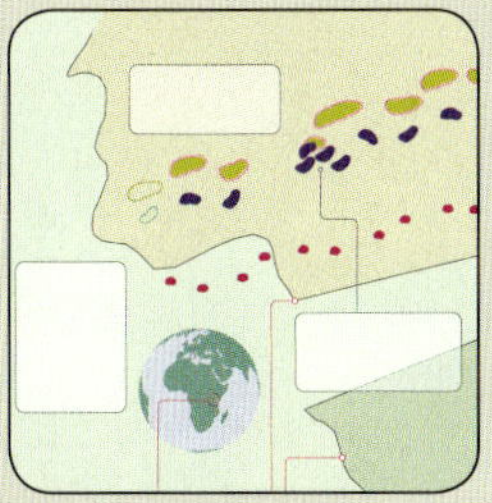

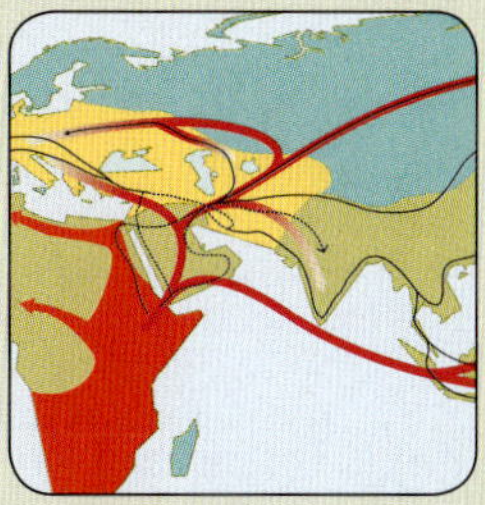

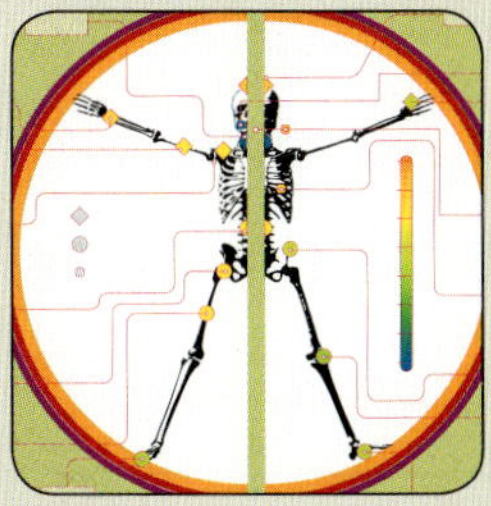

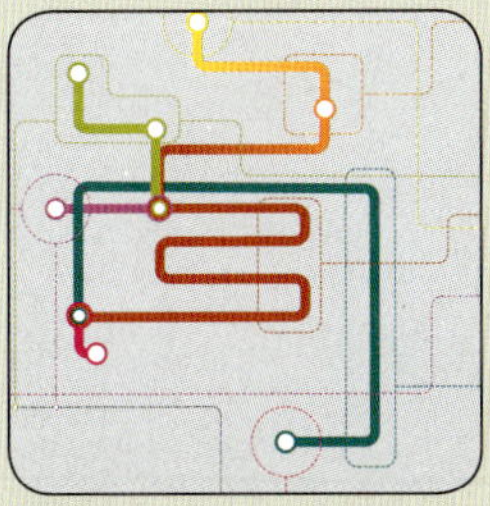

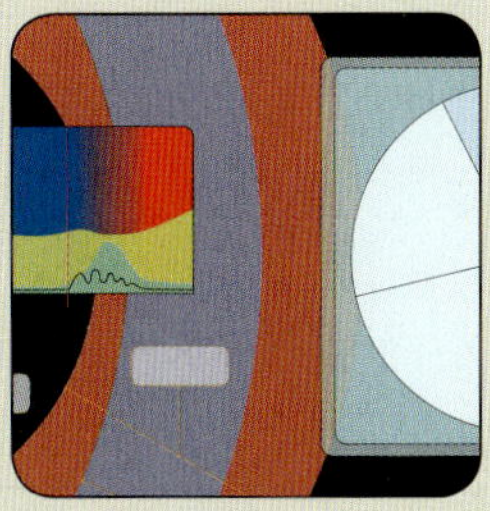

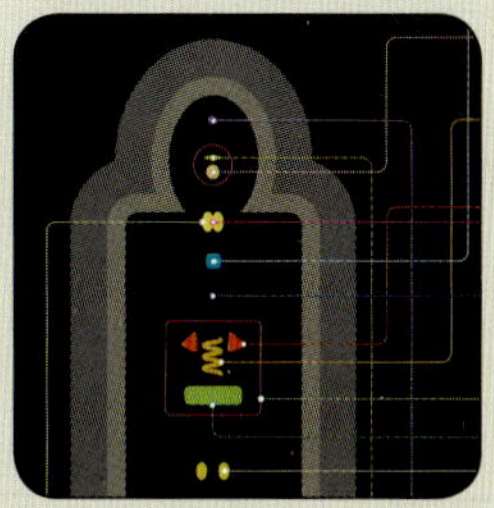

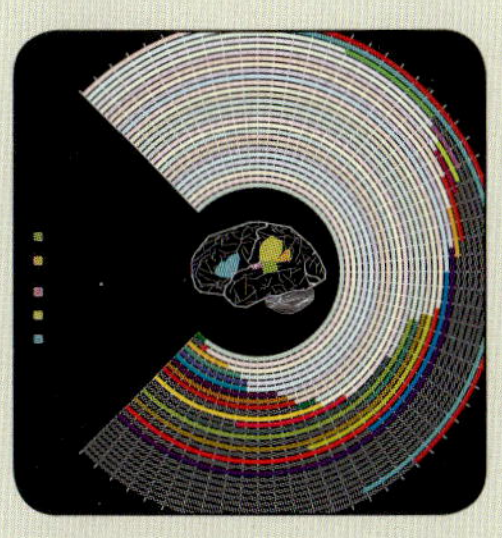

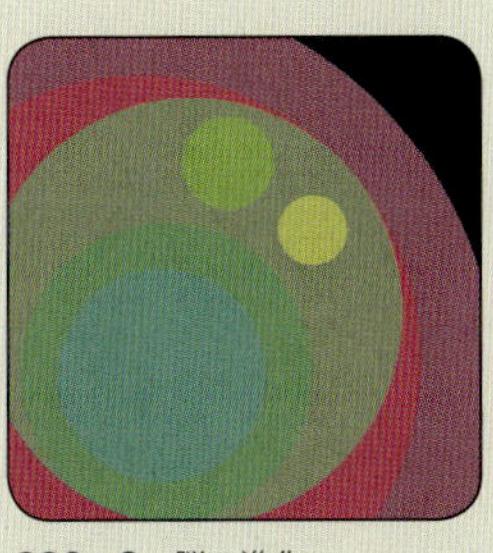

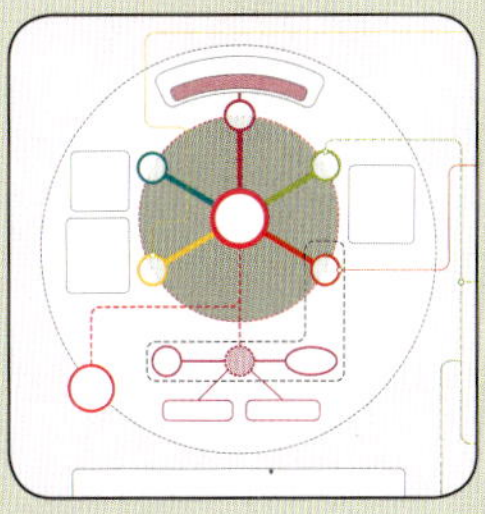

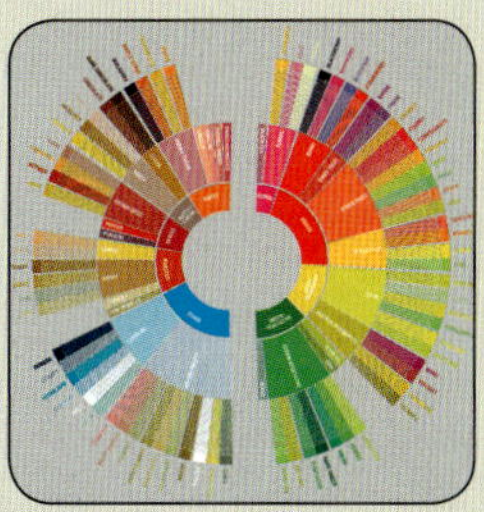

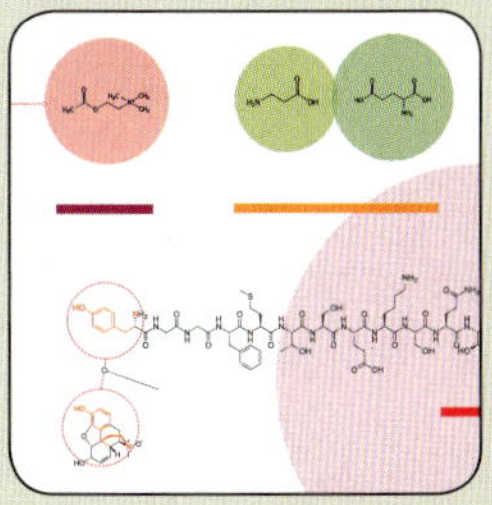

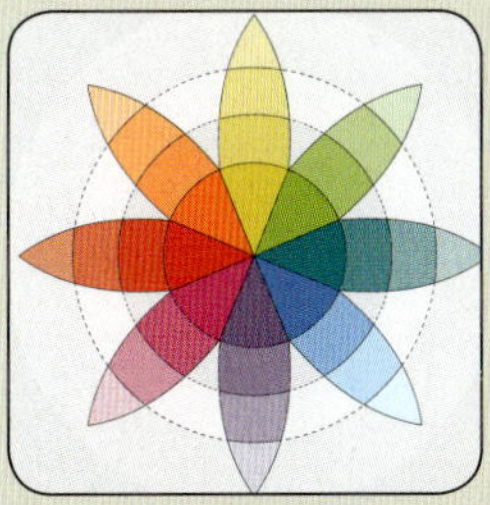

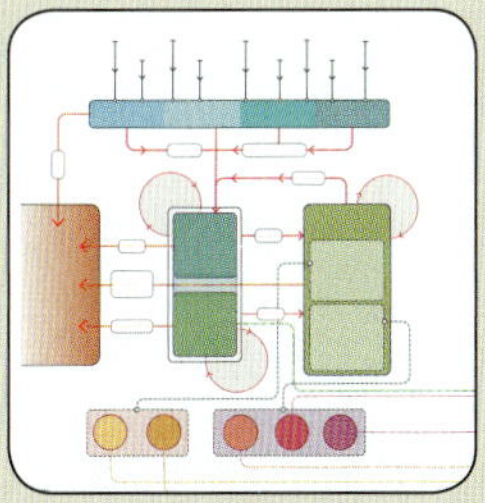

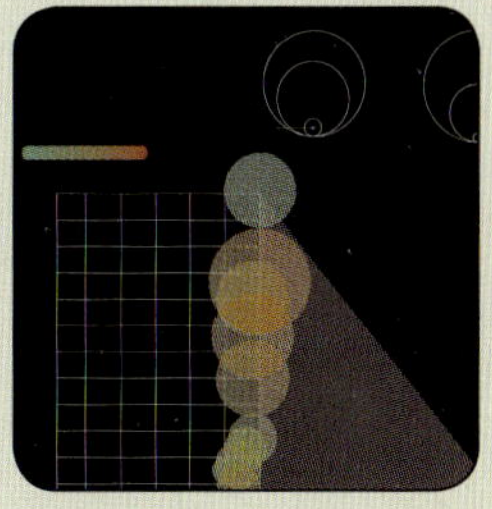

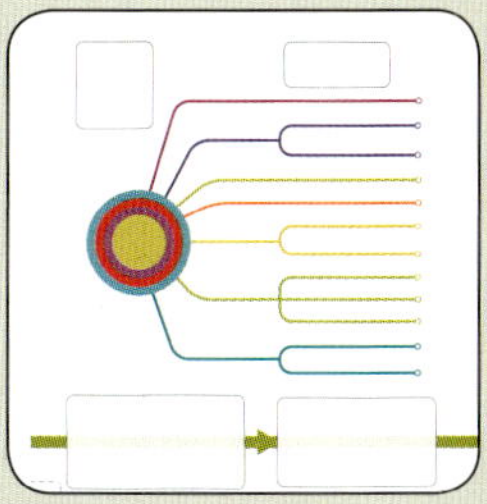

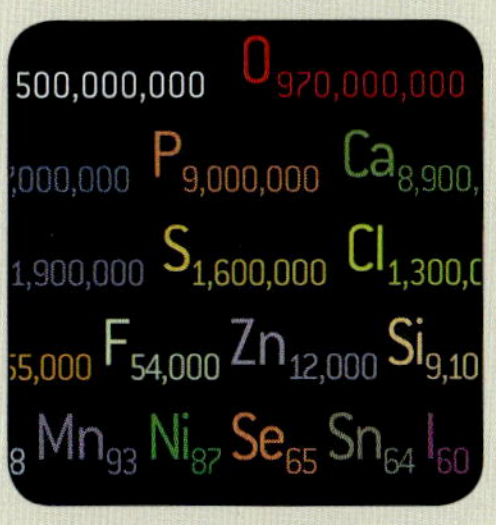

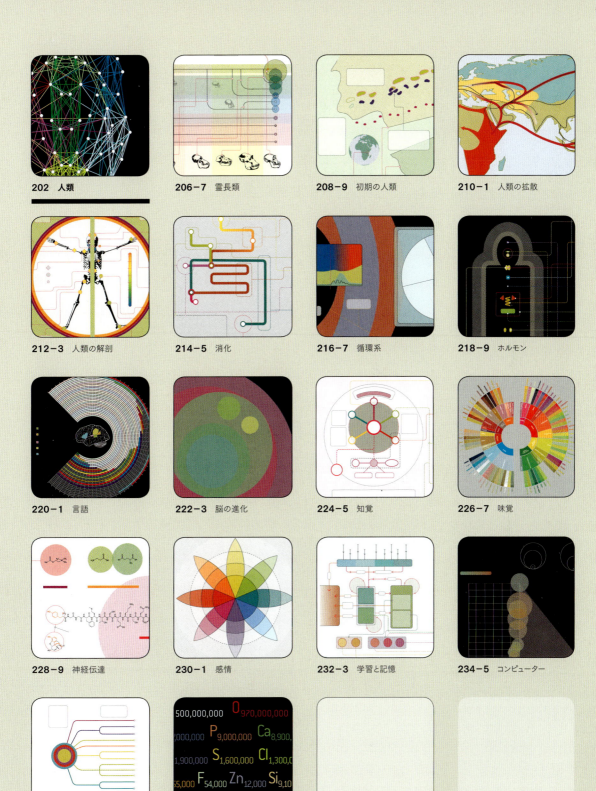

ビッグバンから
人工知能まで

科学の歴史は人類の物語である。なぜなら、科学は人間が努力して築き上げたものだからだ。科学は、物質界や自然界の構造や挙動を、観察と実験を通して系統立てて研究するものである。これまで科学的探究の対象となってきたものは、その大部分が人類より先に存在していた。宇宙の立場で見てみよう。もし、宇宙に意識があるならば、科学の歴史のほとんどは人類の物語以外で占められているだろう。わたしたちは、おそらく書物の最終章に付録として付けられた文章の脚注の最後に打たれたピリオドみたいなものだろう。仮に、宇宙誕生からの138億年を1年に縮めてみれば、人間が地球上を歩き始めてからの10万年ほどの時間など、新年を迎える直前の3分50秒にしかならないのだ。

よって、もう一つの科学の歴史は宇宙についてのものだ。それは、あらゆる物質を作る最も基本的な構成要素を出発点とする歴史であり、それらの構成要素が自然と集まり、よりいっそう複雑で豊かなパターンを驚くほどの品質で生み出していく現象が、現在研究され、思考され、理解されている物質宇宙のあらゆる面を、どのように説明し、どのように取り入れていくかについての歴史である。

宇宙は純粋な「数学」から始まり、それから純粋なエネルギーと力になった。「物理的」物質が現れ、そして元素が生まれた。水素とヘリウムである。電子1個が陽子1個の周りを回る自由水素は、新たな「化学的」性質を示すようになり、別の水素原子と結合した。最初の分子である。自然界で最も弱い力である重力は、わずかな距離ずつゆっくりと、これらの分子を恒星という巨大な原子炉に集めていった。そこでは、とてつもない熱と圧力によって、可能な限りのあらゆる元素が作られた。最期には恒星が燃え尽きて爆発するという犠牲を払いつつ——。

恒星は新しい恒星を生み、さらに惑星も生まれた。惑星に新たな物理的過程と新しい化学化合物が現れ、一酸化二水素（一般に知られている別名は「水」）が広く行きわたった。そして、水と他の物理的・化学的環境が近づくことによって、おそらくわたしたちにも深く関係する偉大な物質的魔法が働き、生命や自然界が生まれ、純粋な化学が自然科学へと変わったのだろう。細菌粘質からヒトという種に進化していく輝かしい物語は、同じくらい悲しい物語でもある。その理由は、わたしたちが今まさに自分たちの「ゆりかご」を破滅させる寸前にいるからだ。物理的宇宙の理想的ともいえる美しさは、その規模や荘厳さで驚かせてくれる。それに対して自然界は、複雑で、巧妙で、気まぐれで、それでいて頑固なほど揺るぎがなく、繁栄するための思いもよらない姿をわたしたちに見せて驚かせてくれる。

人類の誕生とともに、わたしたちの周りにある世界を説明し、理解し、記号化しようとする動きが始まった。最初は芸術や宗教儀式によって、そのあとは方法論や計量によって。急速で爆発的な思考の進化が、言語の出現によって可能になったのだ。人類の言語知能は自然環境の習得を考えられないほど短い時間スケールでもたらした。この200年の間に、人類は自分たちが知ることのできる全宇宙とその歴史を記号的に複製する方法を見つけた。しかも、その結果得られたモデルを使って地球全体を支配し、もしかしたら取り返しのつかない変化を加えようとしている（あるいはすでに加えた）のかもしれない。太陽系の歴史上で初めて、1つの惑星の未来が1つの生物種の手に委ねられているのだ。

本書は、ここまで述べてきた壮大な過程を、物理学と化学、DNAと生物学、脳とテクノロジーといった学問分野を手掛かりにしながら、インフォグラフィックを用いて視覚的に表現している。これらの学問分野を切り開いてきた科学者には、偉大な芸術家にも劣らぬほど信念を曲げない頑固な人物がたくさんいたはずだ。さて、いよいよ人類の技術と人類の知能の融合が近づきつつある。これは、純粋なエネルギーから純粋な知性へと向かう旅なのだ。

パワーズオブテン：トラファルガー広場から観測可能な宇宙の最大構造まで10倍ずつ広がっていく

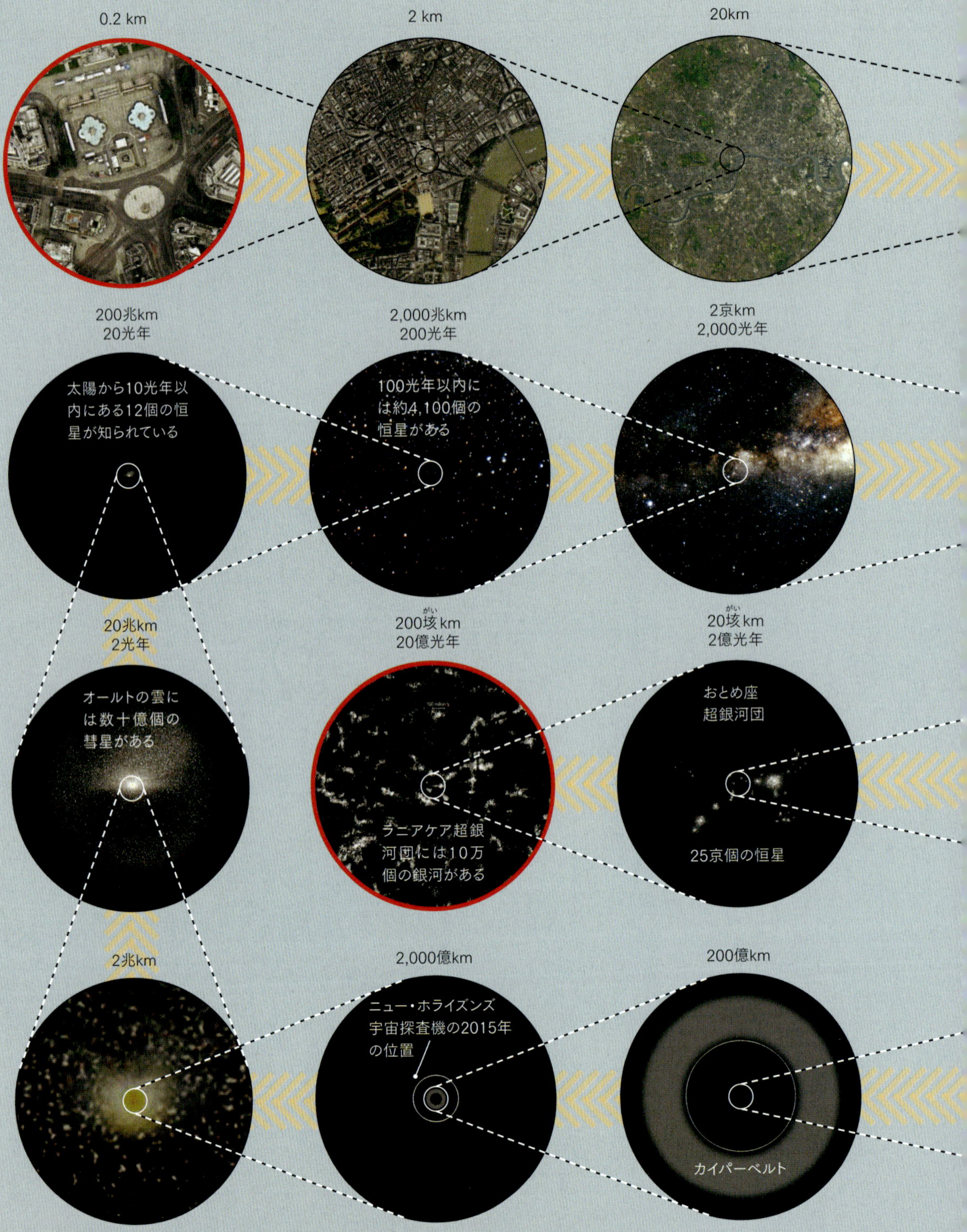
0.2 km
2 km
20km
200兆km
20光年
太陽から10光年以内にある12個の恒星が知られている
2,000兆km
200光年
100光年以内には約4,100個の恒星がある
2京km
2,000光年
20兆km
2光年
オールトの雲には数十億個の彗星がある
200垓km
20億光年
ラニアケア超銀河団には10万個の銀河がある
20垓km
2億光年
おとめ座超銀河団
25京個の恒星
2兆km
2,000億km
ニュー・ホライズンズ宇宙探査機の2015年の位置
200億km
カイパーベルト

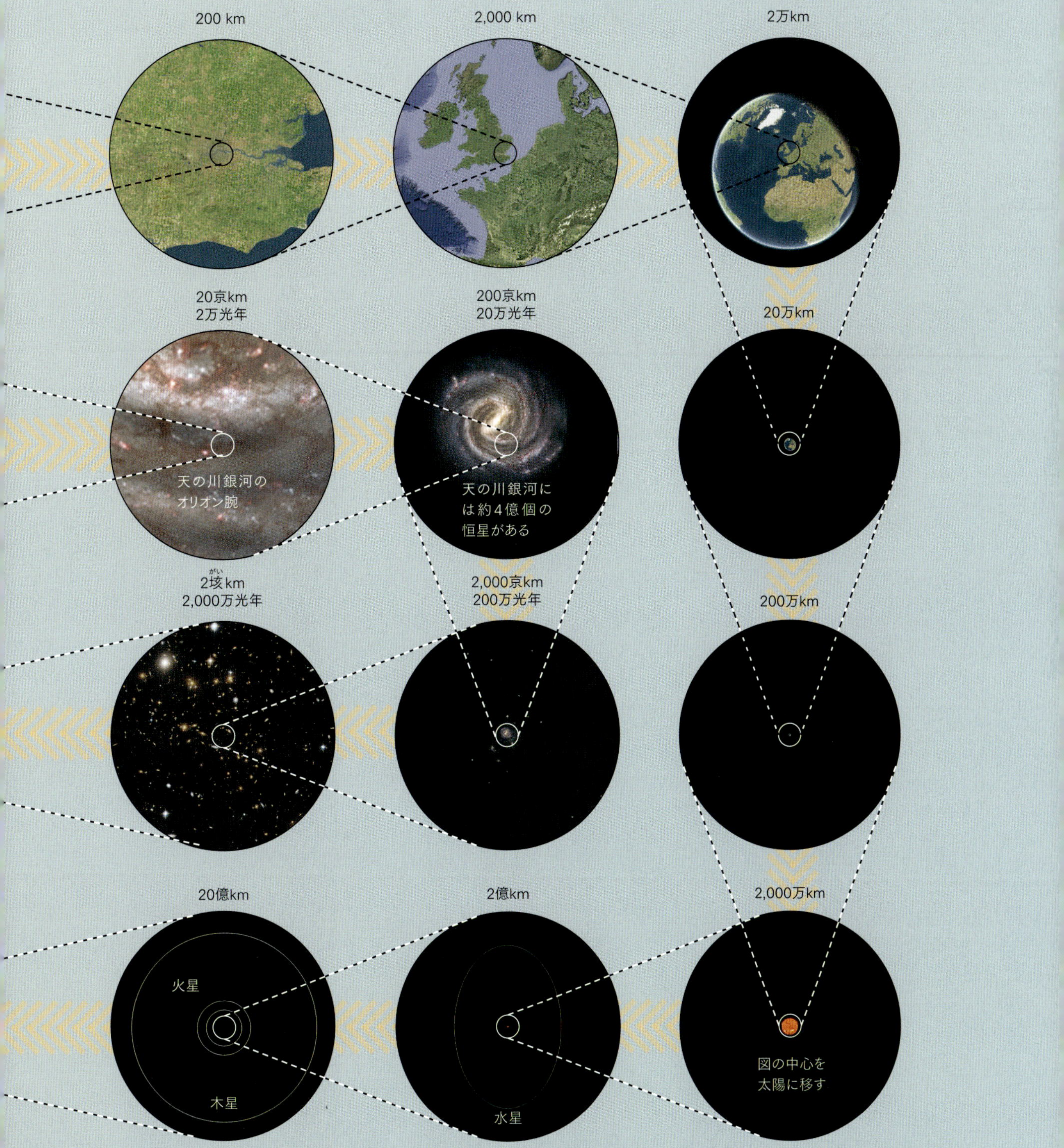

200 km
2,000 km
2万km
20京km
2万光年
天の川銀河の
オリオン腕
200京km
20万光年
天の川銀河に
は約4億個の
恒星がある
20万km
2垓km
2,000万光年
2,000京km
200万光年
200万km
20億km
火星
木星
2億km
水星
2,000万km
図の中心を
太陽に移す

UNIVERSE
宇宙

Universe
宇宙

20世紀、宇宙に対するわたしたちの認識は根底から変わってしまった。それは、地球がすべての中心にあるという信念を、人類がついに捨ててしまったルネサンス期に匹敵するほどの変化だった。恒星や銀河は、爆発で飛び散る破片のように、ただ互いに離れていくのではない。宇宙そのものが膨張を続けていると、明らかになったのだ。教室にいる生徒たちの間隔も、このページに書かれた文字と文字との間隔さえも広がり続けている。さらに、宇宙空間の計測や観測の精度が上がることにより、宇宙の膨張が加速していて、かつての宇宙がもっと小さくて、もっと熱かった（とても小さくて、とても熱かった）ことまで分かったのだ。可能な限り時間を巻き戻してみよう。そうすると、ある時点で既知の物理法則が成り立たなくなってしまう。そして、宇宙全体が時間の限界点である特異点へと向かっていく。その点は、理論上ではあるが、無限なのだ。無限に重く、無限に小さく、無限に熱い。既知の物理法則がまったく成り立たない、わたしたちの知るすべてが誕生した瞬間だ。

2015年の時点で最も精密な（欧州宇宙機関のプランク宇宙望遠鏡による最新かつ最高の）測定によると、この瞬間は137億9,900万年（プラスマイナス2,100万年）前とされている。その瞬間に続いて起こったのは、衝撃的な膨張、考えられないほどの規模と速度での膨張だった。0.000000000000000000000000000000000015秒の間に、宇宙は陽子にも満たない大きさからグレープフルーツくらいの大きさにまで広がった。10^{26}（1の後ろに0が26個）倍ほどに膨れ上がったのだ。膨張と冷却はそのあとも続いているが、その過程については理解が進んでおり、不確かな部分も少ない。

およそ1/100万秒後の宇宙は、おそらくわたしたちの太陽系くらいの大きさがあり、10兆K（ケルビン）ほどに冷えていただろう。この温度では、クォークが合体して陽子や中性子が作られた。わたしたちの知っている物質が作られ始めたのだ。物質は、テーブルやチョウ、星や花、本や彫刻などの材料である。1秒後の宇宙は、おそらくわたしたちの太陽系の1万倍くらいの大きさになっていて、膨張と冷却も続いていただろう。

ほぼ40万年にわたり、宇宙はろうそくの炎に見られるプラズマのように光っていた。けれども、それから温度が3,000 K以下になると、ほぼ一瞬にして宇宙空間は晴れ上がり、空間や時間を通じて光が自由に行き交うようになった。物質は渦を巻いて合体した。宇宙誕生時のわずかな影響がむらになって残っていたため、宇宙空間には点々とかたまりのようなものが現れ始めた。水素とヘリウムでできた広大な雲が、自らの回転に従って、ねじれながら収縮し始めた。重力は、回転する気体による巨大な円盤を、質量という圧力によって加熱したり圧縮したりしながら繊細に根気よく作っていった。こうして初めての恒星が誕生したのだ。熱核反応による光が、1つずつ天空に灯っていった。これらの小さな核融合炉が、水素とヘリウムを燃やして、より重い元素を初めて作った。炭素や水素、ケイ素、鉄である。

最も大きな恒星は、最も明るく燃え、最も早く一生を終える。最期を迎えると崩壊し、大質量の超新星となって爆発する。爆発による衝撃や熱は、より重い新たな元素を作り出すとともに、それらを天空にまき散らした。さまざまな元素を含む巨大分子雲の種を、星間空間にまいたのだ。これらの新しい星のゆりかごは再び内側に崩壊し、回転しながら恒星とそれを取り巻く円盤とを作り出した。円盤には、ちりと氷（金属と有機化合物と水！）が豊富に含まれていた。

そのようにして、恒星や惑星の形成サイクルが続けられていった。星からの光、すなわち放射によって、元素は反応に必要なエネルギーをもらい、ますます複雑な物質を作る。岩石惑星は水にあふれ、巨大氷ガス惑星はメタンの海で覆われる。原子核の宇宙の周りには、化学と地球物理学の宇宙が広がっている。原子の性質が、結合や再結合の方法を決めるのだ。水には特別な、まるで魔法のような性質があり、そのおかげで化学はよりいっそう複雑なものへと進化することができた。

宇宙の幾何学

3次元の幾何学を考える前に、まずは2次元から始めてみよう。中身のない立方体の空間を考える。辺の長さは1mでもよいし、900億光年でもよい。

“宇宙空間の形”を、その内側にいて思い描くのは難しい。知覚系が、空間の内部でしか働かないためだ。外側に頭を出して、空間の大きさを確かめることもできない。にもかかわらず、宇宙空間が“平坦”であるべき理由は1つもなく、しかも宇宙空間の形は未来の宇宙にとって根本的に重要なのだ。それは、宇宙が永遠に膨張し続けるのか、あるいは膨張の速度が遅くなり、最後には元の状態に収縮してしまう“ビッグクランチ”となるのかということでもある。

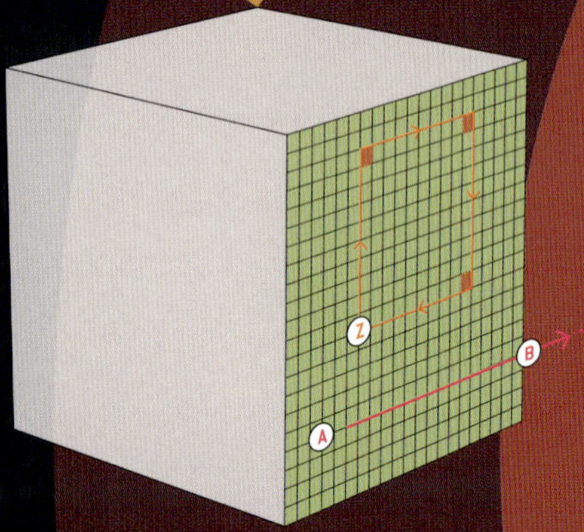
Z
A
B

点Zを出発し、一定の距離をまっすぐ進んでから方向を変えるとしよう。もし空間が平坦であれば、90°の方向転換を3回行うことで出発点に戻ってくる。3次元では左右だけではなく上下にも曲がることができ、点Zに戻るのにより多くの方向転換が必要となるが、原理が変わらないのは明らかだ。粒子（たとえば可視光線の光子など）は方向を変えることなくまっすぐに進むので、点Aから点Bまで行き、さらに進んで無限へと向かうだろう。平行に進む2個の粒子が接することはけっしてない。

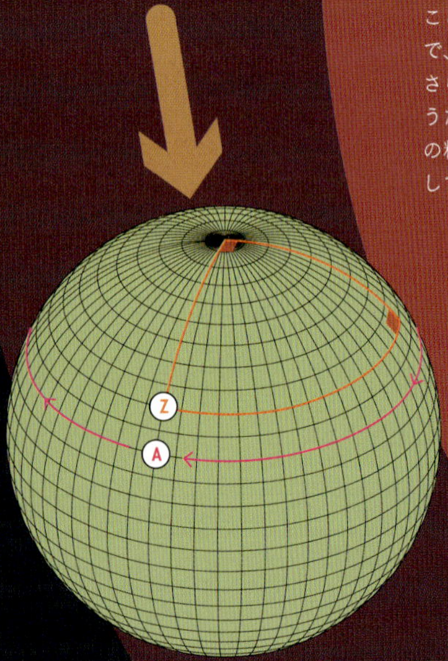
Z
A

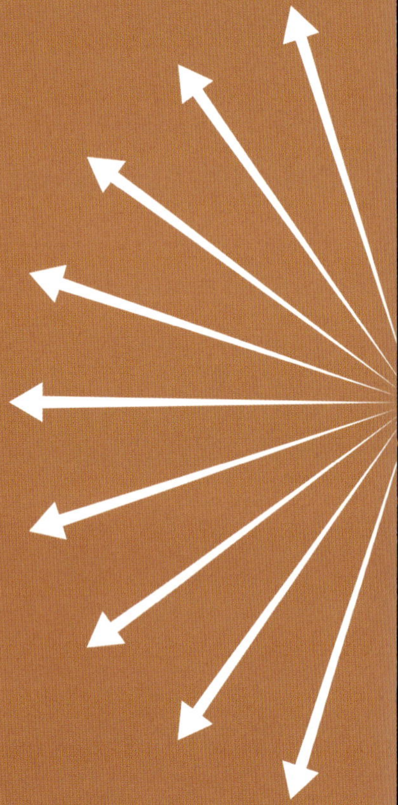

ところが、その平坦な空間を取り出して湾曲させ、辺のない閉じた3次元空間にすれば、ちょうど球体の表面（2次元）のようになる。そのような空間を進んでいくと違った現象が起こる。点Zを出発し、角を2つ回るだけでスタート地点に戻ってこられるのだ。平行な道が合流することもある。点Aからまっすぐに進む光子が、やがて元の点に戻ってきてもよい。太陽から出た光が深宇宙から戻ってきて、遠く離れた恒星のように見えるかもしれないのだ。

宇宙の始まりは（大きさを持たない）１つの特異点だと思われている。わたしたちが存在を知るすべての物、すなわちすべての空間や時間は、想像できないほど大規模で急激な膨張の中で出現した。宇宙空間そのものの誕生だ。膨張は今なお続いており、宇宙の構造が大きくなるとともに、恒星や銀河はものすごい速さで離れていく。あなたの目とこのページの間の空間さえも広がり続けているのだ。

相対性理論の登場により、時間はもはや定数ではなくなり、時空の概念が必要となった。時空とは、おなじみの３つの空間次元に、時間を加えた４次元ユークリッド空間である。

２次元の面に形（平坦だったり、凸型だったり、凹型だったり）があるのと同じように、３次元空間にも多様な形状がある。20世紀初頭から、科学者たちは宇宙空間の形について探究してきた。宇宙背景マイクロ波放射の最近の測定によって、宇宙空間の曲率が0.4％の精度で平坦であると立証された。

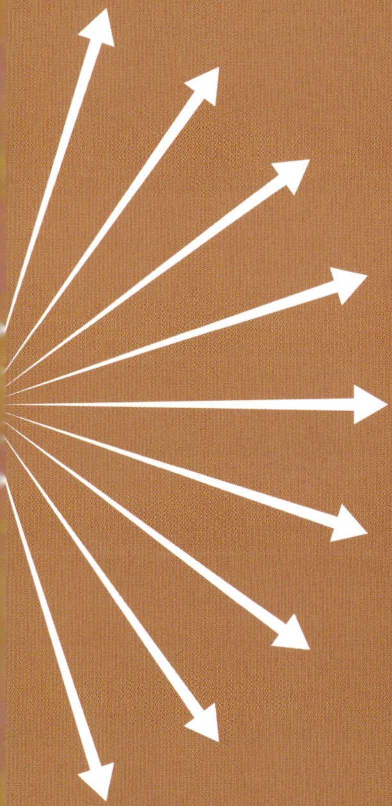

宇宙にあるすべての場所は、かつてどこかにあったのだろうか。それとも、どこにもなかったのだろうか。あなたたちのいる空間も、910億光年の大きさに広がっているすべての場所と同じように、かつて宇宙の中心にあった。そう、宇宙全体が“一点”なのだ。

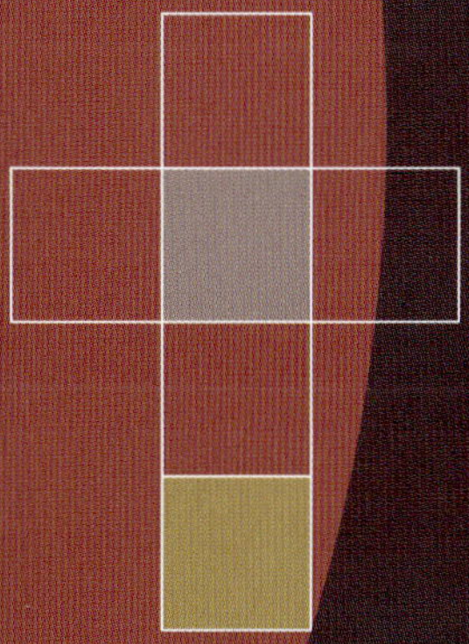

3次元立方体の2次元“展開図”：
3次元立方体は6つの2次元正方形に“展開”できる。

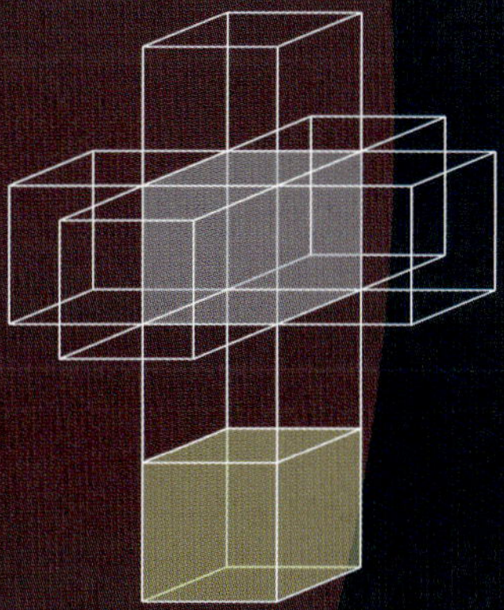

4次元超立方体の3次元“展開図”：
4次元超立方体は8つの3次元立方体に“展開”できる。

3次元立方体が壁に2次元の影を落とすように、理論上、4次元超立方体は3次元空間に3次元の影を落とす。

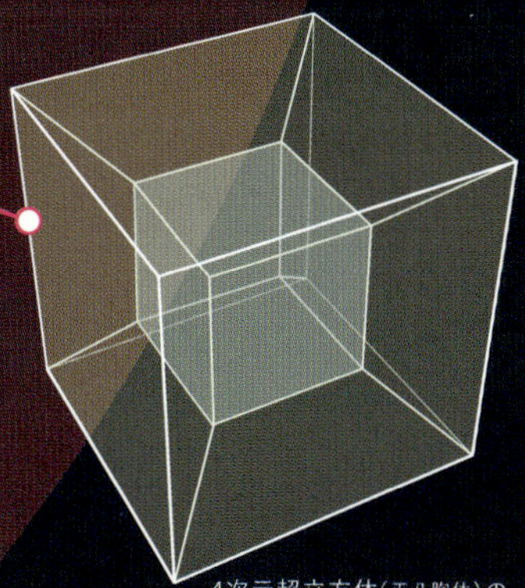

4次元超立方体（正八胞体）の3次元射影。

宇宙の構造や不思議さ（重力がそれほど弱いのはなぜか。可視宇宙の95％がどうやら見えていないらしいのはなぜか）を完全に理解するためには、わたしたちが完全には知覚できない付加的な空間次元の存在を認めざるをえないだろう。目に見えるすべてのものを作っている物質は、４次元場で生じて３次元に現れたものなのだろうか。量子宇宙を理解するための基礎となる数学において残されている問題の中に、余剰次元を用いて解けるものがあるのは間違いないのだが。

基本的な力の展開

宇宙：最初の1/100万秒

プランク時間
5.4×10^{-44}秒
時間の"量子"。意味のある時間の最小の長さ。

光子は電磁場におけるフォースキャリア粒子だ。質量がなく、安定で、電荷を持たない。光量子としても知られている。電荷が加速されると光子が放出される。この現象は、分子や原子、亜原子粒子がより低いエネルギー準位に遷移するときに起こる。

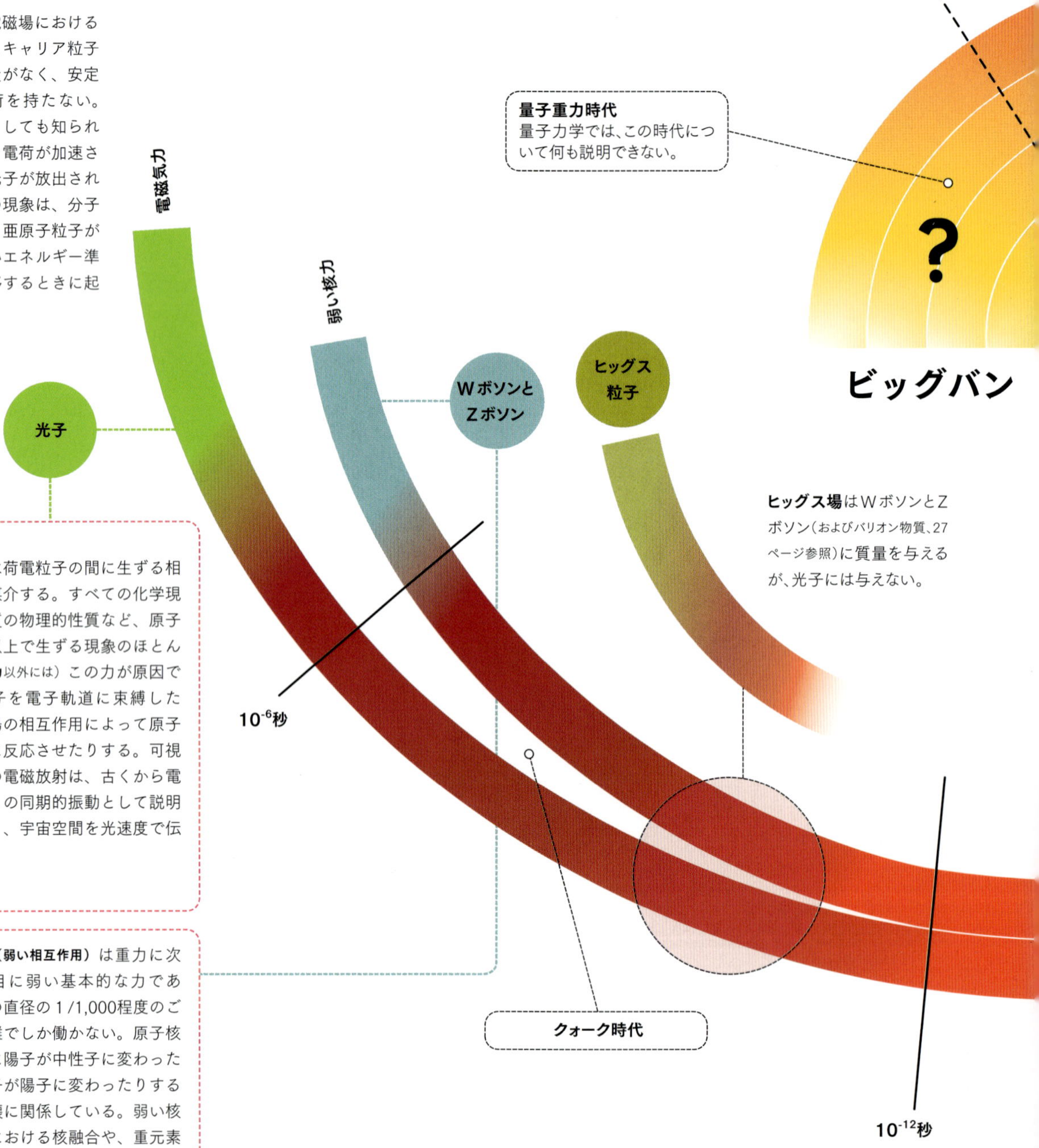

量子重力時代
量子力学では、この時代について何も説明できない。
?
ビッグバン
電磁気力
弱い核力
光子
Wボソンと
Zボソン
ヒッグス
粒子
10⁻⁶秒
10⁻¹²秒
クォーク時代

ヒッグス場はWボソンとZボソン（およびバリオン物質、27ページ参照）に質量を与えるが、光子には与えない。

電磁気力は荷電粒子の間に生ずる相互作用を媒介する。すべての化学現象や、物質の物理的性質など、原子スケール以上で生ずる現象のほとんどは、（**重力**以外には）この力が原因である。電子を電子軌道に束縛したり、電磁場の相互作用によって原子を化学的に反応させたりする。可視光線などの電磁放射は、古くから電場と磁場との同期的振動として説明されており、宇宙空間を光速度で伝わる。

弱い核力（**弱い相互作用**）は重力に次いで2番目に弱い基本的な力である。陽子の直径の1/1,000程度のごく短い距離でしか働かない。原子核崩壊、特に陽子が中性子に変わったり、中性子が陽子に変わったりするベータ崩壊に関係している。弱い核力は太陽における核融合や、重元素の合成に不可欠である。だから、わたしたちにとっても重要なのだ。

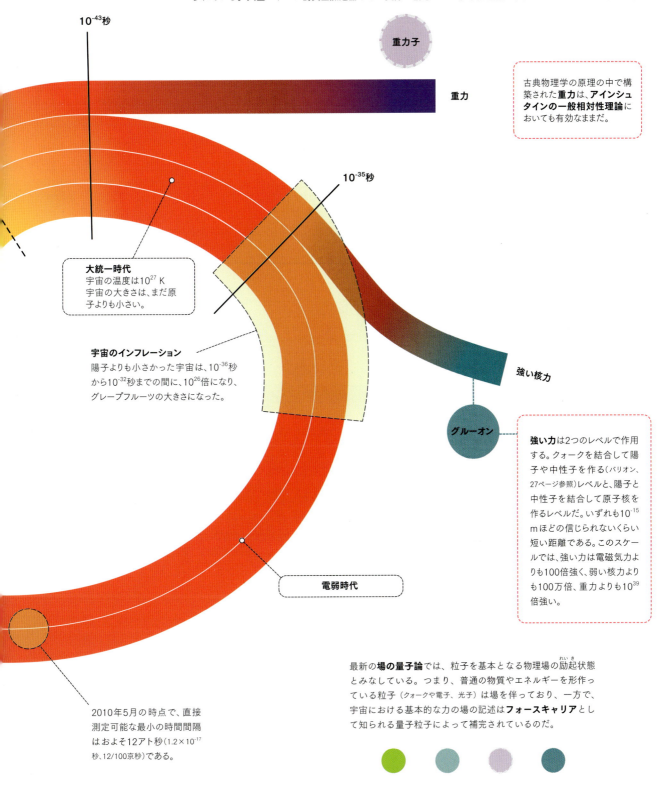

重力子は重力を媒介する仮説の粒子である。重力子が発見されれば、量子論と相対論が結び付くことになるだろう。量子重力は、そのほとんどが理論上の課題であり、プランクスケールの近くでのみ効果が現れると考えられている。大型ハドロン衝突型加速器などの実際に構想された粒子加速器の能力をはるかに超える領域だ。

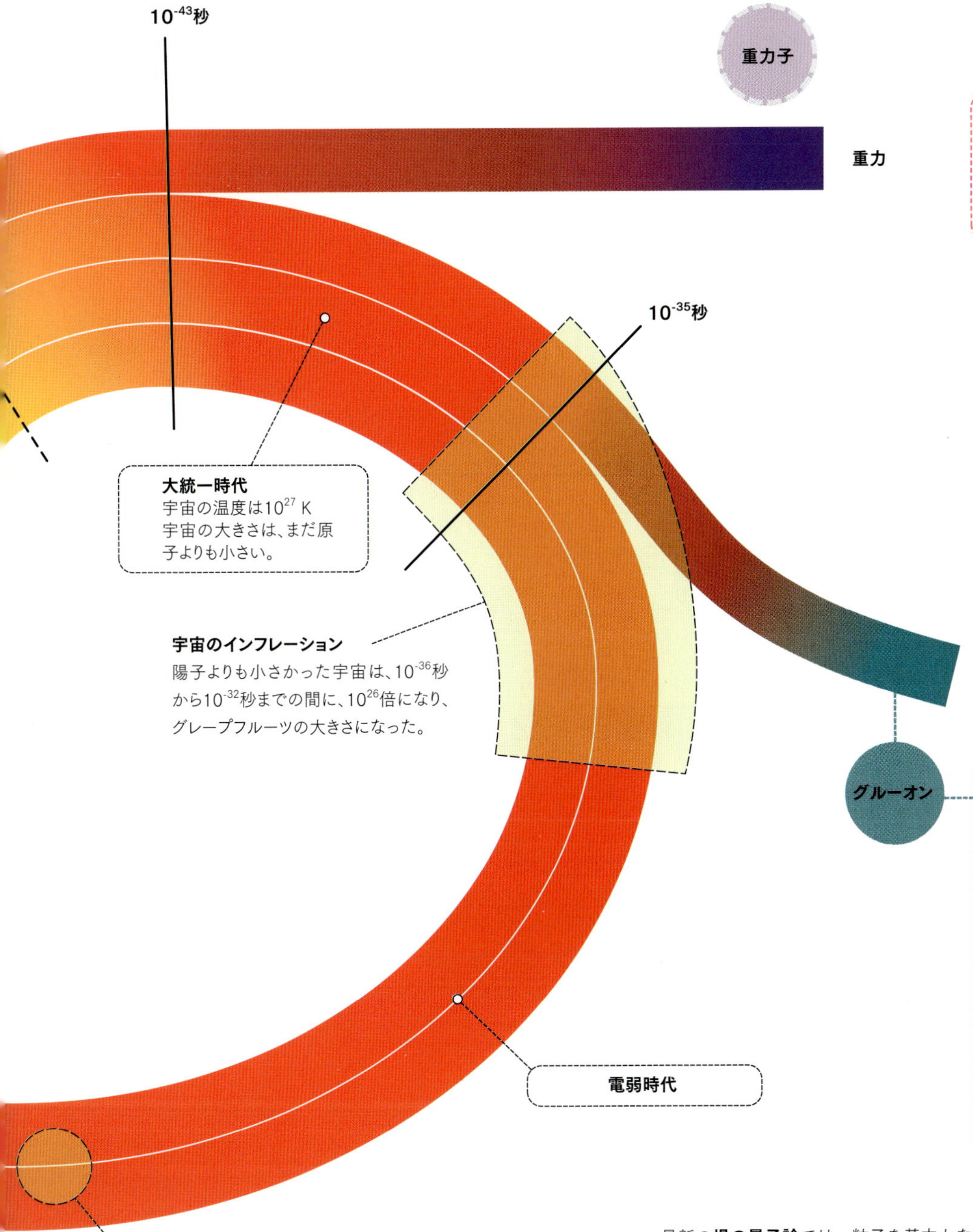

10^{-43}秒
重力子
重力
10^{-35}秒
強い核力
グルーオン
電弱時代

古典物理学の原理の中で構築された**重力**は、**アインシュタインの一般相対性理論**においても有効なままだ。

大統一時代
宇宙の温度は10^{27} K
宇宙の大きさは、まだ原子よりも小さい。

宇宙のインフレーション
陽子よりも小さかった宇宙は、10^{-36}秒から10^{-32}秒までの間に、10^{26}倍になり、グレープフルーツの大きさになった。

強い力は2つのレベルで作用する。クォークを結合して陽子や中性子を作る（バリオン、27ページ参照）レベルと、陽子と中性子を結合して原子核を作るレベルだ。いずれも10^{-15} mほどの信じられないくらい短い距離である。このスケールでは、強い力は電磁気力よりも100倍強く、弱い核力よりも100万倍、重力よりも10^{39}倍強い。

2010年5月の時点で、直接測定可能な最小の時間間隔はおよそ12アト秒（1.2×10^{-17}秒、12/100京秒）である。

最新の**場の量子論**では、粒子を基本となる物理場の励起（れいき）状態とみなしている。つまり、普通の物質やエネルギーを形作っている粒子（クォークや電子、光子）は場を伴っており、一方で、宇宙における基本的な力の場の記述は**フォースキャリア**として知られる量子粒子によって補完されているのだ。

物質の成分

宇宙の密度はエネルギーと物質の両方で決まる。現代物理学で最も有名な数式$E=mc^2$から受ける一般的な印象とは異なり、エネルギーと物質は同じものの交換可能な表現ではない。

物質というのはあいまいな用語であり、数種類の異なる“もの”を記述するのに使われている。エネルギーはものではないが、あらゆるものはエネルギーを持つ。粒子は2種類のエネルギーを持っている。1つは質量エネルギーで、$E=mc^2$で表され、粒子が動いているかどうかや、どのように動いているかには依存しない。もう1つは運動エネルギーで、粒子が静止していれば0、粒子が速く動くほどエネルギーも大きくなる。

宇宙の平均密度
欧州宇宙機関のプランク宇宙望遠鏡によって、宇宙の密度が臨界密度と等しいことが、0.5％の誤差で確かめられた（下図の緑色の曲線を参照）。

これは、１辺が約１万6,000 kmの立方体空間の中にある１粒の砂に相当する。

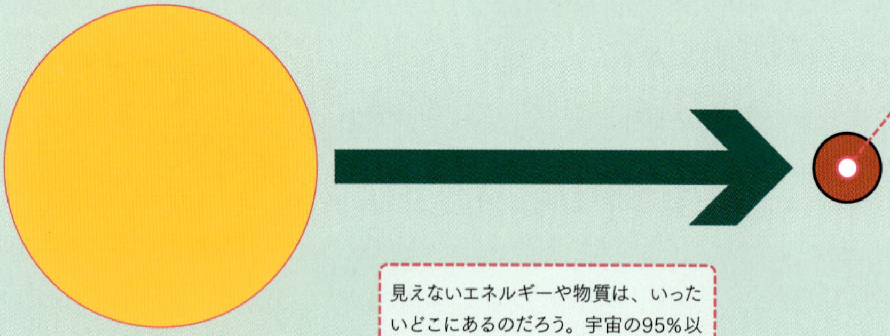

原子物質の実際の密度：
4 m^3あたりの陽子数がほぼ1に等しい

も

見えないエネルギーや物質は、いったいどこにあるのだろう。宇宙の95％以上は検出されていない（28ページ参照）。

宇宙のエネルギー／質量密度：
1 m^3あたりの陽子数が5.9に等しい

１粒の砂には陽子と中性子がおよそ1,000,000,000,000,000,000,000 個含まれている（砂、すなわち二酸化ケイ素が１原子あたり平均20個のハドロンを持つと仮定）。

密度は重要だ！
黄色の曲線は、高密度の閉じた宇宙を示す。数十億年にわたって膨張し、そのあとに反転して自身の重さで崩壊する。緑色の曲線は、臨界密度の平坦な宇宙を示す。膨張速度は下がり続ける。青色の曲線は、低密度の開いた宇宙を示す。膨張速度は下がり続けるが、重力の引く力が前２者ほど強くないので下がり方は緩やかだ。赤色の曲線は、**ダークエネルギー**（圧力とエネルギー密度の組み合わせ）を多く持つ宇宙を示している。そのため、宇宙の膨張速度は上がっていく。わたしたちの宇宙が赤色の曲線に従っているという証拠が増えつつある。

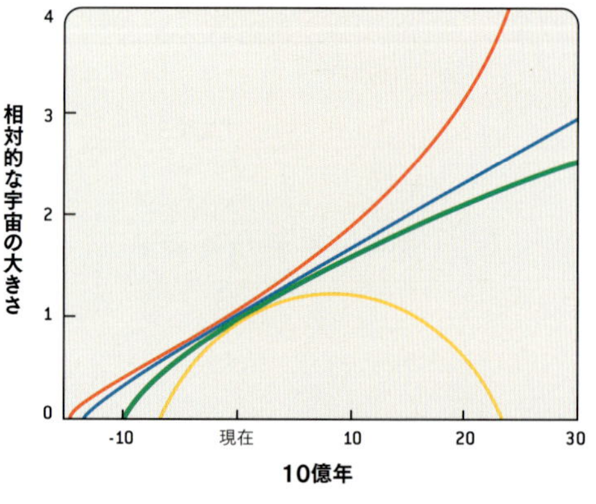
相対的な宇宙の大きさ
4
3
2
1
0
-10
現在
10
20
30
10億年

宇宙にある**もの**は、すべてが場（宇宙の基本的構成要素）と粒子によって作られている。あらゆる粒子は場の中で脈動し、エネルギーを持つ。**物質**とは原子や、原子を形作る成分（電子と、原子核を構成する陽子や中性子）のことを指しているといえる。原子は、わたしたちのまわりで物質宇宙として知覚されるもの（たとえば火や山、まつげ、潮だまり、塩など）の基本的な構成要素である。あるいは、自然界における基本的な物質粒子を指してもよい。すなわち、電子やミュー粒子、タウ粒子、3種のニュートリノ、6種のクォークのことであり、フォースキャリア以外のすべての種類の粒子である。フォースキャリアは光子やグルーオン、Wボソン、Zボソンであり、おそらく25ページで紹介した重力子もそうだろう。

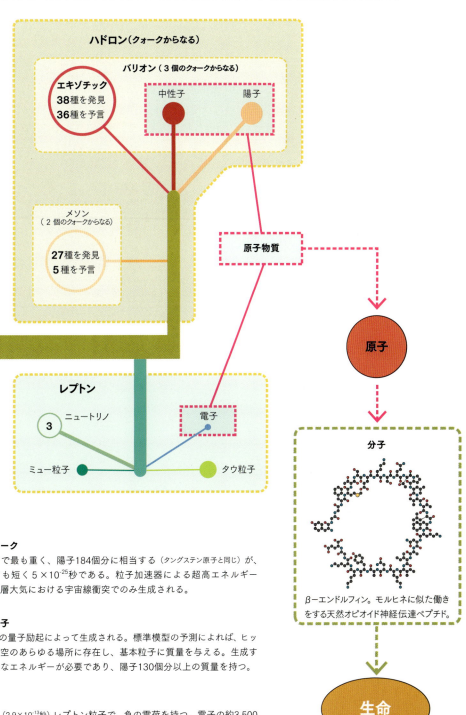

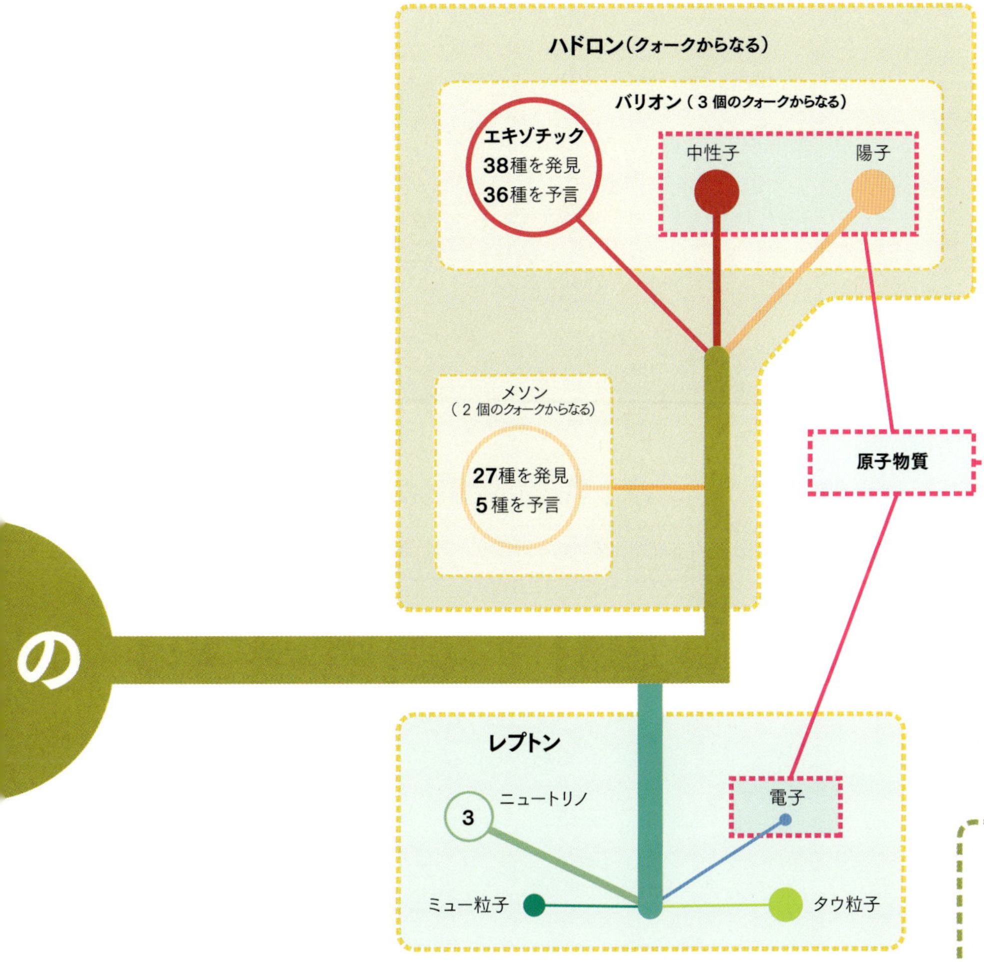
ハドロン（クォークからなる）
バリオン（3個のクォークからなる）
エキゾチック
38種を発見
36種を予言
中性子
陽子
メソン
（2個のクォークからなる）
27種を発見
5種を予言
の
レプトン
ニュートリノ
3
電子
ミュー粒子
タウ粒子
原子物質

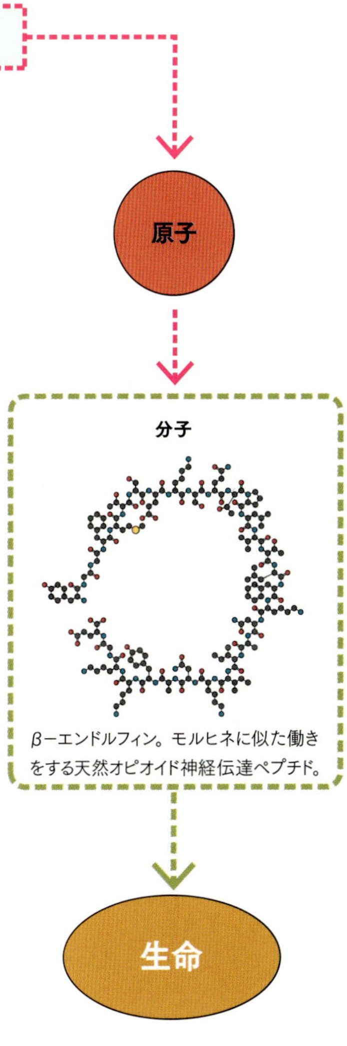
原子
分子
生命
β−エンドルフィン。モルヒネに似た働きをする天然オピオイド神経伝達ペプチド。

エキゾチック粒子

トップクォーク
素粒子の中で最も重く、陽子184個分に相当する（タングステン原子と同じ）が、寿命はとても短く5×10^{-25}秒である。粒子加速器による超高エネルギー衝突や、高層大気における宇宙線衝突でのみ生成される。

ヒッグス粒子
ヒッグス場の量子励起によって生成される。標準模型の予測によれば、ヒッグス場は時空のあらゆる場所に存在し、基本粒子に質量を与える。生成するには巨大なエネルギーが必要であり、陽子130個分以上の質量を持つ。

タウ粒子
寿命の短い（2.9×10^{-13}秒）レプトン粒子で、負の電荷を持つ。電子の約3,500倍の質量を持つ。

物質と見えない物質

通常の物質が、さまざまな種類の亜原子粒子でできていることが明らかになった。それから、反物質があることも。しかし、宇宙にある物質やエネルギーのほとんどが目に見えなくて、いまだに検出もできないという事実をどう説明すればよいのだろう。そう、説明できないのだ。今はまだ。

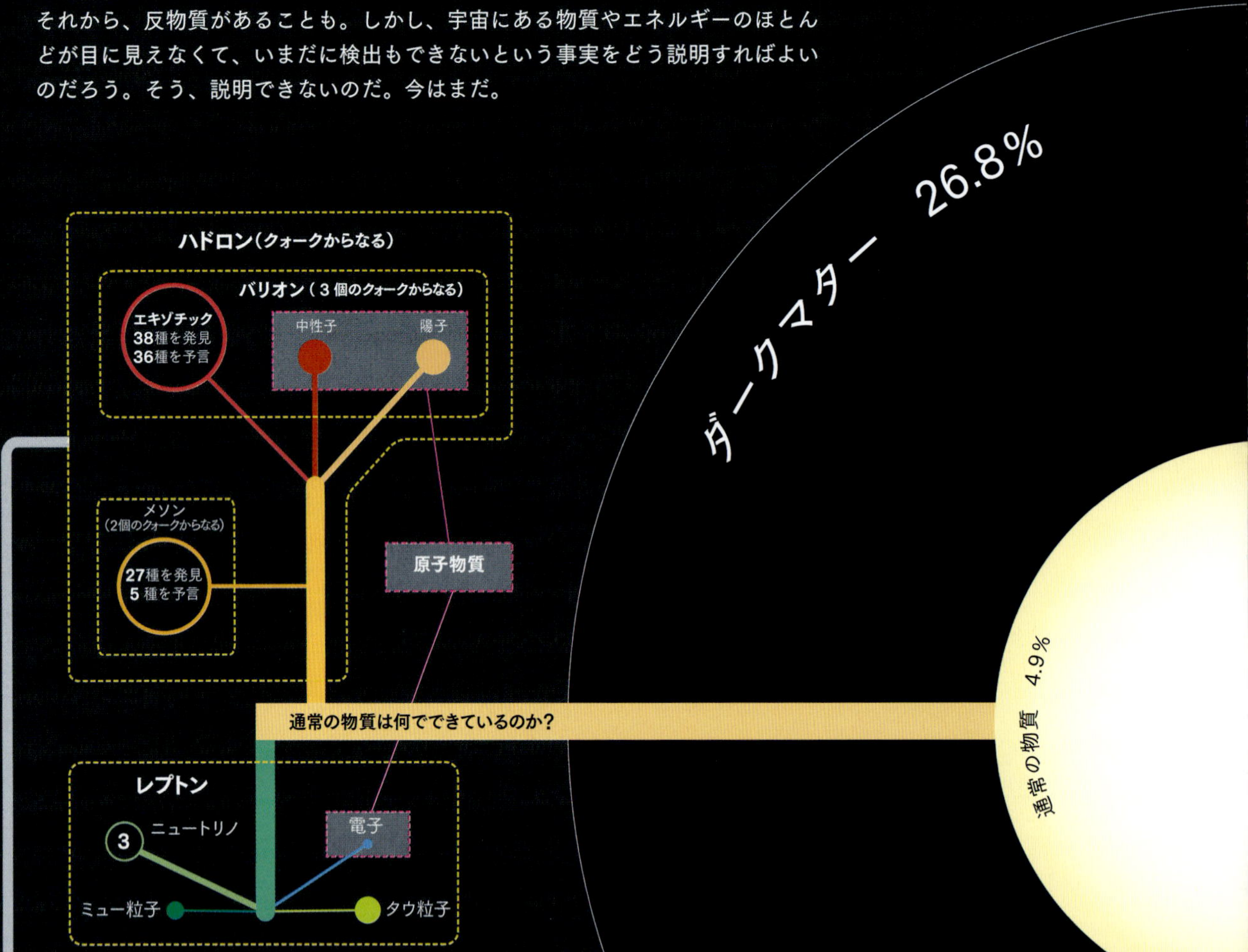

ダークマター 26.8%
通常の物質 4.9%
ハドロン（クォークからなる）
バリオン（3個のクォークからなる）
エキゾチック
38種を発見
36種を予言
中性子
陽子
メソン
(2個のクォークからなる)
27種を発見
5種を予言
原子物質
通常の物質は何でできているのか？
レプトン
3
ニュートリノ
電子
ミュー粒子
タウ粒子

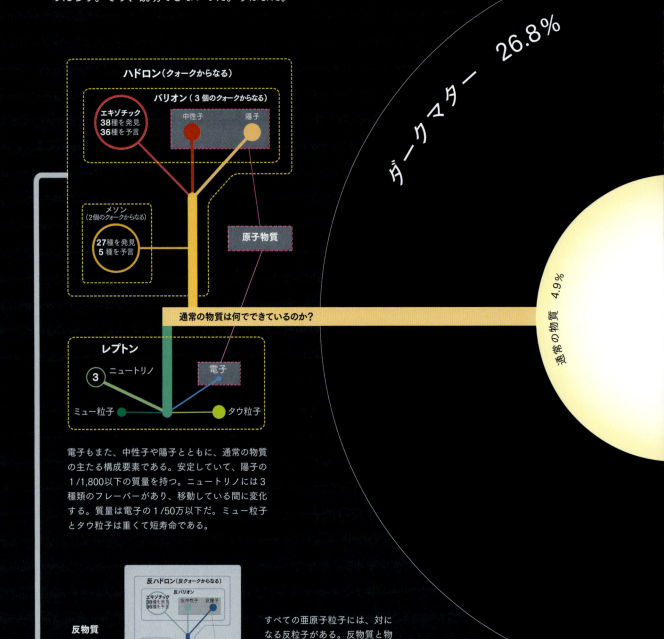

電子もまた、中性子や陽子とともに、通常の物質の主たる構成要素である。安定していて、陽子の1/1,800以下の質量を持つ。ニュートリノには3種類のフレーバーがあり、移動している間に変化する。質量は電子の1/50万以下だ。ミュー粒子とタウ粒子は重くて短寿命である。

反物質

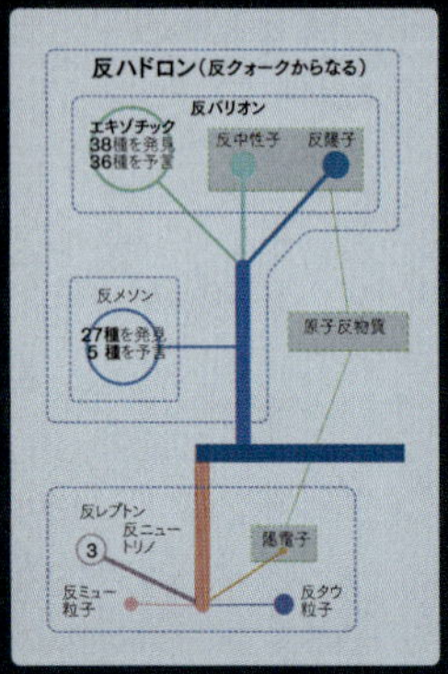

反ハドロン（反クォークからなる）
反バリオン
エキゾチック
38種を発見
36種を予言
反中性子
反陽子
反メソン
27種を発見
5種を予言
原子反物質
反レプトン
3
反ニュートリノ
陽電子
反ミュー粒子
反タウ粒子

すべての亜原子粒子には、対になる反粒子がある。反物質と物質が接触すると完全に消滅し、巨大なエネルギーを持つ光子が放出される。

可視宇宙の質量の94％を占めているのは中性子と陽子、電子である。ほぼ**すべての**科学は、この原子物質を対象としている。エキゾチックハドロンやエキゾチックメソンは、どれもきわめて不安定で、半減期はおおむね10^{-10}秒と10^{-24}秒の間である。陽子の半減期は宇宙の年数よりも長い。自由中性子の半減期は10分ほどだが、原子核の中にある中性子は完全に安定している。

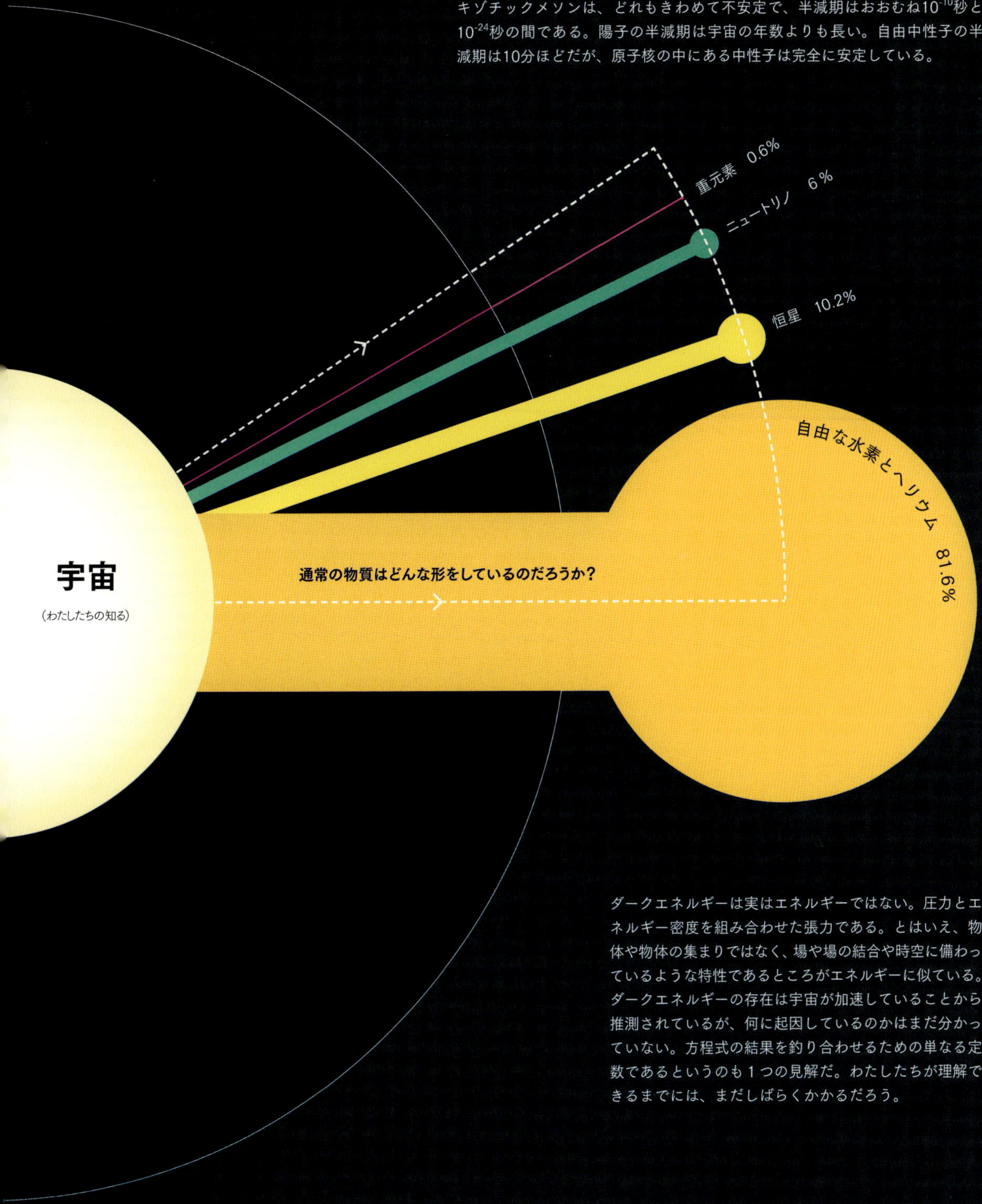
重元素　0.6%
ニュートリノ　6%
恒星　10.2%
自由な水素とヘリウム　81.6%
宇宙
（わたしたちの知る）
通常の物質はどんな形をしているのだろうか？

ダークエネルギーは実はエネルギーではない。圧力とエネルギー密度を組み合わせた張力である。とはいえ、物体や物体の集まりではなく、場や場の結合や時空に備わっているような特性であるところがエネルギーに似ている。ダークエネルギーの存在は宇宙が加速していることから推測されているが、何に起因しているのかはまだ分かっていない。方程式の結果を釣り合わせるための単なる定数であるというのも1つの見解だ。わたしたちが理解できるまでには、まだしばらくかかるだろう。

ダークエネルギー　68.3％

ビッグバンから38万年後まで

ビッグバンによる放射は、残光となって今でもわたしたちのまわりに存在する。テレビの同調をずらしてやると画面にスノーノイズが生ずるが、その原因の数%はこの太古の光によるものだ。

光子時代
レプトンの大部分が対消滅すると、宇宙は放射によって満たされる。それから38万年の間、ガンマ線光子が、残された荷電陽子や電子、さらには原子核と干渉し合うのだ。光は、散乱や吸収によって遠くまで進むことができない。そのため、宇宙は不透明で、ぼんやりと光っている。

ハドロン時代
宇宙の温度は10兆K。宇宙を構成するクォークグルーオンプラズマが十分に冷えて、クォークがハドロンを形成できるようになる。その中には陽子や中性子などのバリオンも含まれている。最初は、物質と反物質が平衡状態にある。

レプトン時代
ハドロンの大部分が対消滅すると、宇宙はレプトンによって占められる。ほとんどは電子とその反物質の陽電子であるが、タウ粒子やミュー粒子、ニュートリノといったエキゾチックレプトンもある。

宇宙元素合成

クォーク時代
宇宙の温度は1,000京K。たくさんの自由なクォークとグルーオンが宇宙空間を満たしている。

1μ秒（10^{-6}秒）

1秒

10秒

100秒

宇宙の直径　0.001312光年　1.3光年

わたしたちの太陽系の約1,000倍の大きさ

温度が100億Kよりも下がると、ハドロン物質と反ハドロン物質は対消滅する。物質の方がわずかに多く、10億個に1個程度の割合で陽子や中性子が残る。

温度が50億Kよりも下がると、レプトンと反レプトンは対消滅する。少量のレプトンが残る。

物質優勢宇宙（6万年以降）

宇宙の温度が10億Kまで下がると、原子核が形成され始める。核融合の過程で、陽子（水素イオン）と中性子が結び付いて原子核になるのだ。これらの原子核は最も単純な化学元素だけであり、ほとんどが**水素**と**ヘリウム**だった。ほんの17分ほどで、宇宙の温度と密度が下がり、核融合を続けられなくなった。この時点で、質量にして水素はヘリウムの約3倍存在し、**リチウム**などの他の原子核はごくわずかである。

事象を“現在”から振り返ってみる
最初、宇宙の大きさは0で、それからずっと膨張を続けている。宇宙空間を見るときに、より遠くを見るほど、より昔を振り返って見ていることになる。過去は“遠ざかって”いくので、最も古くまで遡った場所（現在290億光年の彼方）までは宇宙が晴れ上がっており、その間にある宇宙空間を通って光（光子）が進んでくる。それをわたしたちは検出できるのだ。この最古の光が**宇宙背景放射**と呼ばれるものの元になっている。

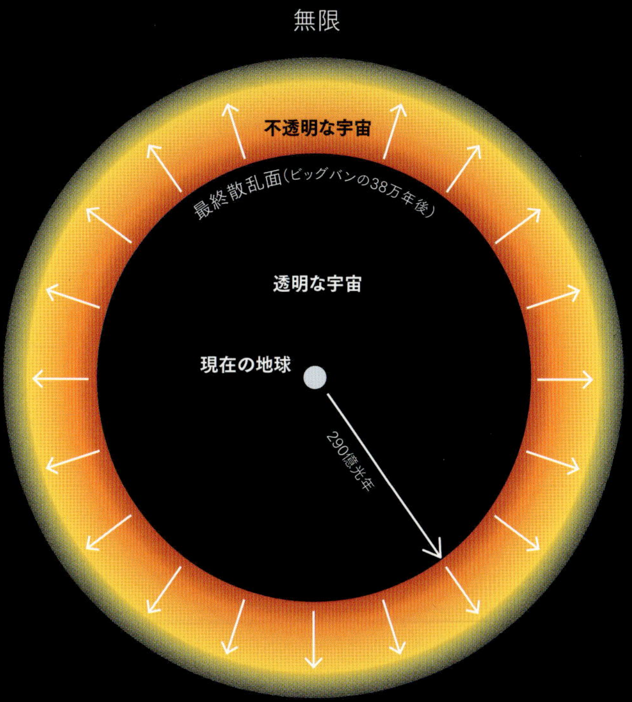
無限
不透明な宇宙
最終散乱面(ビッグバンの38万年後)
透明な宇宙
現在の地球
290億光年

再結合
宇宙の温度が3,000 Kよりも下がると、電荷を持つ水素原子核が自由電子を捕獲するようになる。中性水素に対する自由電子や陽子の割合は、1万個に対して数個ほどにまで低下する。宇宙空間は透明に晴れ上がり、光はどこまでも自由に進んでいく。このときの光は、それからもずっと宇宙空間を進み続けており、わたしたちの周りのいたるところで検出されうる。ビッグバンの残光を計測できるということだ。

ビッグバンから38万年後

9,000万光年
現在へ

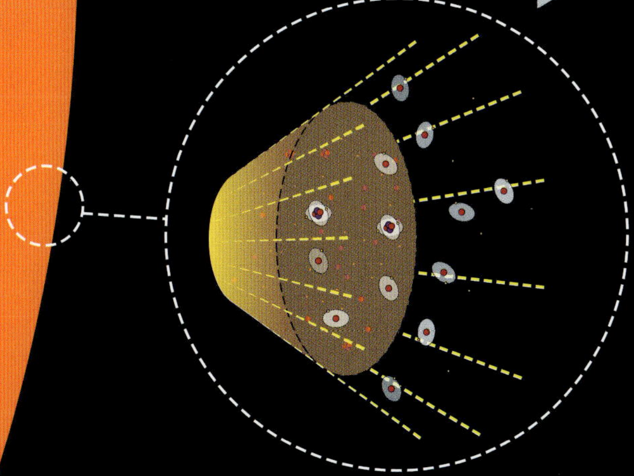

光子脱結合
水素やヘリウムが再結合によって中性原子を作ると、光子が放出されて宇宙空間を自由に進んでいく。この宇宙背景放射の温度は3,000 Kで、暗赤色に光っていたと思われる。この光源は今では遠く離れていて、しかも宇宙の膨張によって遠ざかり続けている。遠ざかる速度が大きいため、その光には赤方偏移が起こり、目に見えないマイクロ波放射にまで周波数が下がる。この放射の性質や模様が、今では、ごく初期の極めて短い瞬間や、たいへん精密な時空の構造についての洞察を与えてくれている。

宇宙マイクロ波背景放射のマッピング
2001年から2009年まで、NASAのウィルキンソン・マイクロ波異方性探査機は宇宙マイクロ波背景放射をマッピングした。その過程で、最新の宇宙の標準模型を検証し、拡張した。その後、2009年から2012年まで、欧州宇宙機関のプランク宇宙望遠鏡が観測を継続し、精度を高めた。微小な温度変化によるまだら模様は、ビッグバン後の早い時間（10^{-32}秒）における異常なまでのインフレーションで生じた量子ゆらぎによるものである。この模様こそが物質への重力の集中を引き起こし、かくして恒星や銀河、さらにはわたしたちを作ったのだ。

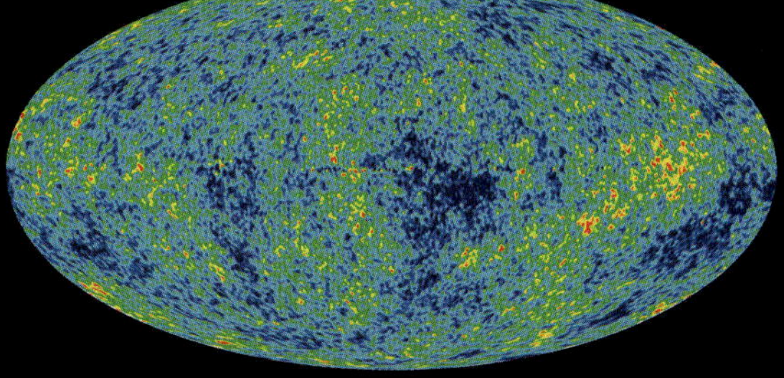

電磁放射

あらゆる物質は、絶対零度（-273℃、0 K）を超えると電磁放射を出す。電磁放射の波長は物質の温度によって変わる。電磁放射は、電子や陽子などの荷電粒子を加速すると起こる。加速の原因となるのは、原子や分子内部の原子結合の熱振動、原子同士の衝突、それからエネルギー状態間の電子の移動である。

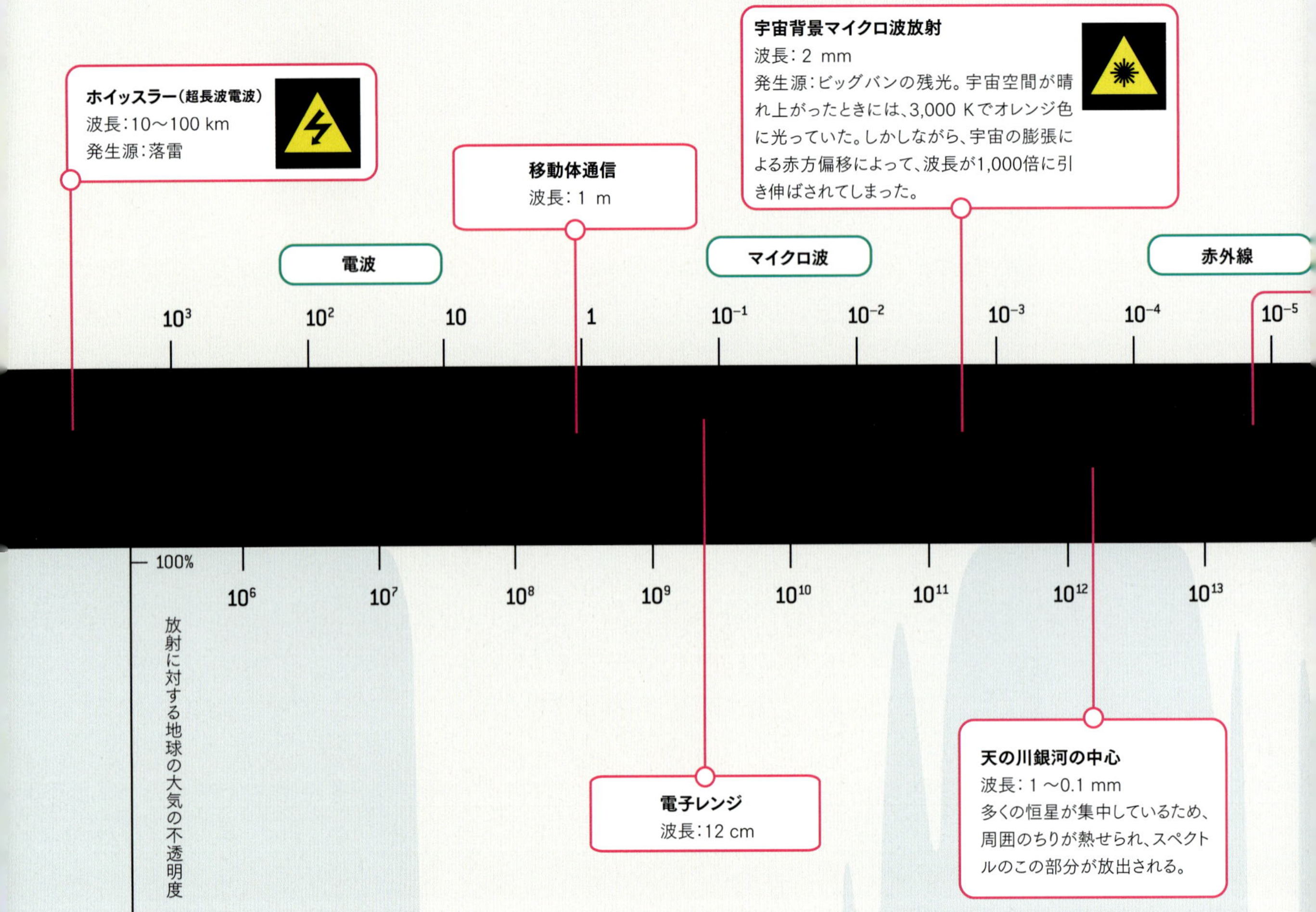

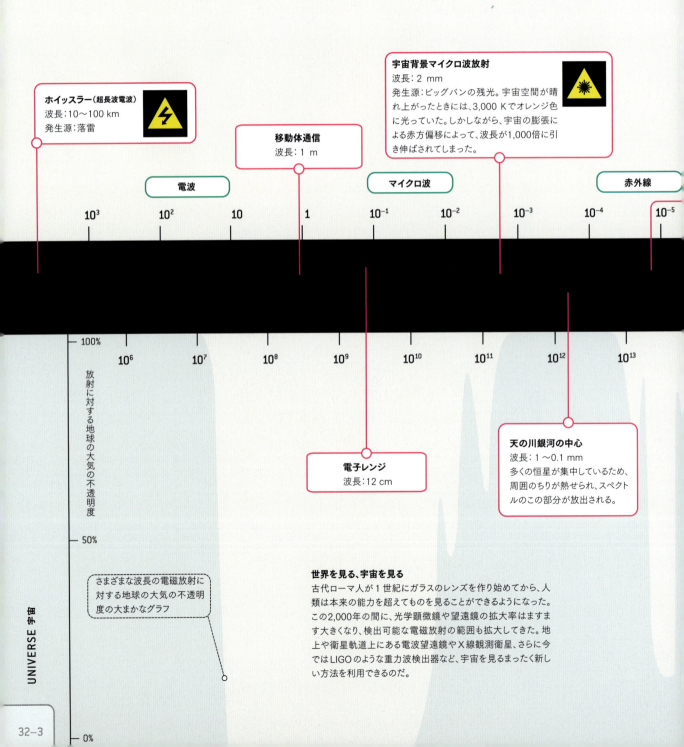

ホイッスラー（超長波電波）
波長：10～100 km
発生源：落雷
移動体通信
波長：1 m
宇宙背景マイクロ波放射
波長：2 mm
発生源：ビッグバンの残光。宇宙空間が晴れ上がったときには、3,000 Kでオレンジ色に光っていた。しかしながら、宇宙の膨張による赤方偏移によって、波長が1,000倍に引き伸ばされてしまった。
電波
マイクロ波
赤外線
10^{3} 10^{2} 10 1 10^{-1} 10^{-2} 10^{-3} 10^{-4} 10^{-5}
100%
10^{6} 10^{7} 10^{8} 10^{9} 10^{10} 10^{11} 10^{12} 10^{13}
放射に対する地球の大気の不透明度
電子レンジ
波長：12 cm
天の川銀河の中心
波長：1～0.1 mm
多くの恒星が集中しているため、周囲のちりが熱せられ、スペクトルのこの部分が放出される。
50%
0%

さまざまな波長の電磁放射に対する地球の大気の不透明度の大まかなグラフ

世界を見る、宇宙を見る

古代ローマ人が1世紀にガラスのレンズを作り始めてから、人類は本来の能力を超えてものを見ることができるようになった。この2,000年の間に、光学顕微鏡や望遠鏡の拡大率はますます大きくなり、検出可能な電磁放射の範囲も拡大してきた。地上や衛星軌道上にある電波望遠鏡やX線観測衛星、さらに今ではLIGOのような重力波検出器など、宇宙を見るまったく新しい方法を利用できるのだ。

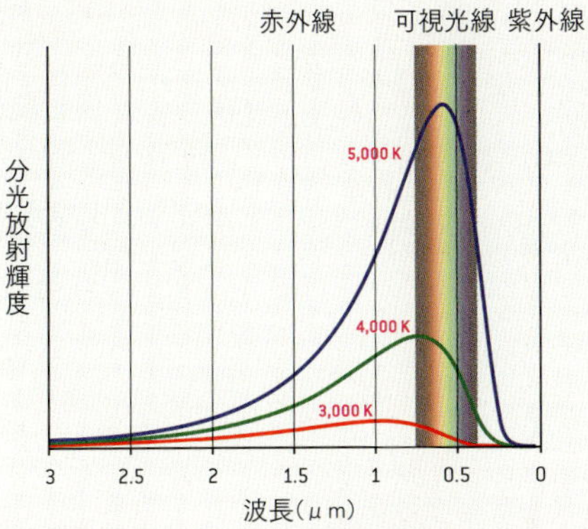
赤外線
可視光線
紫外線
分光放射輝度
5,000 K
4,000 K
3,000 K
3
2.5
2
1.5
1
0.5
0
波長（μｍ）

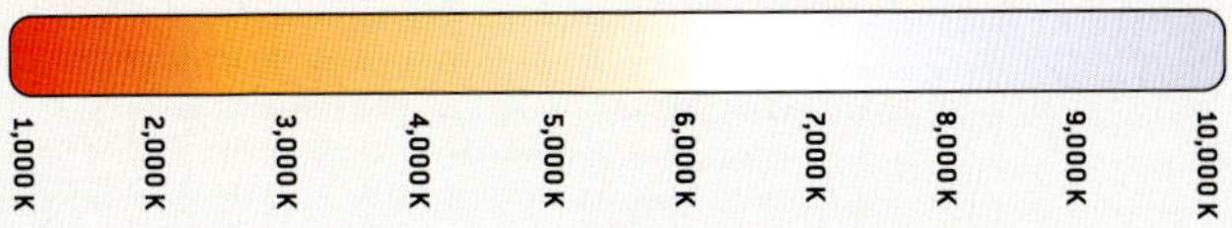
1,000 K
2,000 K
3,000 K
4,000 K
5,000 K
6,000 K
7,000 K
8,000 K
9,000 K
10,000 K

黒体放射と白熱

黒体放射は物体からの熱放射であり、理論的にも完全に説明できる。黒体放射は波長の分布によって識別されるが、その分布には知覚される色に対応する明確なピークがある。物体を熱すると約798 K（525℃）で光り始めるが、これは暗がりでほのかに見える程度なので、（人間の目は微弱な光に対して黒と白にだけ敏感なため）灰色のように見える。温度が高くなるにつれて、色は暗赤色からオレンジ、白へと変わっていき、最後にはまばゆいばかりの青白色に輝く。その先は紫外線やX線の領域へと移っていくのだ。

長波長赤外線
波長：12μｍ
発生源：人体からの熱（サーモグラフィ）

宇宙Ｘ線背景放射
波長：１〜0.1 nm
発生源：太陽から300光年以内の局所泡にある高温ガス

ガンマ線バースト
波長：１ pm
発生源：超新星や極超新星

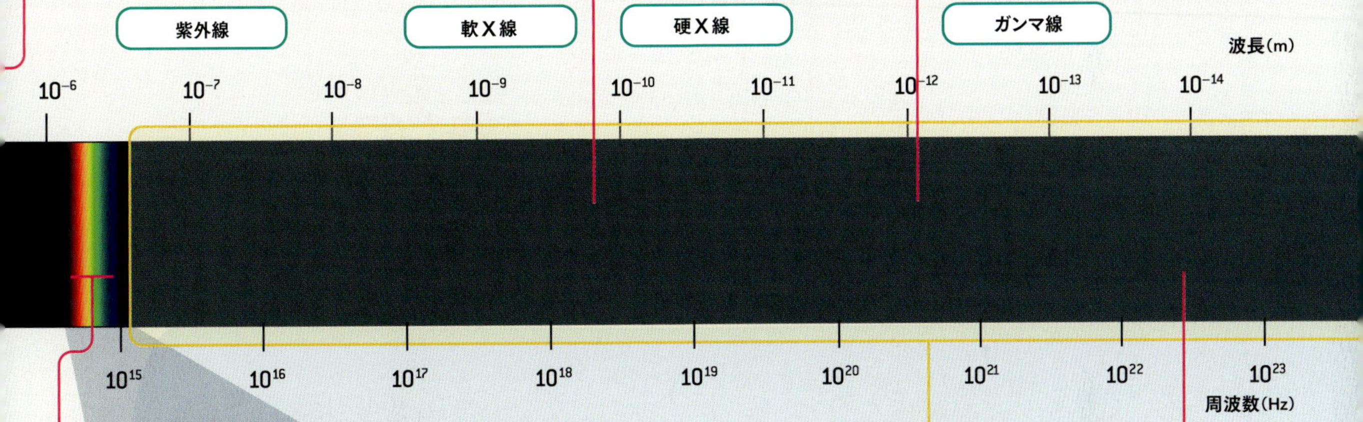
紫外線
軟Ｘ線
硬Ｘ線
ガンマ線
波長（m）
10^{-6}
10^{-7}
10^{-8}
10^{-9}
10^{-10}
10^{-11}
10^{-12}
10^{-13}
10^{-14}
10^{15}
10^{16}
10^{17}
10^{18}
10^{19}
10^{20}
10^{21}
10^{22}
10^{23}
周波数（Hz）

電離放射線とは、原子や分子から電子を吹き飛ばして正の電荷を持たせるほどの十分なエネルギーを持つ放射である。化学結合を破壊したり、遊離基を作ったりする原因にもなる。その結果は、生きた細胞にとって致命的なものかもしれず、またDNA分子を傷つけて遺伝子の突然変異を引き起こすかもしれない。

ガンマ線

ガンマ線の最も一般的な発生源は原子核崩壊である。原子核が分裂すると、非常に高いエネルギー放射が発生する。天体物理学のエキゾチックな過程によってもガンマ線が生ずる。

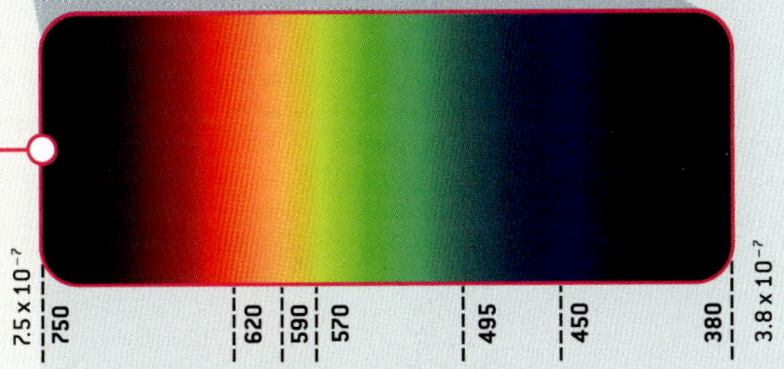
7.5×10^{-7}
750
620
590
570
495
450
380
3.8×10^{-7}

380 波長（nm）
3.8×10^{-7} 波長（m）

可視スペクトル

わたしたちは、まったくの主観によってスペクトルのこの部分が最も重要であると感じている。生物はほぼ例外なくこの領域の波長を知覚できる。大気もこの領域の光に対してはほぼ透明であるが、それは、この光が空気中の分子結合に吸収されない程度に波長が短く、電子を取り去ってイオン化させるほど力強くもないからだ。

電離放射線は大気中の分子と干渉する。空気は電離放射線にとって不透明なのだ。宇宙空間からのX線やガンマ線を観測するためには、さまざまな宇宙望遠鏡を打ち上げる必要があった。

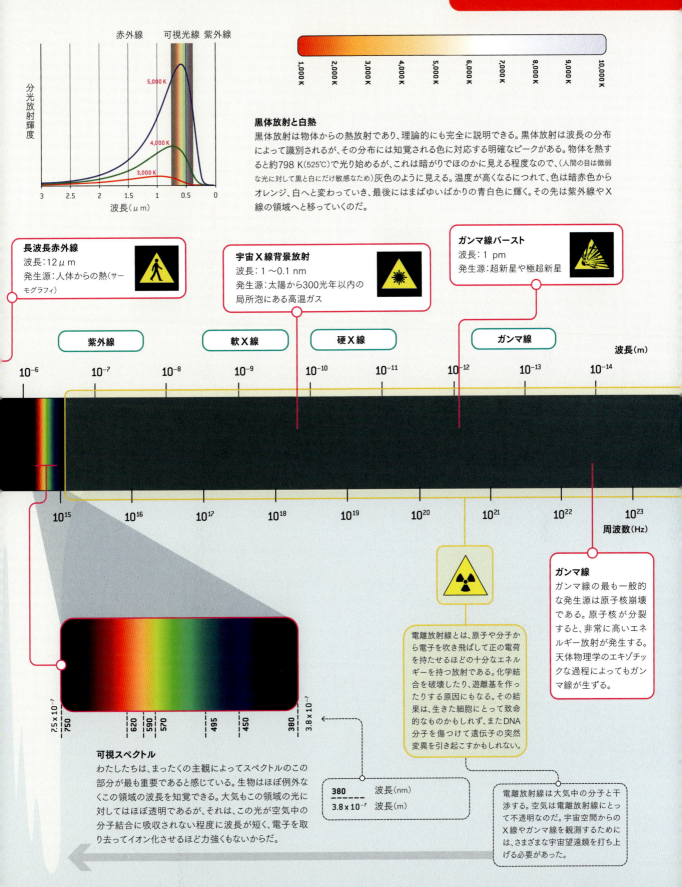

古典ニュートン物理学は、重力と質量、天体の運動を驚くほど正確に記述しており、200年にわたって最もうまく宇宙を説明してきた。力や質量、加速度は、いずれも時間と空間を定数として記述されていた。相対論は、そんな宇宙観を一変させてしまったのだ。今では、空間も時間も変数であり、真空中の光速度が制約を与える定数になった。

アインシュタイン物理学における重力
相対論では、加速度と、重力による作用とを区別できないと述べている。惑星や恒星など質量の大きな物体による局所的な時空の歪(ゆが)みが、物体の進路を変えたり、物体を軌道に引き入れたりする。重力は力ではなく、宇宙空間そのものの形を決める条件なのだ。軌道を回る惑星は、近くの時空に対しては直線的に進む。しかし、宇宙空間が湾曲しているため、外部の観測者から見ると惑星の進路は曲がっている。

重力レンズ効果
アインシュタインの一般相対性理論による予想の１つに、巨大な質量やエネルギーの集中によって時空の構造が歪められるだろうというのがあった。物体の密度が高いほど、質量が大きいほど、時空の歪みも大きくなる。密集して巨大質量となった銀河団は、地球上の観測者と遠く離れた光源との間の時空に深い井戸を掘れるのだ。遠くの物体からの光は井戸の縁あたりで曲げられてしまい、遠くの物体の見かけの位置は手前にある質量の大きな物体の中心から離れて見えるだろう。

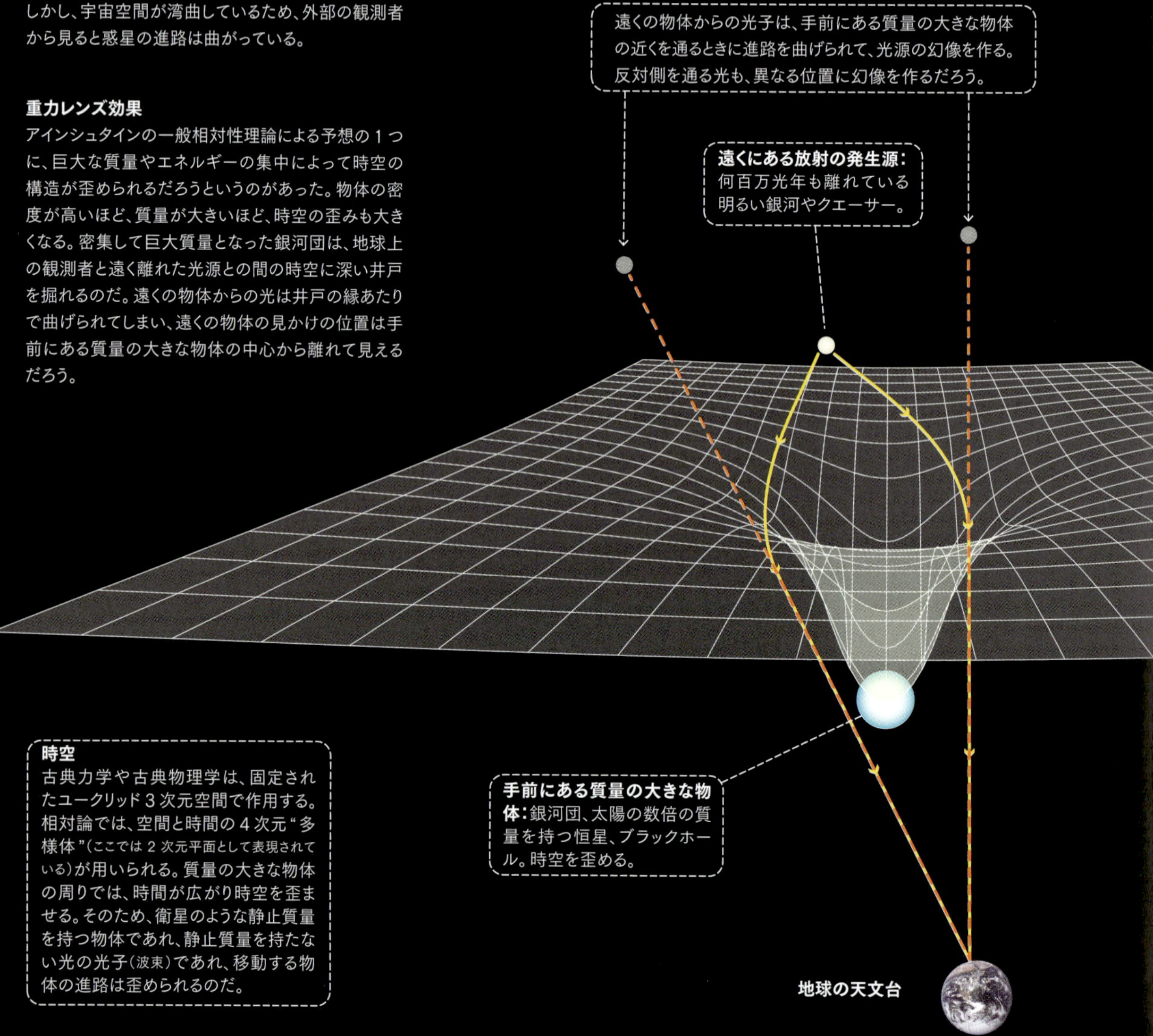
遠くの物体からの光子は、手前にある質量の大きな物体の近くを通るときに進路を曲げられて、光源の幻像を作る。反対側を通る光も、異なる位置に幻像を作るだろう。
遠くにある放射の発生源： 何百万光年も離れている明るい銀河やクエーサー。
手前にある質量の大きな物体： 銀河団、太陽の数倍の質量を持つ恒星、ブラックホール。時空を歪める。
地球の天文台

時空
古典力学や古典物理学は、固定されたユークリッド３次元空間で作用する。相対論では、空間と時間の４次元“多様体”（ここでは２次元平面として表現されている）が用いられる。質量の大きな物体の周りでは、時間が広がり時空を歪ませる。そのため、衛星のような静止質量を持つ物体であれ、静止質量を持たない光の光子（波束）であれ、移動する物体の進路は歪められるのだ。

重力波のスペクトル

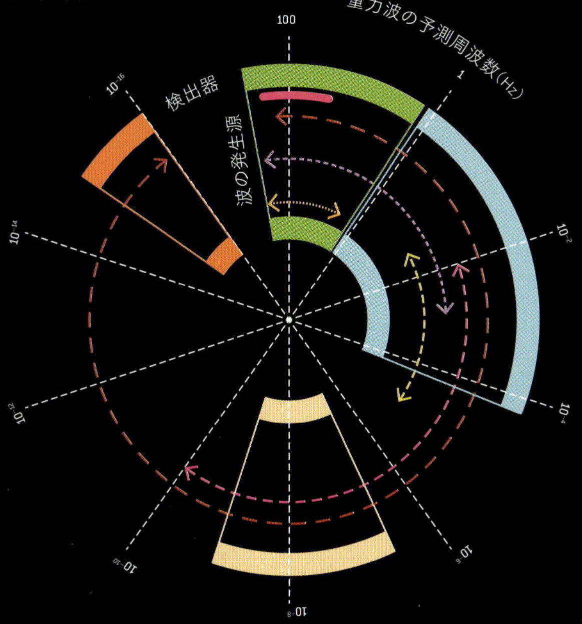

重力波の予測周波数(Hz)
検出器
波の発生源
100
1
10⁻²
10⁻⁴
10⁻⁶
10⁻⁸
10⁻¹⁰
10⁻¹²
10⁻¹⁴
10⁻¹⁶

重力波の発生源と考えられるもの

- 宇宙のインフレーション、ビッグバンの直後(25ページ参照)
- 互いに周りを回っている２つの超大質量ブラックホール
- 軌道を回っている、あるいはインスパイラルしていく高密度の連星または連星ブラックホール
- 軌道を回りながら、超大質量ブラックホールに飲み込まれる高密度の恒星
- 自転する中性子星／激しい極超新星爆発

完成した、あるいは計画されている検出器

- BICEP 2などの宇宙マイクロ波背景望遠鏡：宇宙が誕生したとき、重力波は当時の光を偏光させている
- パルサーのタイミングを望遠鏡で観測：連星系は重力波にエネルギーを与えながらインスパイラルしていく
- Advanced LIGOやVirgo　－　地上のレーザー干渉計：時空の伸び縮みを直接計測する
- eLISA宇宙探査機　－　宇宙空間で軌道を回るレーザー干渉計(2032年打ち上げ予定)：数百万km離れた時空の歪みを直接計測する

重力波

アインシュタインは、巨大な質量による激しいイベントが発生することで時空の構造にさざ波が生じ、それが光速度で時空を伝わり、重力放射という形でエネルギーを運ぶと予想した。電荷を加速すると電磁波が伝わるのと同じように、質量を加速すると重力波が生み出されるのだ。2015年９月、ついに重力波が初めて直接的に計測され、50年間にわたる探究は実を結んだ。Advanced LIGO検出器が記録した信号は、地球から12億光年離れた大質量の恒星ブラックホール２つがらせんを描きながら合体して生じたものだった。

検出

重力波が通過すると、その近くの時空は歪められ、距離が伸びたり縮んだりするだろう。他の基本的な力と比べて、重力は極端に弱く、影響も小さい。LIGOによる発見は、1/1,000,000,000,000,000,000,000程度の距離の変化まで検知できたおかげである。これは、地球から天の川銀河の中心までの距離が、25 cm伸びたり縮んだりするのに相当する。

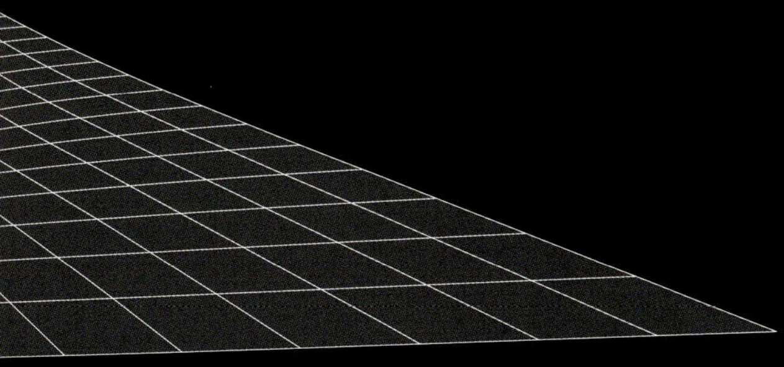

2015年９月14日にAdvanced LIGO検出器によって初めて直接的に計測された重力波の実際の記録データ

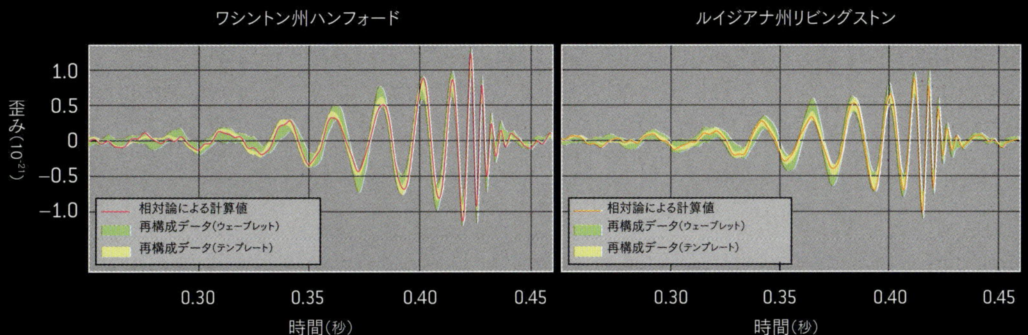

ワシントン州ハンフォード
ルイジアナ州リビングストン
1.0
0.5
0
−0.5
−1.0
歪み(10⁻²¹)
相対論による計算値
再構成データ(ウェーブレット)
再構成データ(テンプレート)
0.30
0.35
0.40
0.45
時間(秒)

原子論

宇宙にある通常の物質は、すべて化学元素で構成されている。純元素としての化学的性質を持っている最小の構成要素が原子である。古代の哲学でも物質が個別の構成要素からできていると論じられていたが、科学によって直接的な証拠が与えられたのは1800年代になってからだった。それ以来、原子の構造についての理解や説明は進化を続けてきた。

トムソンの原子模型(1897年)
古典的モデル(紀元前460~1890年)
原
余剰空間次元?
?
4f
3d
2p
1s
軌道名
量子雲モデル(1930年以降)

物質が分割不可能な構成要素からできているという考えは、古代の哲学にまで遡る。そして、化合物には元素が特有の割合で含まれていることを、科学は早くから明らかにしていた。原子は、化学的方法では分割も改変もできない特別なものだった。

粒子と波動の2重性に加えて量子論がさらに意味しているのは、角運動量が分かっている場合の電子の存在場所について根本的に不確定性があることだ。そのため、どのエネルギー準位においても、電子の位置と(その結果の)軌道パターンは、どこかの場所に電子が見つかる確率としてしか表現できない。このような確率的な電子雲は、球や輪、ダンベルなど特定の形と大きさを持ち、空間内にさまざまな向きをとる。

1897年にJ.J.トムソンが電子を発見したことで、原子にも構成要素があることが明らかになった。電子は負の電荷を持ち、水素原子の1/1,800の質量を持つ。新しい原子模型では、正電荷の海に負の電子が埋め込まれているように説明された。

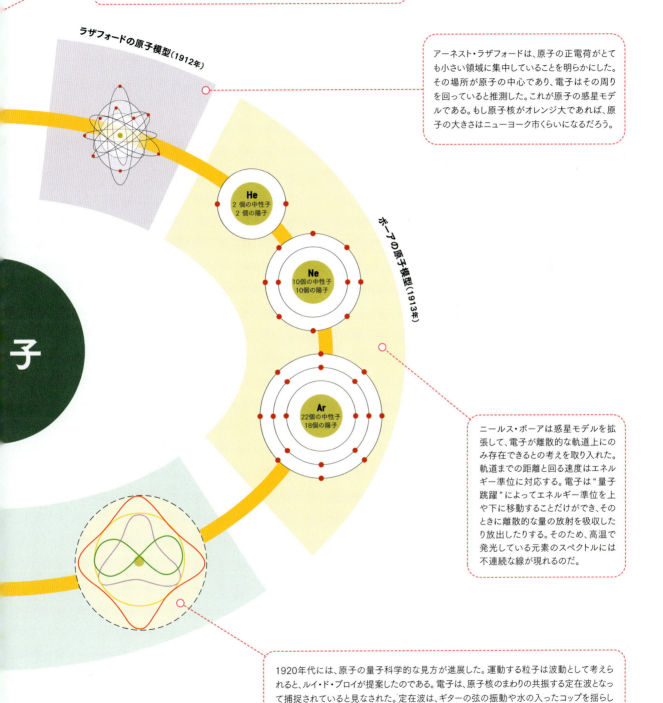

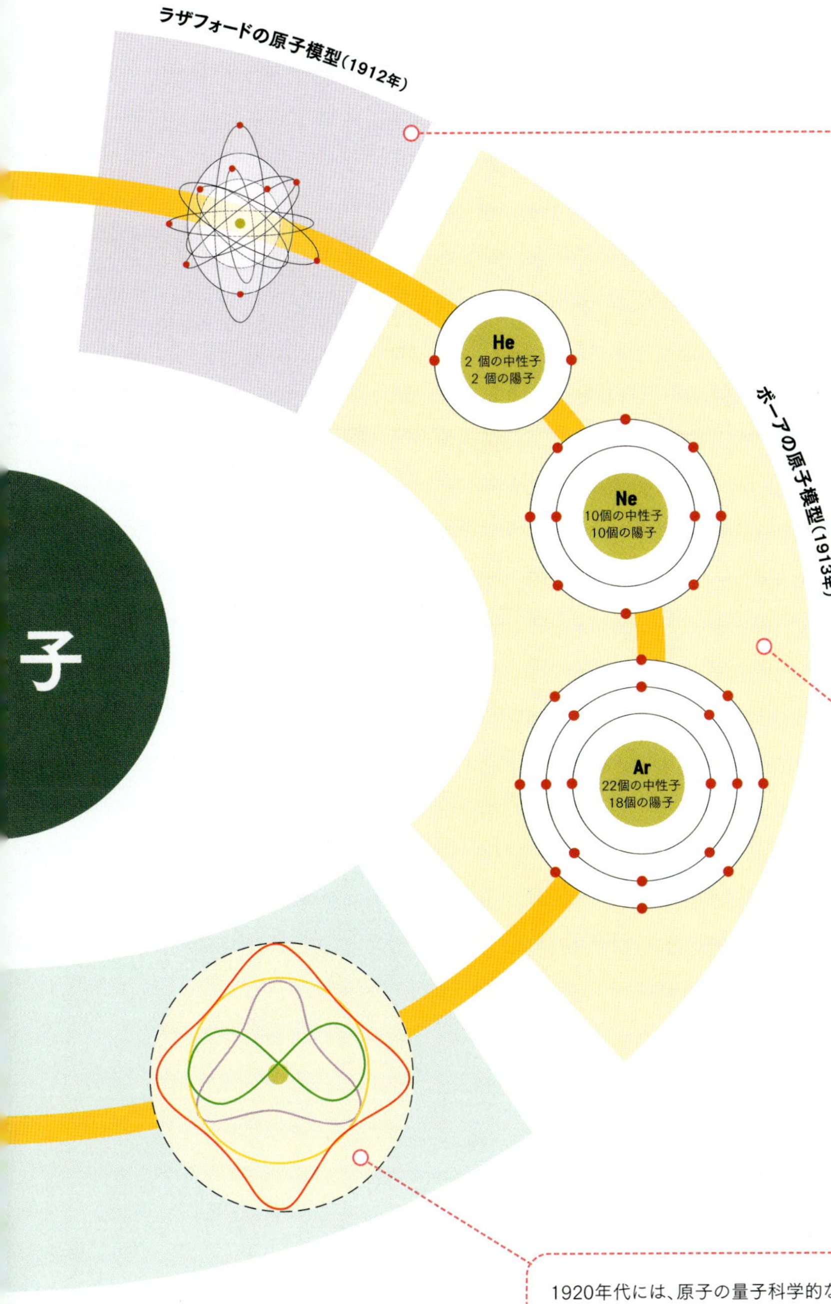
ラザフォードの原子模型（1912年）
He
2 個の中性子
2 個の陽子
Ne
10個の中性子
10個の陽子
Ar
22個の中性子
18個の陽子
ボーアの原子模型（1913年）
子

アーネスト・ラザフォードは、原子の正電荷がとても小さい領域に集中していることを明らかにした。その場所が原子の中心であり、電子はその周りを回っていると推測した。これが原子の惑星モデルである。もし原子核がオレンジ大であれば、原子の大きさはニューヨーク市くらいになるだろう。

ニールス・ボーアは惑星モデルを拡張して、電子が離散的な軌道上にのみ存在できるとの考えを取り入れた。軌道までの距離と回る速度はエネルギー準位に対応する。電子は“量子跳躍”によってエネルギー準位を上や下に移動することだけができ、そのときに離散的な量の放射を吸収したり放出したりする。そのため、高温で発光している元素のスペクトルには不連続な線が現れるのだ。

1920年代には、原子の量子科学的な見方が進展した。運動する粒子は波動として考えられると、ルイ・ド・ブロイが提案したのである。電子は、原子核のまわりの共振する定在波となって捕捉されていると見なされた。定在波は、ギターの弦の振動や水の入ったコップを揺らしてできる波紋のように高調波を持っている。離散的な高調波周波数だけを持つことができるのだ。電子の量子エネルギー状態は、このように説明された。

量子エネルギー状態

量子論が提唱するのは、あらゆる亜原子粒子が物質と波動（小さくまとまった波束）の両方として振る舞い、物質と波動の両方と考えられるということである。これは、原子核を回る電子の振る舞いから生まれた。

励起された電子は、より低い励起状態に戻ることができる。そのとき、光子の形で電磁エネルギーが放出され、原子から光が放たれる。高温の元素が光る理由だ。

原子は、**絶対零度**（0 K、-273.15℃）では基底状態にある。電磁放射（光子）の熱エネルギーを吸収して原子の温度が上昇すると、その系は励起され、より高いエネルギー状態に達する。このようなエネルギー吸収は、原子核を回る電子のエネルギー状態を上昇させる。丘の上に押し上げられた石のように、電子は位置エネルギーを得るのだ。しかしながら、電子の振る舞いが丘の上の石とは異なることが、**輝線**の発見によって示された。

水素
（1個の電子）

ヘリウム
（2個の電子）

水銀
（80個の電子）

ウラン
（92個の電子）

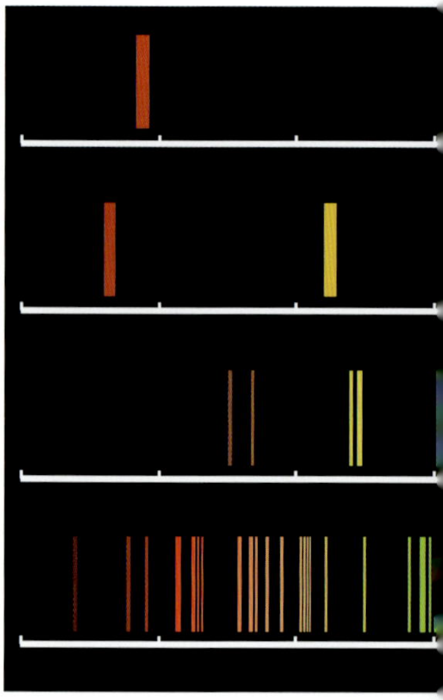

励起される

共振がすべてだ！

光子のエネルギーの一部が“吸収”される最も単純な場合は、光子が電子に当たって散乱し、光子のエネルギーの一部が電子に与えられるときだ。その過程において光子の波長も変わる。電子はエネルギーを得て、“丘を登る”ように励起状態を上げる。

内殻にある電子と同じように、**原子価電子**は光子の形でエネルギーを吸収したり放出したりできる。エネルギーを得ることで、電子はより外側の電子殻に飛び移ることができる（原子励起）。あるいは、電子は、属している原子の原子価殻から飛び出して、原子から完全に立ち去ることもできる。これを**イオン化**と呼び、その結果として陽イオンが作られる。光子を放出してエネルギーを失うことで、電子は空いている内殻へ移動することができる。

基底状態

放出スペクトル

高温で発光している純元素のサンプルから放出される光(電磁放射)を分光して作られるスペクトル線の例。19世紀前半、スペクトルが滑らかに連続していないことが実験によって明らかにされ始めた。日光のスペクトルの中に飛び飛びの暗線が見えたのである。反対に、ろうそくやアーク灯の光では、明るい線が飛び飛びに見えた。1912年になって、ニールス・ボーアは、これらの線を粒子と波動の２重性や共振、量子的な振る舞いといった観点から理解して説明する新時代を切り開いた。

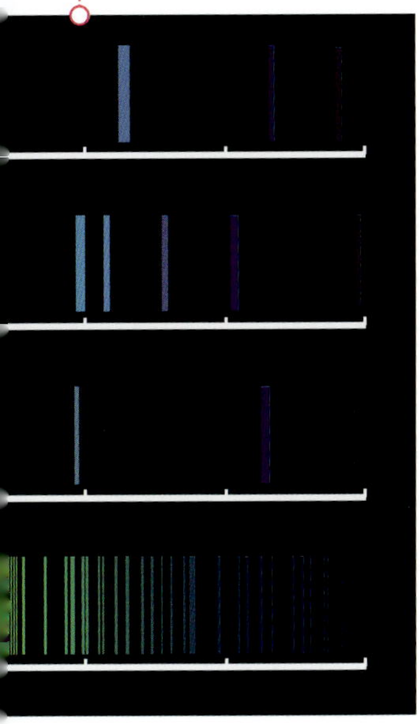

量子的な振る舞い

亜原子粒子のスケールにおける物質の振る舞い方は、一般的な理解を超えているように思われる。このレベルでは、電子を含むあらゆる物質は、粒子(より大きなスケールでいえば、１片のちりや１粒の砂)でできているようにも振る舞い、波(高密度の励起場、波束)であるかのようにも振る舞う。

正電荷を持つ原子核に引かれて捕捉され、高速度で軌道を回っている電子は、量子スケールでは波のような振る舞いを示す。ギターの弦の揺れや池の水紋のようになって捉えられているのだ。電子は、振動する弦のように定在波として振る舞い、共振周波数へと落ち着く。取りうる振動のレベルは離散的であり、この場合は量子エネルギーに対応する。

定在波として描かれた電子軌道。音楽の倍音のように、数学の倍数に対応するエネルギー状態のもののみが存在できる。

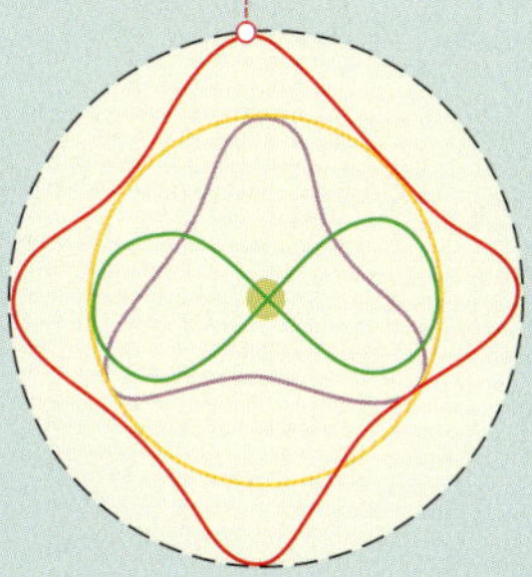

星形成

巨大な質量を持つ恒星が最期を迎えるとき、最終的には自ら崩壊して超新星爆発を起こし、巨大な衝撃波と核融合の残骸とを星間空間に送出する。衝撃波は、水素とヘリウムからなる分子雲を圧縮し、加熱するとともに、分子雲に運動量を与える。やがて、長い時間をかけて、星間物質が重力によって集まり、収縮し、ついには次の世代の恒星が形成されていくのだ。

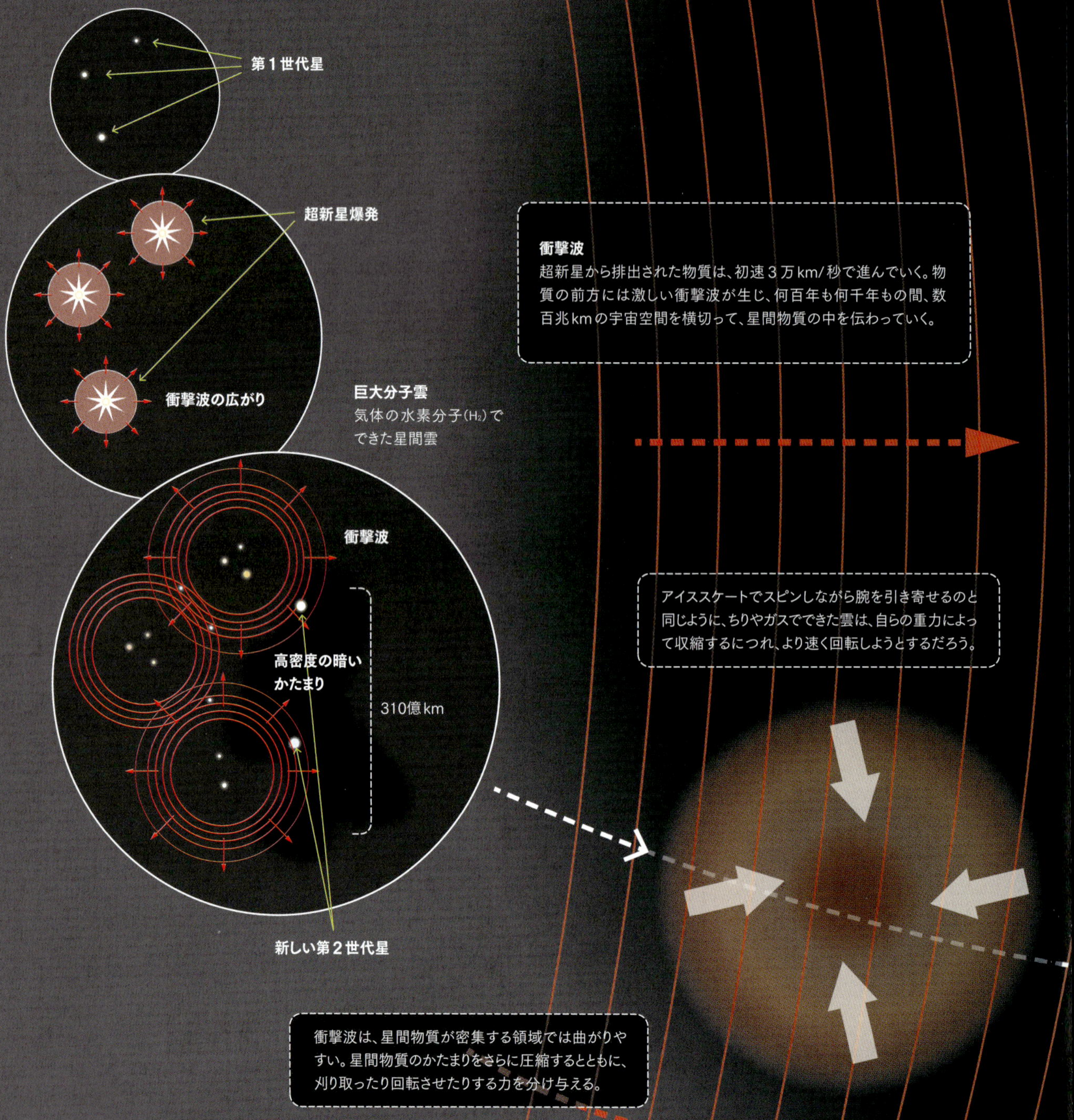
第１世代星
超新星爆発
衝撃波の広がり
巨大分子雲
気体の水素分子（H₂）でできた星間雲
衝撃波
高密度の暗いかたまり
310億km
新しい第２世代星
衝撃波
超新星から排出された物質は、初速３万km/秒で進んでいく。物質の前方には激しい衝撃波が生じ、何百年も何千年もの間、数百兆kmの宇宙空間を横切って、星間物質の中を伝わっていく。
アイススケートでスピンしながら腕を引き寄せるのと同じように、ちりやガスでできた雲は、自らの重力によって収縮するにつれ、より速く回転しようとするだろう。
衝撃波は、星間物質が密集する領域では曲がりやすい。星間物質のかたまりをさらに圧縮するとともに、刈り取ったり回転させたりする力を分け与える。

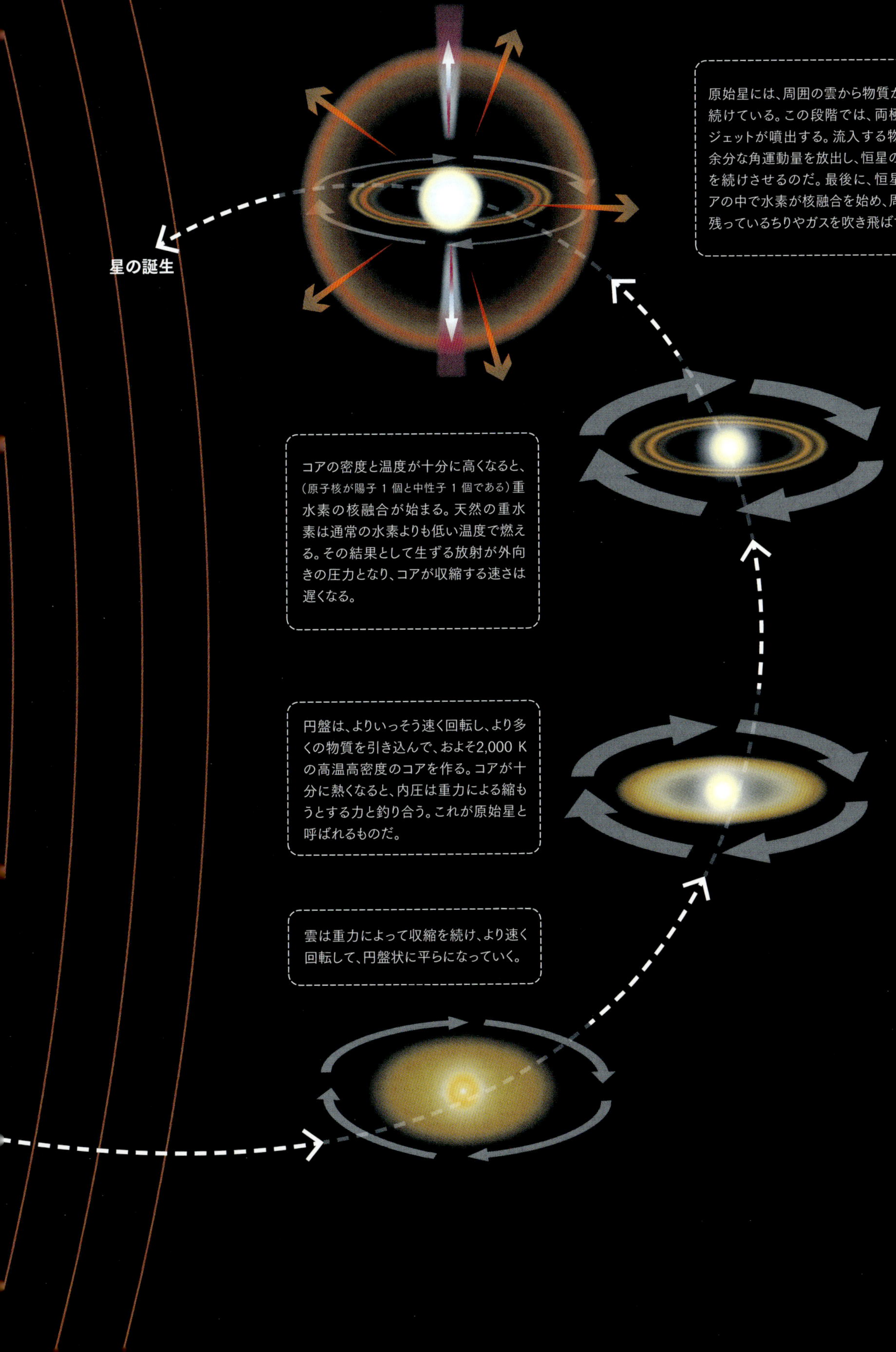
星の誕生

原始星には、周囲の雲から物質が落ち続けている。この段階では、両極からジェットが噴出する。流入する物質の余分な角運動量を放出し、恒星の形成を続けさせるのだ。最後に、恒星のコアの中で水素が核融合を始め、周囲に残っているちりやガスを吹き飛ばす。

コアの密度と温度が十分に高くなると、（原子核が陽子１個と中性子１個である）重水素の核融合が始まる。天然の重水素は通常の水素よりも低い温度で燃える。その結果として生ずる放射が外向きの圧力となり、コアが収縮する速さは遅くなる。

円盤は、よりいっそう速く回転し、より多くの物質を引き込んで、およそ2,000 Kの高温高密度のコアを作る。コアが十分に熱くなると、内圧は重力による縮もうとする力と釣り合う。これが原始星と呼ばれるものだ。

雲は重力によって収縮を続け、より速く回転して、円盤状に平らになっていく。

恒星内元素合成：化学のあけぼの

宇宙に存在する、水素やヘリウムよりも重いすべての元素（骨に含まれるカルシウムも、血液の中の鉄も）は、太古の恒星の中心で作られ、その恒星の断末魔の中でまき散らされたものだ。

大きな星も小さな星も、恒星の一生はすべて同じような始まり方をする。水素をヘリウムに変えるのだ。けれども、燃料となる水素を使い果たすと、核融合反応は遅くなり、重力がコアを収縮させる。そうすると、コアの温度はさらに上昇し、ヘリウム融合が始まる温度にまで達する。ヘリウムが“燃え”尽きてしまうと、コアは再び収縮する。小質量星の場合、核融合過程はこれで終了し、炭素コアが作られる。一方、わたしたちの太陽の８倍以上の質量を持つ、もっと大きな恒星の場合、これで終わりにはならない。ヘリウムコアの収縮によって、温度がさらに上昇し、炭素燃焼が始まる温度にまで達する。炭素燃焼の段階のあとは、ネオン燃焼、酸素燃焼、ケイ素燃焼の段階へと続いていく。各段階の継続時間は、１つ前の段階よりも短い。ケイ素燃焼の段階が終わると、結果として鉄が生成され、恒星の一生はこの過程をもって終わりを告げる。

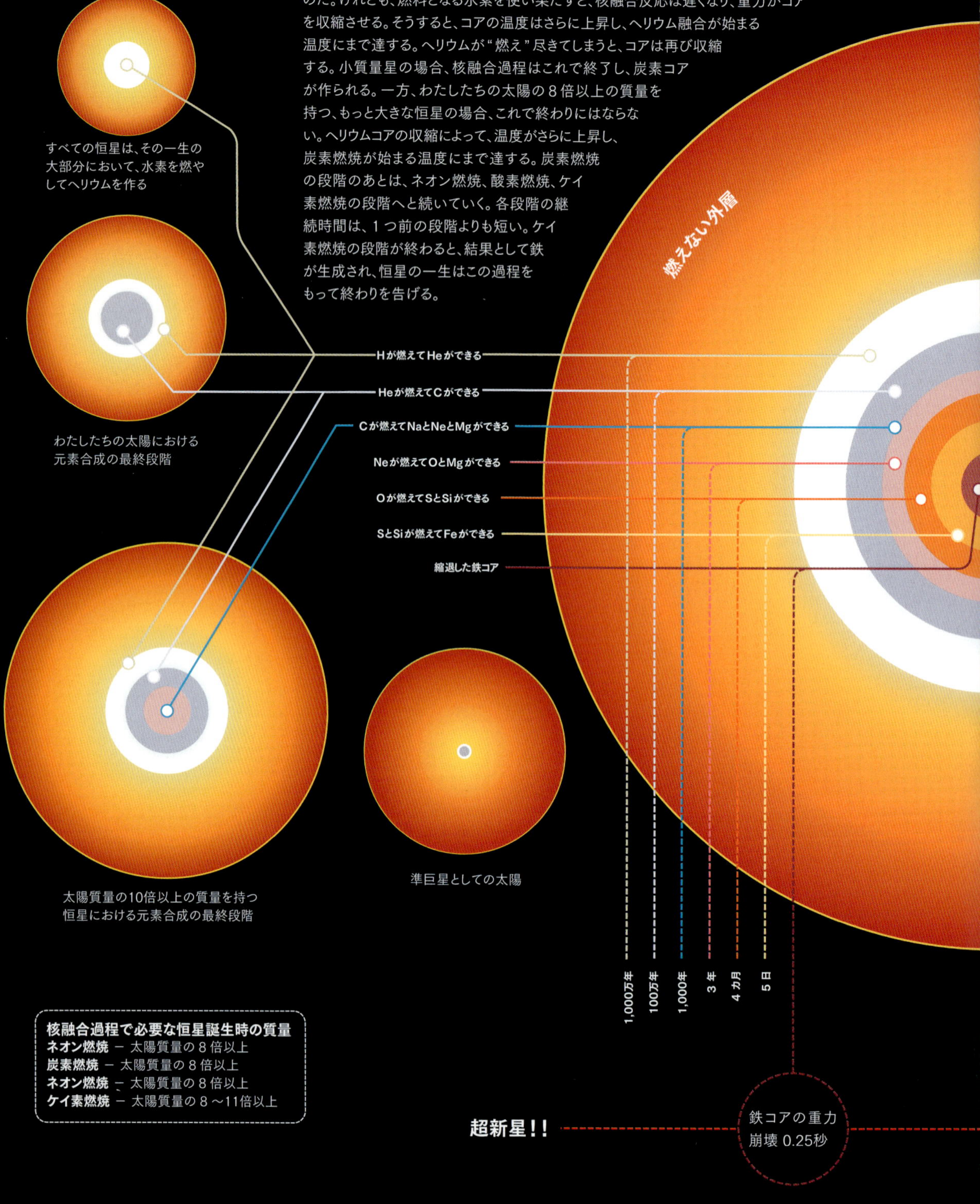
すべての恒星は、その一生の大部分において、水素を燃やしてヘリウムを作る
わたしたちの太陽における元素合成の最終段階
太陽質量の10倍以上の質量を持つ恒星における元素合成の最終段階
準巨星としての太陽
燃えない外層
Hが燃えてHeができる
Heが燃えてCができる
Cが燃えてNaとNeとMgができる
Neが燃えてOとMgができる
Oが燃えてSとSiができる
SとSiが燃えてFeができる
縮退した鉄コア
1,000万年
100万年
1,000年
3年
4カ月
5日
超新星!!
鉄コアの重力崩壊 0.25秒

核融合過程で必要な恒星誕生時の質量
ネオン燃焼 − 太陽質量の８倍以上
炭素燃焼 − 太陽質量の８倍以上
ネオン燃焼 − 太陽質量の８倍以上
ケイ素燃焼 − 太陽質量の８～11倍以上

水素燃焼
1
H
水素
2
He
ヘリウム
400万～7,000万K

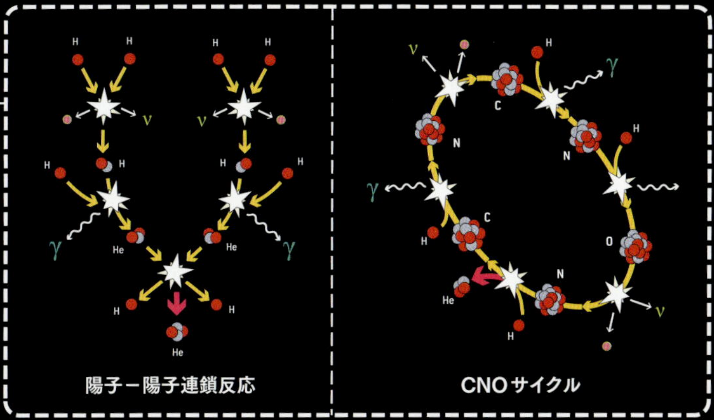
H
He
ν
γ
C
N
O
陽子ー陽子連鎖反応
CNOサイクル
エネルギー放出
陽子
中性子
陽電子（電子の反物質）
ガンマ線放射（光子）
ニュートリノ

H － 水素、He － ヘリウム、C － 炭素、
N － 窒素、O － 酸素、Be － ベリリウム

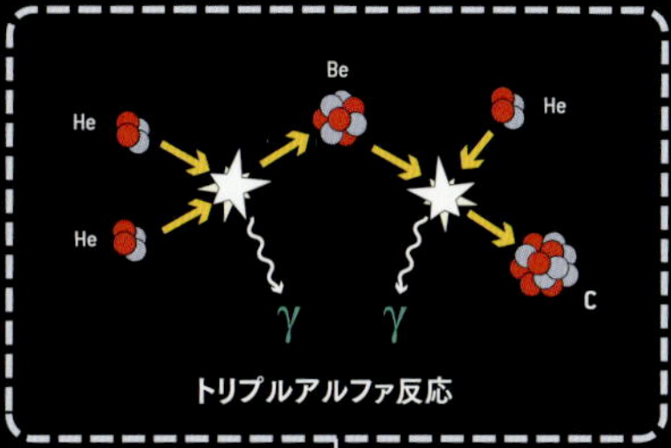
Be
He
C
γ
トリプルアルファ反応

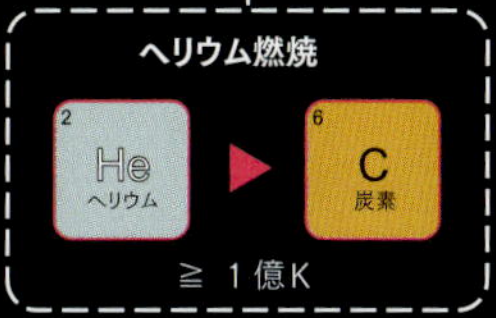
ヘリウム燃焼
2
He
ヘリウム
6
C
炭素
≧ 1億K

断末魔に苦しむ大質量星の構造。時間の尺度は、太陽質量の25倍の恒星について計算してある

恒星核融合の最終生成物は、なぜ鉄なのか？

鉄は26個の陽子を持ち、あらゆる元素の中で最も核位置エネルギーが低い。したがって、より軽い元素が核融合で鉄に変わるときにはエネルギーが放出される。同様に、より重い元素が核分裂で鉄に戻るときにもエネルギーが放出される。恒星の中心における最終目的地というわけだ。

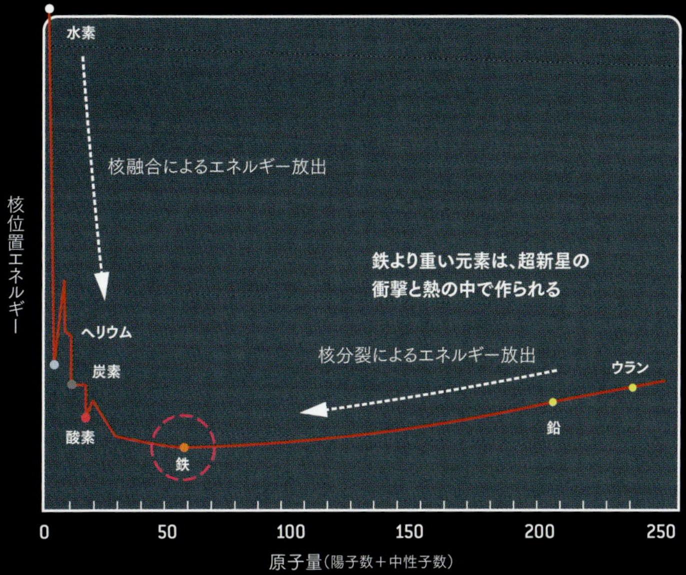
水素
核融合によるエネルギー放出
核位置エネルギー
鉄より重い元素は、超新星の
衝撃と熱の中で作られる
ヘリウム
炭素
酸素
鉄
核分裂によるエネルギー放出
ウラン
鉛
0
50
100
150
200
250
原子量（陽子数＋中性子数）

超新星は、元素合成によって大量の化学元素を生成し、核融合し、そして放出する。星間物質の中の**より重い元素**を増やすために、超新星は重要な役割を果たしているのだ。

元素

原子核は陽子と中性子でできている。原子核に含まれる陽子の個数を**原子番号**といい、中性子の個数を**中性子数**という。陽子は正電荷を持っており、原子核を回る電子軌道上に負電荷を持つ電子が同数個あると釣り合う。電子軌道は複数の殻に分かれており、層をなしている。ある原子に属する電子は、別の原子に属する電子と相互作用することができる。これが化学結合の基本だ。このように、原子番号は元素の化学的性質を決める。

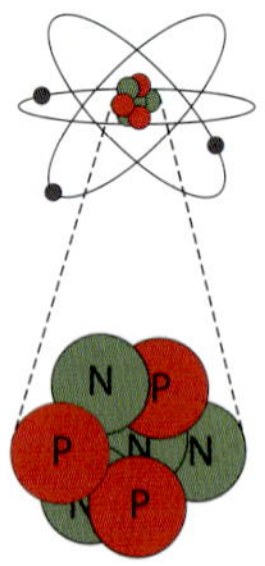

N
P
N
N
P
P

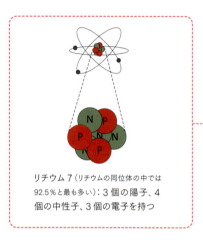

リチウム7（リチウムの同位体の中では92.5％と最も多い）：3個の陽子、4個の中性子、3個の電子を持つ

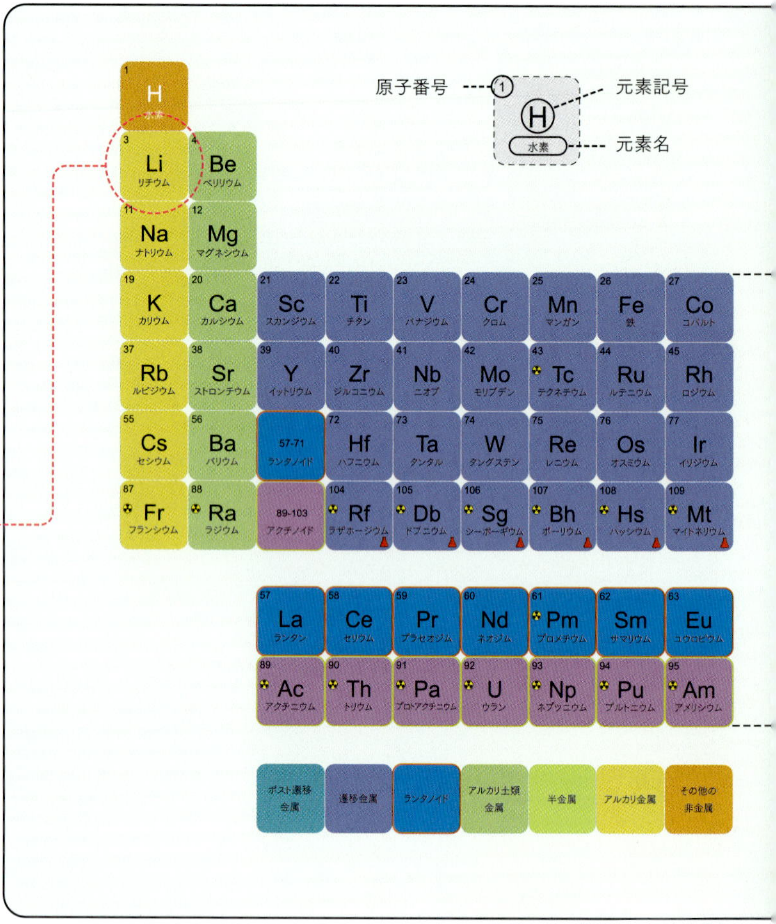

原子番号
元素記号
元素名
1 H 水素
3 Li リチウム
4 Be ベリリウム
11 Na ナトリウム
12 Mg マグネシウム
19 K カリウム
20 Ca カルシウム
21 Sc スカンジウム
22 Ti チタン
23 V バナジウム
24 Cr クロム
25 Mn マンガン
26 Fe 鉄
27 Co コバルト
37 Rb ルビジウム
38 Sr ストロンチウム
39 Y イットリウム
40 Zr ジルコニウム
41 Nb ニオブ
42 Mo モリブデン
43 Tc テクネチウム
44 Ru ルテニウム
45 Rh ロジウム
55 Cs セシウム
56 Ba バリウム
57-71 ランタノイド
72 Hf ハフニウム
73 Ta タンタル
74 W タングステン
75 Re レニウム
76 Os オスミウム
77 Ir イリジウム
87 Fr フランシウム
88 Ra ラジウム
89-103 アクチノイド
104 Rf ラザホージウム
105 Db ドブニウム
106 Sg シーボーギウム
107 Bh ボーリウム
108 Hs ハッシウム
109 Mt マイトネリウム
57 La ランタン
58 Ce セリウム
59 Pr プラセオジム
60 Nd ネオジム
61 Pm プロメチウム
62 Sm サマリウム
63 Eu ユウロピウム
89 Ac アクチニウム
90 Th トリウム
91 Pa プロトアクチニウム
92 U ウラン
93 Np ネプツニウム
94 Pu プルトニウム
95 Am アメリシウム
ポスト遷移金属
遷移金属
ランタノイド
アルカリ土類金属
半金属
アルカリ金属
その他の非金属

地球を構成する元素の質量組成

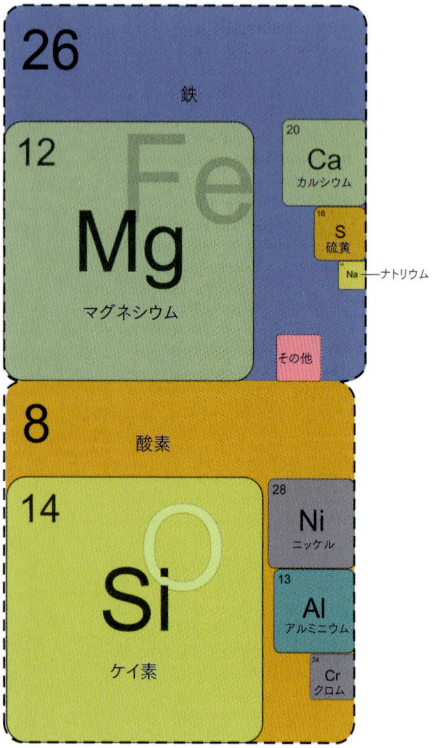

26
鉄
12
Mg
マグネシウム
20
Ca
カルシウム
16
S
硫黄
Na
ナトリウム
その他
8
酸素
14
Si
ケイ素
28
Ni
ニッケル
13
Al
アルミニウム
24
Cr
クロム

元素の起源

- ビッグバン
- 宇宙線
- 小さな恒星／大きな恒星
- 大きな恒星
- 大きな恒星／超新星
- 超新星
- 人工合成

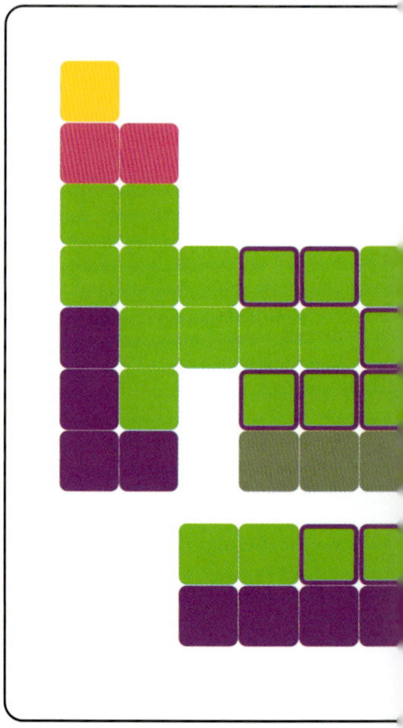

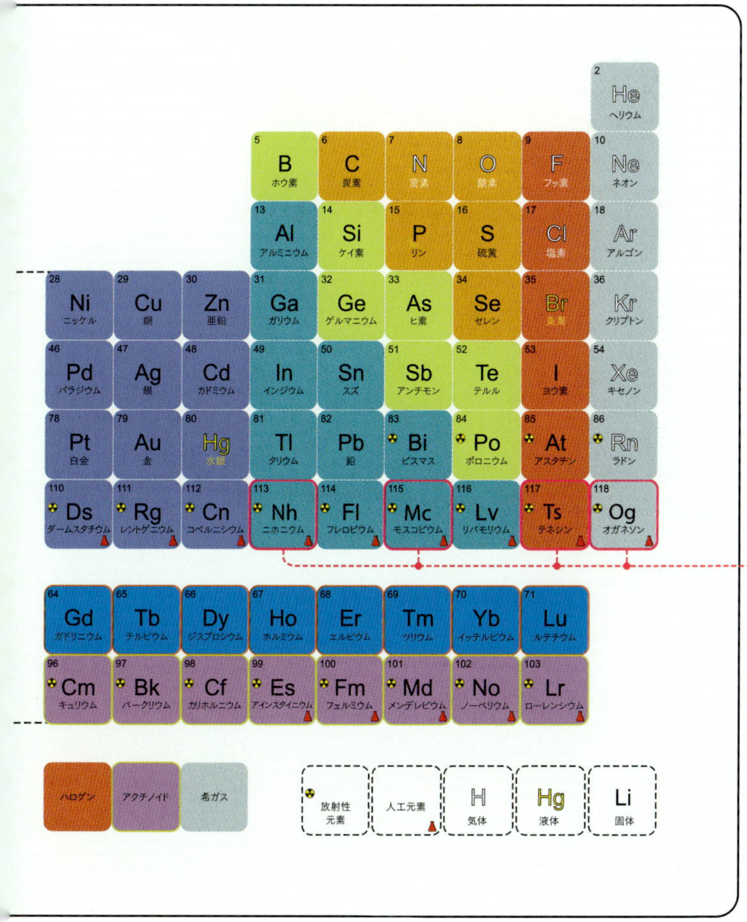
2 He ヘリウム
5 B ホウ素
6 C 炭素
7 N 窒素
8 O 酸素
9 F フッ素
10 Ne ネオン
13 Al アルミニウム
14 Si ケイ素
15 P リン
16 S 硫黄
17 Cl 塩素
18 Ar アルゴン
28 Ni ニッケル
29 Cu 銅
30 Zn 亜鉛
31 Ga ガリウム
32 Ge ゲルマニウム
33 As ヒ素
34 Se セレン
35 Br 臭素
36 Kr クリプトン
46 Pd パラジウム
47 Ag 銀
48 Cd カドミウム
49 In インジウム
50 Sn スズ
51 Sb アンチモン
52 Te テルル
53 I ヨウ素
54 Xe キセノン
78 Pt 白金
79 Au 金
80 Hg 水銀
81 Tl タリウム
82 Pb 鉛
83 Bi ビスマス
84 Po ポロニウム
85 At アスタチン
86 Rn ラドン
110 Ds ダームスタチウム
111 Rg レントゲニウム
112 Cn コペルニシウム
113 Nh ニホニウム
114 Fl フレロビウム
115 Mc モスコビウム
116 Lv リバモリウム
117 Ts テネシン
118 Og オガネソン
64 Gd ガドリニウム
65 Tb テルビウム
66 Dy ジスプロシウム
67 Ho ホルミウム
68 Er エルビウム
69 Tm ツリウム
70 Yb イッテルビウム
71 Lu ルテチウム
96 Cm キュリウム
97 Bk バークリウム
98 Cf カリホルニウム
99 Es アインスタイニウム
100 Fm フェルミウム
101 Md メンデレビウム
102 No ノーベリウム
103 Lr ローレンシウム
ハロゲン
アクチノイド
希ガス
放射性元素
人工元素
H 気体
Hg 液体
Li 固体

2015年12月、4つの新しい人工元素が周期表に加わり、7周期目がすべて埋まった。命名されたのは2016年6月だ。

銀河全体で見れば、ビッグバンの10秒後から20分後までの間に作られた水素とヘリウムが、相変わらず多くを占めている。より重い元素は恒星という核融合炉で作られ、その恒星の最期に星間空間に放出されるが、引き続き新しい原始星や惑星系円盤の形成にかかわっていく。わたしたちの地球には鉄やマグネシウム、ケイ素、酸素が豊富にある。これらは時間的にも星間距離的にもはるかに離れた恒星系で作られたものだ。

生命はH_2Oの環境の中で進化し、大気圏や水圏から水素や酸素、窒素を取り出す能力を身に着けた。わたしたちは空気と水と少量のほこりでできている。どれも星くずから作られたものだ。

わたしたちの銀河を構成する元素の質量組成

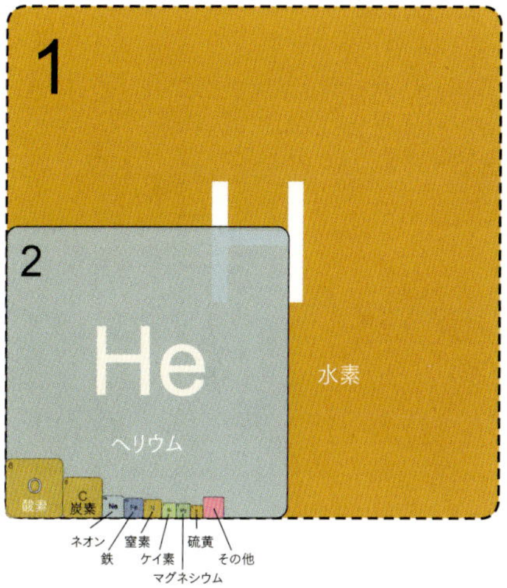
1
H
水素
2
He
ヘリウム
O 酸素
C 炭素
ネオン
鉄
窒素
ケイ素
マグネシウム
硫黄
その他

人体を構成する元素の質量組成

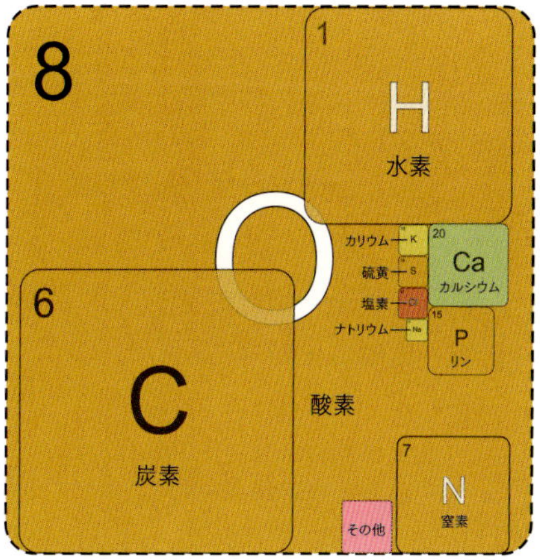
8
O
酸素
1
H
水素
6
C
炭素
7
N
窒素
20
Ca
カルシウム
15
P
リン
カリウム
硫黄
塩素
ナトリウム
その他

化学反応性

元素の化学反応性（他の元素との反応や結び付きが、起こりやすかったり起こりにくかったりすること）や、反応しやすい元素の種類は、電子軌道の構造や大きさで決まる。

ヘリウムの輝線

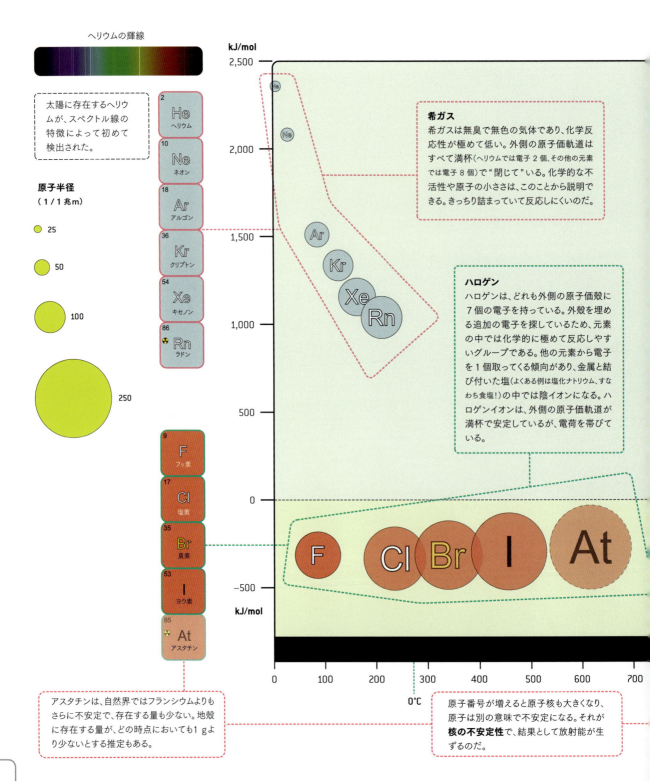

太陽に存在するヘリウムが、スペクトル線の特徴によって初めて検出された。

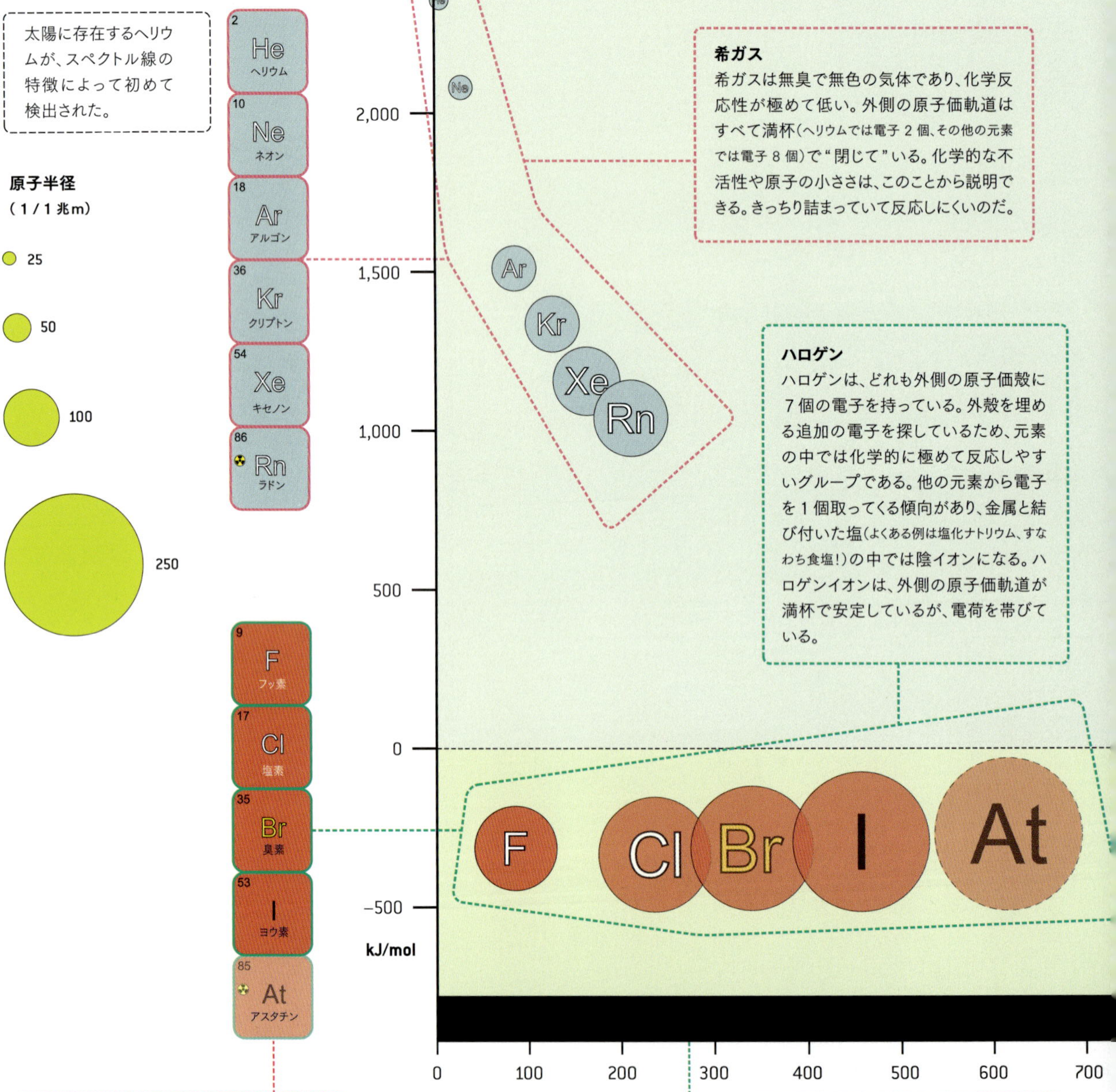

原子半径
（1 / 1 兆m）
25
50
100
250
2 He ヘリウム
10 Ne ネオン
18 Ar アルゴン
36 Kr クリプトン
54 Xe キセノン
86 Rn ラドン
9 F フッ素
17 Cl 塩素
35 Br 臭素
53 I ヨウ素
85 At アスタチン
kJ/mol
2,500
2,000
1,500
1,000
500
0
−500
kJ/mol
He
Ne
Ar
Kr
Xe
Rn
F
Cl
Br
I
At
0
100
200
300
400
500
600
700
0℃

希ガス
希ガスは無臭で無色の気体であり、化学反応性が極めて低い。外側の原子価軌道はすべて満杯（ヘリウムでは電子 2 個、その他の元素では電子 8 個）で"閉じて"いる。化学的な不活性や原子の小ささは、このことから説明できる。きっちり詰まっていて反応しにくいのだ。

ハロゲン
ハロゲンは、どれも外側の原子価殻に 7 個の電子を持っている。外殻を埋める追加の電子を探しているため、元素の中では化学的に極めて反応しやすいグループである。他の元素から電子を 1 個取ってくる傾向があり、金属と結び付いた塩（よくある例は塩化ナトリウム、すなわち食塩！）の中では陰イオンになる。ハロゲンイオンは、外側の原子価軌道が満杯で安定しているが、電荷を帯びている。

アスタチンは、自然界ではフランシウムよりもさらに不安定で、存在する量も少ない。地殻に存在する量が、どの時点においても1 gより少ないとする推定もある。

原子番号が増えると原子核も大きくなり、原子は別の意味で不安定になる。それが**核の不安定性**で、結果として放射能が生ずるのだ。

電子を手に入れたい元素もあれば、電子を手放したい元素もある。このような傾向は最外殻軌道にある電子(**原子価電子**)の数と、その軌道が原子核からどれほど離れているかによって決まるのだ。外側の層の電子が満杯または空であれば、原子は最も安定する。ほとんどの場合、外側の軌道は８個の電子で満杯になる。電子を得たり失ったりすることで、原子はイオンになる。あるいは、電子を他の原子と共有することで、共有結合化合物を作る。

リチウムの輝線

リチウムは最も軽い金属であり、最も密度の低い固体元素である。化学的にとても反応しやすいだけではなく、すべての原子の中で核結合エネルギーが最小なため、原子核も不安定の一歩手前である。わたしたちの太陽系において、原子量が小さい割には比較的希少である(多い方から26番目)理由が、この特性によって説明される。

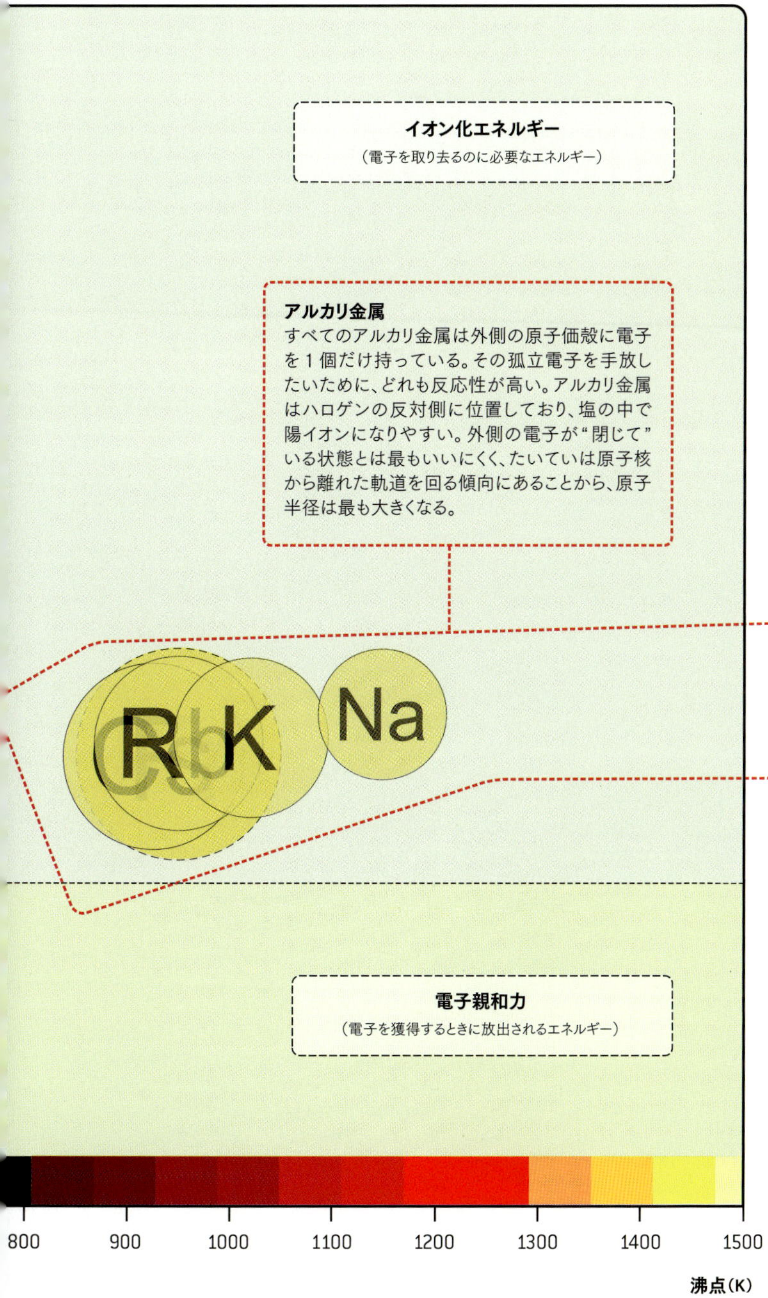
イオン化エネルギー
(電子を取り去るのに必要なエネルギー)
Cs
Rb
K
Na
Li
電子親和力
(電子を獲得するときに放出されるエネルギー)
800
900
1000
1100
1200
1300
1400
1500
沸点(K)

アルカリ金属
すべてのアルカリ金属は外側の原子価殻に電子を１個だけ持っている。その孤立電子を手放したいために、どれも反応性が高い。アルカリ金属はハロゲンの反対側に位置しており、塩の中で陽イオンになりやすい。外側の電子が“閉じて”いる状態とは最もいいにくく、たいていは原子核から離れた軌道を回る傾向にあることから、原子半径は最も大きくなる。

3	Li	リチウム
11	Na	ナトリウム
19	K	カリウム
37	Rb	ルビジウム
55	Cs	セシウム
87	Fr	フランシウム

フランシウムはとても不安定で、自然界では自然放射性崩壊の過程においてのみ存在する。半減期は22分であり、世界中の地殻に天然に存在するフランシウムは、どの時点においても、ほんの20～30g(１オンス)しかないと推定されている。

金属

金属元素は、電気や熱を伝えられるという主要な物理的特性によって定義されるのが一般的である。しかも、通常は光り輝く硬い固体でありながら、熱で溶かしたり、ハンマーでたたいて板状にしたり、引っ張って線状にしたりできるのだ。

エキゾチック金属

60 **Nd** ネオジム

ネオジム

融点:1,024℃／密度:鉄の89%

小型スピーカーやハードディスク、ハイブリッド車に使われる強力な磁石の成分。ネオジム磁石は自重の数千倍の重さのものをつるすことができる。

63 **Eu** ユウロピウム

ユウロピウム

融点:826℃／密度:鉄の67%

ユーロ紙幣の印刷に使用されており、紫外線を当てると赤色に光る。偽造紙幣は赤く発光しないため検出可能だ。ユウロピウムは存在量が最も少ない元素の1つであり、宇宙全体のわずかに0.00000005%だけを占める。

31 **Ga** ガリウム

ガリウム

融点:30℃／密度:鉄の75%

携帯電話に使われる低電力素子、人工衛星や宇宙ロボットに使われる高効率太陽電池などの半導体として、ガリウム化合物は高く評価されている。血液より少し低い温度で溶けるので、固体のガリウムを手のひらに載せると液体に変わるだろう。

65 **Tb** テルビウム

テルビウム

融点:1,356℃／密度:鉄の105%

ユーロ紙幣の印刷に使用されており、紫外線を当てると緑色に光る。

74 **W** タングステン

タングステン

融点:3,422℃／密度:鉄の245%

すべての金属の中で最も融点が高い。もっと高い融点を持つのはダイヤモンドだけである。ただし、ダイヤモンドは実際には溶けるのではなく、**昇華**(固体から直接気体に変わる)する。

周期表でアルカリ金属の最上部に位置していながら、水素は通常の状態では明らかに金属ではない。しかしながら、25万気圧くらいの非常に高い圧力をかけると、水素原子は電子を支配する力を失い、金属の特徴を示すようになると予想されている。木星や土星の内部は重力によって圧縮されており、金属水素が大量に存在すると考えられている。

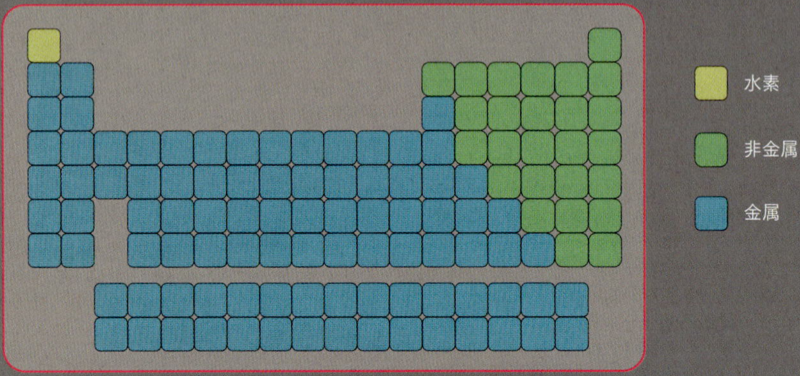
水素
非金属
金属

大気(90 km)
地球
総質量:5.92×10²⁴ kg
直径:1万2,742 km

金属は、共有された原子価電子の“海”が、陽**イオン**を格子状に結び付けているものと考えられる。共有された電子が自由に動き回ることで、金属は電気を伝える。電子が金属のどこかの場所から移動すると、その周囲の電子が代わりにその場所に入ろうとする。金属イオンは、共有された電子によって結び付けられた状態のまま、互いにずれていくことができる。だから、金属を引っ張って線状にしたり、たたいて板状にしたりできるのだ。

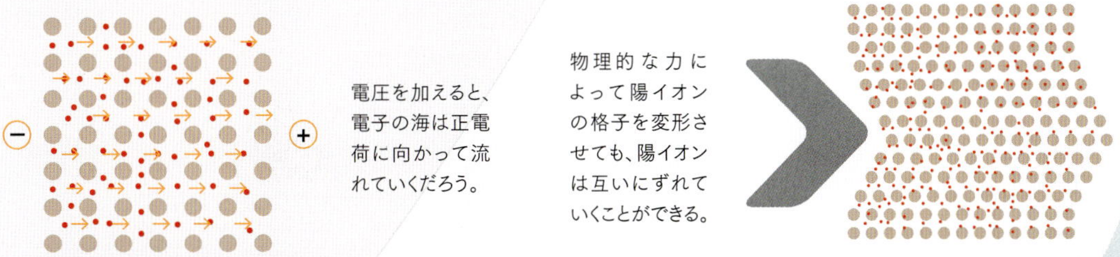
−
+
電圧を加えると、電子の海は正電荷に向かって流れていくだろう。
物理的な力によって陽イオンの格子を変形させても、陽イオンは互いにずれていくことができる。

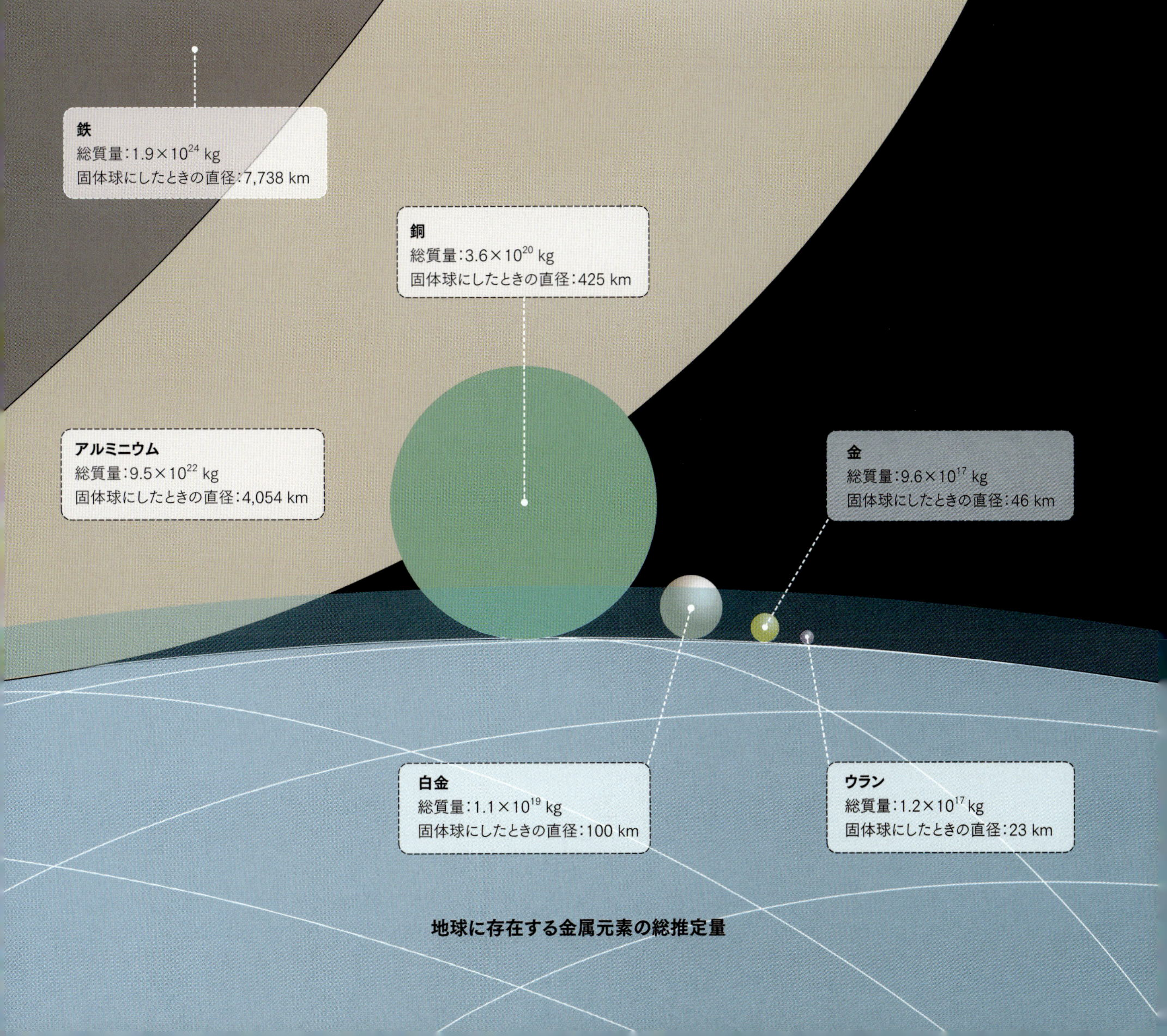
鉄
総質量：1.9×10^24 kg
固体球にしたときの直径：7,738 km
銅
総質量：3.6×10^20 kg
固体球にしたときの直径：425 km
アルミニウム
総質量：9.5×10^22 kg
固体球にしたときの直径：4,054 km
金
総質量：9.6×10^17 kg
固体球にしたときの直径：46 km
白金
総質量：1.1×10^19 kg
固体球にしたときの直径：100 km
ウラン
総質量：1.2×10^17 kg
固体球にしたときの直径：23 km

地球に存在する金属元素の総推定量

炭素

生命の基本は炭素である。共有結合を４つ作ることができ、また作ろうとすることから、炭素は極めて使い道の広い元素なのだ。実にさまざまな形の重合を作ることができ、それらは生命体を作る分子の土台となっている。

6
C
炭素

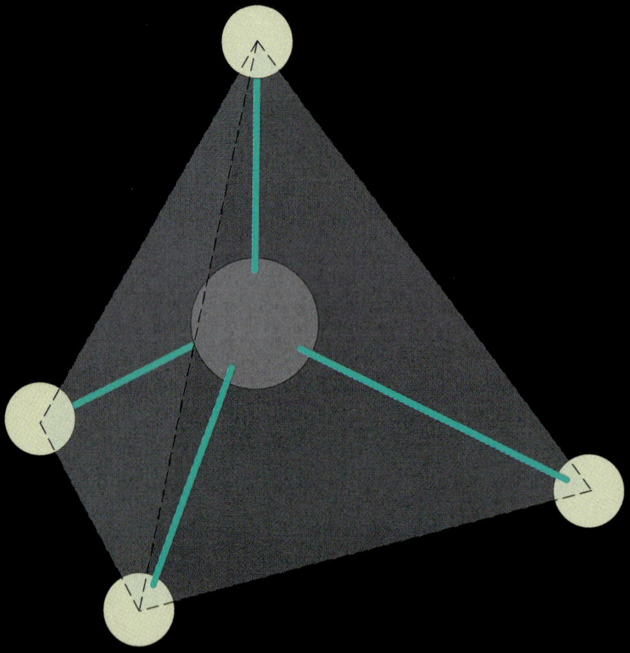

単結合炭素の基本四面体構造
中心にある（炭素）原子は、四面体の頂点にある4個の原子の中央に位置している。たとえばメタン（CH_4）などのように頂点の4個の原子がすべて同じであれば、結合角は109.5°になる。有機**飽和**炭素鎖では、同様の四面体構造が繰り返されている。飽和とは、炭素原子の単結合のみで構成され、各炭素原子が4つの独立した結合を持っているという意味である。

２重共有結合
炭素原子は、２対の電子を共有して、２重共有結合を作りやすい。単結合は自由に回転できるが、それに対して、２重結合は固定されていて炭素鎖を硬直させる。不飽和の油や脂肪にみられる。

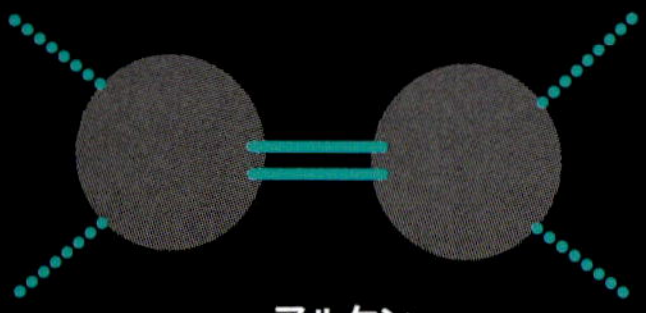

アルケン

３重共有結合
３重結合は、炭素結合の中では最もまれであるが、最も強力でもある。1,000種類以上の天然アルキンが発見されており、その多くは生体毒素だ。

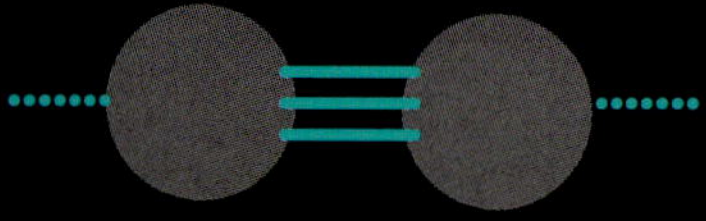

アルキン

共有結合
最も強力な化学結合であり、原子間で電子対を共有している。原子間の引力と反発力が安定的に均衡しており、それらの原子が電子を共有しているものが、共有結合として知られている。ほとんどの場合、電子を共有することで、それぞれの原子は外殻を電子で満杯にするのと同じ状態に達することができるのだ。

炭素分子とその幾何学的形状

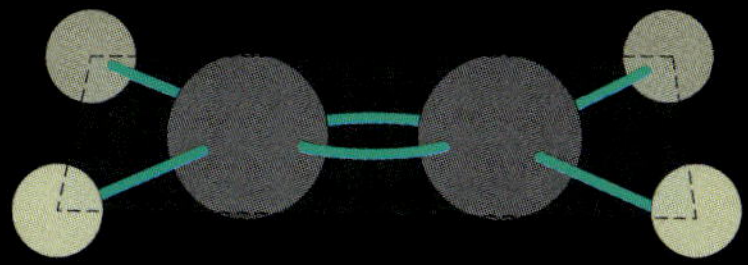

エチレン

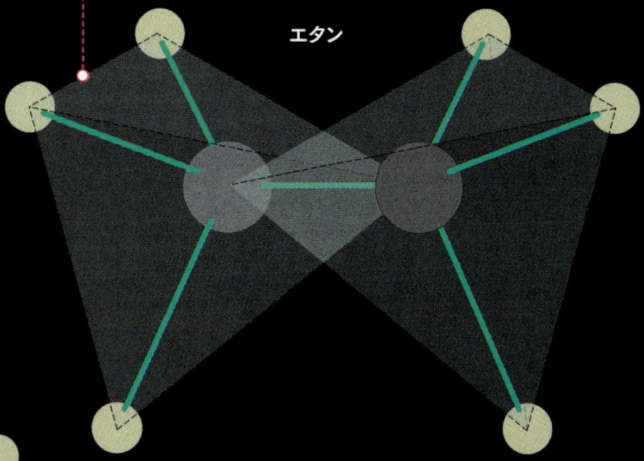

エタン

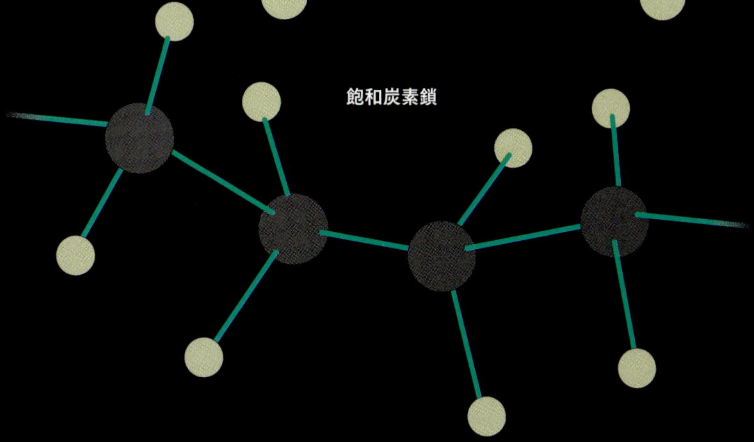

飽和炭素鎖

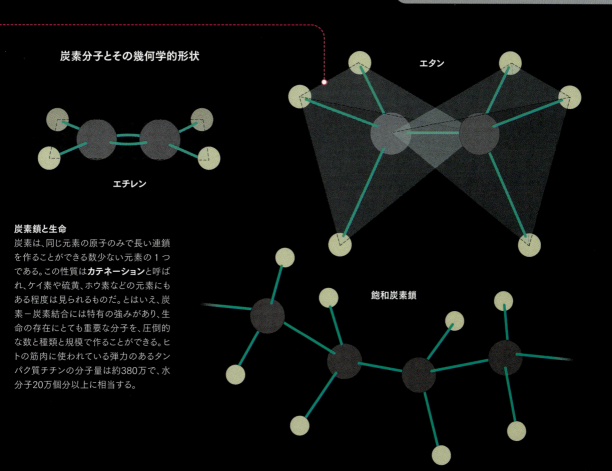

炭素鎖と生命
炭素は、同じ元素の原子のみで長い連鎖を作ることができる数少ない元素の１つである。この性質は**カテネーション**と呼ばれ、ケイ素や硫黄、ホウ素などの元素にもある程度は見られるものだ。とはいえ、炭素－炭素結合には特有の強みがあり、生命の存在にとても重要な分子を、圧倒的な数と種類と規模で作ることができる。ヒトの筋肉に使われている弾力のあるタンパク質チチンの分子量は約380万で、水分子20万個分以上に相当する。

炭素の同素体

炭素は異なる方法で結び付いたさまざまな構造で存在でき、それらは**同素体**として知られている。炭素の同素体には以下のものがある：

- **無定形炭素** － 結晶構造を持たないもの。すすや木炭として存在
- **ダイヤモンド** － 四面体格子の配置に原子が結合したもの
- **グラファイト** － 六方格子の板を重ねるように原子が結合したもの
- **グラフェン** － グラファイトの板が１枚のもの
- **フラーレン** － 球状や管状、楕(だ)円体状の構造に原子が結合したもの

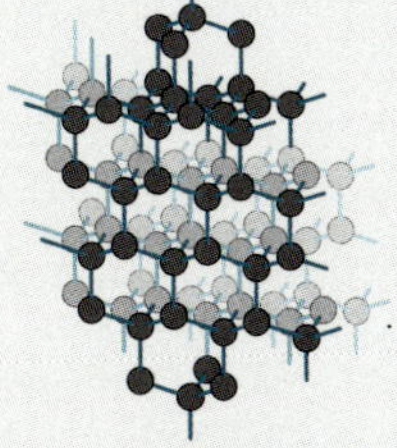

ダイヤモンド

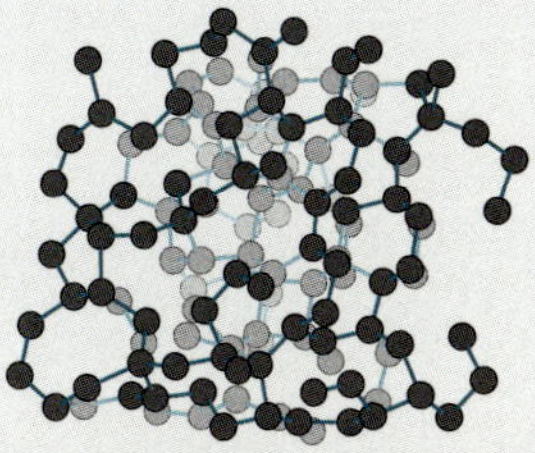

無定形炭素（木炭）

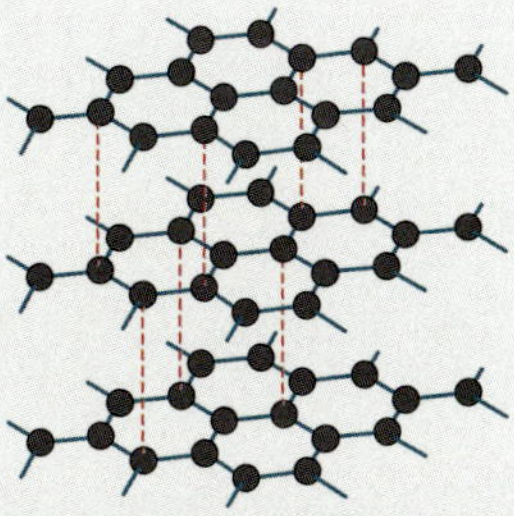

グラファイト

フラーレン
フラーレン分子が初めて発見されたのは1985年のことで、**バックミンスターフラーレン**と名付けられた。分子構造が、バックミンスター・フラーの考案したジオデシック・ドームに似ており、敬意を表したのだ。フラーレンは自然界に存在するものが発見されてきたが、ごく最近、宇宙空間でも検出された。もしかしたら、宇宙から地球に生命の種子をまく源になっているのかもしれない。

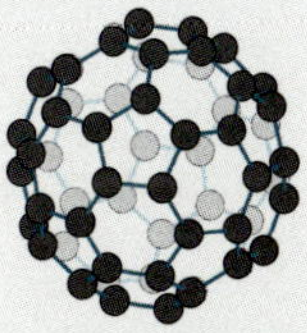

バックミンスターフラーレンC_{60}

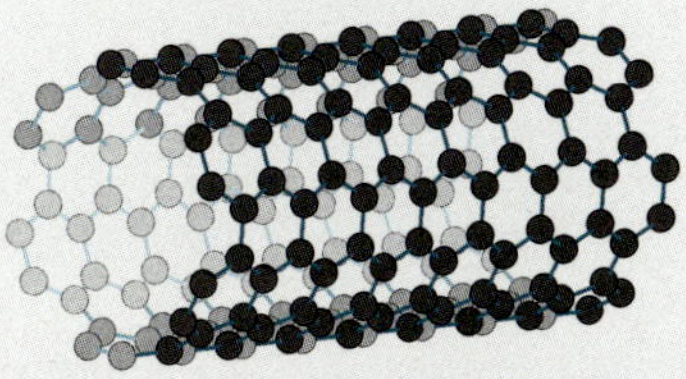

カーボンナノチューブ

物質の状態

宇宙を構成する元素や化合物はたくさんあるにもかかわらず、物質の状態はたった4つの種類しかない。たった4つの状態で、物質を構成する原子や分子がどのような振る舞いをするのか、物理的環境とどのように相互作用するのかを説明できるのだ。

物質のエキゾチック状態

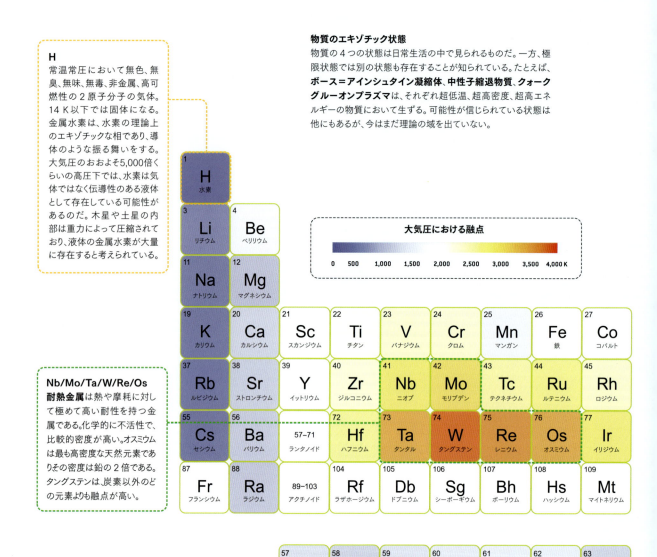

物質の4つの状態は日常生活の中で見られるものだ。一方、極限状態では別の状態も存在することが知られている。たとえば、**ボース＝アインシュタイン凝縮体**、**中性子縮退物質**、**クォークグルーオンプラズマ**は、それぞれ超低温、超高密度、超高エネルギーの物質において生ずる。可能性が信じられている状態は他にもあるが、今はまだ理論の域を出ていない。

H

常温常圧において無色、無臭、無味、無毒、非金属、高可燃性の2原子分子の気体。14 K以下では固体になる。金属水素は、水素の理論上のエキゾチックな相であり、導体のような振る舞いをする。大気圧のおおよそ5,000倍くらいの高圧下では、水素は気体ではなく伝導性のある液体として存在している可能性があるのだ。木星や土星の内部は重力によって圧縮されており、液体の金属水素が大量に存在すると考えられている。

Nb/Mo/Ta/W/Re/Os

耐熱金属は熱や摩耗に対して極めて高い耐性を持つ金属である。化学的に不活性で、比較的密度が高い。オスミウムは最も高密度な天然元素でありその密度は鉛の2倍である。タングステンは、炭素以外のどの元素よりも融点が高い。

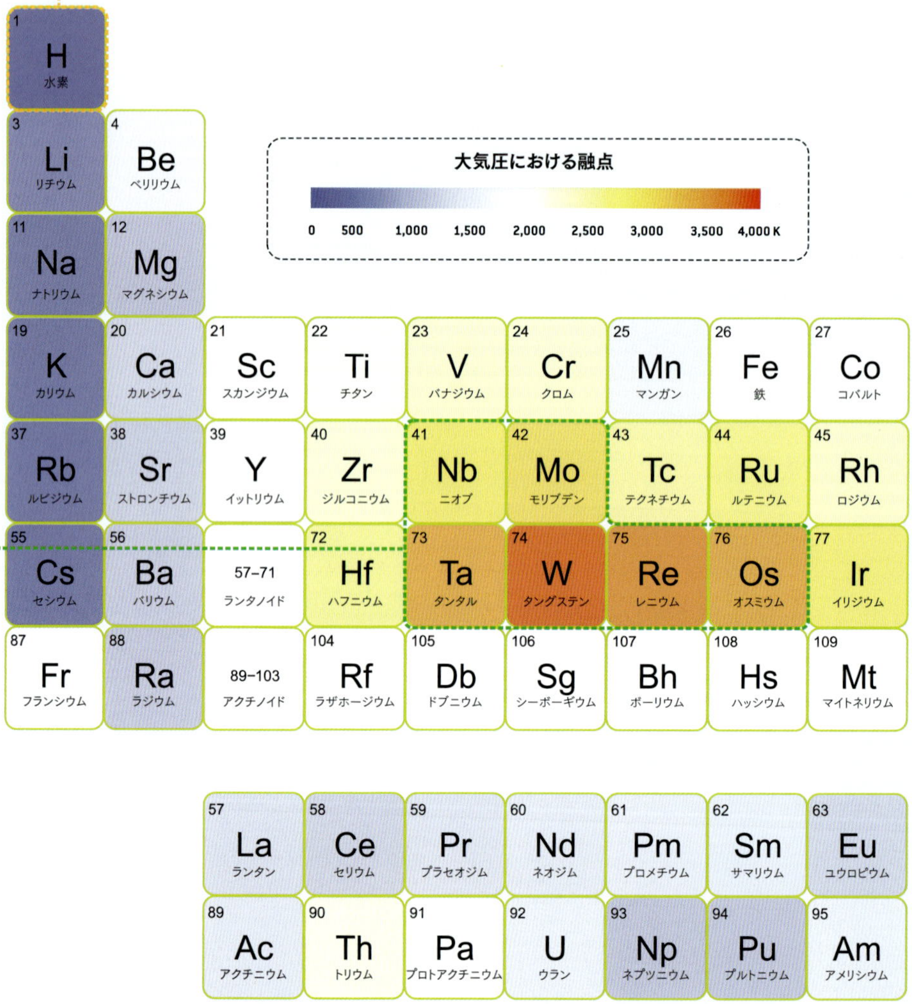

大気圧における融点
0 500 1,000 1,500 2,000 2,500 3,000 3,500 4,000 K
1 H 水素
3 Li リチウム
4 Be ベリリウム
11 Na ナトリウム
12 Mg マグネシウム
19 K カリウム
20 Ca カルシウム
21 Sc スカンジウム
22 Ti チタン
23 V バナジウム
24 Cr クロム
25 Mn マンガン
26 Fe 鉄
27 Co コバルト
37 Rb ルビジウム
38 Sr ストロンチウム
39 Y イットリウム
40 Zr ジルコニウム
41 Nb ニオブ
42 Mo モリブデン
43 Tc テクネチウム
44 Ru ルテニウム
45 Rh ロジウム
55 Cs セシウム
56 Ba バリウム
57–71 ランタノイド
72 Hf ハフニウム
73 Ta タンタル
74 W タングステン
75 Re レニウム
76 Os オスミウム
77 Ir イリジウム
87 Fr フランシウム
88 Ra ラジウム
89–103 アクチノイド
104 Rf ラザホージウム
105 Db ドブニウム
106 Sg シーボーギウム
107 Bh ボーリウム
108 Hs ハッシウム
109 Mt マイトネリウム
57 La ランタン
58 Ce セリウム
59 Pr プラセオジム
60 Nd ネオジム
61 Pm プロメチウム
62 Sm サマリウム
63 Eu ユウロピウム
89 Ac アクチニウム
90 Th トリウム
91 Pa プロトアクチニウム
92 U ウラン
93 Np ネプツニウム
94 Pu プルトニウム
95 Am アメリシウム

相転移
物質は状態間を可逆的に変化する。温度や圧力の変化に従って、物質はそれぞれの状態を行ったり来たりするのだ。ただし、すべての化合物がすべての状態を取りうるわけではない。

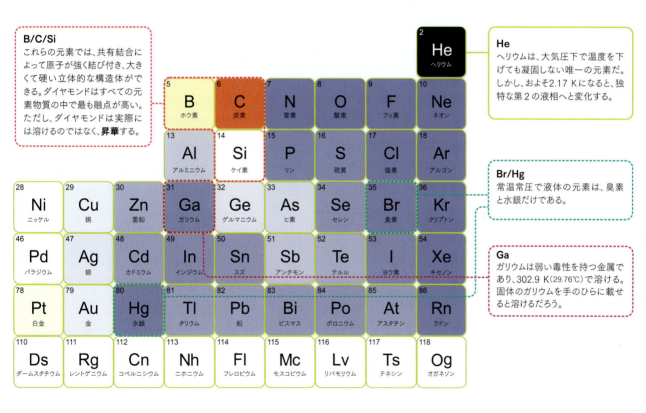

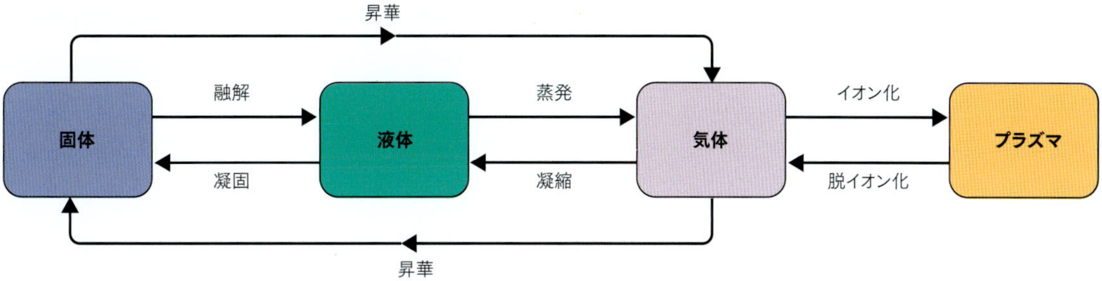
昇華
融解
蒸発
イオン化
固体
液体
気体
プラズマ
凝固
凝縮
脱イオン化
昇華

B/C/Si
これらの元素では、共有結合によって原子が強く結び付き、大きくて硬い立体的な構造体ができる。ダイヤモンドはすべての元素物質の中で最も融点が高い。ただし、ダイヤモンドは実際には溶けるのではなく、**昇華**する。

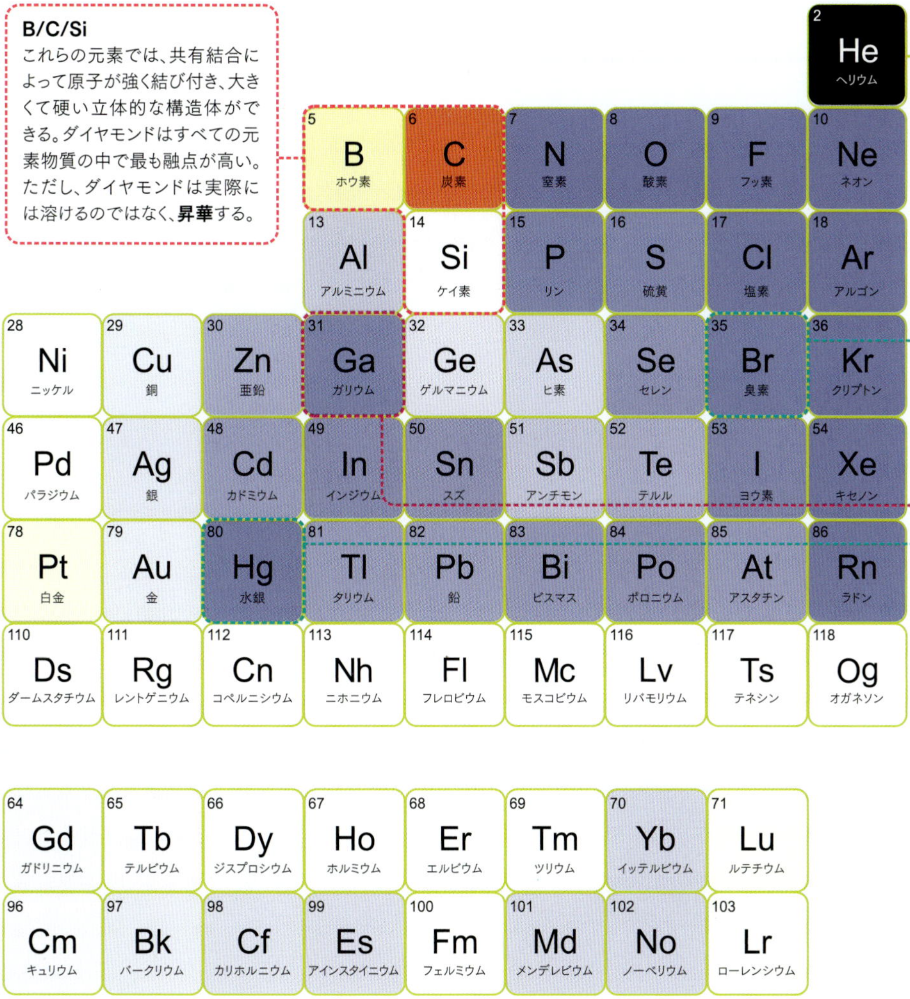
2 He ヘリウム
5 B ホウ素
6 C 炭素
7 N 窒素
8 O 酸素
9 F フッ素
10 Ne ネオン
13 Al アルミニウム
14 Si ケイ素
15 P リン
16 S 硫黄
17 Cl 塩素
18 Ar アルゴン
28 Ni ニッケル
29 Cu 銅
30 Zn 亜鉛
31 Ga ガリウム
32 Ge ゲルマニウム
33 As ヒ素
34 Se セレン
35 Br 臭素
36 Kr クリプトン
46 Pd パラジウム
47 Ag 銀
48 Cd カドミウム
49 In インジウム
50 Sn スズ
51 Sb アンチモン
52 Te テルル
53 I ヨウ素
54 Xe キセノン
78 Pt 白金
79 Au 金
80 Hg 水銀
81 Tl タリウム
82 Pb 鉛
83 Bi ビスマス
84 Po ポロニウム
85 At アスタチン
86 Rn ラドン
110 Ds ダームスタチウム
111 Rg レントゲニウム
112 Cn コペルニシウム
113 Nh ニホニウム
114 Fl フレロビウム
115 Mc モスコビウム
116 Lv リバモリウム
117 Ts テネシン
118 Og オガネソン
64 Gd ガドリニウム
65 Tb テルビウム
66 Dy ジスプロシウム
67 Ho ホルミウム
68 Er エルビウム
69 Tm ツリウム
70 Yb イッテルビウム
71 Lu ルテチウム
96 Cm キュリウム
97 Bk バークリウム
98 Cf カリホルニウム
99 Es アインスタイニウム
100 Fm フェルミウム
101 Md メンデレビウム
102 No ノーベリウム
103 Lr ローレンシウム

He
ヘリウムは、大気圧下で温度を下げても凝固しない唯一の元素だ。しかし、およそ2.17 Kになると、独特な第２の液相へと変化する。

Br/Hg
常温常圧で液体の元素は、臭素と水銀だけである。

Ga
ガリウムは弱い毒性を持つ金属であり、302.9 K(29.76℃)で溶ける。固体のガリウムを手のひらに載せると溶けるだろう。

超新星

大きな恒星は明るく燃えて、早く最期を迎える。その生涯は数十億年ではなく、数百万年ほどの長さだ。わたしたちの太陽の３倍以上の質量を持つ恒星は、超新星として爆発して一生を終える。宇宙におけるこのような爆発が、天然に存在する重い原子核のほとんどを作り出している。

II型超新星

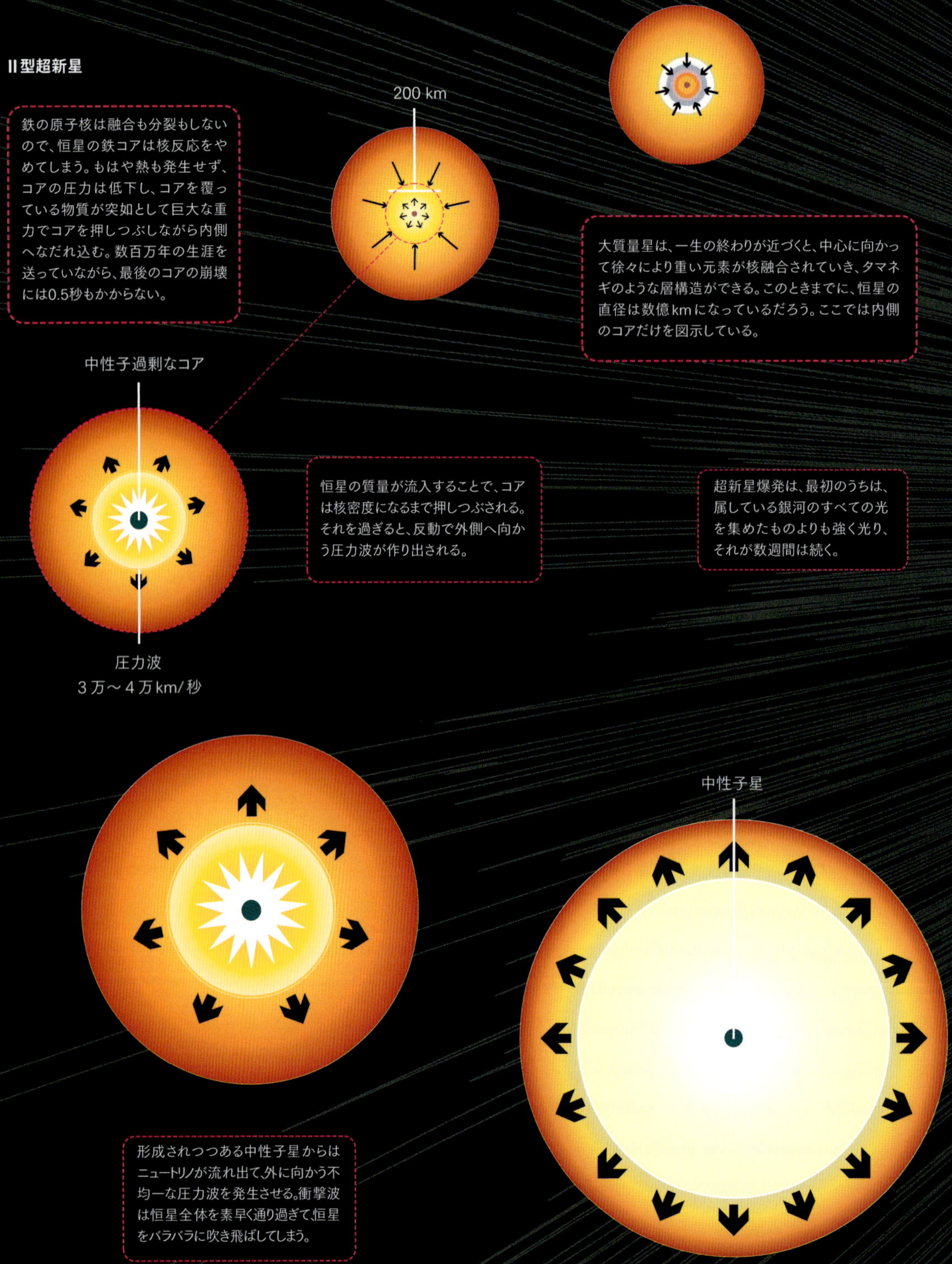
大質量星は、一生の終わりが近づくと、中心に向かって徐々により重い元素が核融合されていき、タマネギのような層構造ができる。このときまでに、恒星の直径は数億kmになっているだろう。ここでは内側のコアだけを図示している。
200 km
鉄の原子核は融合も分裂もしないので、恒星の鉄コアは核反応をやめてしまう。もはや熱も発生せず、コアの圧力は低下し、コアを覆っている物質が突如として巨大な重力でコアを押しつぶしながら内側へなだれ込む。数百万年の生涯を送っていながら、最後のコアの崩壊には0.5秒もかからない。
中性子過剰なコア
恒星の質量が流入することで、コアは核密度になるまで押しつぶされる。それを過ぎると、反動で外側へ向かう圧力波が作り出される。
超新星爆発は、最初のうちは、属している銀河のすべての光を集めたものよりも強く光り、それが数週間は続く。
圧力波
３万～４万km/秒
中性子星
形成されつつある中性子星からはニュートリノが流れ出て、外に向かう不均一な圧力波を発生させる。衝撃波は恒星全体を素早く通り過ぎて、恒星をバラバラに吹き飛ばしてしまう。

超新星でのみ合成される元素
Co
Ni
Ga
Ge
Se
Kr
Rb
Rh
Sb
Te
I
Xe
Cs
Re
Os
Ir
Pt
Au
Pb
Bi
Po
At
Rn
Fr
Ra
Eu
Gd
Tb
Dy
Ho
Er
Tm
Lu
Ac
Th
Pa
U
Np
Pu
Am
Cm
Bk
Cf

宇宙空間は真空ではない。宇宙空間には**星間物質**があると考える方がよいのだ。星間物質は、銀河にある恒星系の間の宇宙空間に存在する物質である。それらは、イオンや原子や分子の形をした気体、それから、宇宙のちりや宇宙線（高速でエネルギーを持つ核子）だ。星間物質の組成で１番多いのが水素、次いでヘリウム、あとは微量の炭素と酸素と窒素である。超新星は、恒星にある物質のほとんど、あるいはすべてを**３万km/秒**（光速度の10％）にも達する速度で放出し、周囲の星間物質に衝撃波を送り出す。超新星の衝撃波によって外部に放出された大量の粒子やイオンは、宇宙空間を進み、そこにある星間分子雲に影響を与える。わたしたちの太陽系も、近くの超新星からの衝撃波を受けて、分子雲が崩壊してできたのだ。

放射性元素

すべての元素は、原子核内の中性子数の違いにより、さまざまな形の**同位体**として存在できる。これらの異なる原子核のことを**核種**と呼ぶ。陽子に対して中性子が最適に釣り合っていれば、それは安定核である。それ以外の組み合わせは本質的に不安定だ。また、一定の質量を超える原子核はすべて不安定であり、放射能を持っている。

不安定な元素や、安定な元素の不安定な同位体は、放射性崩壊と呼ばれる過程を経て分解する。この崩壊には、極端に速いものも、極端に遅いものも、あるいはその中間のさまざまな速さのものもある。崩壊の速さは、サンプルに含まれる原子の数が半分になるまでの時間（**半減期**）で表される。原子核を作っている陽子は正電荷を持っており、互いに反発する。中性子は、中性子も陽子も引き寄せる“接着剤”として働く。原子核の中により多くの陽子が含まれていれば、元素はより重くなり、すべての陽子を1つにまとめようとして、より多くの中性子が必要になる。

原始核種

既知の288種の核種は地球が形成される前からずっと存在していた。この中には、80種の元素の同位体である254種の安定核種と、さらに、半減期が長いために地球の形成以来存在し続けている34種の核種が含まれている。

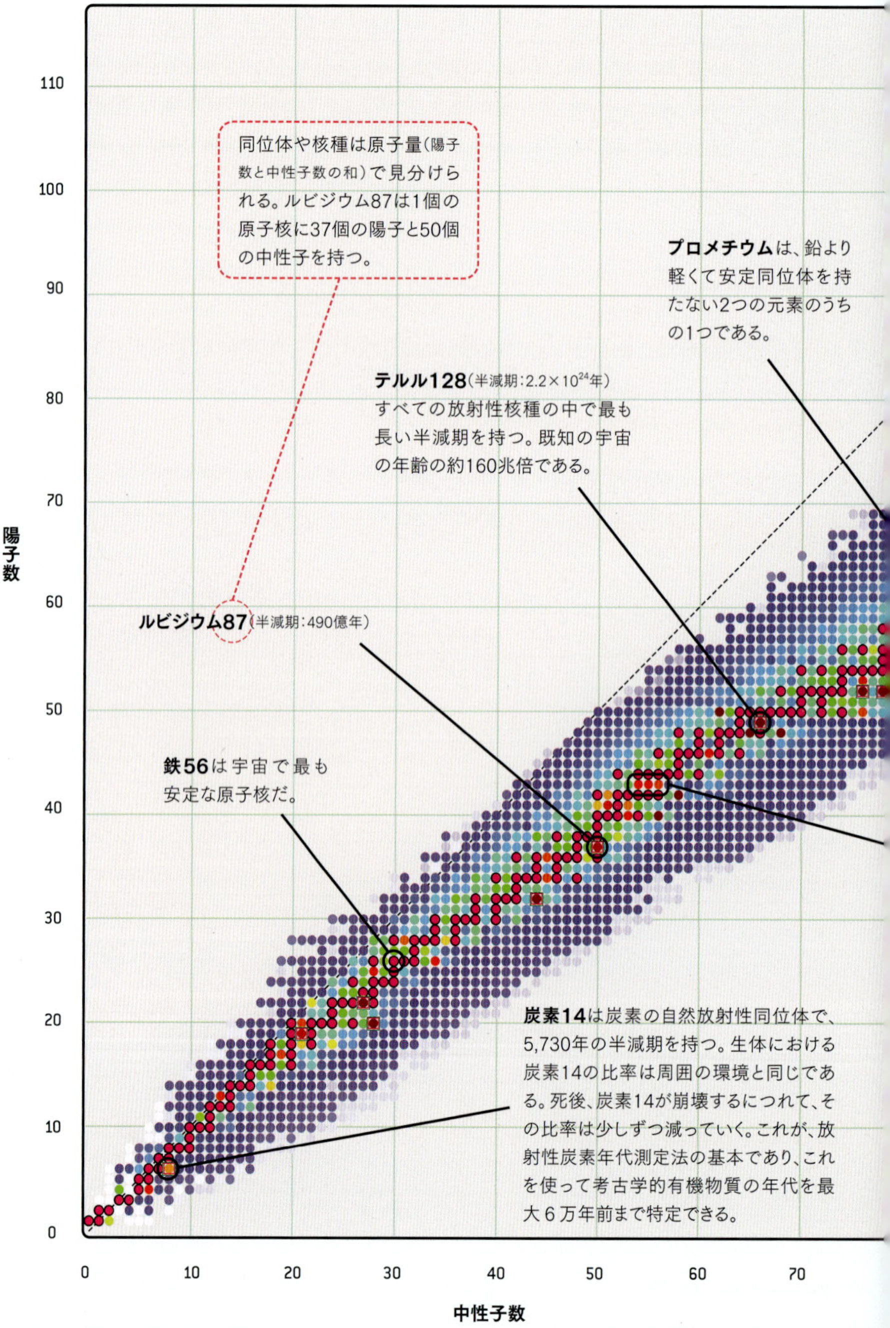

同位体や核種は原子量（陽子数と中性子数の和）で見分けられる。ルビジウム87は1個の原子核に37個の陽子と50個の中性子を持つ。
プロメチウムは、鉛より軽くて安定同位体を持たない2つの元素のうちの1つである。
テルル128（半減期：2.2×10^{24}年）
すべての放射性核種の中で最も長い半減期を持つ。既知の宇宙の年齢の約160兆倍である。
ルビジウム87（半減期：490億年）
鉄56は宇宙で最も安定な原子核だ。
炭素14は炭素の自然放射性同位体で、5,730年の半減期を持つ。生体における炭素14の比率は周囲の環境と同じである。死後、炭素14が崩壊するにつれて、その比率は少しずつ減っていく。これが、放射性炭素年代測定法の基本であり、これを使って考古学的有機物質の年代を最大6万年前まで特定できる。
陽子数
中性子数
0
10
20
30
40
50
60
70
80
90
100
110

安定の島
陽子数と中性子数の合計が、原子核の中の殻を完全に埋められる数であれば、核種の安定性は高くなる。その数は**魔法数**として知られており、最もよく知られているのは2、8、20、28、50、82、126である。極めて重い核種の中にも安定性の高い種類があると予想されており、それらの核種を合成できれば、この予想図も証明される。

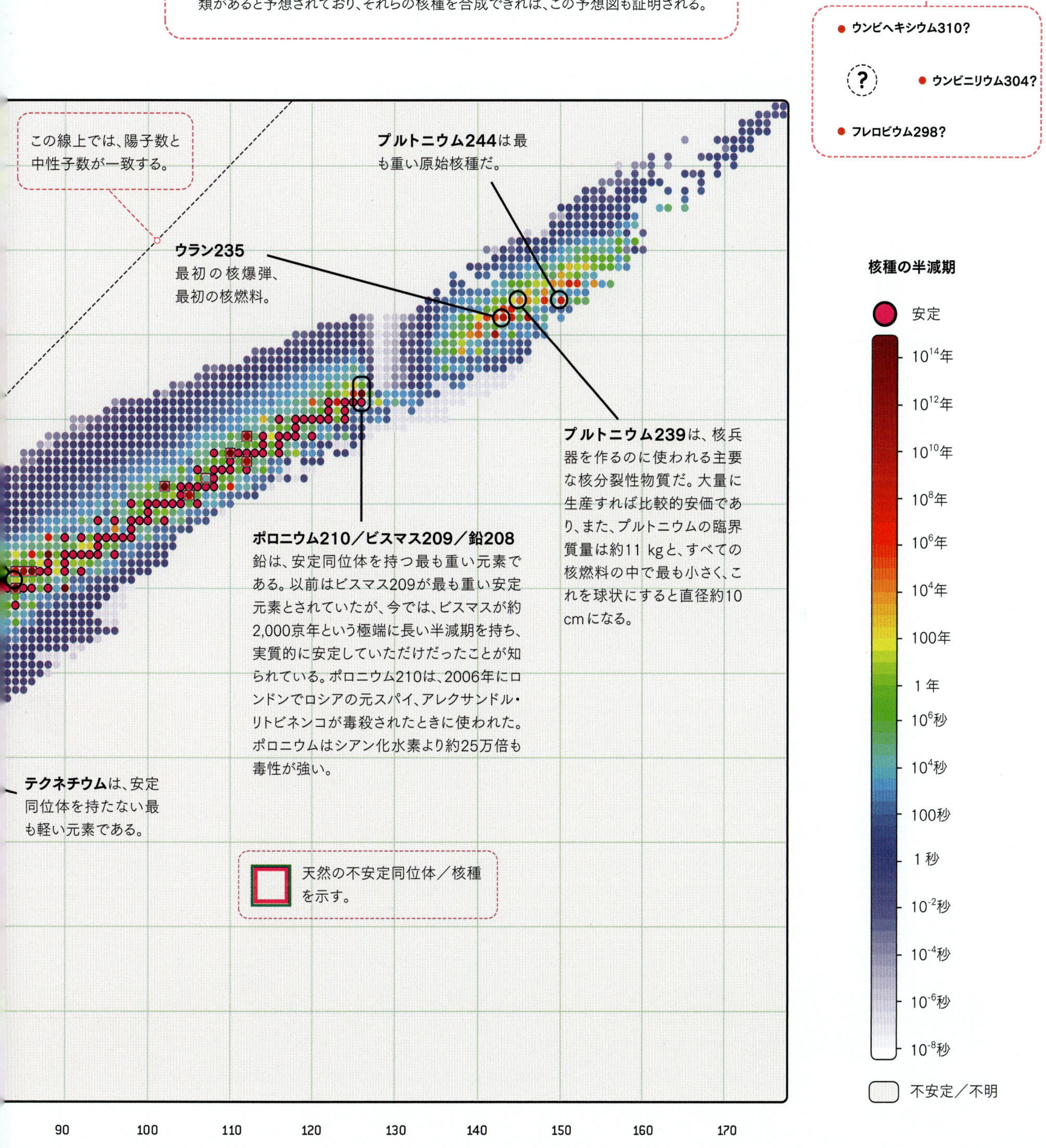
ウンビヘキシウム310?
?
ウンビニリウム304?
フレロビウム298?
この線上では、陽子数と中性子数が一致する。
プルトニウム244は最も重い原始核種だ。
ウラン235
最初の核爆弾、最初の核燃料。
プルトニウム239は、核兵器を作るのに使われる主要な核分裂性物質だ。大量に生産すれば比較的安価であり、また、プルトニウムの臨界質量は約11 kgと、すべての核燃料の中で最も小さく、これを球状にすると直径約10 cmになる。
ポロニウム210／ビスマス209／鉛208
鉛は、安定同位体を持つ最も重い元素である。以前はビスマス209が最も重い安定元素とされていたが、今では、ビスマスが約2,000京年という極端に長い半減期を持ち、実質的に安定していただけだったことが知られている。ポロニウム210は、2006年にロンドンでロシアの元スパイ、アレクサンドル・リトビネンコが毒殺されたときに使われた。ポロニウムはシアン化水素より約25万倍も毒性が強い。
テクネチウムは、安定同位体を持たない最も軽い元素である。
天然の不安定同位体／核種を示す。
90
100
110
120
130
140
150
160
170
核種の半減期
安定
10^{14}年
10^{12}年
10^{10}年
10^{8}年
10^{6}年
10^{4}年
100年
1年
10^{6}秒
10^{4}秒
100秒
1秒
10^{-2}秒
10^{-4}秒
10^{-6}秒
10^{-8}秒
不安定／不明

核分裂

鉛は最も重い安定元素だ。鉛より重い原子核を持つ元素はすべて不安定であり、遅かれ早かれ分裂して、より小さな原子核になるだろう。その過程において、中性子や陽子などの高速粒子を放出し、質量を少しだけ失う。失われた質量は、その重さに光速度の２乗を掛けた大きさのエネルギーに変わる。

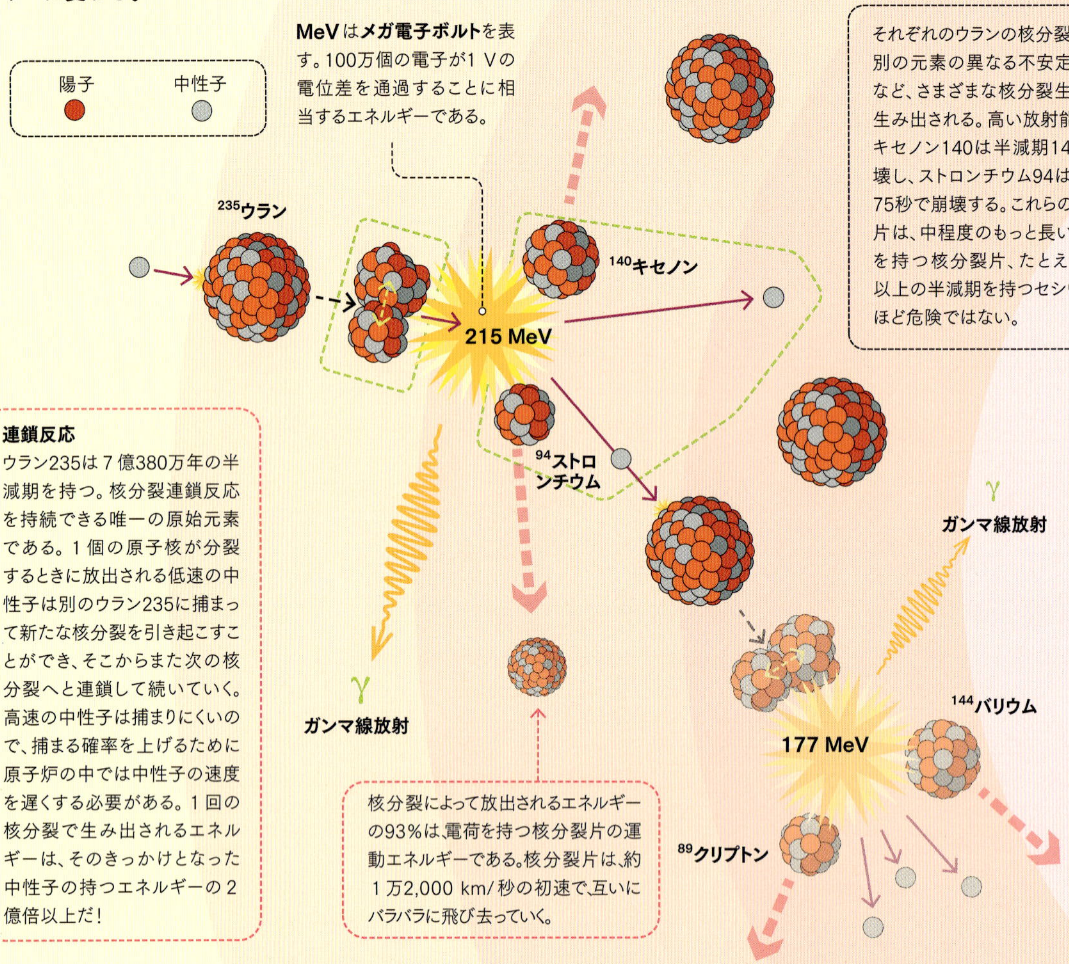

陽子
中性子
^{235}ウラン
215 MeV
^{140}キセノン
^{94}ストロンチウム
γ
ガンマ線放射
γ
ガンマ線放射
177 MeV
^{144}バリウム
^{89}クリプトン

MeVは**メガ電子ボルト**を表す。100万個の電子が1 Vの電位差を通過することに相当するエネルギーである。

それぞれのウランの核分裂からは、別の元素の異なる不安定同位体など、さまざまな核分裂生成物が生み出される。高い放射能を持つキセノン140は半減期14秒で崩壊し、ストロンチウム94は半減期75秒で崩壊する。これらの核分裂片は、中程度のもっと長い半減期を持つ核分裂片、たとえば30年以上の半減期を持つセシウム137ほど危険ではない。

連鎖反応

ウラン235は７億380万年の半減期を持つ。核分裂連鎖反応を持続できる唯一の原始元素である。１個の原子核が分裂するときに放出される低速の中性子は別のウラン235に捕まって新たな核分裂を引き起こすことができ、そこからまた次の核分裂へと連鎖して続いていく。高速の中性子は捕まりにくいので、捕まる確率を上げるために原子炉の中では中性子の速度を遅くする必要がある。１回の核分裂で生み出されるエネルギーは、そのきっかけとなった中性子の持つエネルギーの２億倍以上だ！

核分裂によって放出されるエネルギーの93％は、電荷を持つ核分裂片の運動エネルギーである。核分裂片は、約１万2,000 km/秒の初速で、互いにバラバラに飛び去っていく。

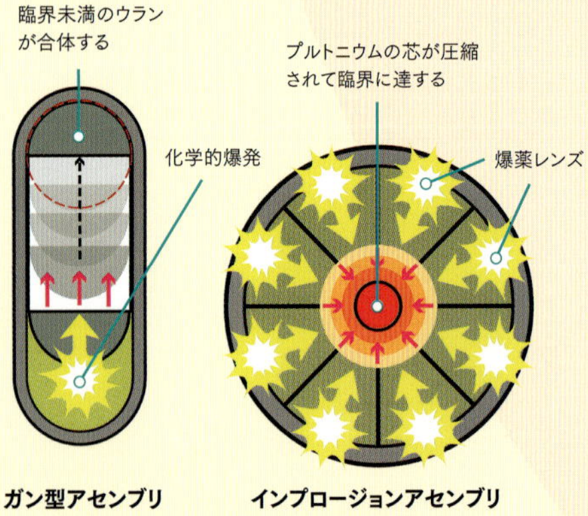

臨界未満のウランが合体する
化学的爆発
プルトニウムの芯が圧縮されて臨界に達する
爆薬レンズ
ガン型アセンブリ
インプロージョンアセンブリ

核爆弾

すべての既存の核弾頭は、爆発エネルギーの一部または全部を核分裂反応から得ている。ウランやプルトニウムを臨界超過質量（連鎖反応を開始するのに必要な物質の量）にするアセンブリには、次のいずれかの方式を用いる。臨界未満の物質を別の臨界未満の物質に打ち込むか、あるいは、臨界未満の物質を入れた中空の球を化学的爆発によって元の密度の何倍にも圧縮する（**インプロージョン**方式）かである。核兵器を設計する上での難しさは、爆弾が破裂する前に核分裂性物質の多くを確実に反応させておくことだ。広島に投下された爆弾には64 kgの濃縮ウランが入っていたが、核分裂に使われたのは1 kgに満たなかった。

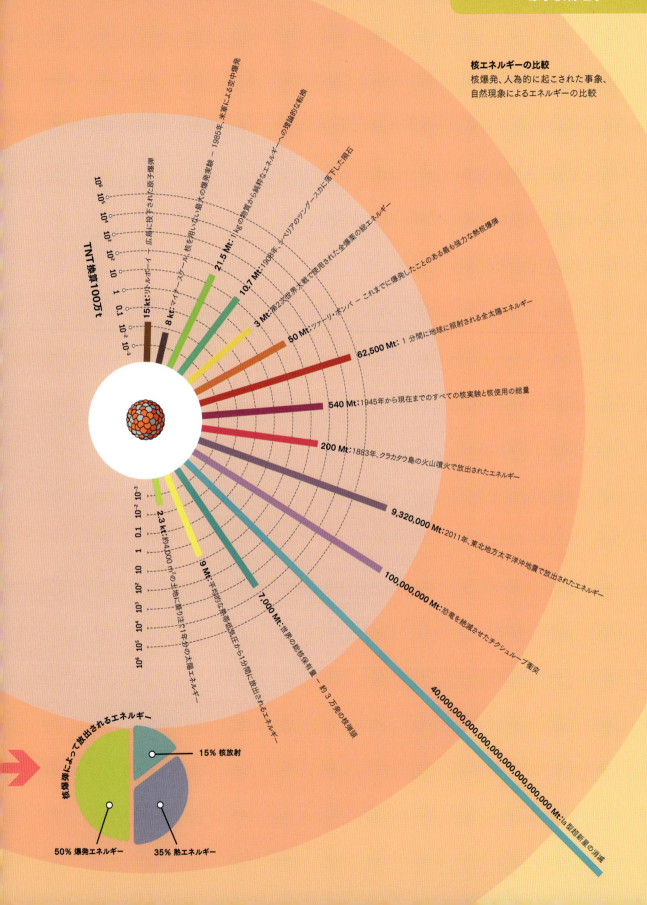

核エネルギーの比較
核爆発、人為的に起こされた事象、自然現象によるエネルギーの比較

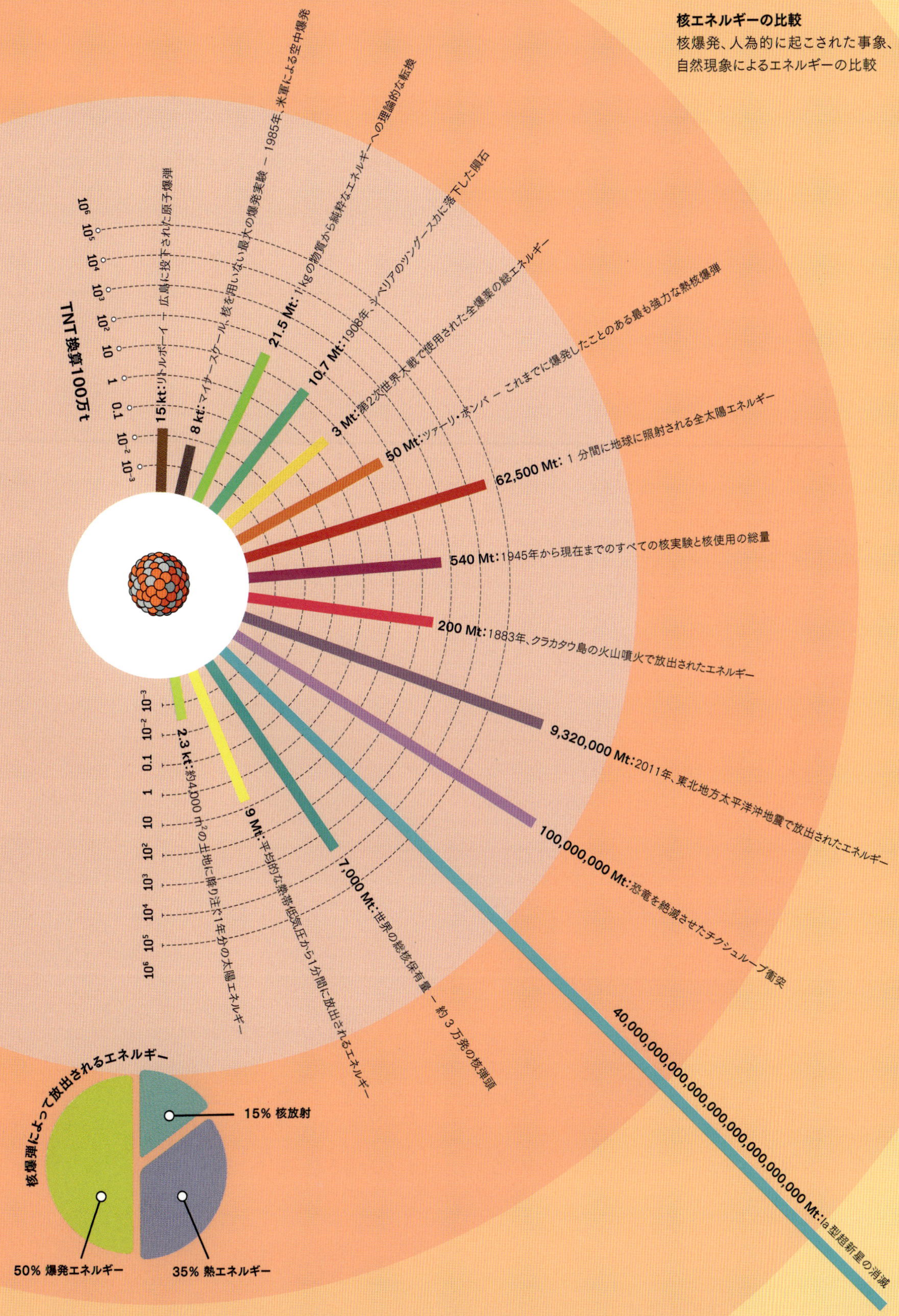
TNT換算100万t
10^6
10^5
10^4
10^3
10^2
10
1
0.1
10^{-2}
10^{-3}
15 kt:リトルボーイ ー 広島に投下された原子爆弾
8 kt:マイナースケール、核を用いない最大の爆発実験 ー 1985年、米軍による空中爆発
21.5 Mt:1kgの物質から純粋なエネルギーへの理論的な転換
10.7 Mt:1908年、シベリアのツングースカに落下した隕石
3 Mt:第2次世界大戦で使用された全爆薬の総エネルギー
50 Mt:ツァーリ・ボンバ ー これまでに爆発したことのある最も強力な熱核爆弾
62,500 Mt:1分間に地球に照射される全太陽エネルギー
540 Mt:1945年から現在までのすべての核実験と核使用の総量
200 Mt:1883年、クラカタウ島の火山噴火で放出されたエネルギー
9,320,000 Mt:2011年、東北地方太平洋沖地震で放出されたエネルギー
100,000,000 Mt:恐竜を絶滅させたチクシュルーブ衝突
40,000,000,000,000,000,000,000,000,000 Mt:Ia型超新星の消滅
7,000 Mt:世界の総核保有量 ー 約3万発の核弾頭
9 Mt:平均的な熱帯低気圧から1分間に放出されるエネルギー
2.3 kt:約4,000 m²の土地に降り注ぐ1年分の太陽エネルギー
核爆弾によって放出されるエネルギー
15% 核放射
50% 爆発エネルギー
35% 熱エネルギー

恒星のライフサイクル

わたしたちの太陽系は、前の世代の恒星が爆発することで生成された分子雲が、およそ46億年前に1つにまとまってできた。それからというもの、わたしたちの太陽は、少し重い元素を自ら作り出すのに忙しくしている。しかし、それらはわたしたちのためのものではない。わたしたちの太陽が死んだあとに生まれてくる次の"世代"の太陽系のためのものだ。恒星の一生（長さや終わり方）は最初の質量によって決まる。

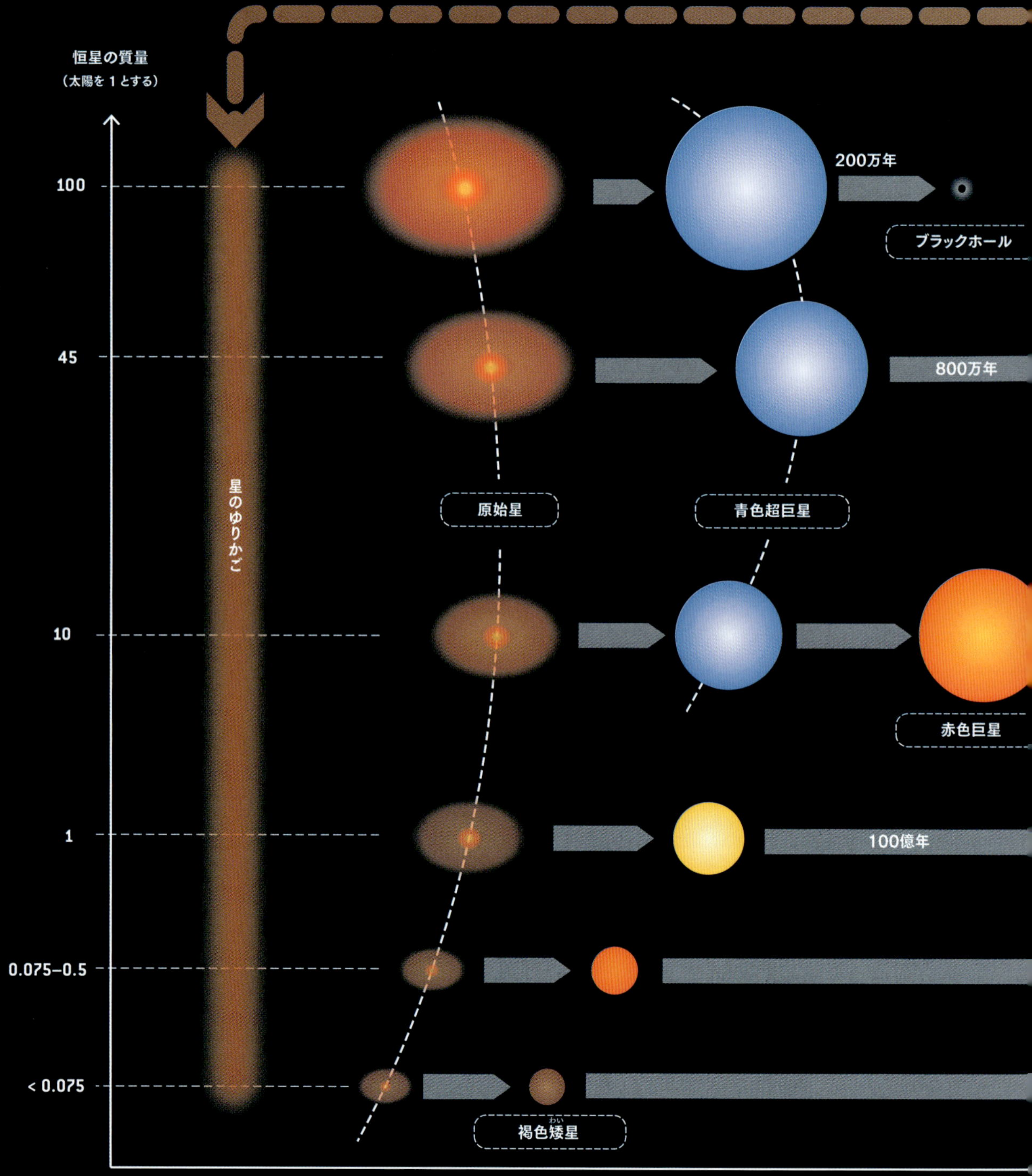

恒星の質量
（太陽を1とする）
100
45
10
1
0.075–0.5
< 0.075
星のゆりかご
原始星
青色超巨星
200万年
ブラックホール
800万年
赤色巨星
100億年
褐色矮星
わい

UNIVERSE 宇宙

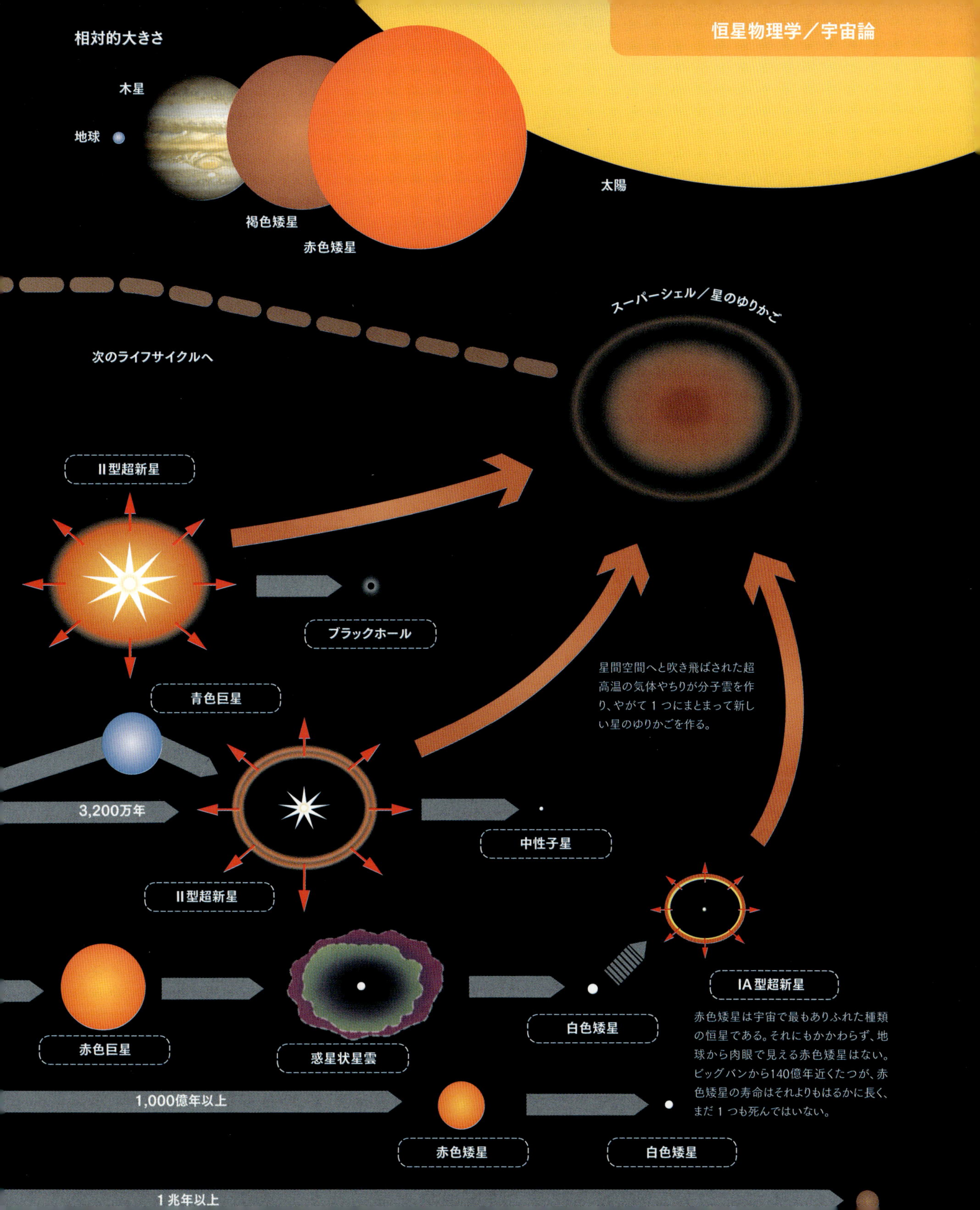
相対的大きさ
木星
地球
褐色矮星
赤色矮星
太陽
次のライフサイクルへ
スーパーシェル／星のゆりかご
II型超新星
ブラックホール
青色巨星
3,200万年
II型超新星
中性子星
IA型超新星
赤色巨星
惑星状星雲
白色矮星
1,000億年以上
赤色矮星
白色矮星
1兆年以上

星間空間へと吹き飛ばされた超高温の気体やちりが分子雲を作り、やがて１つにまとまって新しい星のゆりかごを作る。

赤色矮星は宇宙で最もありふれた種類の恒星である。それにもかかわらず、地球から肉眼で見える赤色矮星はない。ビッグバンから140億年近くたつが、赤色矮星の寿命はそれよりもはるかに長く、まだ１つも死んではいない。

銀河

ざっと1,000億個の銀河が、観測可能な宇宙のいたるところに点在している。どの銀河も、数千億個の恒星を持てるくらいの壮大で複雑な系をなしている。

銀河形態学
観測される銀河には多様な姿や形があり、さまざまな方法で分類される。最もよく利用されているのは、エドウィン・ハッブル（1926年）やジェラール・ド・ボークルール（1959年）が考案した方法を組み合わせたものだ。

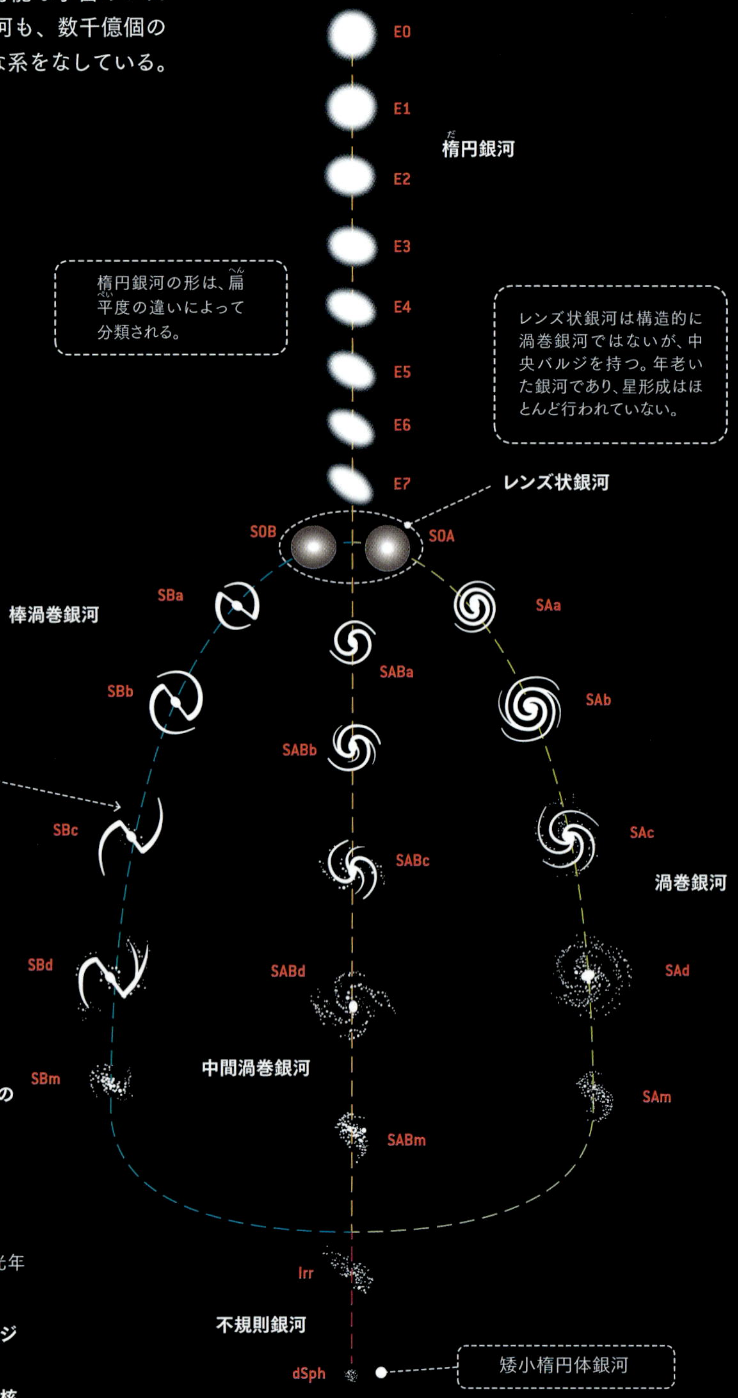

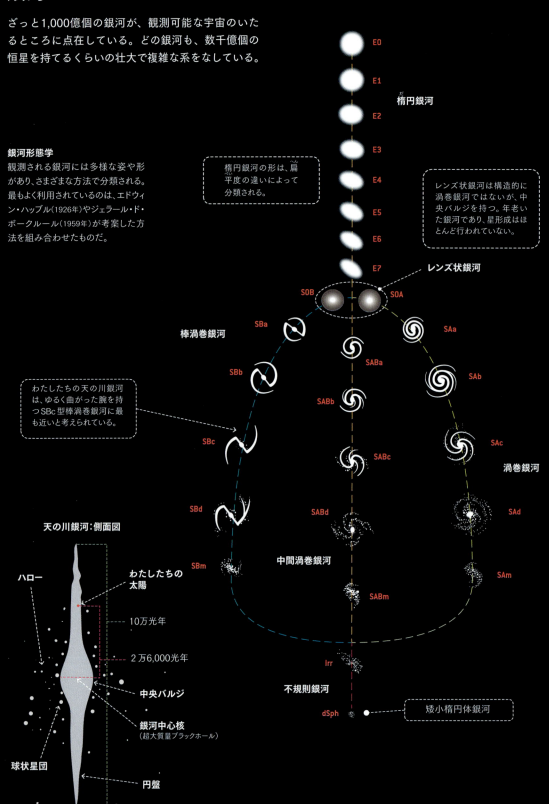

E0
E1
楕円銀河
E2
E3
楕円銀河の形は、扁平度の違いによって分類される。
E4
レンズ状銀河は構造的に渦巻銀河ではないが、中央バルジを持つ。年老いた銀河であり、星形成はほとんど行われていない。
E5
E6
E7
レンズ状銀河
S0B
S0A
SBa
棒渦巻銀河
SAa
SABa
SBb
SAb
わたしたちの天の川銀河は、ゆるく曲がった腕を持つSBc型棒渦巻銀河に最も近いと考えられている。
SABb
SBc
SAc
SABc
渦巻銀河
SBd
SABd
SAd
SBm
中間渦巻銀河
SAm
SABm
Irr
不規則銀河
dSph
矮小楕円体銀河

天の川銀河：側面図

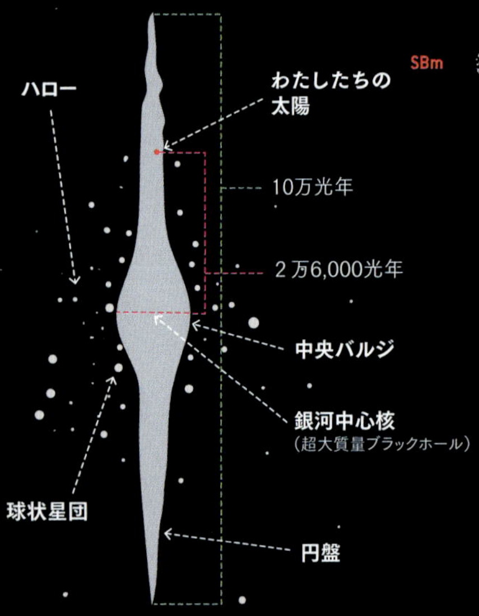

ハロー
わたしたちの太陽
10万光年
2万6,000光年
中央バルジ
銀河中心核（超大質量ブラックホール）
球状星団
円盤

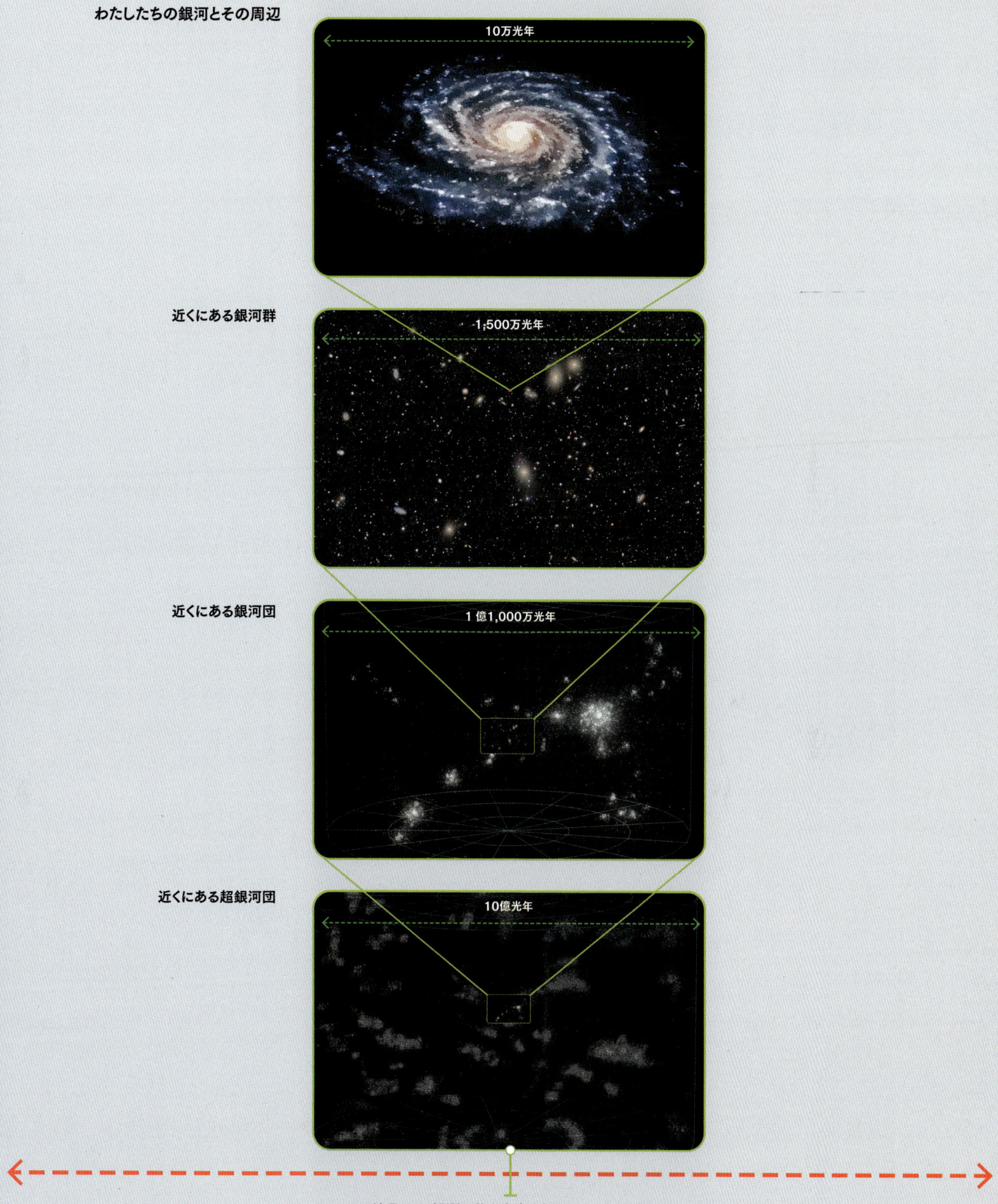
わたしたちの銀河とその周辺
10万光年
近くにある銀河群
1,500万光年
近くにある銀河団
1億1,000万光年
近くにある超銀河団
10億光年

この縮尺では、観測可能な宇宙は幅6.5 mになるだろう。
観測可能な宇宙：930億光年

ブラックホール

アインシュタインの場の方程式は、恐ろしく複雑な数学で記述されている。これは、一般相対性理論の基礎であり、ブラックホールの存在を予言していた。ブラックホールでは、物質が一点に強く集中しているため、その重力の支配から逃れるには光速度より速く移動しなければならない。この宇宙では不可能。逃げ道はない。

原始ブラックホール
質量が小さければ、シュワルツシルト半径は極端に小さくなる。エベレスト山程度の質量がブラックホールになるためには、1 nmよりもずっと小さな空間に圧縮されなければならないだろう。そのような極端に圧縮された物体を作る方法は知られていない。しかし、ビッグバン直後の極端に密度が高い状況であれば、そんな微小なブラックホールを作り出せたかもしれない。だから、仮説に基づくこの小型ブラックホールは、原始ブラックホールと呼ばれている。

ブラックホールMK I:
自転しないシュワルツシルト・ブラックホール

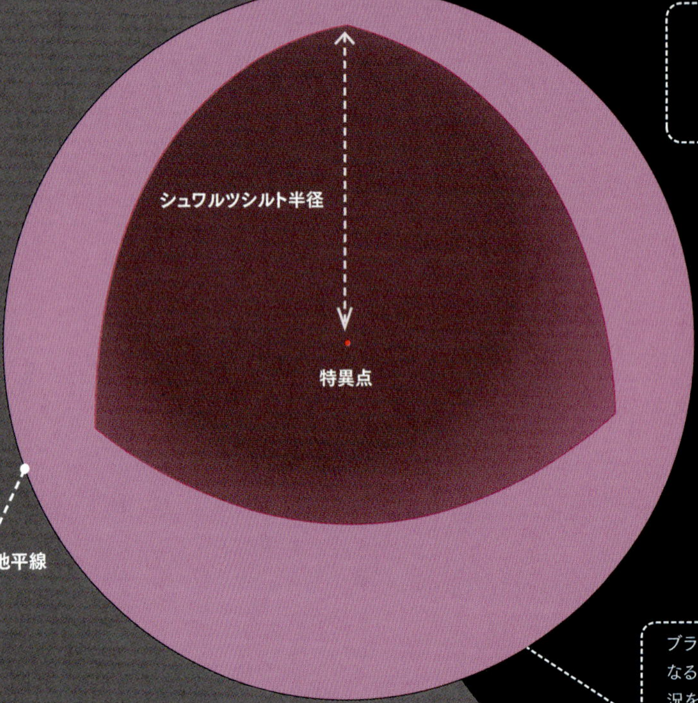

シュワルツシルト半径
特異点
事象の地平線

物体がいったん事象の地平線の内側に落ちてしまったら、空間と時間が交換可能になる。空間的経路は時間的経路になり、中心にある特異点を避けることはできないのだ。

ブラックホールについての２つの説明は、要するに単なる数学的な解だ。ほとんど想像もつかないような状況を、数学的な面や形によって予想しているに過ぎない。しかし、ブラックホールの観測、少なくともブラックホールの強力な重力場が周囲の宇宙空間に与える影響の観測については、今では直接的に行われている。

実物大のブラックホール
さまざまな質量の惑星がシュワルツシルト半径の大きさにまで押しつぶされた場合の、理論上の事象の地平線を実物大表示したもの。

地球
1.8 cm

天王星
25.6 cm

火星
1.9 mm

月
0.22 mm

ブラックホールを作るのに必要な最小質量は、実はわたしたちの太陽のおよそ3倍である。

ブラックホールMK II：
自転するカー・ブラックホール

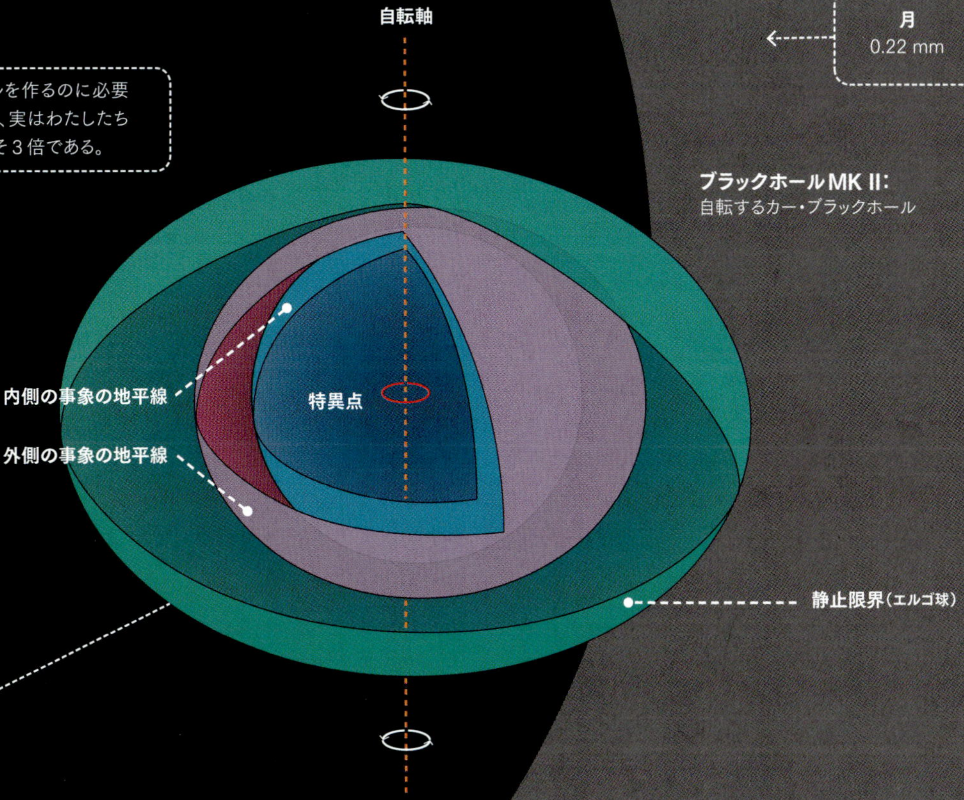
自転軸
特異点
内側の事象の地平線
外側の事象の地平線
静止限界（エルゴ球）

不可思議なブラックホール
数学者のロイ・カーが、自転するブラックホールに対応するアインシュタイン方程式の解を導いたのは、1963年になってからのことだ。それほど恐ろしく難しい数学だった。ブラックホールは自転する恒星と銀河にある物質とが崩壊して作り出されるので、おそらくほとんどのブラックホールが実際には角運動量を持っているだろう。自転するカー・ブラックホールには不可思議な性質がある。

- 中心には、点の特異点ではなくリング状の特異点（自転する１次元のリング）がある。
- 事象の地平線を内側と外側に２つ持ち、さらにエルゴ球と呼ばれる楕円体を持つ。エルゴ球の内側では、時空がブラックホールとともに光速度よりも速く自転している。
- 内側の事象の地平線を越えると、時空そのものが反転する。リング状の特異点の近くでは重力が反発し、実際に中心から押しのけられるようになる。
- リング状の特異点同士が時空を通して結び付くことが可能であり、ワームホールとして機能できる。リング状の特異点を通って移動すれば、時空内の違う場所、たとえば別の宇宙などに行けるかもしれない。

太陽

わたしたちの太陽は黄色矮星に分類され、誕生から約45億年たつ。今は中年期で安定しているが、次の40億年の間に膨張して、最終的に赤色巨星となるだろう。太陽の化学組成は、太陽が作られる元となった星間物質から受け継いだものだ。

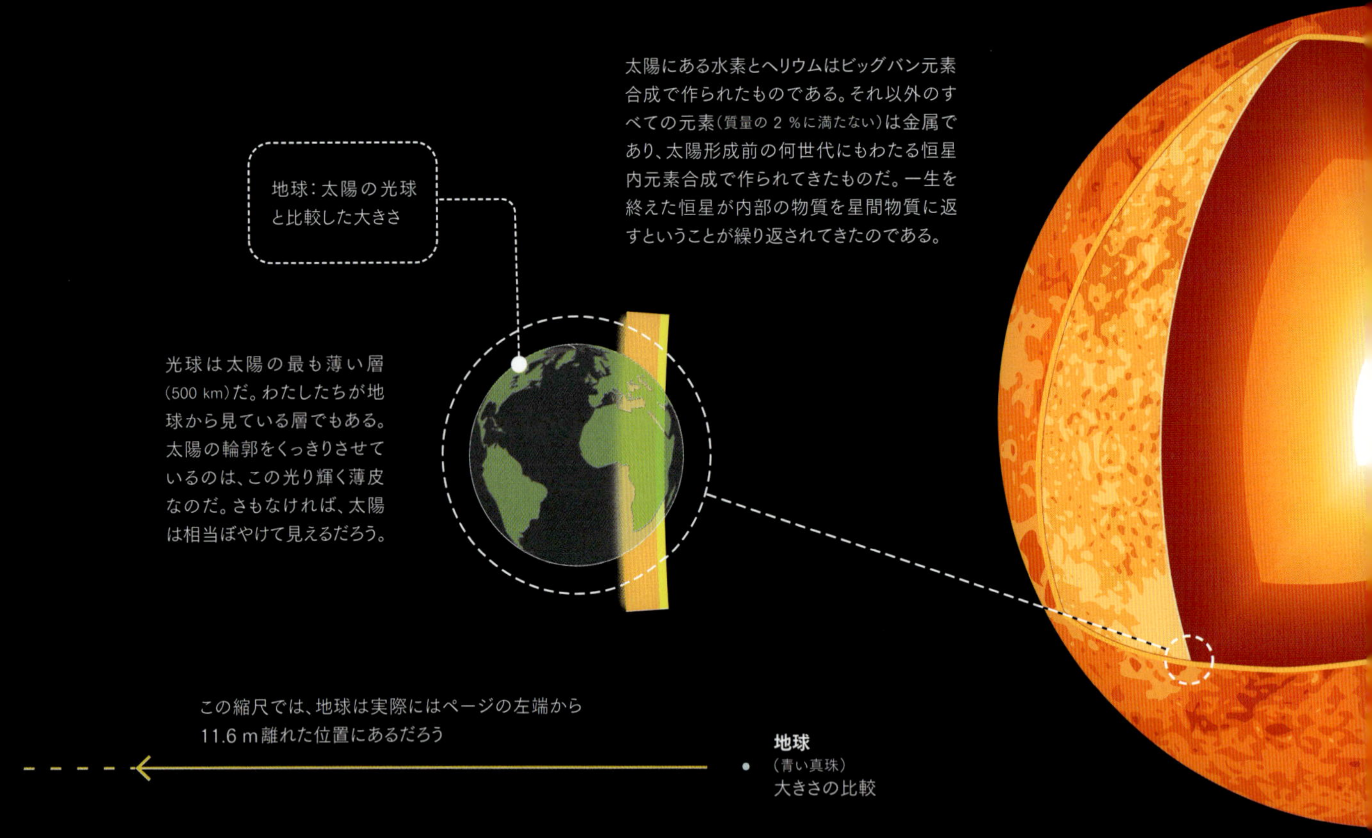
太陽にある水素とヘリウムはビッグバン元素合成で作られたものである。それ以外のすべての元素(質量の 2 %に満たない)は金属であり、太陽形成前の何世代にもわたる恒星内元素合成で作られてきたものだ。一生を終えた恒星が内部の物質を星間物質に返すということが繰り返されてきたのである。
地球：太陽の光球と比較した大きさ
光球は太陽の最も薄い層(500 km)だ。わたしたちが地球から見ている層でもある。太陽の輪郭をくっきりさせているのは、この光り輝く薄皮なのだ。さもなければ、太陽は相当ぼやけて見えるだろう。
この縮尺では、地球は実際にはページの左端から11.6 m離れた位置にあるだろう
地球
(青い真珠)
大きさの比較

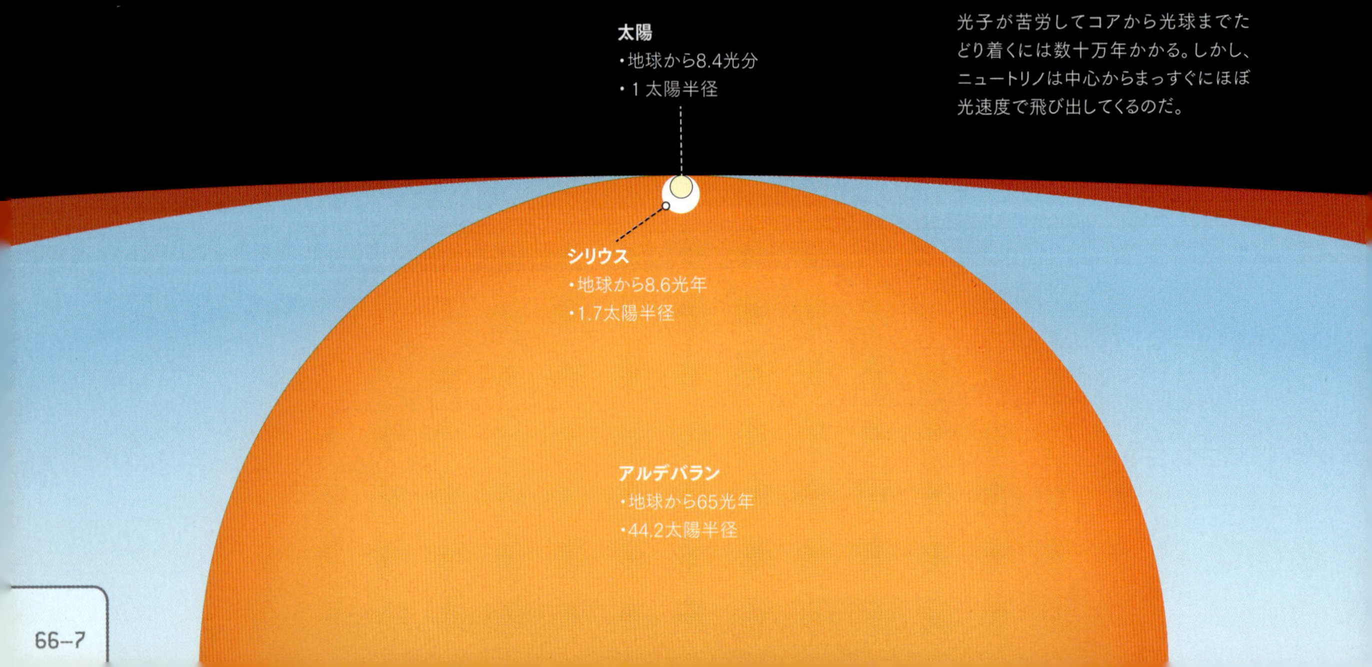
太陽
・地球から8.4光分
・1 太陽半径
光子が苦労してコアから光球までたどり着くには数十万年かかる。しかし、ニュートリノは中心からまっすぐにほぼ光速度で飛び出してくるのだ。
シリウス
・地球から8.6光年
・1.7太陽半径
アルデバラン
・地球から65光年
・44.2太陽半径

太陽では、水素融合によって毎秒400万tの太陽物質が電磁エネルギーに変えられている。

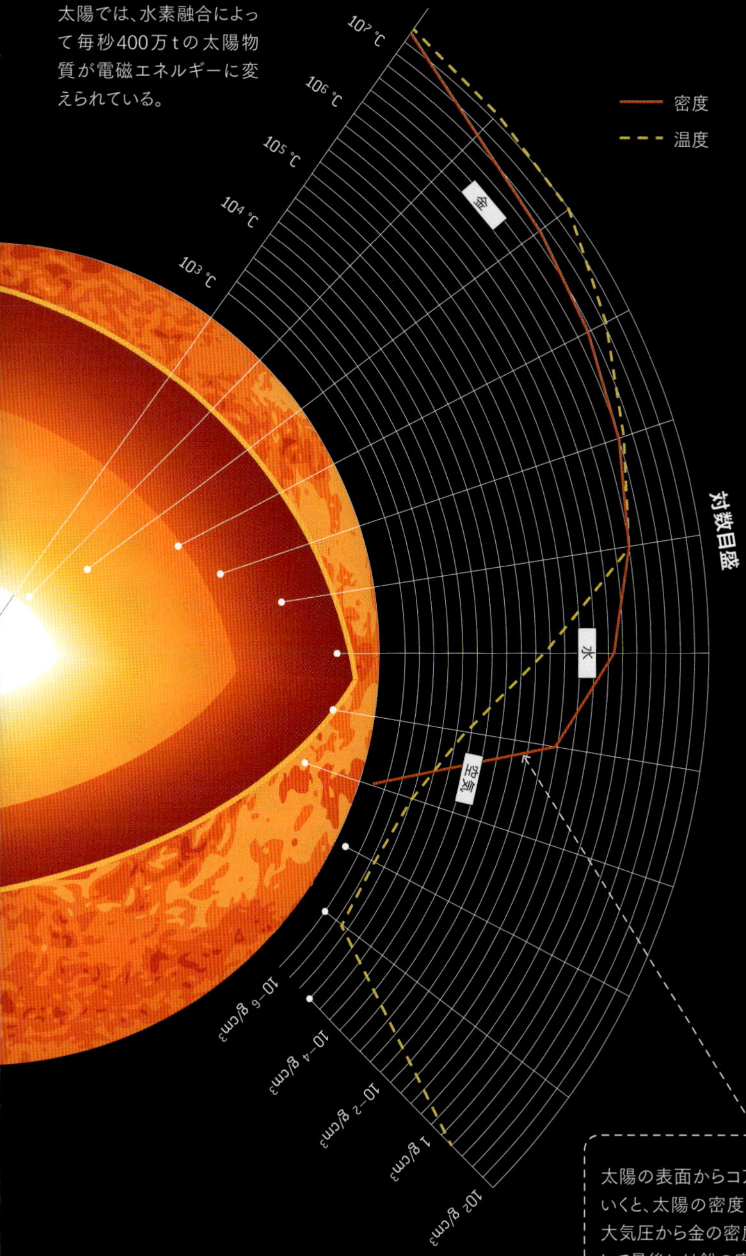
密度
温度
10^7 °C
10^6 °C
10^5 °C
10^4 °C
10^3 °C
金
水
空気
対数目盛
10^{-6} g/cm³
10^{-4} g/cm³
10^{-2} g/cm³
1 g/cm³
10^2 g/cm³

太陽の表面からコアに向かって移動していくと、太陽の密度はほぼ地球の海面の大気圧から金の密度へと上がっていき、そして最後には鉛の密度の10倍に達する。

太陽は、ほぼ完全な球形をしている。極直径と赤道直径の差は、たったの10 kmしかない。自然界において完全な球形に最も近いものだ。太陽を地球の大きさに縮小すれば、最も高いプロミネンスでも45 mの高さにしかならないだろう。

太陽の一生

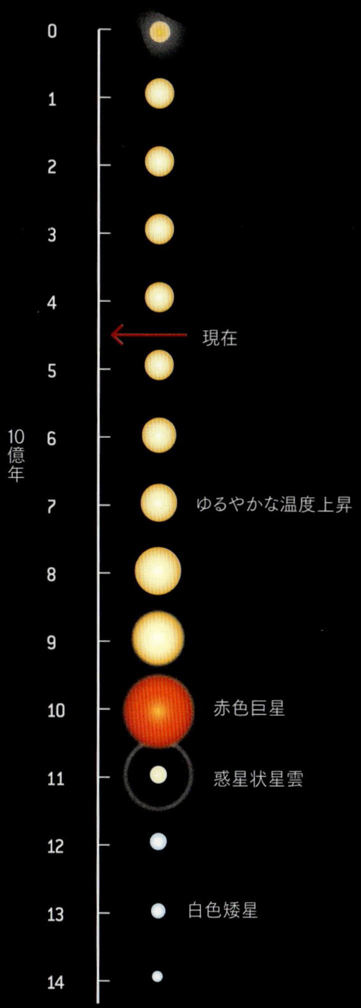
0
1
2
3
4
現在
5
6
10億年
7
ゆるやかな温度上昇
8
9
10
赤色巨星
11
惑星状星雲
12
13
白色矮星
14

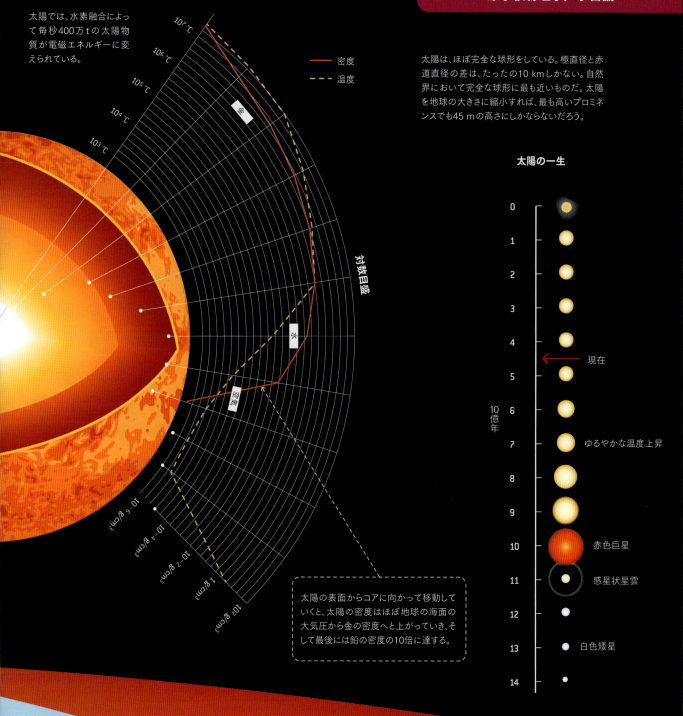

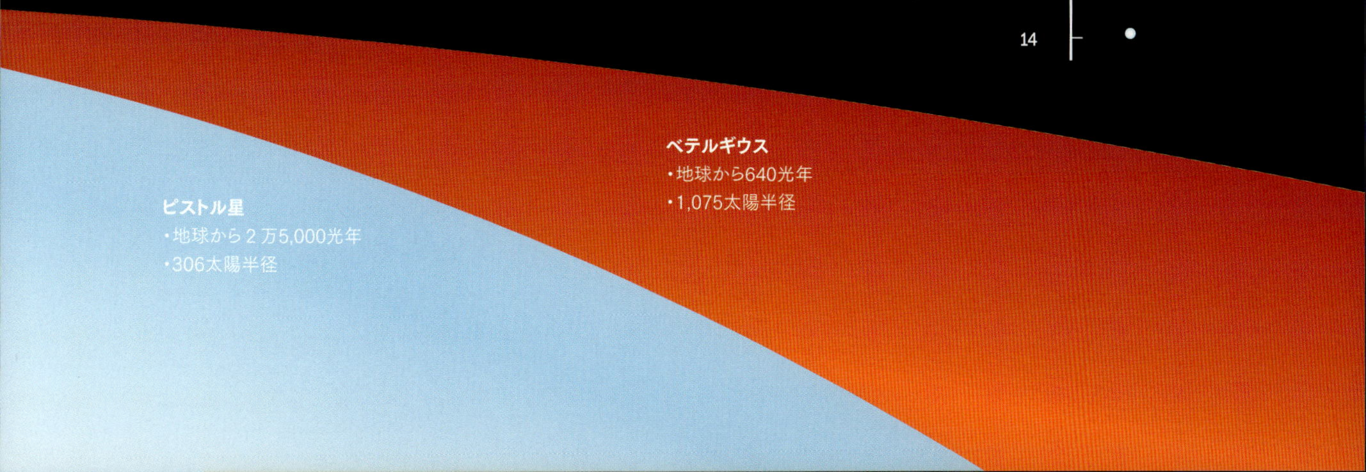
ベテルギウス
・地球から640光年
・1,075太陽半径
ピストル星
・地球から２万5,000光年
・306太陽半径

3.141592653 897 323846264
510582097494459230781640
170679821480865132823066
359408128481117450284102
95493038196442881097566
31652712019091456485669
36072602491412737245870
28292540917153643678925
213841469519415116094330
73819326117931051185480
27248912279381830119491
21394946395224737190702
93176752384674818467669
27785771342757789609173
30146549585371050792279
21960864034418159813629
99998372978049951059731
34690830264252230825334
31378387528865875332083
34904287554687311595628
77805321712268066130019

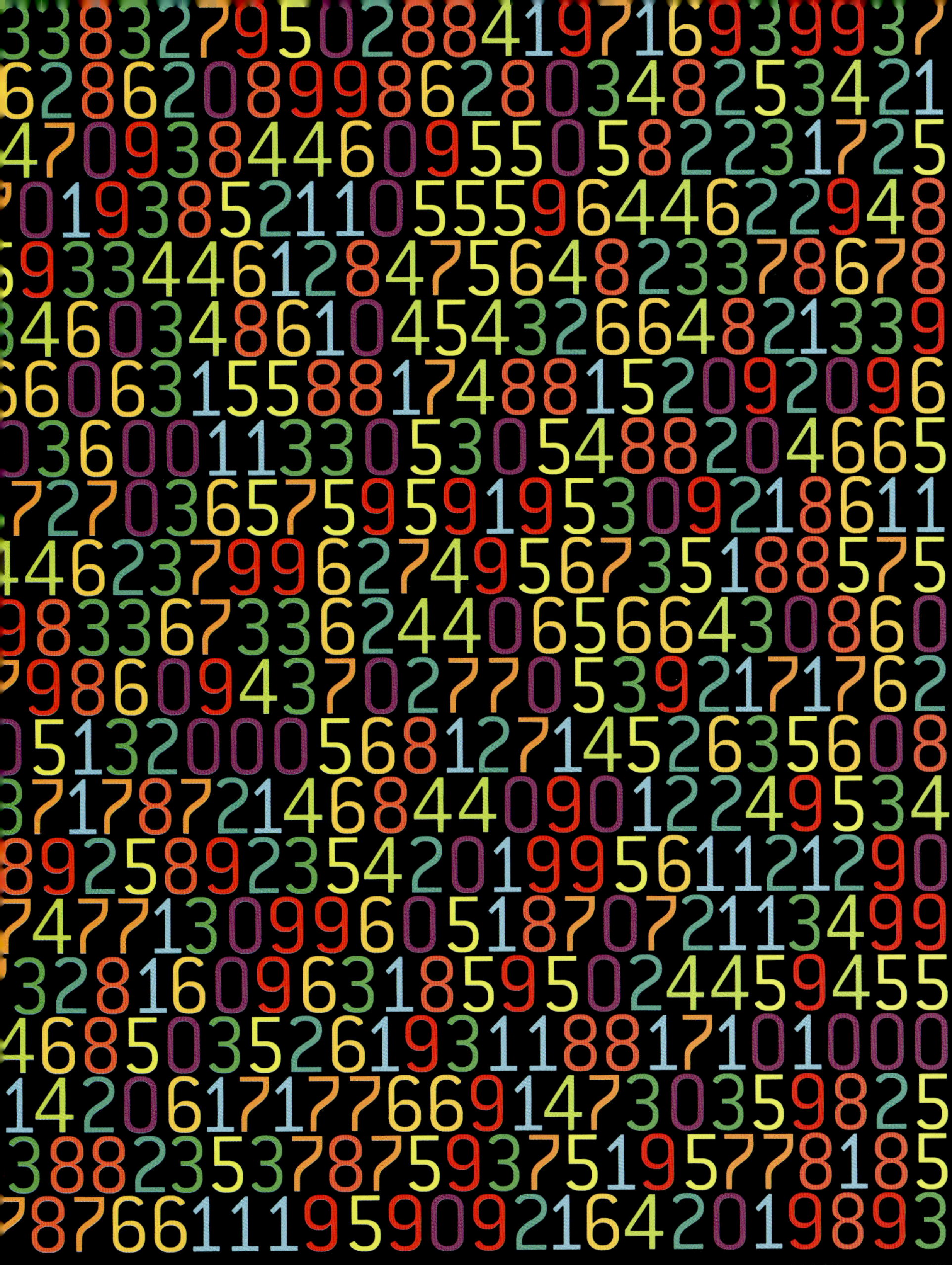

円周率（小数点以下1,001桁）

EARTH
地球

Earth
地球

およそ46億年前、宇宙のどこかで巨大分子雲のほんの一部が崩壊を始めた。アイスダンスでスピンしながら腕を引き寄せると回転が速くなるように、崩壊する質量も重力に引き込まれて密着度が高くなるにつれて、速く回転するようになった。質量のほとんどが中心部に集まってきたが、残りは自転によって平らな円盤状になった。惑星や衛星、小惑星、その他の太陽系小天体は、この円盤から作られていくのである。やがて、初期の太陽系の中心にある高密度の水素の回転球が、圧力と温度の上昇によって活発に燃え始めた。太陽という核融合炉に火が付いたのだ。数百万年の間に、ちりとガスからなる円盤は、どんどん大きくなっていく微惑星へと集まっていった。

まだ大部分は水素とヘリウムでできていたが、太陽系を作っているちりやガスには、より重い原子や分子も豊富に含まれていた。それらは窒素や鉄、ニッケル、リン、水、メタンなどであり、以前の超新星において生成され、それから何十億年にもわたり激しい星間放射を浴びて融合され続けてきたものだ。これらの重い元素は、生まれたばかりの惑星の中に、固体の金属とケイ酸塩からなるコアを作り始めた。太陽系は、いまだに混沌としており、熱くて込み合っていた。大規模な衝突が頻発し、天体の進む向きもよく変わった。あちらこちらで大小の渦が崩壊し、かたまりになった。太陽光線が太陽系の内部を加熱することで、揮発性の高い気体や液体化合物は蒸発し、太陽系の端に向かって吹き飛ばされた。中心に近い側に形成された惑星は、比較的小さな岩石のかたまりに仕上がった。凍結線を越えたはるか外側では、ガスとちりの巨大な球体が、圧力によって降着し、液体化したり固体化したりして、巨大ガス惑星を作った。木星や土星、海王星である。

初期の惑星は、輝き続ける太陽を回る自らの軌道を選ぶと、その周りの宇宙空間をきれいに片付けながら成長していった。混乱のときはまだ続いており、高温で真っ赤なままの地球は、別の惑星体と激突した。大規模な衝突によって、大量の溶けた物質が周辺の宇宙空間に飛び散った。それらの破片は合体し、ゆっくりと地球の軌道を回るようになった。わたしたちの月は、母惑星に対する質量比が太陽系で最も大きい。その月が地球を見下ろすようになったのだ。

地球が冷えるにつれて、重くて純粋な金属（鉄とニッケル）が溶けた状態で中心部へと沈んでいき、コアを作った。軽い岩石は表面で固まって地殻となり、その上に液体の水が凝縮し始めた。重力の働きにより、地球の周りは熱くて高密度の気体に薄く包まれていた。地殻が分割され、プレートになっていった。プレートは、あちらこちらで互いに滑り込んだり、別々に引き離されたりしながら、動いたり押し合ったりしていた。こうして、地球の磁場にエネルギーを与えたり、山脈や深い渓谷を造ったりする、ゆっくりとした環流が始まったのだ。より多くの水が集まると、惑星は冷却され、海が広がっていった。惑星における化学も変わり始めた。水の持つ特別な性質（密度や安定性、“万能溶媒”であること）が、水の化学という新たな領域を切り開いた。急ごしらえの新しい山々を雨が侵食し、川はミネラルの豊富な水を広がり続ける海へと運んだ。二酸化炭素が海洋に吸収されて地球の奥深くに沈められると、大気は冷えてより軽くなった。複雑な気象系が発達し、空と海と陸上を液体の水が循環し、再利用されるようになった。

構造プレートが離れていく場所では、高温のガスとミネラルが深海の水の中へと逃れ出てきて、よりいっそう複雑な化学物質や有機化合物、ケイ酸塩が生み出された。白亜質の裂け目から泡が出てきて、反応したり、触媒となったりして、化学物質が豊富に溶け込んでいる“錬金術師の酒”を作り出したのだ。

そして、この深海底の暗闇という環境の中で、地球の誕生から約6億年、化学は果てしない変化を遂げた。わたしたちの知っている宇宙は変わったのだ。化学物質は、よりいっそう複雑になり、自分自身を複製し始めた。複雑さをコード化し、さらに複雑に成長していった。生命の始まりだった。

惑星形成

太陽は太陽系の質量の
99.86%を占める

わたしたちの太陽系は、46億年前に巨大分子雲のほんの一部が重力崩壊して形成が始まった。

重力が不安定な場所に漂っている星間のガスやちりは、合体して、密度の高い小さなかたまりを作る。それから、かたまりの自転と崩壊が始まり、自転によって平らな円盤状になっていく。

岩石や金属は円盤のいたるところで凝縮し、水やメタン、アンモニアなどの氷は円盤の外側部分でのみ凝縮する。

円盤の質量が十分に大きくなると、暴走的な降着が始まる。10万年から30万年という短い時間で、月から火星くらいの大きさの、惑星の胚子（はいし）が形成される。

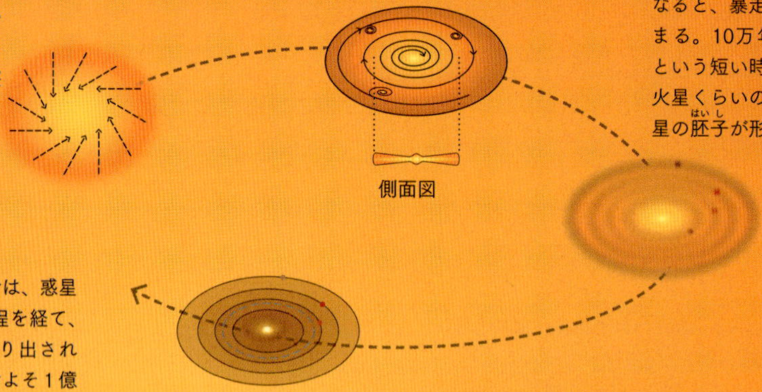

側面図

成長過程にある恒星の近くでは、惑星の胚子が激しく合体する過程を経て、いくつかの地球型惑星が作り出される。この最後の段階には、およそ1億～10億年かかる。

太陽の質量
1,989,000,000,000,000,000,000,000,000,000 kg

線上にある円の面積は、ここに描かれている太陽の面積を基準とした、主惑星の質量比を表している

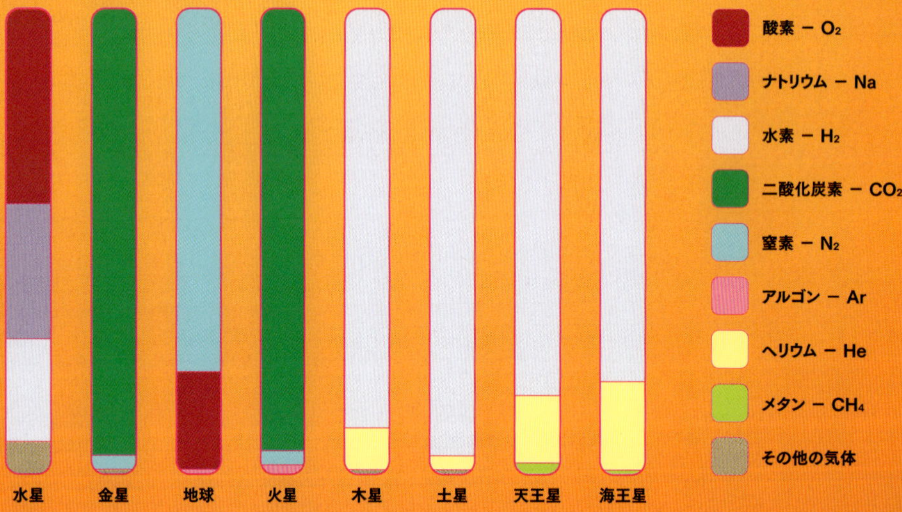

水星
金星
地球
火星
木星
土星
天王星
海王星
酸素 － O_2
ナトリウム － Na
水素 － H_2
二酸化炭素 － CO_2
窒素 － N_2
アルゴン － Ar
ヘリウム － He
メタン － CH_4
その他の気体

惑星大気の組成

巨大惑星の形成については、完全には分かっていない。巨大惑星は**凍結線**の外側に生まれる。そこにある惑星の胚子は、おもにさまざまな種類の氷（水やメタン、窒素、アンモニア）でできている。惑星の胚子の中に地球の5〜10倍の質量にまで成長するものが現れて、自らの上に原始惑星系円盤から水素やヘリウムのガスを降着させ始める。数百万年にわたってガスの集積が続くが、地球の質量の30倍くらいまで原始惑星の形成が進んでからは、集積が加速され暴走ぎみに進んでいく。木星や土星は、わずか1万年ほどの間に質量の大部分を集積したと考えられている。これらの惑星は、形成中も形成後も長い距離を移動してきた。天王星や海王星のような巨大氷惑星はコアの形成に失敗したと考えられている。作られる時期が遅過ぎて、円盤内のガスがほとんどなくなってしまっていたからだ。

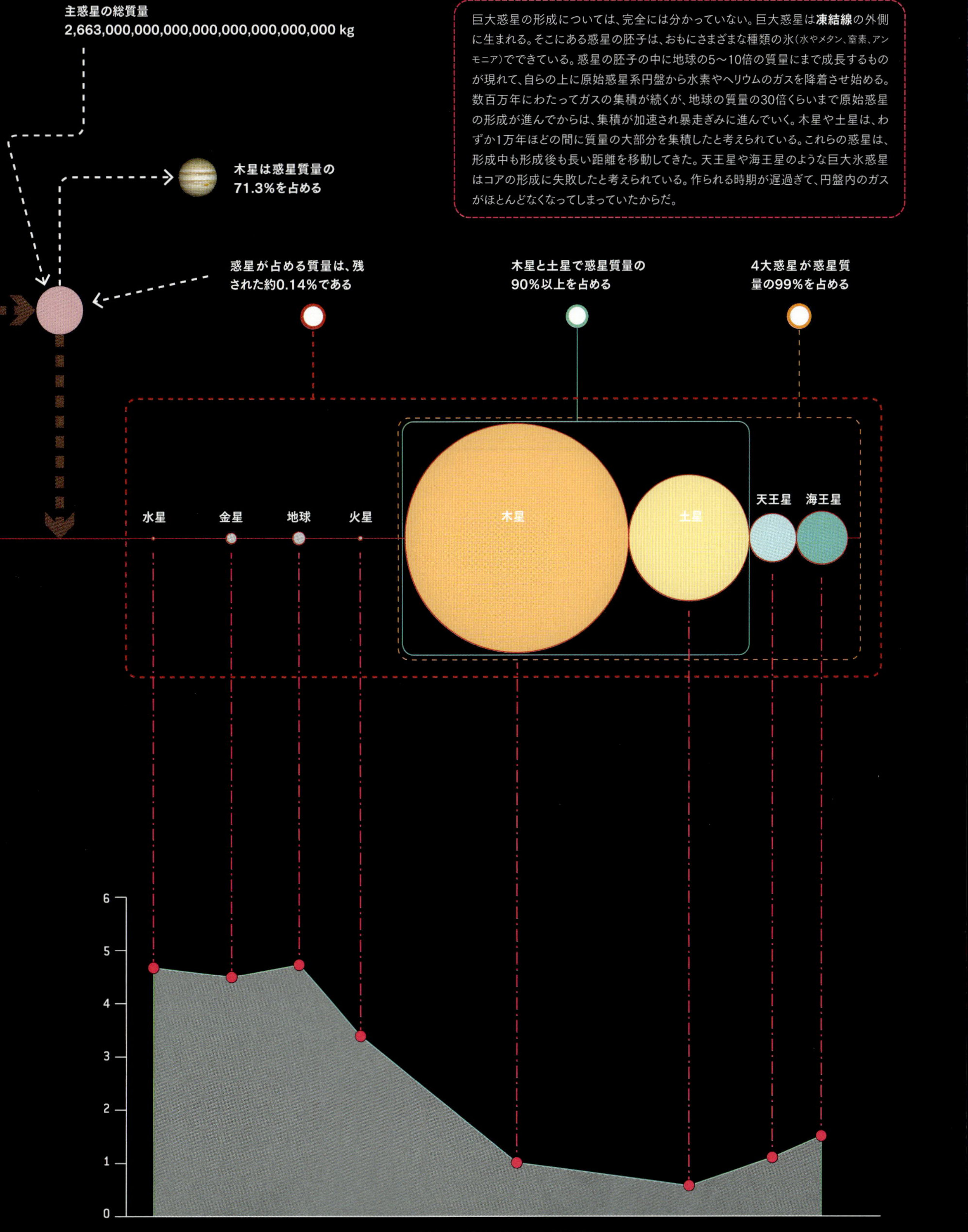
主惑星の総質量
2,663,000,000,000,000,000,000,000,000 kg
木星は惑星質量の
71.3%を占める
惑星が占める質量は、残
された約0.14%である
木星と土星で惑星質量の
90%以上を占める
4大惑星が惑星質
量の99%を占める
水星
金星
地球
火星
木星
土星
天王星
海王星
6
5
4
3
2
1
0

惑星の密度（木星を1とする相対値）

太陽系

惑星の定義は、太陽を回る軌道上の天体であること。自己重力が剛体力に打ち勝てるほどの十分な質量を持っているため、ほぼ丸い形をしていること。さらに、軌道の周辺から、他の太陽系天体が取り除かれていることである。

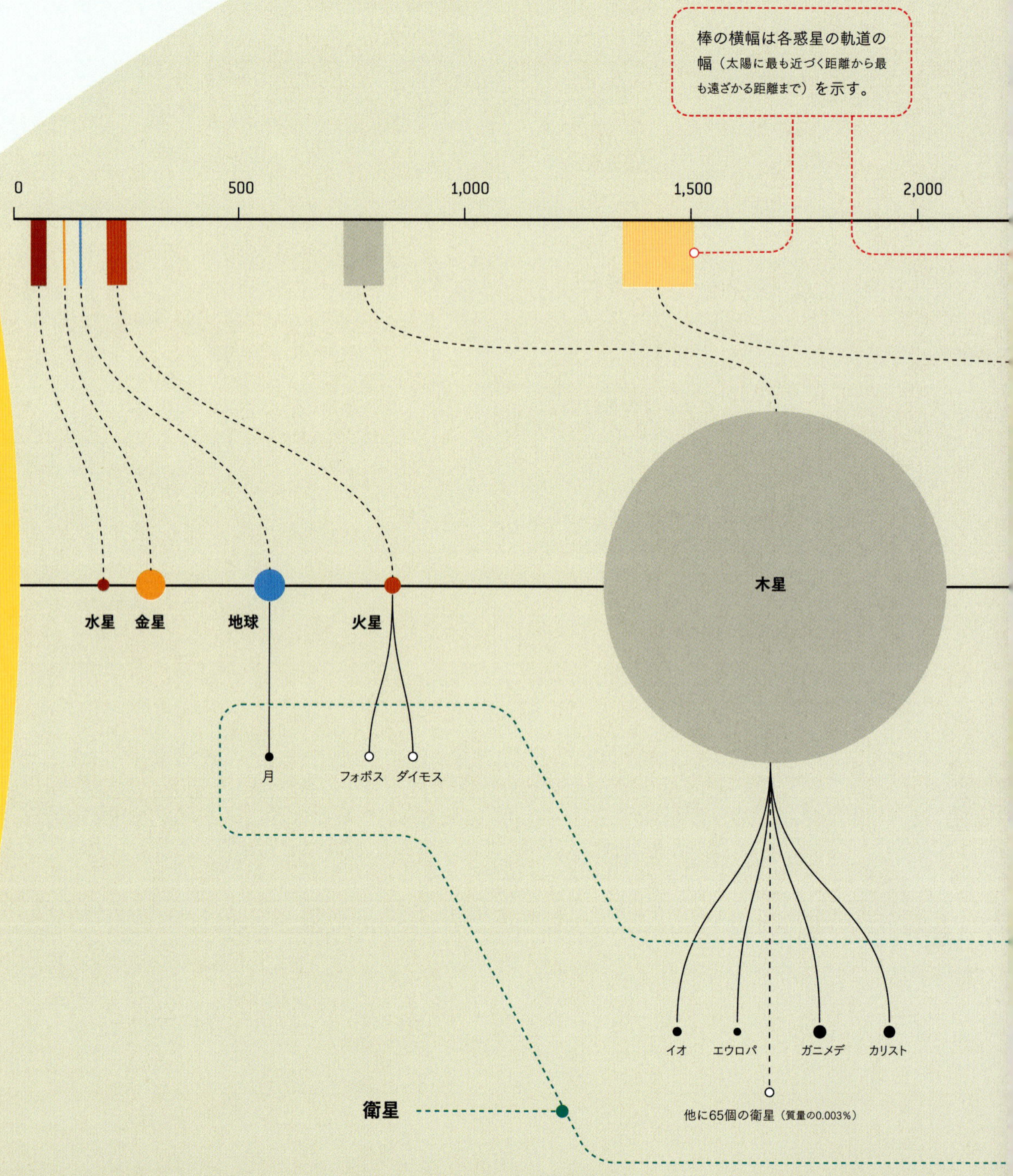

棒の横幅は各惑星の軌道の幅（太陽に最も近づく距離から最も遠ざかる距離まで）を示す。
0
500
1,000
1,500
2,000
水星
金星
地球
火星
木星
月
フォボス
ダイモス
イオ
エウロパ
ガニメデ
カリスト
他に65個の衛星（質量の0.003%）
衛星

184個の既知の自然衛星が、太陽系の惑星の軌道を回っている。主惑星（**水星、金星、地球、火星、木星、土星、天王星、海王星**）の軌道を回る衛星が175個あり、準惑星（**ケレス、冥王星、ハウメア、マケマケ、エリス**）の軌道を回る衛星が9個ある。

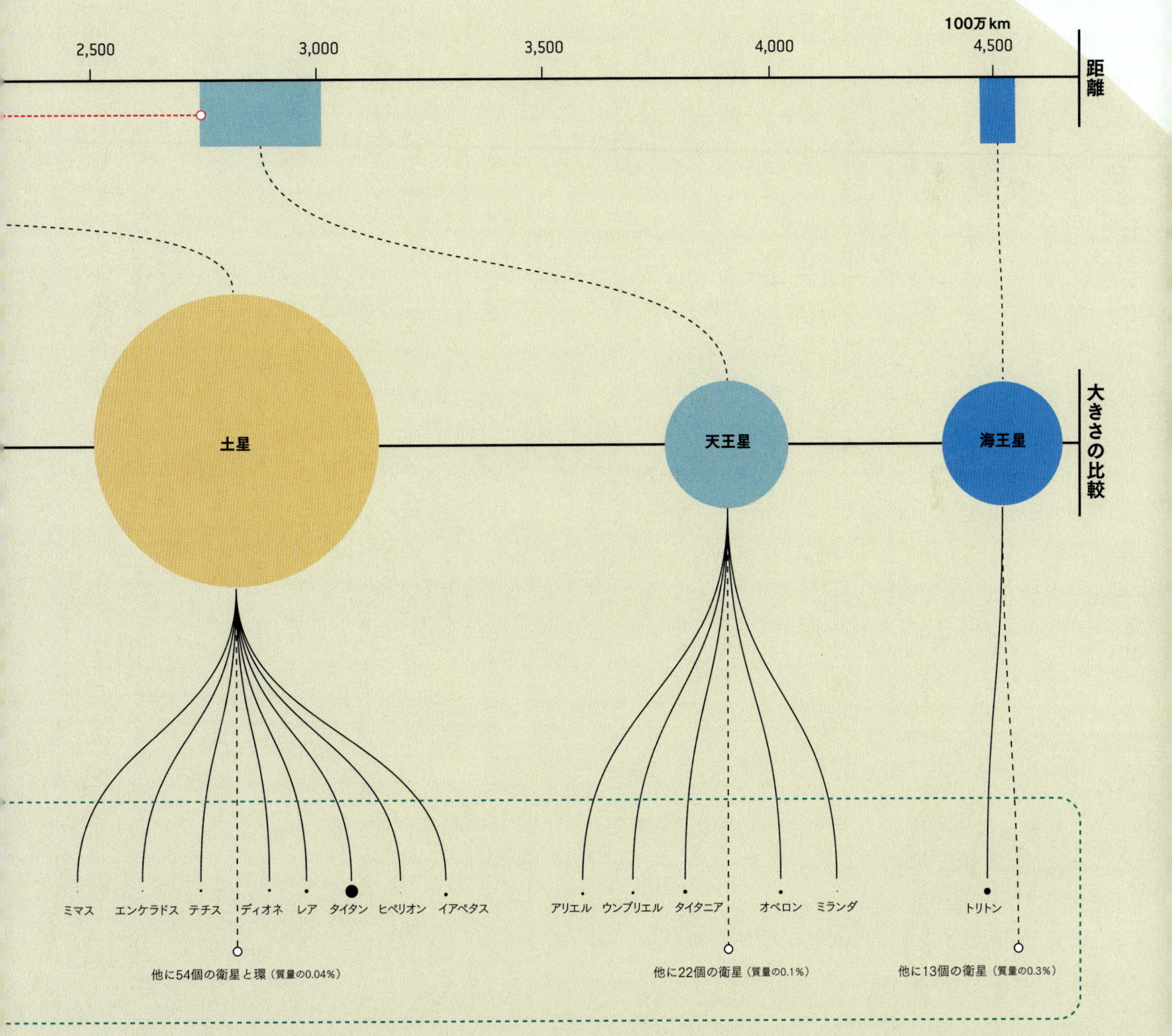

太陽の大きさ
100万km
2,500
3,000
3,500
4,000
4,500
距離
大きさの比較
土星
天王星
海王星
ミマス
エンケラドス
テチス
ディオネ
レア
タイタン
ヒペリオン
イアペタス
他に54個の衛星と環（質量の0.04%）
アリエル
ウンブリエル
タイタニア
オベロン
ミランダ
他に22個の衛星（質量の0.1%）
トリトン
他に13個の衛星（質量の0.3%）

太陽系：惑星以外の天体

太陽系は、軌道を回る膨大な数の天体を持ち、外惑星より数千倍も遠くの星間空間にまで広がっている。

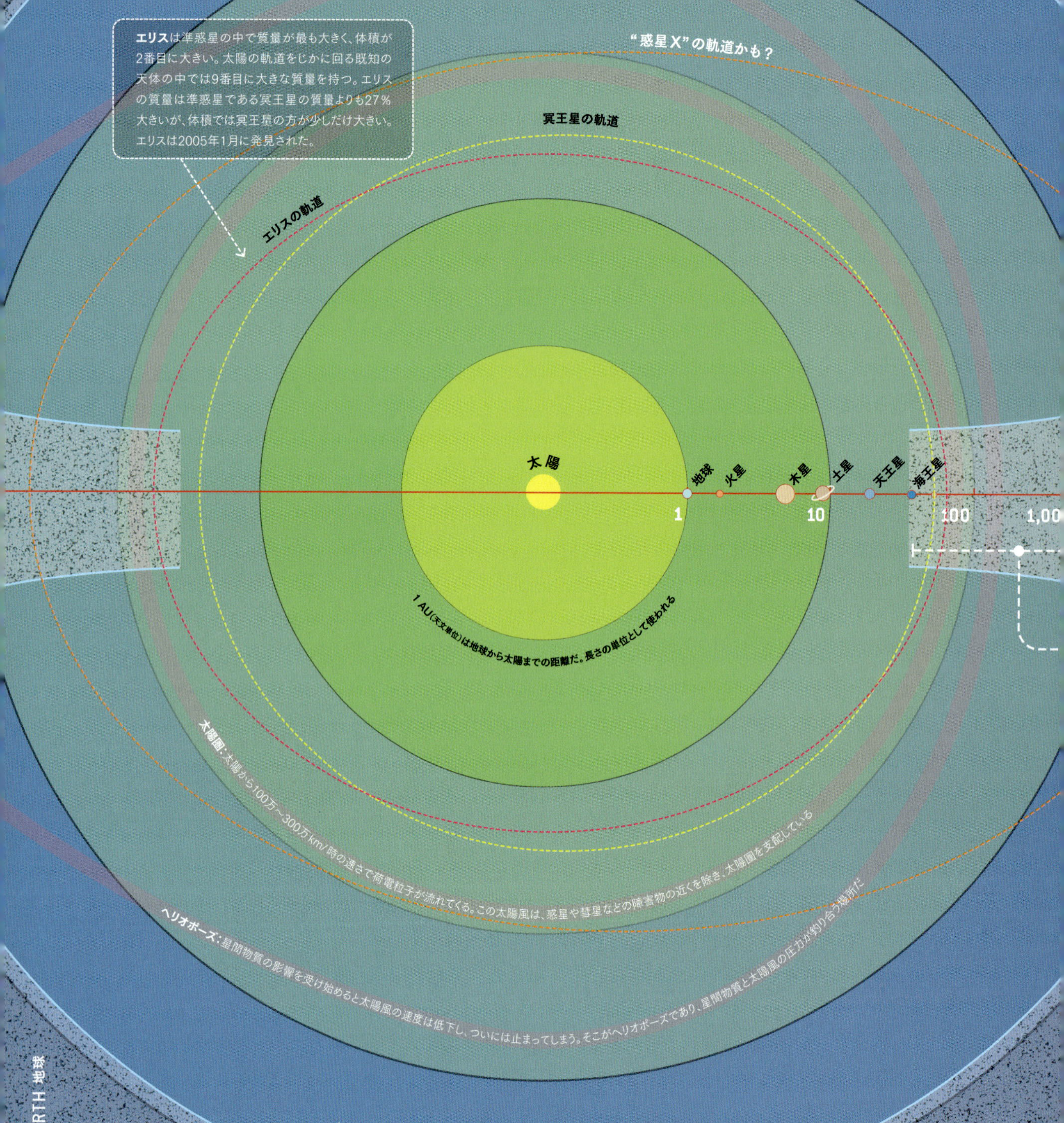

エリスは準惑星の中で質量が最も大きく、体積が2番目に大きい。太陽の軌道をじかに回る既知の天体の中では9番目に大きな質量を持つ。エリスの質量は準惑星である冥王星の質量よりも27％大きいが、体積では冥王星の方が少しだけ大きい。エリスは2005年1月に発見された。
"惑星X"の軌道かも？
冥王星の軌道
エリスの軌道
太陽
地球
火星
木星
土星
天王星
海王星
1
10
100
1 AU(天文単位)は地球から太陽までの距離だ。長さの単位として使われる
太陽圏：太陽から100万～300万km/時の速さで荷電粒子が流れてくる。この太陽風は、惑星や彗星などの障害物の近くを除き、太陽圏を支配している
ヘリオポーズ：星間物質の影響を受け始めると太陽風の速度は低下し、ついには止まってしまう。そこがヘリオポーズであり、星間物質と太陽風の圧力が釣り合う場所だ

太陽系と周辺の宇宙を対数目盛で表した図

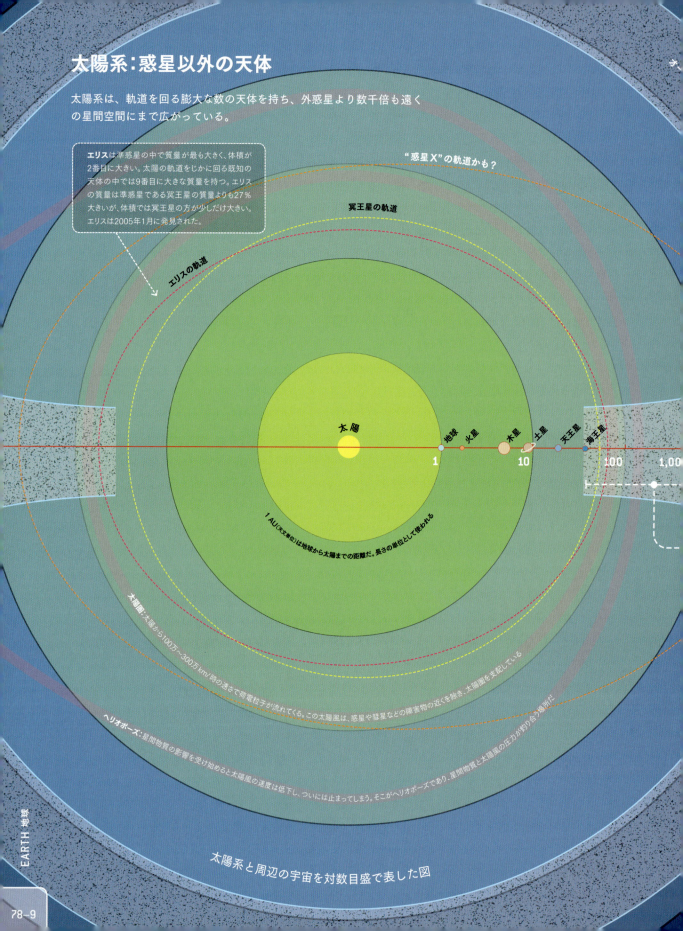

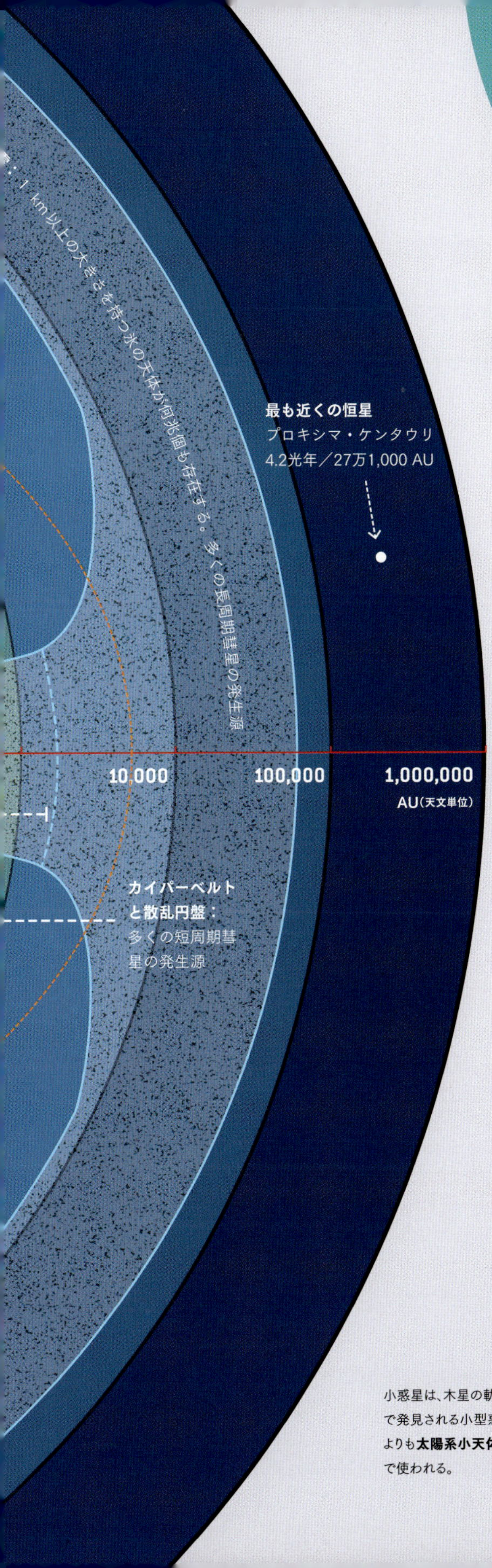
1 km以上の大きさを持つ氷の天体が何兆個も存在する。多くの長周期彗星の発生源
最も近くの恒星
プロキシマ・ケンタウリ
4.2光年／27万1,000 AU
10,000
100,000
1,000,000
AU（天文単位）
カイパーベルトと散乱円盤：
多くの短周期彗星の発生源

大きさの比較と分類

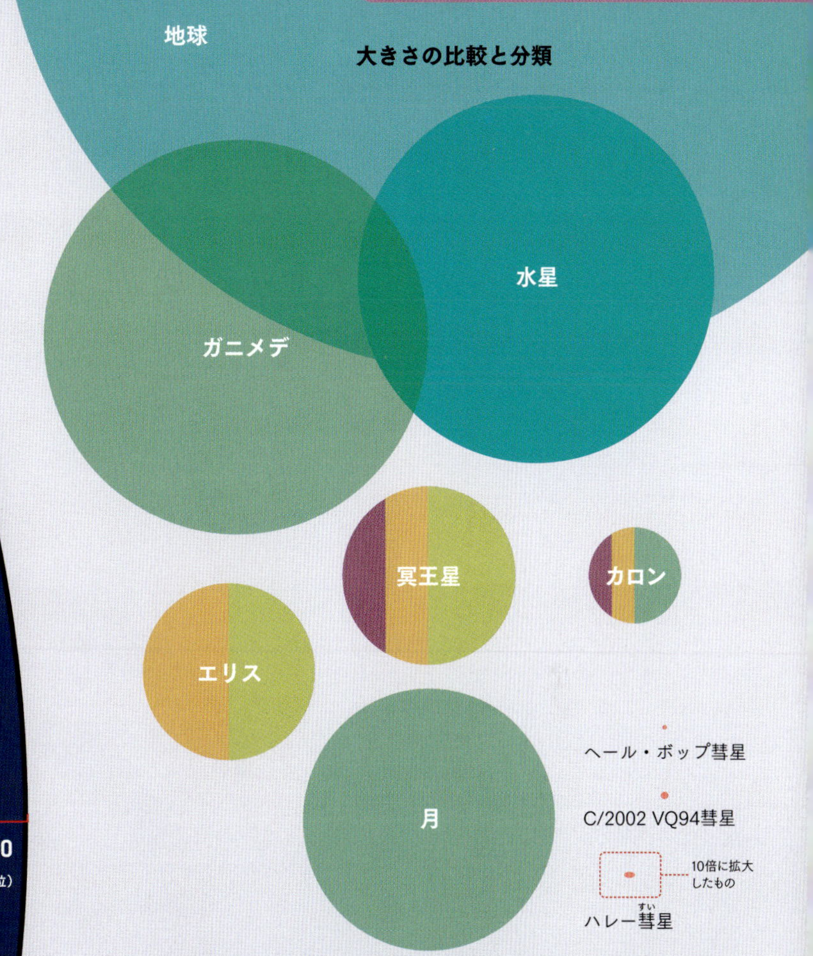
地球
水星
ガニメデ
冥王星
カロン
エリス
月
ヘール・ボップ彗星
C/2002 VQ94彗星
10倍に拡大したもの
ハレー彗星

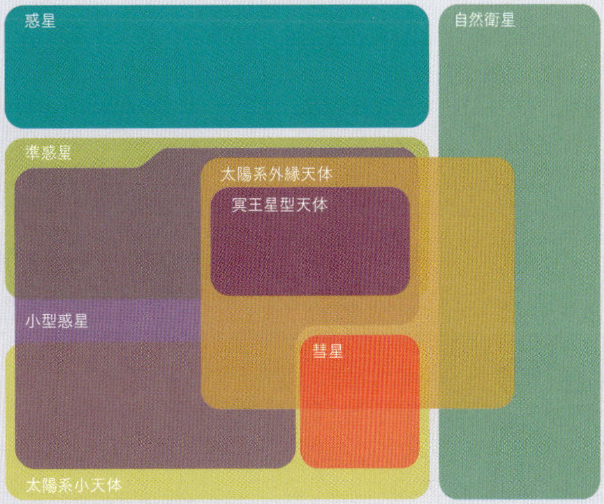
惑星
自然衛星
準惑星
太陽系外縁天体
冥王星型天体
小型惑星
彗星
太陽系小天体

太陽系天体の分類を示すオイラー図

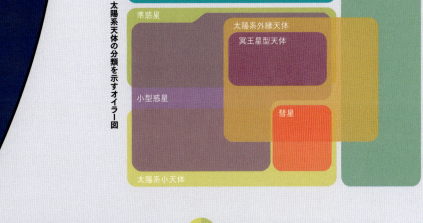

小惑星は、木星の軌道よりも内側（内部太陽系）で発見される小型惑星だ。今では**小型惑星**よりも**太陽系小天体**という用語の方が好んで使われる。

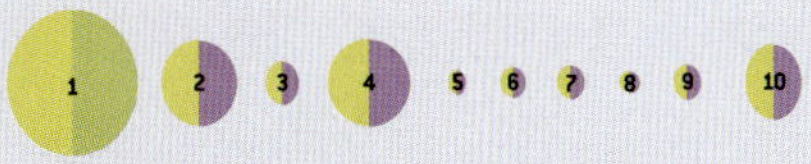
1
2
3
4
5
6
7
8
9
10

発見順が10番目までの小惑星の大きさ：**1**ーケレス（準惑星）、**2**ーパラス、**3**ージュノー、**4**ーベスタ、**5**ーアストラエア、**6**ーヘーベ、**7**ーイリス、**8**ーフローラ、**9**ーメティス、**10**ーヒギエア

月とその他の衛星

地球の月は、母惑星の質量に対する衛星の質量比が太陽系の中で最も大きい。その質量比は約 1/100だが、主惑星の衛星の中で最も近いライバルとなるのは土星のタイタンだ。８個の惑星のうち６個の惑星には軌道を回る衛星があり、既知の衛星は175個ある。

月の質量が相対的にこれほど大きく、元素組成がこれほど地球に似ているのはなぜだろう。これらの特性は次のような事実を示している。つまり、外惑星を回る大きな衛星のほとんどは（原始太陽の周りに惑星が作られたように）母惑星の降着円盤から作り出されたが、それに対して、月は火星くらいの大きさの（テイアと名付けられた）天体が原始地球に衝突して軌道上に飛び散った物質が降着して作られたということだ。

アメリカのアポロ計画は、1969年から1972年までの間に６回の有人月面着陸を成功させた。これらの宇宙飛行で、380 kg以上の月の石を持ち帰った。月の石を分析することで、月の起源についての地質学的な理解が得られたのである。

月は地球のいたるところで海水を引っ張っているので、軌道を回る月の速度は摩擦抵抗によって徐々に遅くなっている。結果として、月は毎年3.8 cmずつ地球から離れていくのだ。

地球と月の化学組成

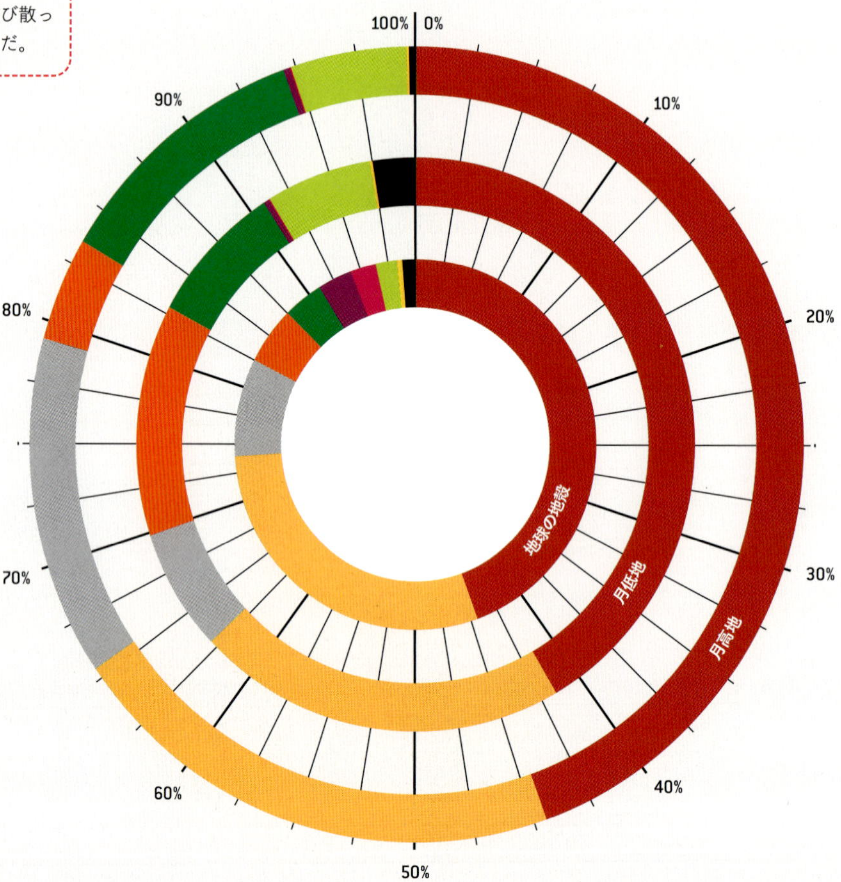
100%
0%
10%
20%
30%
40%
50%
60%
70%
80%
90%
地球の地殻
月低地
月高地
酸素
ケイ素
アルミニウム
鉄
カルシウム
ナトリウム
カリウム
マグネシウム
チタン
その他の元素

地球、月、その間の宇宙空間の大きさの比較

大型衛星の大きさの比較

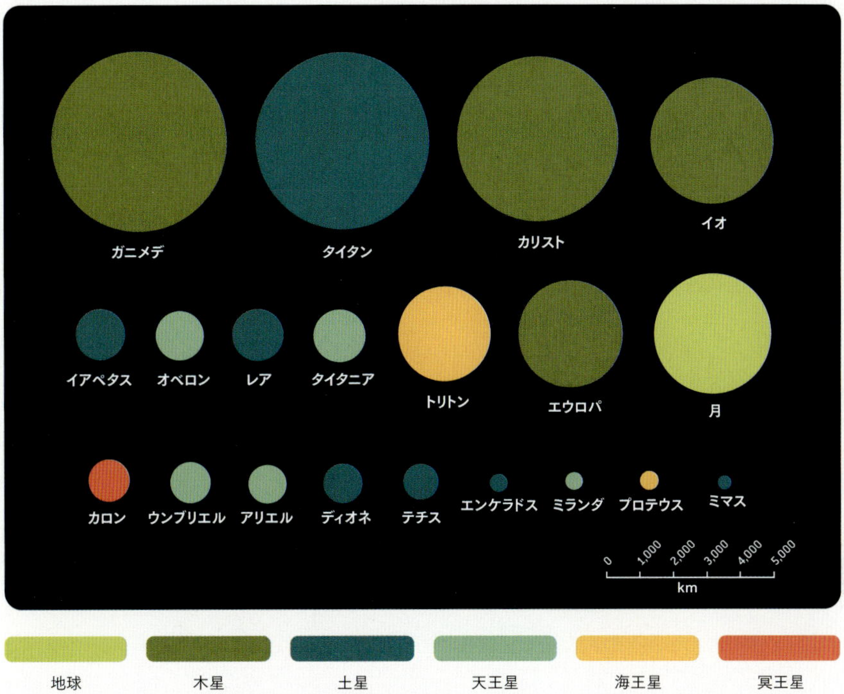
ガニメデ
タイタン
カリスト
イオ
イアペタス
オベロン
レア
タイタニア
トリトン
エウロパ
月
カロン
ウンブリエル
アリエル
ディオネ
テチス
エンケラドス
ミランダ
プロテウス
ミマス
0
1,000
2,000
3,000
4,000
5,000
km
地球
木星
土星
天王星
海王星
冥王星

惑星質量に対する衛星質量の百分率（対数目盛）

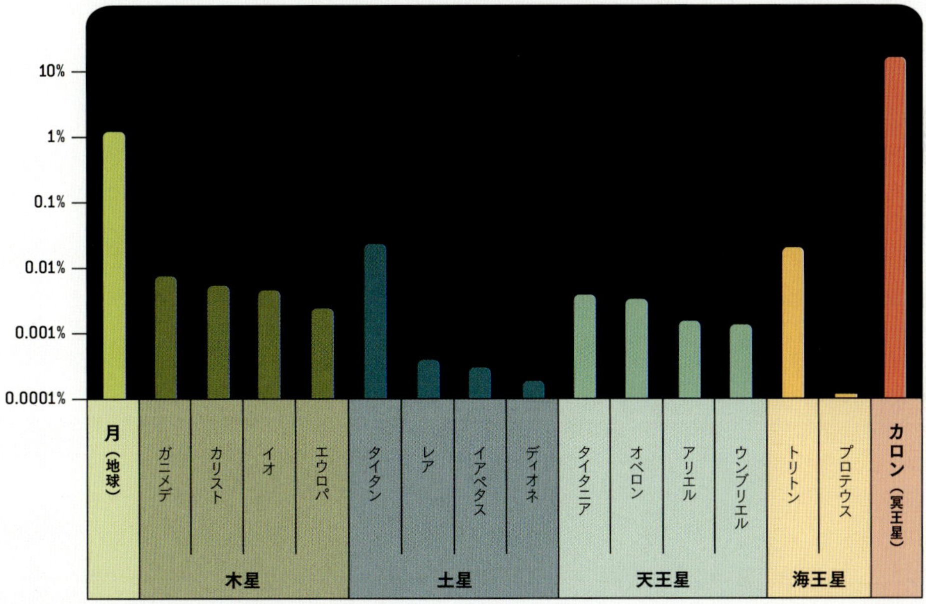
10%
1%
0.1%
0.01%
0.001%
0.0001%
月（地球）
ガニメデ
カリスト
イオ
エウロパ
木星
タイタン
レア
イアペタス
ディオネ
土星
タイタニア
オベロン
アリエル
ウンブリエル
天王星
トリトン
プロテウス
海王星
カロン（冥王星）

地球

地球内部の熱の約半分は形成期から続くもので、残りの半分はウランやトリウム、カリウムなどの放射性金属が崩壊を続けて発生させているものだ。放射性崩壊によって追加供給される熱は、地球の磁場やプレートテクトニクス、火山活動などの、生命を育み生命を維持する過程にエネルギーを与える不可欠なものである。

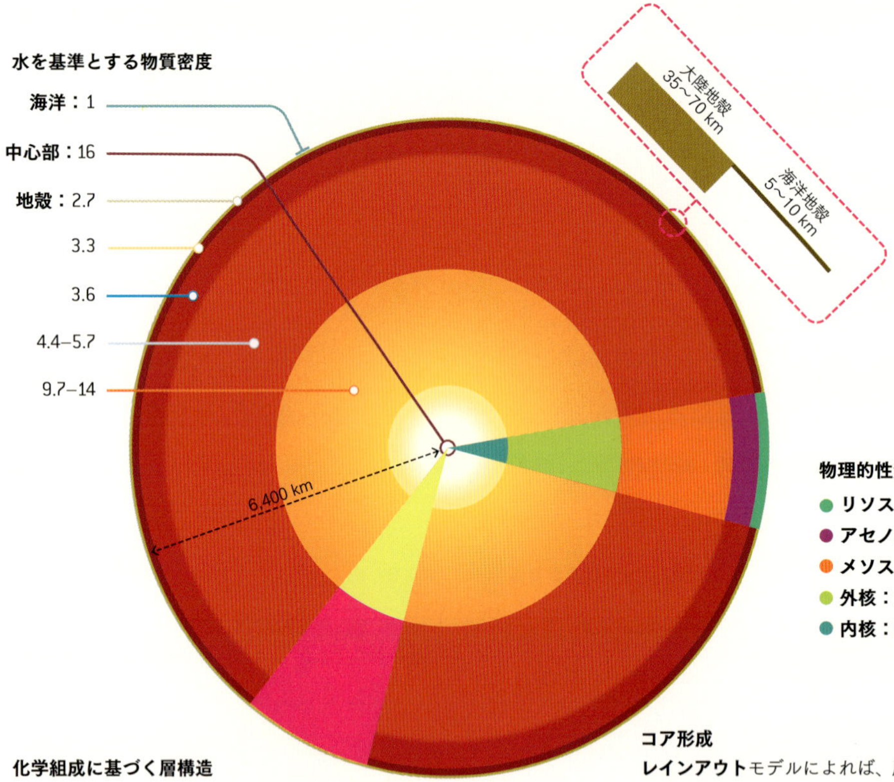

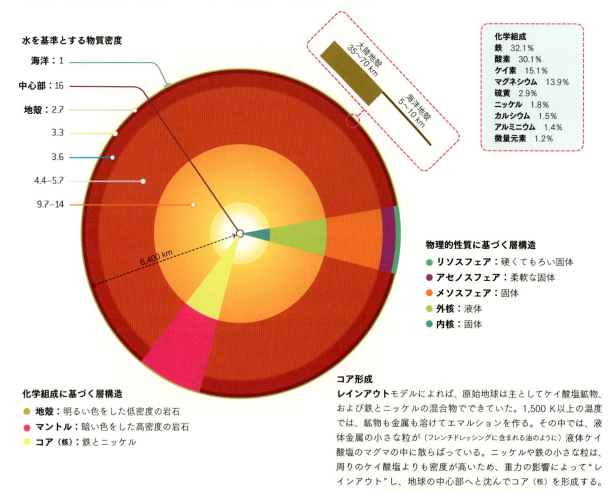

水を基準とする物質密度
海洋：1
中心部：16
地殻：2.7
3.3
3.6
4.4–5.7
9.7–14
6,400 km
大陸地殻
35～70 km
海洋地殻
5～10 km

化学組成
鉄　32.1%
酸素　30.1%
ケイ素　15.1%
マグネシウム　13.9%
硫黄　2.9%
ニッケル　1.8%
カルシウム　1.5%
アルミニウム　1.4%
微量元素　1.2%

物理的性質に基づく層構造

- **リソスフェア**：硬くてもろい固体
- **アセノスフェア**：柔軟な固体
- **メソスフェア**：固体
- **外核**：液体
- **内核**：固体

化学組成に基づく層構造

- **地殻**：明るい色をした低密度の岩石
- **マントル**：暗い色をした高密度の岩石
- **コア（核）**：鉄とニッケル

コア形成

レインアウトモデルによれば、原始地球は主としてケイ酸塩鉱物、および鉄とニッケルの混合物でできていた。1,500 K以上の温度では、鉱物も金属も溶けてエマルションを作る。その中では、液体金属の小さな粒が（フレンチドレッシングに含まれる油のように）液体ケイ酸塩のマグマの中に散らばっている。ニッケルや鉄の小さな粒は、周りのケイ酸塩よりも密度が高いため、重力の影響によって“レインアウト”し、地球の中心部へと沈んでコア（核）を形成する。このコア形成は速く進み、完了まで4万年もかからない。

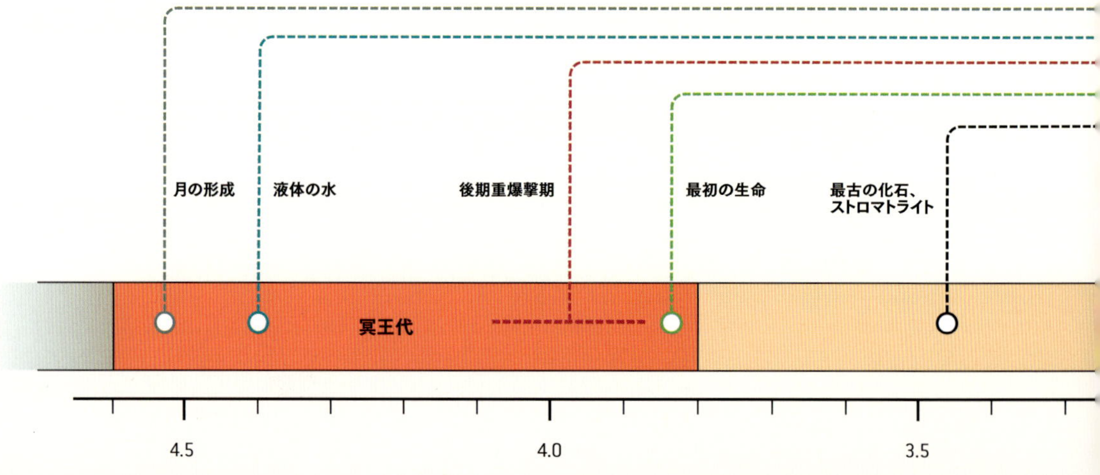

月の形成
液体の水
後期重爆撃期
最初の生命
最古の化石、
ストロマトライト
冥王代
4.5
4.0
3.5

月の形成

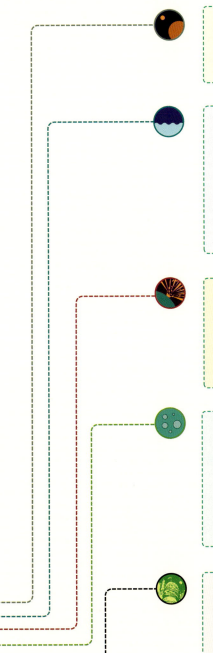

地球と、火星くらいの大きさの天体とが斜めに衝突して生じた破片が元になって月が形成された。今から約45億年前の冥王代のことで、太陽系ができて2,000万年から1億年ほどたっていた。

液体の水

水は（ビッグバンで作られた水素と、末期の星の中心部で合成される酸素からの生成物であるから）宇宙のいたるところに存在し、太陽系が生まれるときにも特に目立つ成分だっただろう。それにもかかわらず、地球にある水の起源ははっきりしないままなのだ。形成直後の地球には大気がないため、液体の原始水は宇宙空間に蒸発してしまっただろう。地球にある大量の水は、小惑星帯の外側で形成された、水の豊富な原始惑星が地球に押し寄せ、形成から数億年たっていた地球に次々と衝突することでもたらされたと考えられている。水が多く（最大では20％も）含まれている隕石や小惑星の組成に基づく別の理論では、地球の水は岩石と同じ時期に降着した可能性があると指摘されている。

後期重爆撃期

41億年前から38億年前までの間は、あまりにも多くの小惑星が内部太陽系の惑星（水星、金星、地球と月、火星）に衝突した時期だ。これは、惑星が形成されて、質量のほとんどを降着させたあとに起こった。この事象が初期の生命を勢いづけたのかもしれないと考えられている。進化系統樹の枝が“刈り込まれる”とともに、熱水系が誘発されて生命が地中や水中への避難を余儀なくされたからだ。避難場所がるつぼとなって、より発達した細胞が発生したのである。

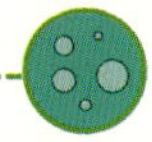

最初の生命

地球上の最初の生命の証拠が、およそ37億年前の痕跡の中から見つかった。初めは細菌のような単細胞の原核細胞だった。真の多細胞生物が出現したのは、それから10億年以上たってからだ。現在なじみのある生命体の最古の祖先が出現するようになったのは、今からほんの5億7,000万年前のことであり、初めは節足動物（昆虫や甲殻類）だった。グリーンランド西部で発見された37億年前の堆積岩の中に見つかった生物由来のグラファイトが、今のところ最古の生命の証拠である。生命体から抽出される炭素には、炭素13がほとんど含まれていない傾向があるが、それは、より軽い炭素12の吸収を優先するためである。

最初の化石

以前は藍藻（らんそう）と呼ばれていたシアノバクテリアは原始的な大型の細菌であり、分泌物で厚い細胞壁を作ることができる。より重要なのは、**ストロマトライト**と呼ばれる大きなドーム型の層構造を作れることだ。この構造物は、水域環境の中でシアノバクテリアがもつれて堆積物をせき止めたり、時には炭酸カルシウムを分泌したりすることで作られる。ストロマトライトの化石を極めて薄く切ることで、その中に含まれている精巧に保存されたシアノバクテリアや藻類の化石が見つかる。シアノバクテリアらしき最古の化石として知られているのは、35億年近く前のものだ。

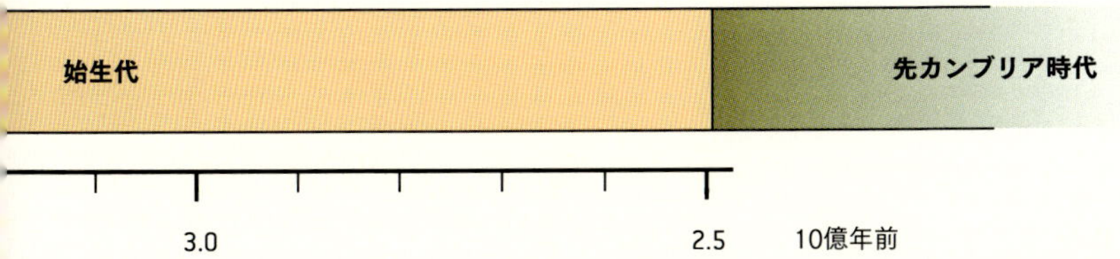
始生代
先カンブリア時代
3.0
2.5
10億年前

リソスフェア

リソスフェアは地球の表面の硬い層であり、地殻（大陸地殻と海洋地殻）とその下にある硬い上部マントルとでできている。リソスフェアは、粘性のある下部マントル（アセノスフェアと呼ばれる）の上に載っている。

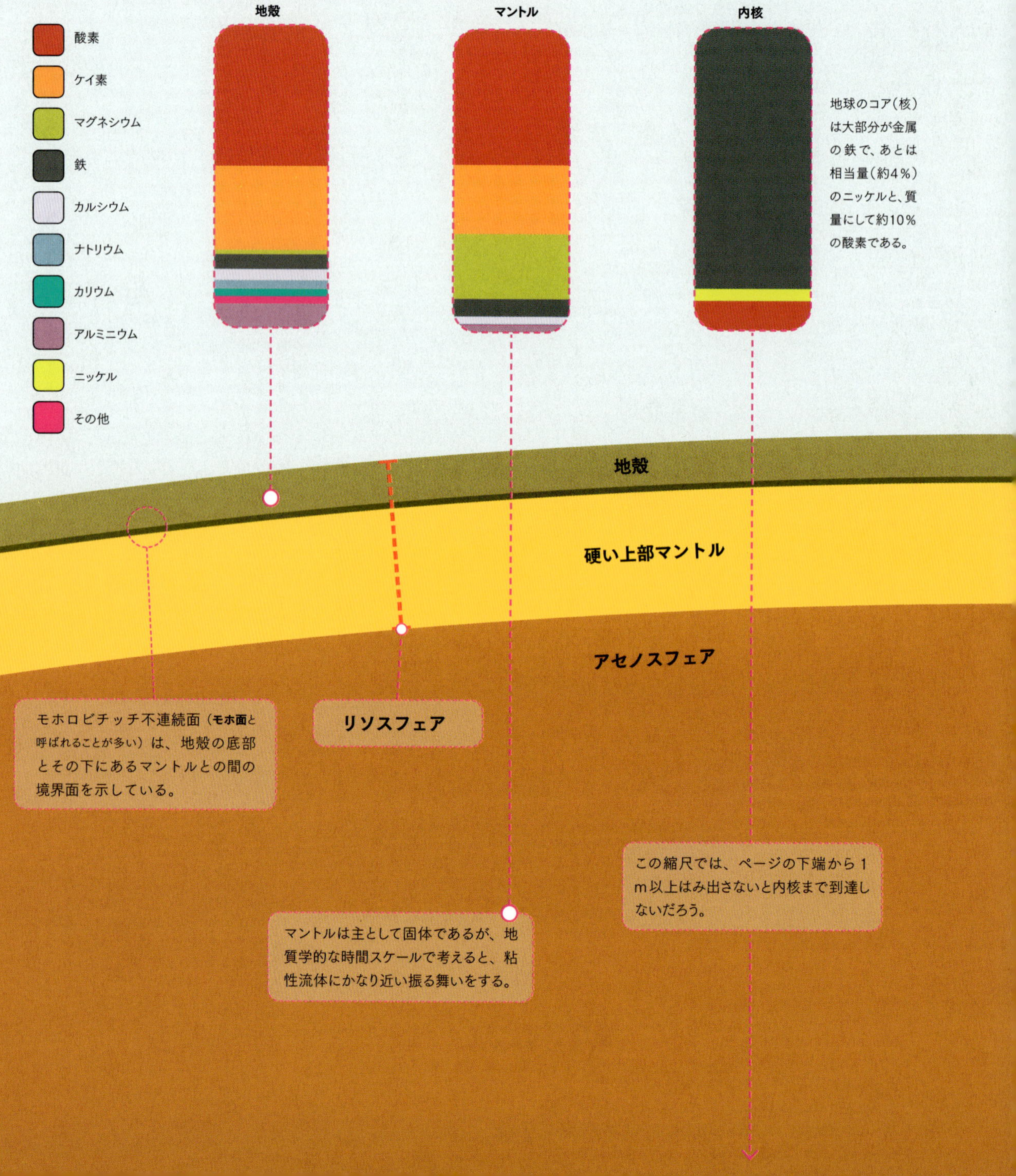

地殻
マントル
内核
酸素
ケイ素
マグネシウム
鉄
カルシウム
ナトリウム
カリウム
アルミニウム
ニッケル
その他
地球のコア（核）は大部分が金属の鉄で、あとは相当量（約4％）のニッケルと、質量にして約10％の酸素である。
地殻
硬い上部マントル
アセノスフェア
モホロビチッチ不連続面（モホ面と呼ばれることが多い）は、地殻の底部とその下にあるマントルとの間の境界面を示している。
リソスフェア
この縮尺では、ページの下端から1m以上はみ出さないと内核まで到達しないだろう。
マントルは主として固体であるが、地質学的な時間スケールで考えると、粘性流体にかなり近い振る舞いをする。

地球の内部対流とテクトニクス

マントル対流は、ケイ酸塩からなる地球のマントルがゆっくりとはうように動く現象であり、地球内部の熱を地表に向けて運ぶ対流によって引き起こされる。その上に載っているリソスフェアは何枚ものプレートに分割されており、片側のプレート境界ではプレートの生成が、反対側のプレート境界ではプレートの消滅が継続的に起こっている。アセノスフェアにおける大規模な対流によって、熱は地表へと運ばれる。運ばれた先にある拡大の中心では、マグマが上昇してプレートを破壊し、四方に広がっていくプレートの境界を作っている。プレートは、動いて遠ざかるにつれて温度が下がり、海溝（沈み込み帯）で消滅する。地殻はアセノスフェアに戻されて、再利用されるのだ。標準的なマントル対流の速さは、地殻の近くでは年に20 mmだが、コア（核）の近くではもっと遅い。浅い対流なら5,000万年くらいかけて1周するのだろうが、深い対流では2億年近くもかかってしまう。

地球の中心部にあるのは固体の内核である。大きさは月の2/3、温度は太陽の表面と同じくらいだ。液体にならないのは、圧力が極めて高いからである。内核を取り囲んでいるのが外核で、ここは圧力が低いため、鉄が流体となっている。この液体鉄の中に生ずる対流によって電流が発生し、その結果として磁場ができる。これが、地球を取り囲んで生命を保護している地磁気の発生源だ。

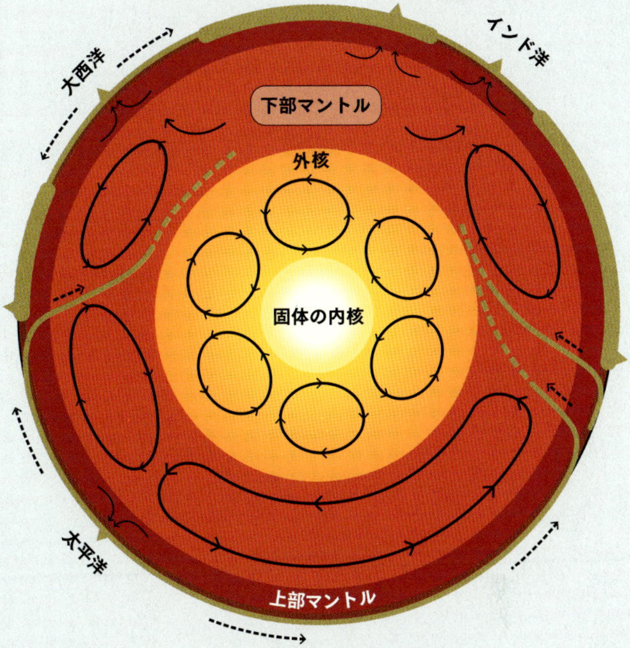

大西洋
インド洋
下部マントル
外核
固体の内核
太平洋
上部マントル

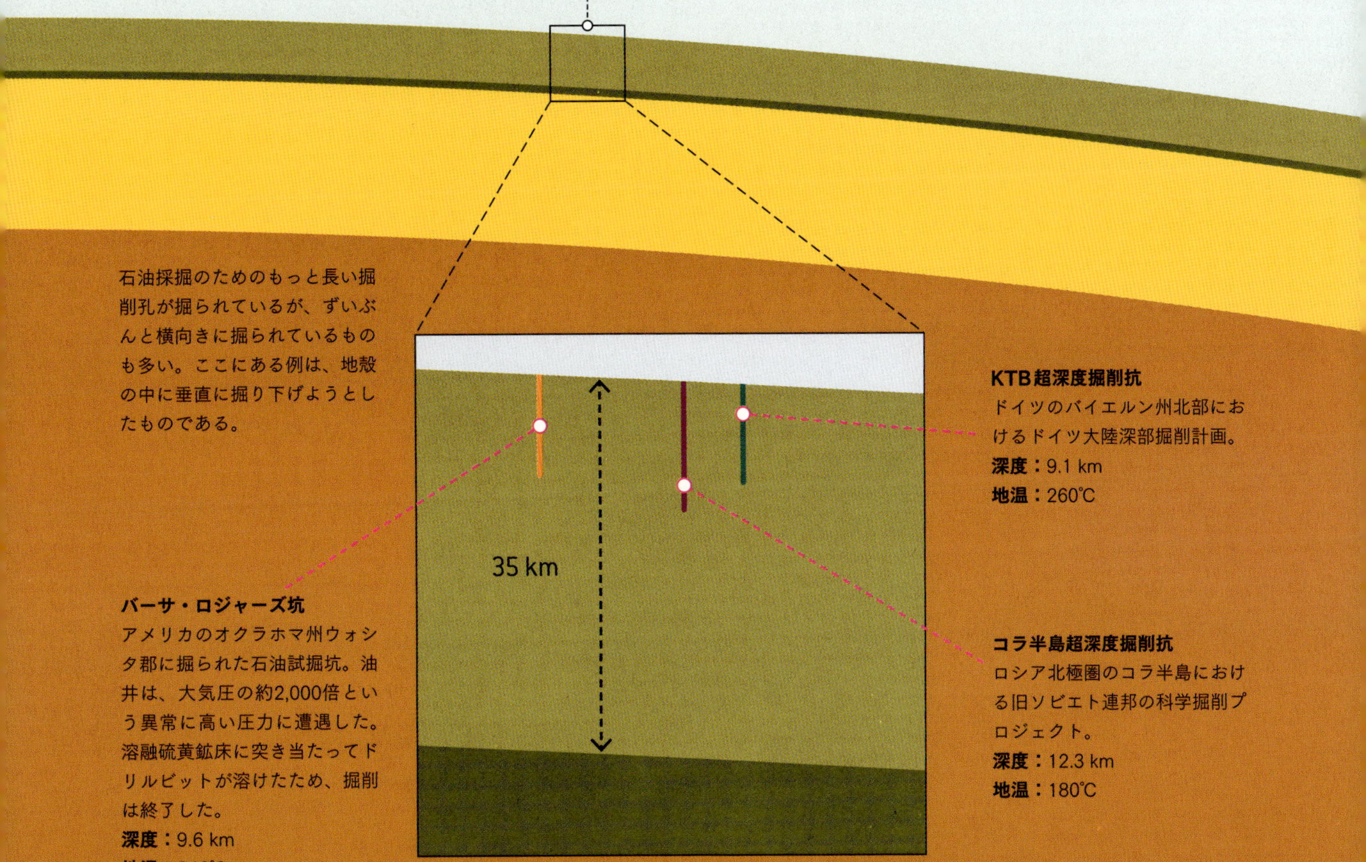

人類が掘った最も深い穴
表面をひっかくのがやっと
35 km

石油採掘のためのもっと長い掘削孔が掘られているが、ずいぶんと横向きに掘られているものも多い。ここにある例は、地殻の中に垂直に掘り下げようとしたものである。

KTB超深度掘削抗
ドイツのバイエルン州北部におけるドイツ大陸深部掘削計画。
深度：9.1 km
地温：260℃

バーサ・ロジャーズ坑
アメリカのオクラホマ州ウォシタ郡に掘られた石油試掘坑。油井は、大気圧の約2,000倍という異常に高い圧力に遭遇した。溶融硫黄鉱床に突き当たってドリルビットが溶けたため、掘削は終了した。
深度：9.6 km
地温：246℃

コラ半島超深度掘削抗
ロシア北極圏のコラ半島における旧ソビエト連邦の科学掘削プロジェクト。
深度：12.3 km
地温：180℃

プレートテクトニクス

リソスフェアの巨大で厚い板は、構造プレートと呼ばれている。構造プレートの間に働く相互作用は、テクトニック活動によって説明される。この活動が、地球における地質学上の最も劇的ないくつかの事象（造山運動や地震、火山活動）の原因となっているのだ。造山運動とは文字通り山を造り出す過程である。

ほとんどのテクトニック活動はプレートの端の部分で生ずる。そこでは、プレートが互いに衝突したり、引き裂かれたり、ずれ動いたりする。構造プレートを動かしているのは、地球内部の熱と、柔軟な岩石でできた上部マントル内の対流である。

東太平洋海膨 ― 大西洋中央海嶺よりも傾斜が緩やかなため、海膨と呼ばれる。年に6～16 cmずつ広がっている。過去にはもっと速くて、年に20 cmずつだった。広がるのが速いため中軸谷がなく、なだらかな火山の山頂からは、大西洋にある中軸谷よりもずっと小さな裂け目が尾根に沿ってあるだけだ。

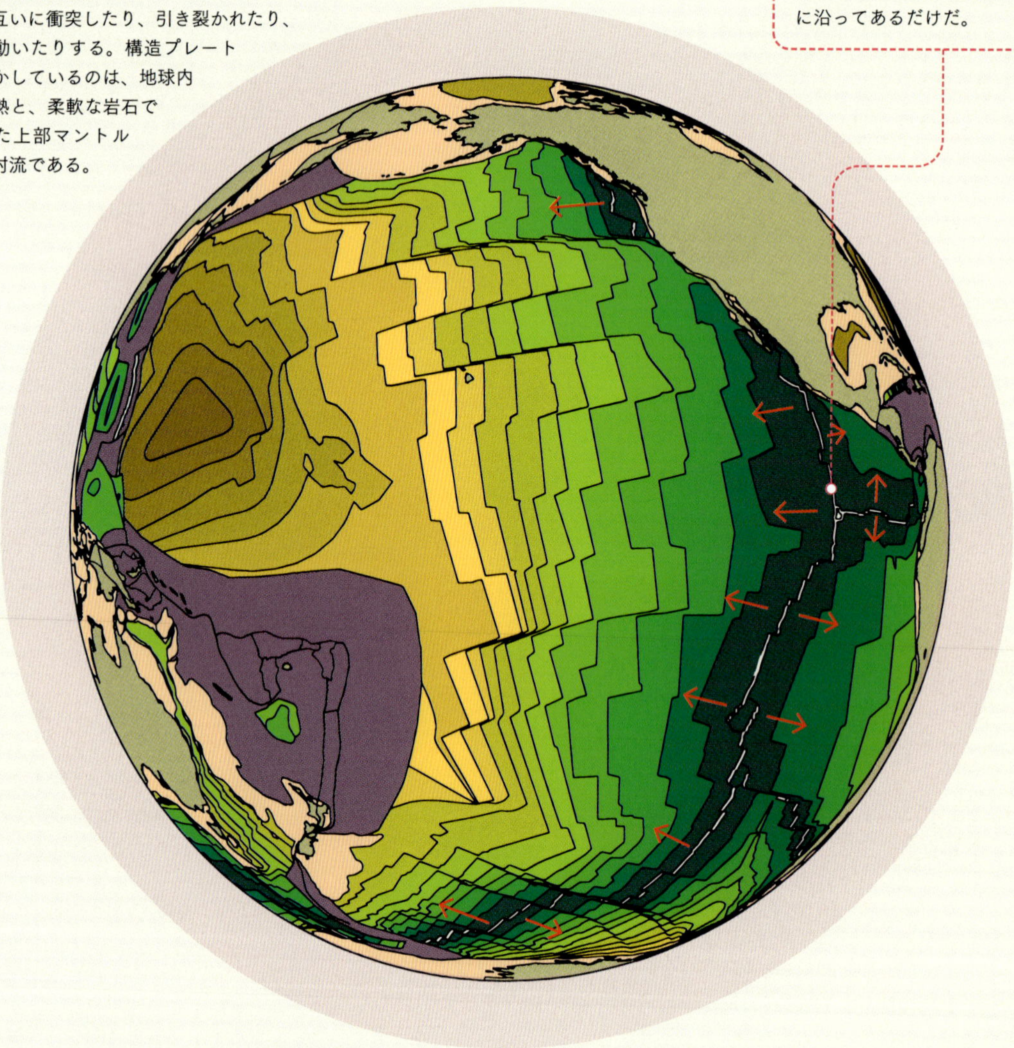

海底の年代

180 170 160 150 140 130 120 110 100

100万年前

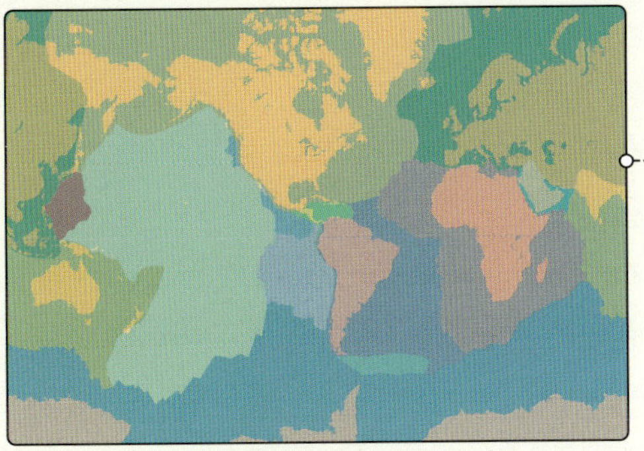

地球の構造プレート

リソスフェアは、15枚の主要な構造プレートに分けられる。北アメリカ、カリブ、南アメリカ、スコシア、南極、ユーラシア、アラビア、アフリカ、インド、フィリピン海、オーストラリア、太平洋、ファンデフカ、ココス、ナスカの各プレートだ。

大西洋中央海嶺は大西洋を南北に走り、年に2〜5 cmずつ広がっている。海嶺には深い中軸谷がある。中軸谷は、1〜3 kmの深さで尾根に沿って走っており、ちょうどグランド・キャニオンくらいの深さと幅だ。

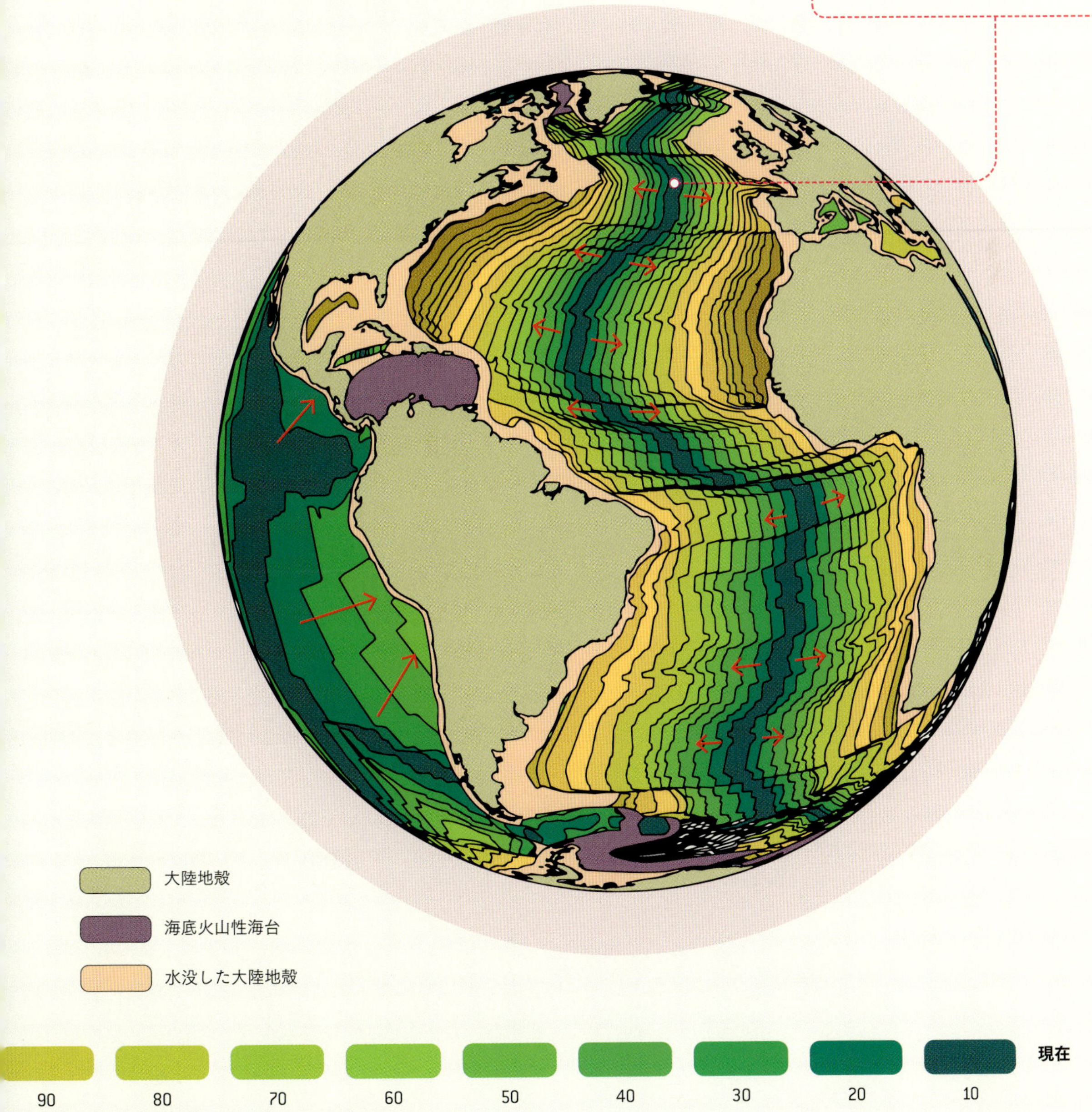

大陸地殻
海底火山性海台
水没した大陸地殻
90
80
70
60
50
40
30
20
10
現在

地震

地球の構造プレートは互いに異なる向きに動いている。ところどころで引き離されたり、互いにずれていったり、押し合ったり、潜ったりする。そのために、プレートは動けなくなり、弾性張力が高まって、膨大な位置エネルギーを蓄えるのだ。最終的に断層が動くときには、弾性歪みによる地震波の放射や断層面の摩擦熱、地殻岩石の亀裂などが組み合わさった形でエネルギーが放出される。

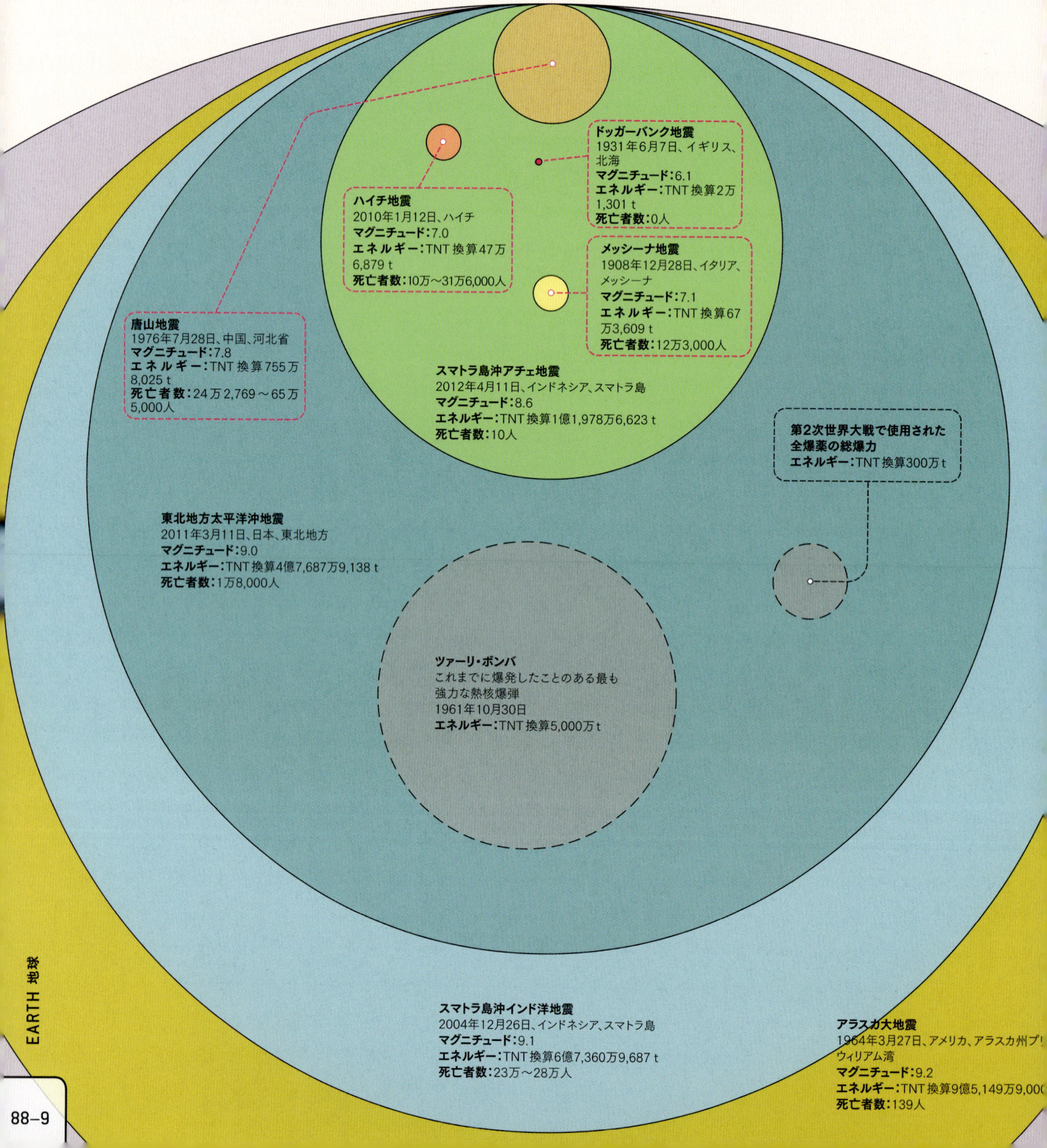
ドッガーバンク地震
1931年6月7日、イギリス、北海
マグニチュード:6.1
エネルギー:TNT換算2万1,301 t
死亡者数:0人
ハイチ地震
2010年1月12日、ハイチ
マグニチュード:7.0
エネルギー:TNT換算47万6,879 t
死亡者数:10万〜31万6,000人
メッシーナ地震
1908年12月28日、イタリア、メッシーナ
マグニチュード:7.1
エネルギー:TNT換算67万3,609 t
死亡者数:12万3,000人
唐山地震
1976年7月28日、中国、河北省
マグニチュード:7.8
エネルギー:TNT換算755万8,025 t
死亡者数:24万2,769〜65万5,000人
スマトラ島沖アチェ地震
2012年4月11日、インドネシア、スマトラ島
マグニチュード:8.6
エネルギー:TNT換算1億1,978万6,623 t
死亡者数:10人
第2次世界大戦で使用された全爆薬の総爆力
エネルギー:TNT換算300万t
東北地方太平洋沖地震
2011年3月11日、日本、東北地方
マグニチュード:9.0
エネルギー:TNT換算4億7,687万9,138 t
死亡者数:1万8,000人
ツァーリ・ボンバ
これまでに爆発したことのある最も強力な熱核爆弾
1961年10月30日
エネルギー:TNT換算5,000万t
スマトラ島沖インド洋地震
2004年12月26日、インドネシア、スマトラ島
マグニチュード:9.1
エネルギー:TNT換算6億7,360万9,687 t
死亡者数:23万〜28万人
アラスカ大地震
1964年3月27日、アメリカ、アラスカ州プ
ウィリアム湾
マグニチュード:9.2
エネルギー:TNT換算9億5,149万9,00
死亡者数:139人

地震波は、強烈な地殻変動の発生によって放出されたエネルギーを伝える力学的エネルギー波だ。地震波の伝わる速さや範囲は、放出されたエネルギーの大きさ、および地震波を伝える物質の密度と弾性によって決まる。地殻を伝わる速度は7,200～２万8,000 km/時の範囲であり、マントルの深い方では４万5,000 km/時である。

地震波の種類

実体波：
地球の内部を高速で伝わる

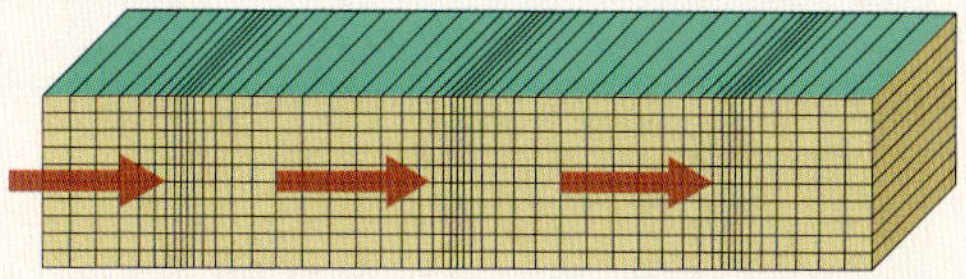

第1波（P波）は縦波で疎密波である。

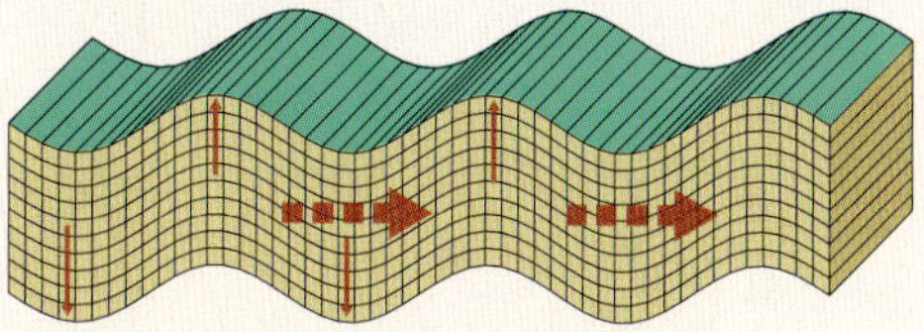

第2波（S波）は横波で剪断波である。

表面波：
表面から遠くなるほど振幅が小さくなる。地震の実体波よりも低速で伝わる

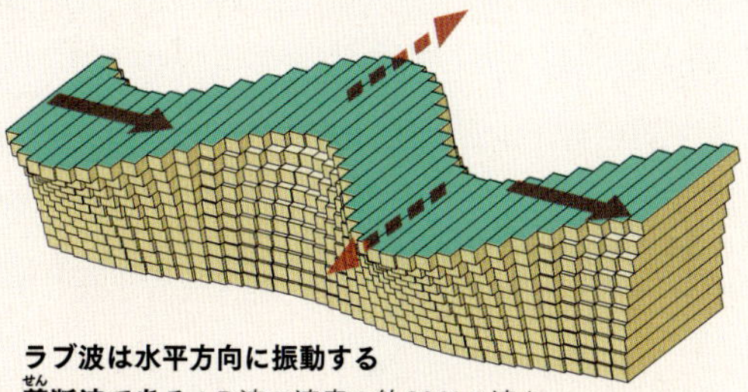

ラブ波は水平方向に振動する剪断波である：P波の速度の約60％の速さで伝わり、その地震で最大の振幅を持つ。

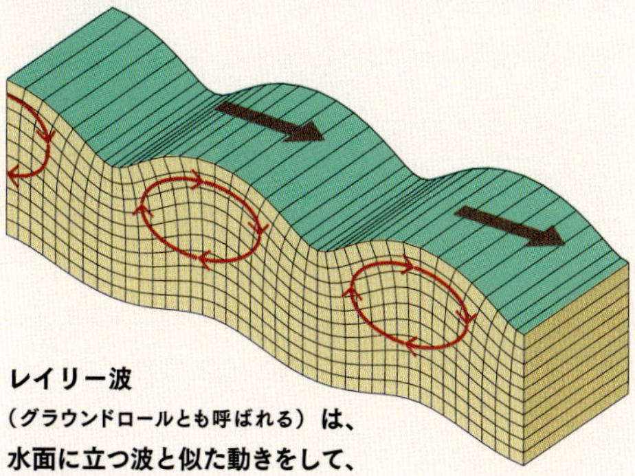

レイリー波（グラウンドロールとも呼ばれる）は、水面に立つ波と似た動きをして、さざ波のように伝わっていく表面波である。

バルディビア地震
1960年5月22日、チリ、バルディビア
マグニチュード：9.5
エネルギー：TNT換算26億8,168万8,466 t
死亡者数：2,230～6,000人

検出可能な地震は世界中で年に50万回くらい発生すると推定されている。そのうち有感地震は約10万回だ。

大気

わたしたちは大気に囲まれている。大気とは、わたしたちが呼吸している空気そのものである。しかし、この生命に満ちた大気の層も、地球にとっては薄い皮のようなものだ。

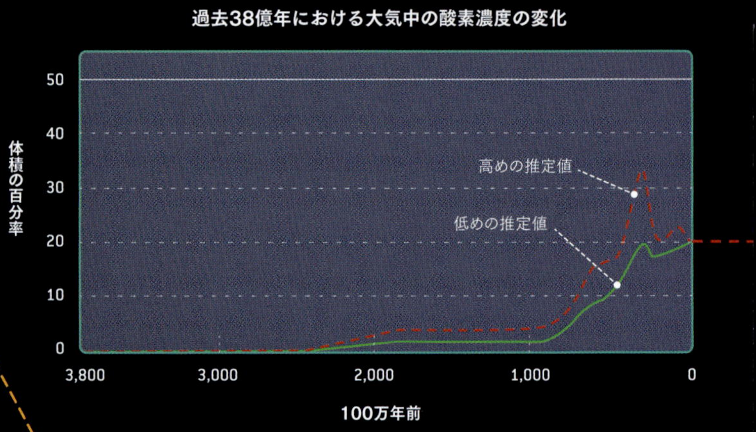

過去38億年における大気中の酸素濃度の変化
体積の百分率
50
40
30
20
10
0
高めの推定値
低めの推定値
3,800
3,000
2,000
1,000
0
100万年前

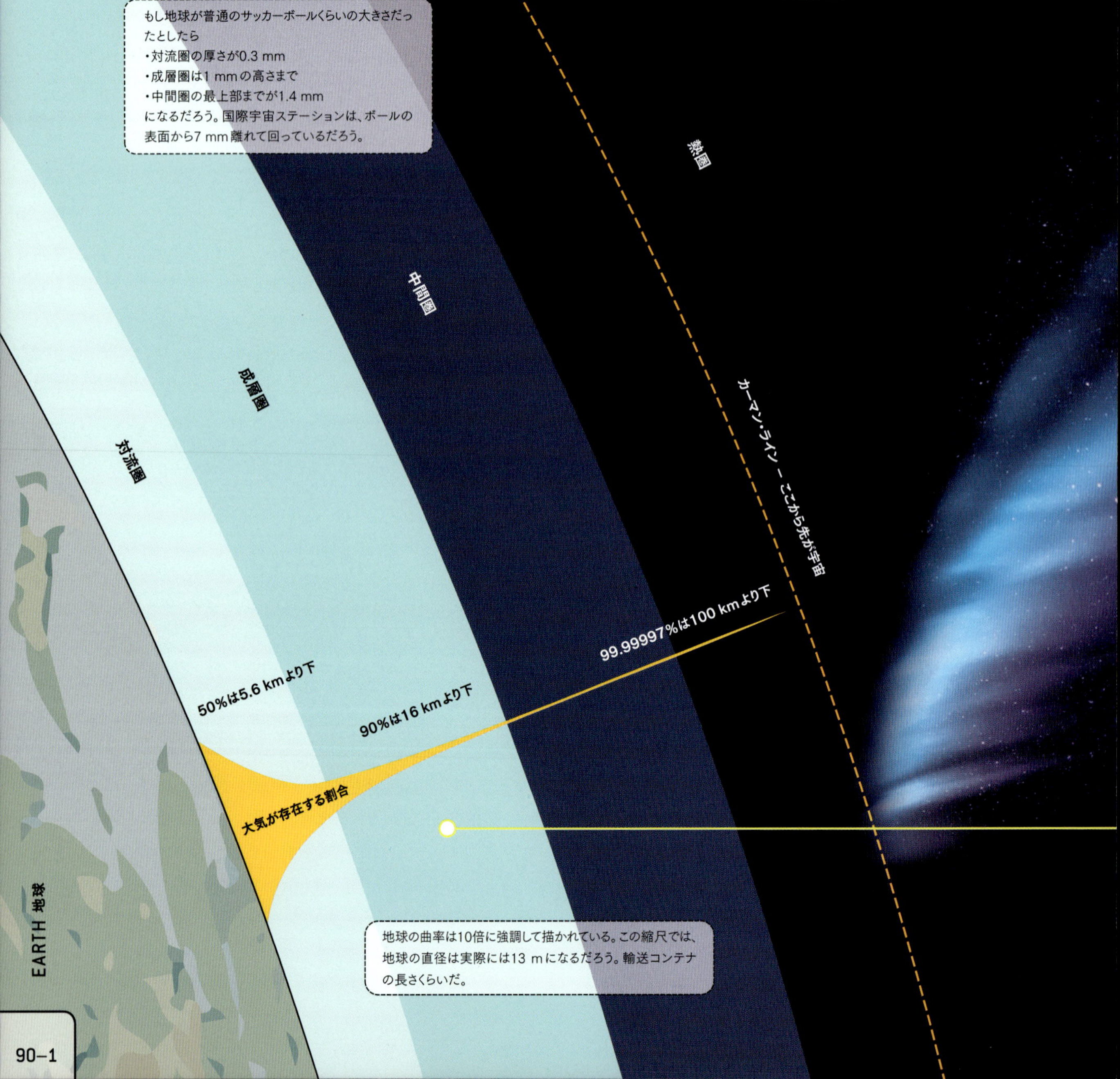

熱圏
中間圏
成層圏
対流圏
カーマン・ライン ー ここから先が宇宙
99.99997%は100 kmより下
90%は16 kmより下
50%は5.6 kmより下
大気が存在する割合

もし地球が普通のサッカーボールくらいの大きさだったとしたら
・対流圏の厚さが0.3 mm
・成層圏は1 mmの高さまで
・中間圏の最上部までが1.4 mm
になるだろう。国際宇宙ステーションは、ボールの表面から7 mm離れて回っているだろう。

地球の曲率は10倍に強調して描かれている。この縮尺では、地球の直径は実際には13 mになるだろう。輸送コンテナの長さくらいだ。

低高度軌道（330 km）の国際宇宙ステーション。この高度でも大気抵抗による軌道減衰があるため、400 km近い高度を維持するには定期的な軌道上昇が必要となる。

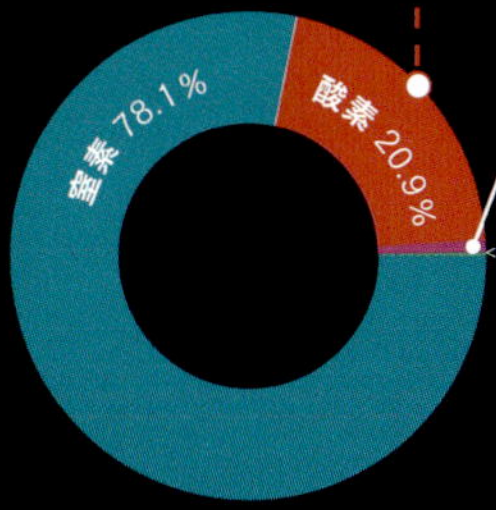
窒素 78.1％
酸素 20.9％
アルゴン 0.9340％
微量 0.04％

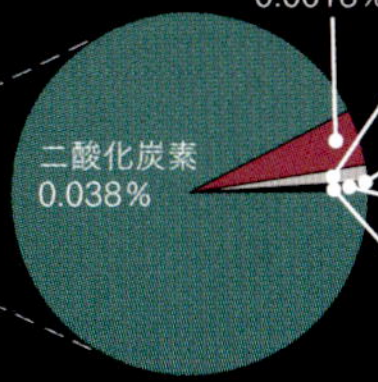
二酸化炭素 0.038％
ネオン 0.0018％
ヘリウム 0.0005％
メタン 0.0002％
クリプトン 0.0001％
水素 0.00005％

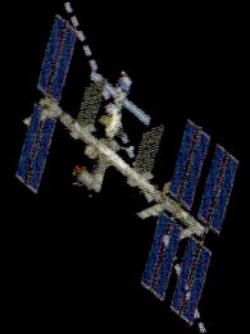

バチカンのサン・ピエトロ大聖堂の中にある水素をすべて集めると、1辺が85 cmの立方体にちょうど収まるだろう。

オーロラ：100~120 km

大気の理論的限界：1万km
（この縮尺では、ページの端から10 mも先！）

大気の不透明度は入射する放射の波長によって異なる

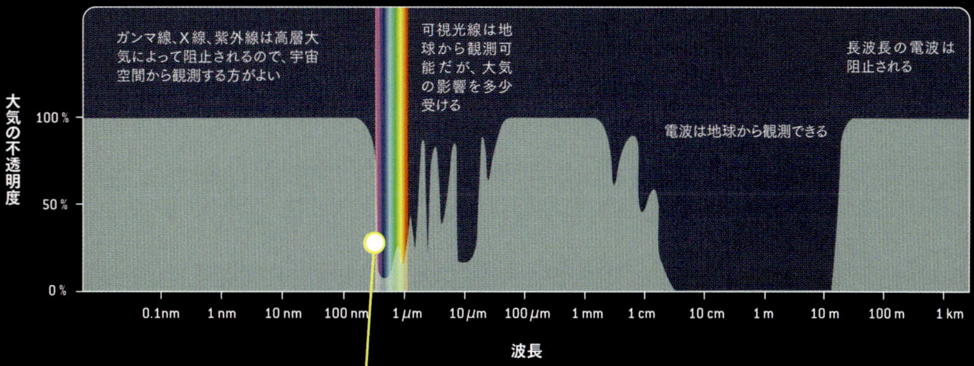
ガンマ線、X線、紫外線は高層大気によって阻止されるので、宇宙空間から観測する方がよい
可視光線は地球から観測可能だが、大気の影響を多少受ける
長波長の電波は阻止される
電波は地球から観測できる
大気の不透明度
100％
50％
0％
0.1nm
1 nm
10 nm
100 nm
1 μm
10 μm
100 μm
1 mm
1 cm
10 cm
1 m
10 m
100 m
1 km
波長

下部成層圏では、紫外線の働きによって生ずる自由酸素原子と、普通の酸素(O_2)とからオゾン(O_3)が作られる。ここで作られたオゾンは、太陽から届く中波長の紫外線のうち97～99％を吸収する。さもなければ、地上の生命体は紫外線にさらされてダメージを受けているかもしれない。人工化学物質（おもに、エアロゾルや冷媒として使われる炭化水素）が引き起こす連鎖反応によってオゾン層が破壊され、北極と南極にオゾンホールができた。規制によって、2000年以降はオゾンの減少が大幅に抑えられてきたが、2006年9月には過去最大の南極オゾンホールが南極上空で記録された（右図）。

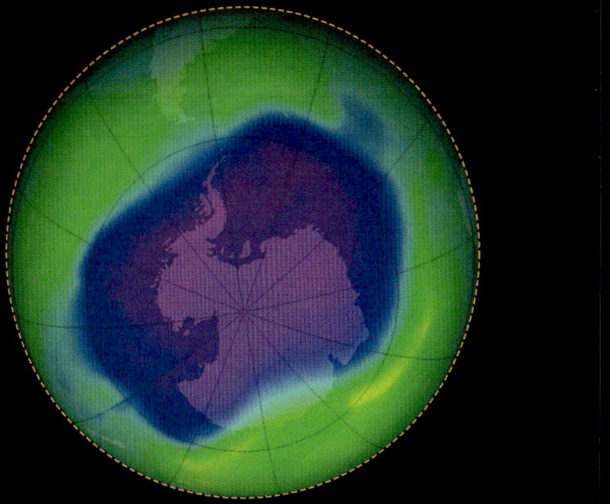

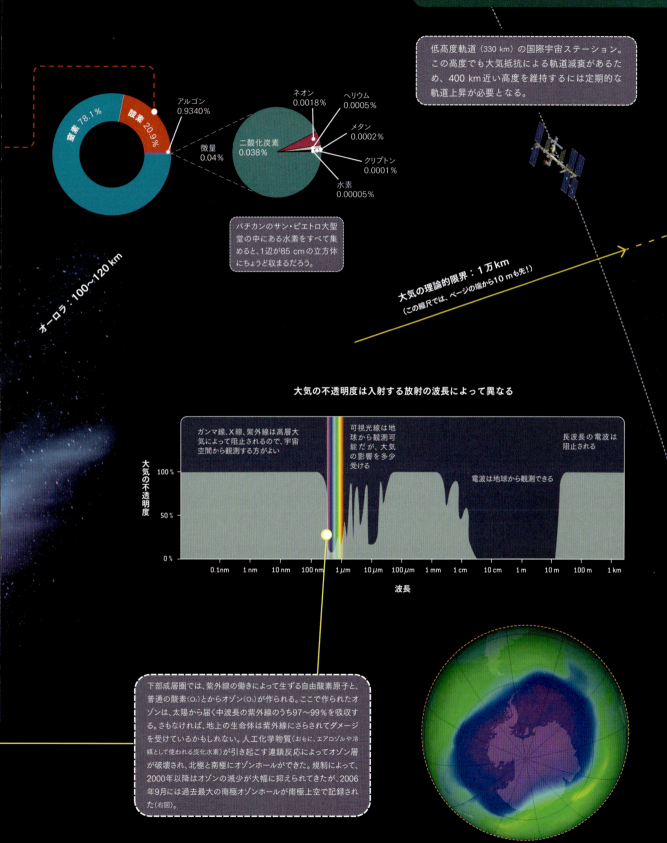

気候帯:大気循環

温帯低気圧や気圧の谷、前線など規模の小さな気象系は不規則に発生する。これに対して、規模の大きな大気の構造や循環はほぼ一定なままだ。

地球の気象は、太陽から届く光と熱力学の法則とによって決まる。大気を太陽エネルギーで動く熱機関とみなすことができ、最終的に、そのエネルギーは冷たく何もない宇宙空間へと放出される。生み出された力が気団を動かすことによって、地球が赤道近くで吸収したエネルギーは宇宙空間へ運ばれ、ついでに極付近の緯度へも再分配されるのだ。

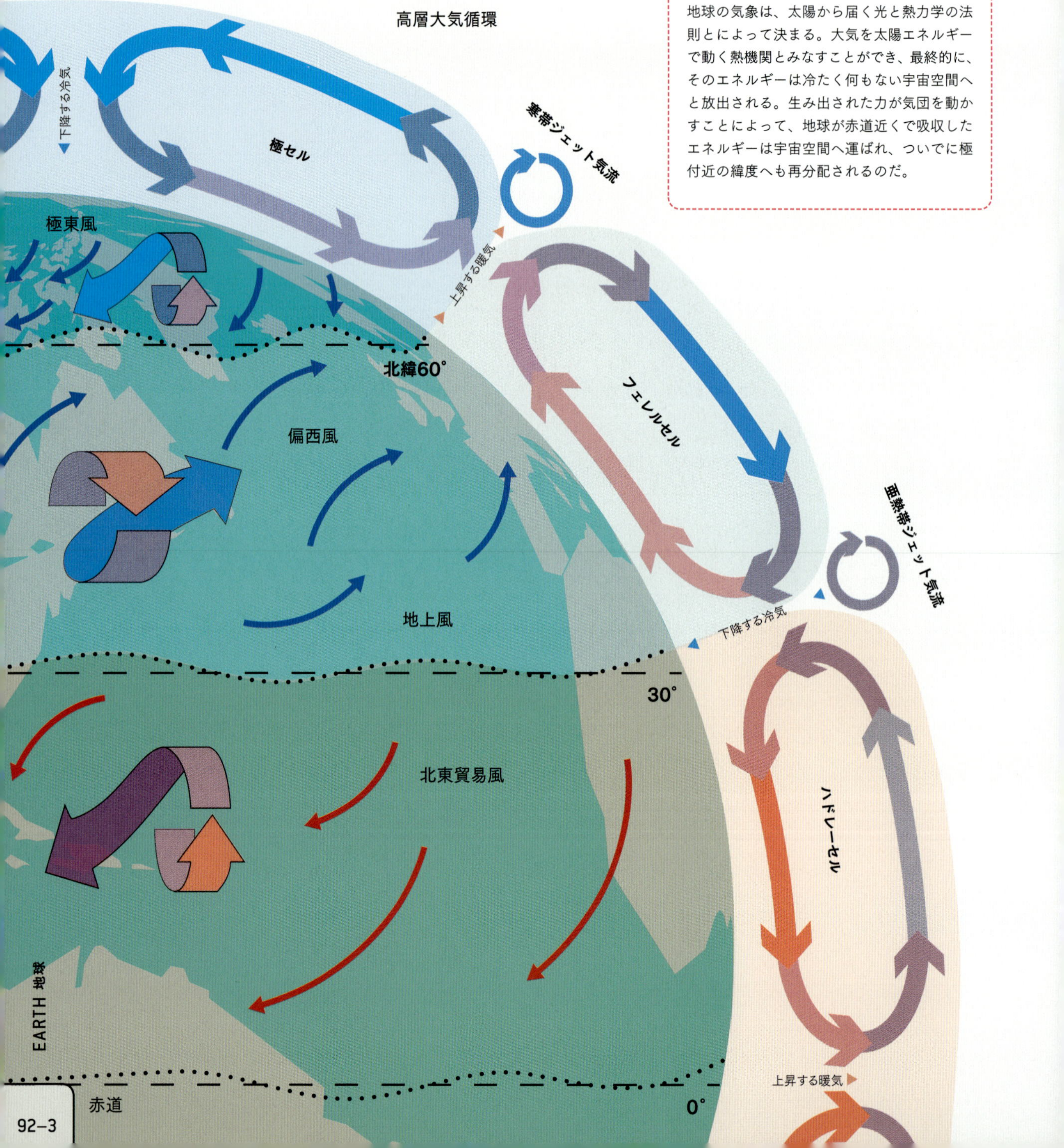

高層大気循環
下降する冷気
極セル
寒帯ジェット気流
極東風
上昇する暖気
北緯60°
フェレルセル
偏西風
地上風
亜熱帯ジェット気流
下降する冷気
30°
北東貿易風
ハドレーセル
上昇する暖気
赤道
0°

1月の平均的な風速と風向

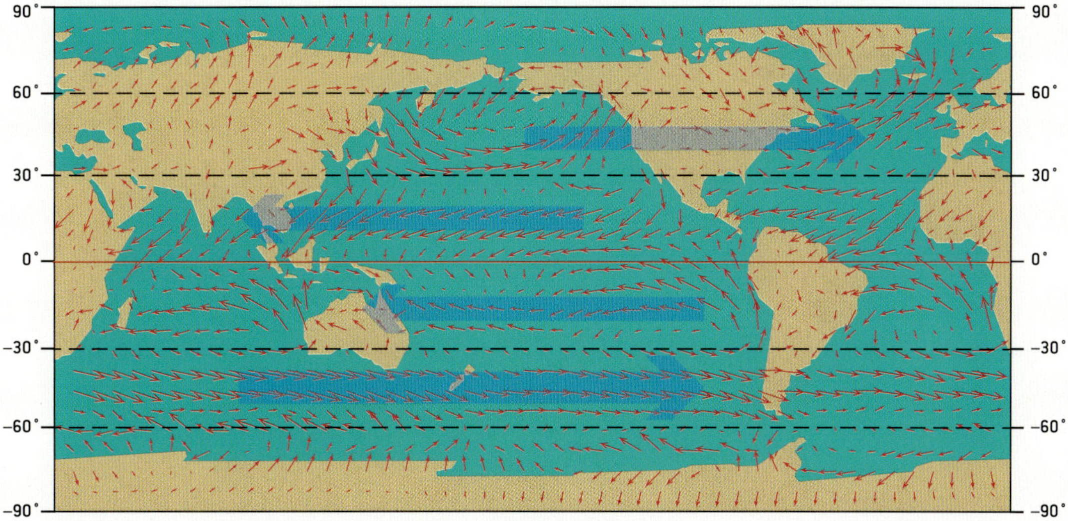
90°
60°
30°
0°
−30°
−60°
−90°

地上風

緯度帯に地上風を吹かせるのは、地球の大気のセル循環だ。高い緯度では偏西風、亜熱帯の緯度では偏東風が吹く。

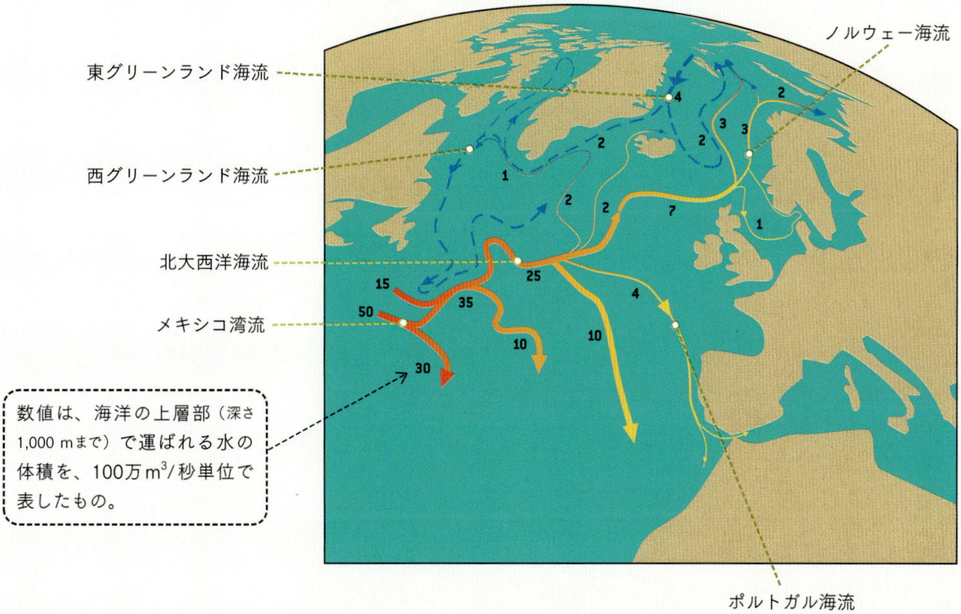
東グリーンランド海流
西グリーンランド海流
北大西洋海流
メキシコ湾流
ノルウェー海流
ポルトガル海流
数値は、海洋の上層部（深さ1,000 mまで）で運ばれる水の体積を、100万m³/秒単位で表したもの。

海流

気象系を動かすもう１つの主役は海洋だ。卓越風が巨大な水の動きを生み、１つの同じ熱機関が場所によって太陽エネルギーを与えたり消滅させたりする。北大西洋では、海流に引っ張られた水が、メキシコ湾や東海岸から北上して大西洋を渡る。栄養や暖気を高緯度にもたらすことで、北西ヨーロッパの気候に大きな影響を与えるのだ。カナダ東海岸のブラン・サブロンでは１月と７月の平均気温が-10℃と12℃なのに対して、同じ緯度にあるロンドンでは同じ月の平均気温が７℃と19℃である。

気象学

気団とは、その内部で温度や湿度が一様な空気のかたまりである。気団を構成する空気は、温度と湿度ではっきりと識別できる。気団と、その隣にある空気のかたまりの境界を示すのが前線だ。

地上気圧と気団の動き

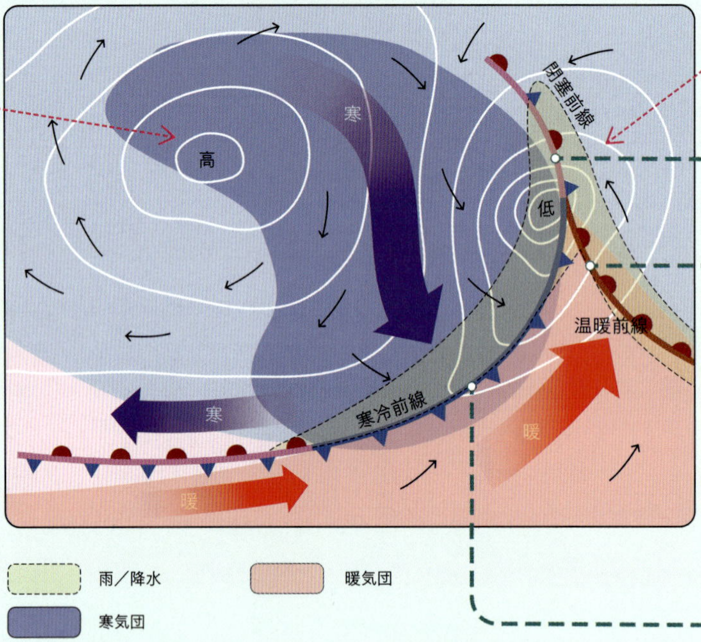

高気圧は下降する冷気によって生ずる
低気圧は上昇する暖気によって生ずる
高
低
寒
暖
閉塞前線
寒冷前線
温暖前線
雨／降水
暖気団
寒気団

雲形

- **巻** ― 毛のようなふさやすじ状の
- **積** ― 積み重なった
- **層** ― 層状の
- **乱** ― 雨を降らせる
- **高** ― 高い

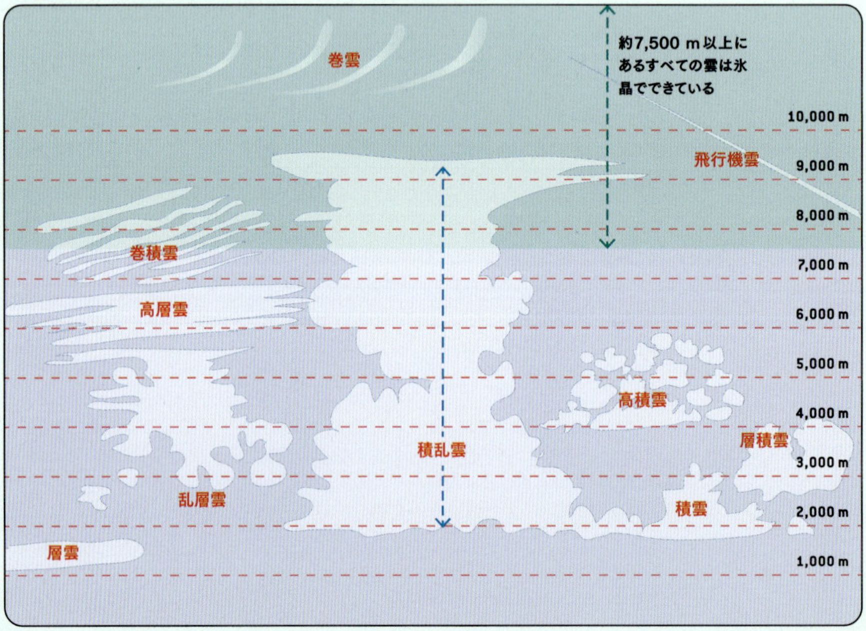

約7,500 m以上にあるすべての雲は氷晶でできている
巻雲
飛行機雲
巻積雲
高層雲
高積雲
積乱雲
層積雲
乱層雲
積雲
層雲
10,000 m
9,000 m
8,000 m
7,000 m
6,000 m
5,000 m
4,000 m
3,000 m
2,000 m
1,000 m

前線の断面図

閉塞前線

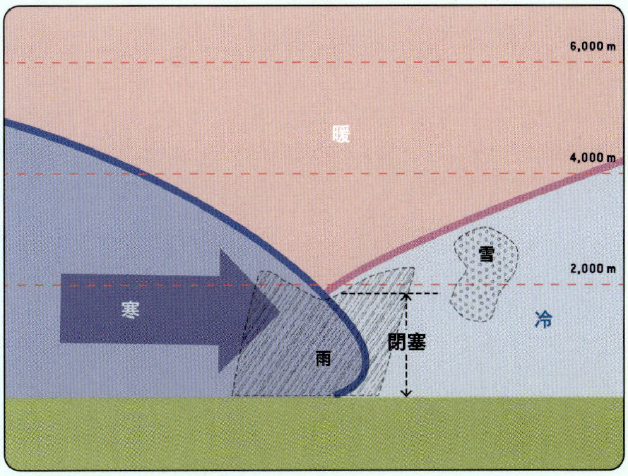
6,000 m
暖
4,000 m
雪
2,000 m
寒
冷
閉塞
雨

温暖前線

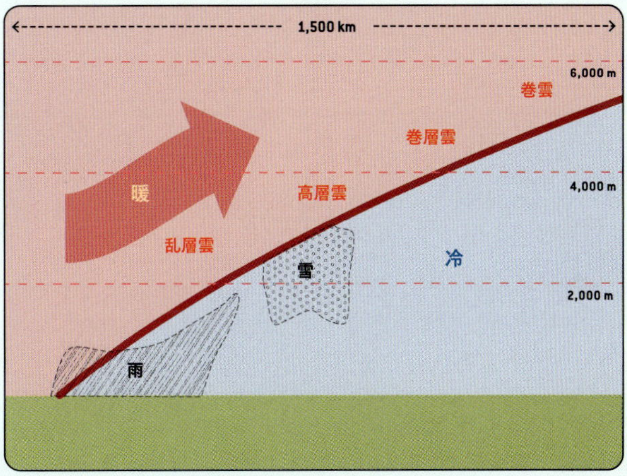
1,500 km
6,000 m
巻雲
巻層雲
暖
高層雲
4,000 m
乱層雲
冷
雪
2,000 m
雨

寒冷前線

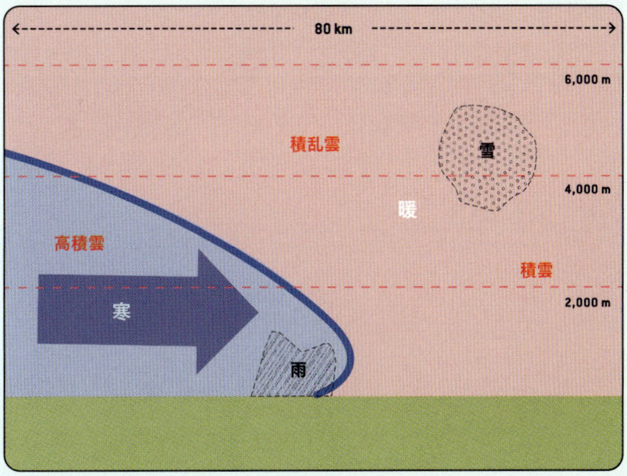
80 km
6,000 m
積乱雲
雪
4,000 m
暖
高積雲
積雲
寒
2,000 m
雨

気候極値

命にかかわるような極値もあるが、他の惑星に比べれば、
地球の大気はとても穏やかであり、落ち着いている。

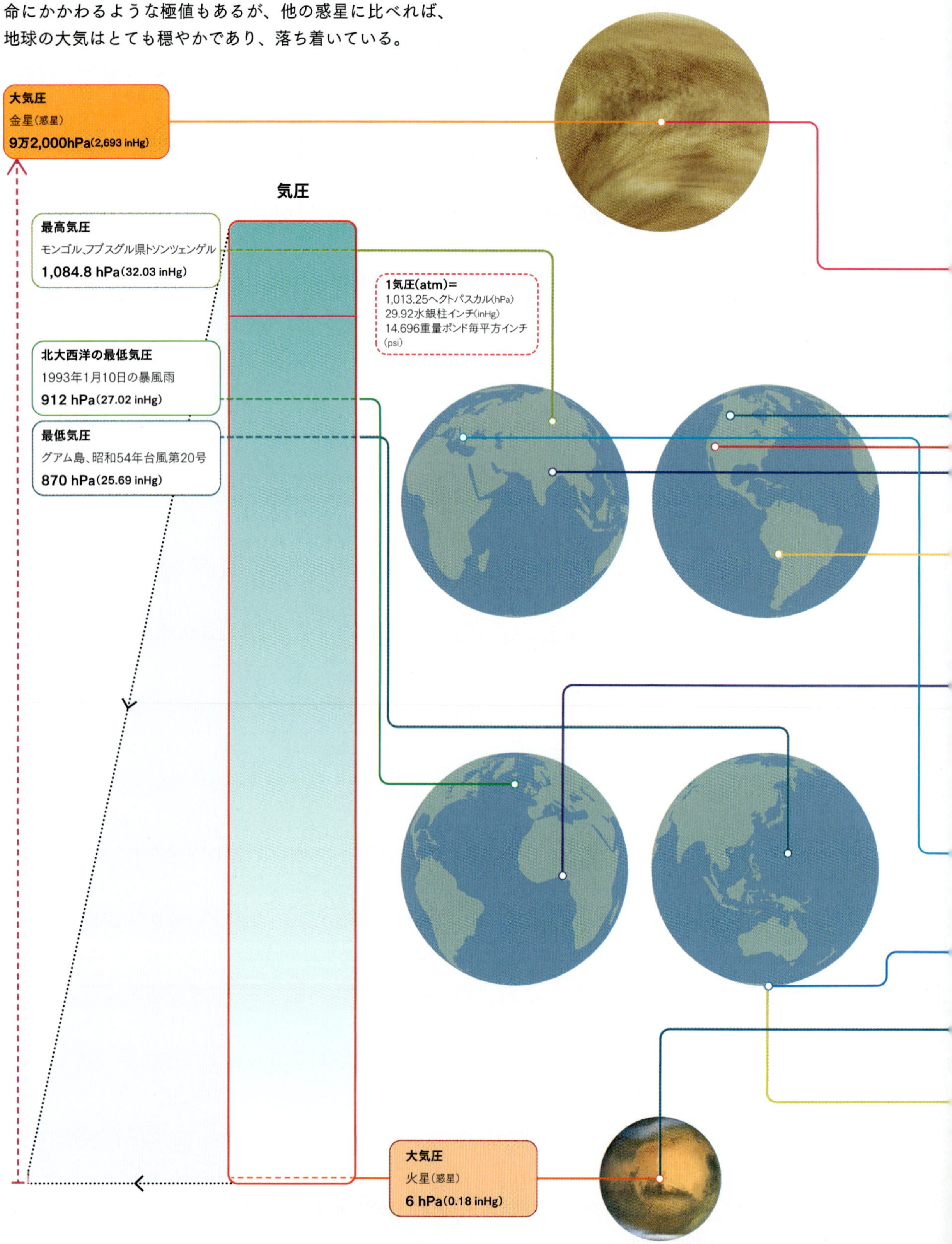
大気圧
金星（惑星）
9万2,000hPa（2,693 inHg）
気圧
最高気圧
モンゴル、フブスグル県トソンツェンゲル
1,084.8 hPa（32.03 inHg）
1気圧（atm）=
1,013.25ヘクトパスカル（hPa）
29.92水銀柱インチ（inHg）
14.696重量ポンド毎平方インチ（psi）
北大西洋の最低気圧
1993年1月10日の暴風雨
912 hPa（27.02 inHg）
最低気圧
グアム島、昭和54年台風第20号
870 hPa（25.69 inHg）
大気圧
火星（惑星）
6 hPa（0.18 inHg）

気象が一般に毎日の気温や降水量を指しているのに対して、**気候**は長期間にわたる統計的な大気の状態にかかわっている。地域間に生ずる気圧や気温、湿度の差が気象を変化させる。地表温度は、おおむね-40℃から+40℃の間で変動する。地表温度の差が、次に気圧の差を生み出す。暖かい空気は膨張して密度が低くなり、結果的に地表の気圧が下がる。その結果生ずる水平方向の気圧勾配によって、気圧の高い場所から低い場所へと空気が移動して風が吹く。そして、地球の自転によるコリオリ効果を受けて、この風向きは横に振れる。このようにして生じた単純な系が突発的な振る舞いを示し、より複雑な系を生み出すことがある。気象系は本来カオス的であり、小さな変化が系全体に大きな影響を与えうるのだ。

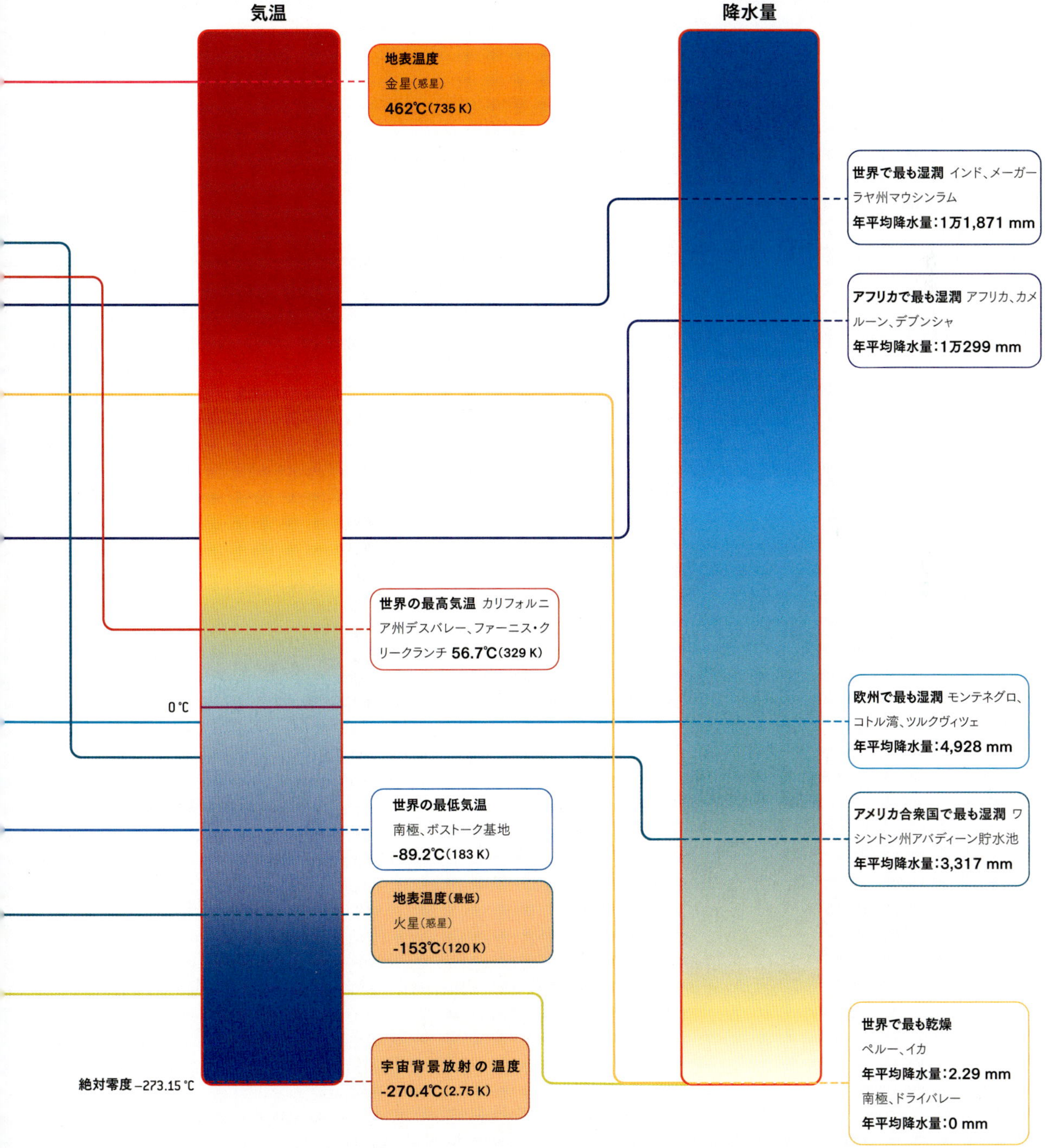

気温
降水量
地表温度 金星（惑星） 462℃（735 K）
世界で最も湿潤 インド、メーガーラヤ州マウシンラム 年平均降水量：1万1,871 mm
アフリカで最も湿潤 アフリカ、カメルーン、デブンシャ 年平均降水量：1万299 mm
世界の最高気温 カリフォルニア州デスバレー、ファーニス・クリークランチ 56.7℃（329 K）
0℃
欧州で最も湿潤 モンテネグロ、コトル湾、ツルクヴィツェ 年平均降水量：4,928 mm
世界の最低気温 南極、ボストーク基地 -89.2℃（183 K）
アメリカ合衆国で最も湿潤 ワシントン州アバディーン貯水池 年平均降水量：3,317 mm
地表温度（最低） 火星（惑星） -153℃（120 K）
世界で最も乾燥 ペルー、イカ 年平均降水量：2.29 mm 南極、ドライバレー 年平均降水量：0 mm
宇宙背景放射の温度 -270.4℃（2.75 K）
絶対零度 −273.15 ℃

太陽活動と気候

太陽は一定の炎で燃えているのではない。燃焼量や明るさは時間とともに変わるのだ。通常の活動周期は11年だが、より予測の難しい長期変化がさらに加わっている。天文学者は早くから太陽黒点の増減に気が付いており、18世紀の中頃から念入りに数えてきた。太陽黒点は太陽活動のすぐれた指標となっている。

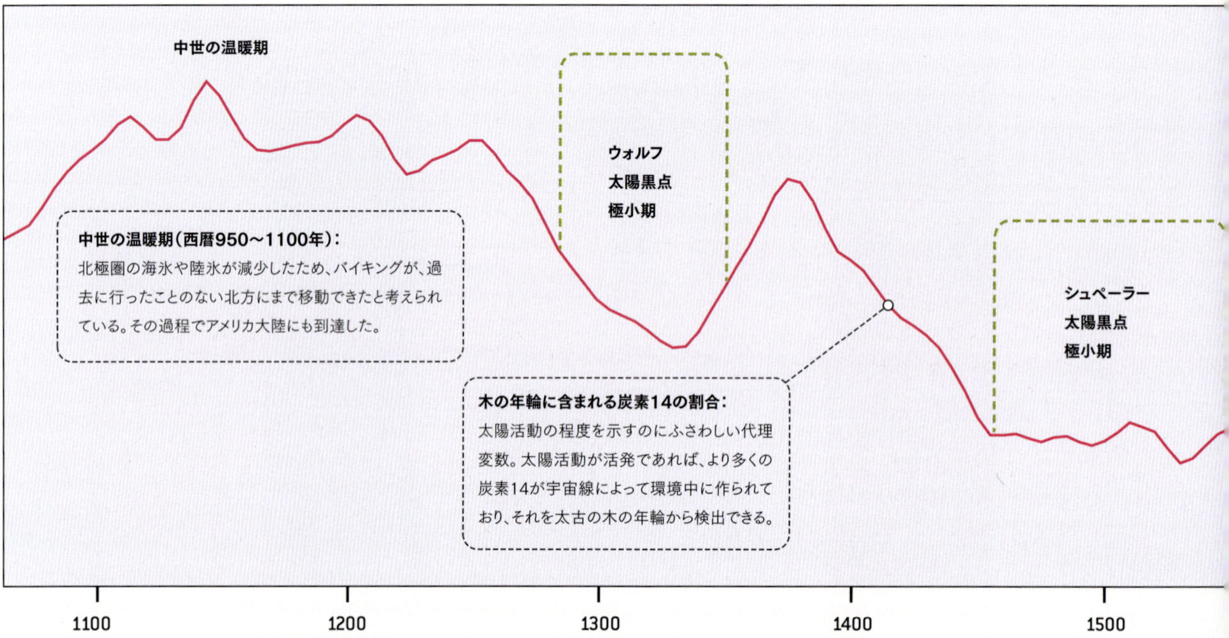

中世の温暖期
ウォルフ
太陽黒点
極小期
シュペーラー
太陽黒点
極小期
中世の温暖期（西暦950～1100年）：
北極圏の海氷や陸氷が減少したため、バイキングが、過去に行ったことのない北方にまで移動できたと考えられている。その過程でアメリカ大陸にも到達した。
木の年輪に含まれる炭素14の割合：
太陽活動の程度を示すのにふさわしい代理変数。太陽活動が活発であれば、より多くの炭素14が宇宙線によって環境中に作られており、それを太古の木の年輪から検出できる。
1100
1200
1300
1400
1500

太陽活動の変動が歴史的にみて周期的に地球の温度に影響を与えているのは疑いようがない。しかし、気候に影響を与える要素は他にもある。1816年は“夏のない年”として知られているが、この異変のおもな原因は1815年に起こったオランダ領東インド諸島タンボラ山の大噴火だった。

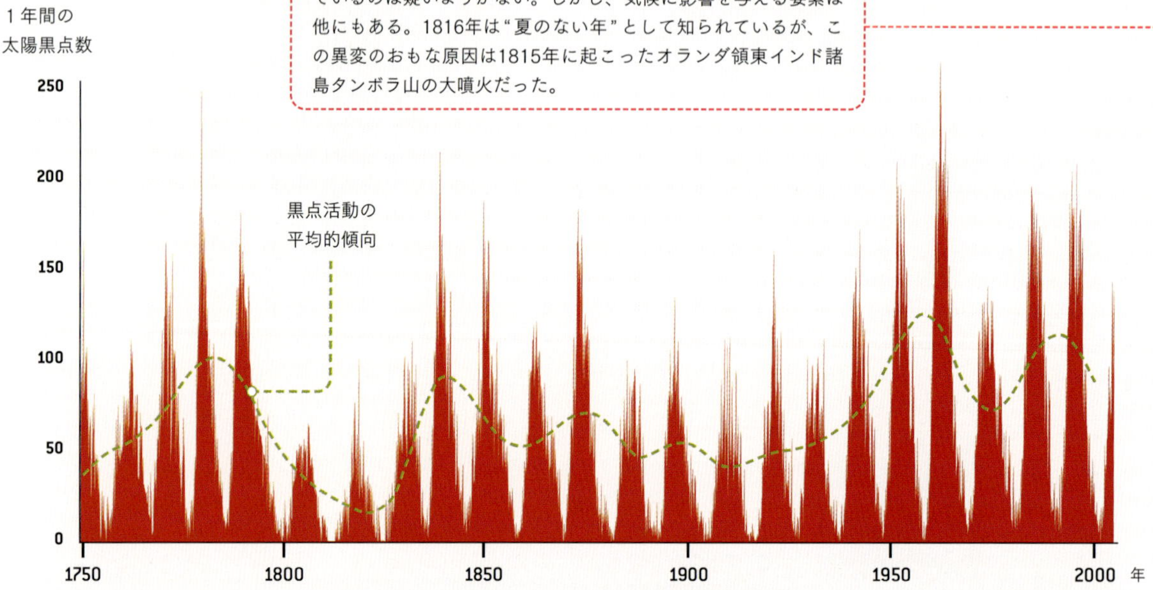

1年間の
太陽黒点数
250
200
150
100
50
0
黒点活動の
平均的傾向
1750
1800
1850
1900
1950
2000
年

過去250年にわたる太陽黒点の実際の観測結果

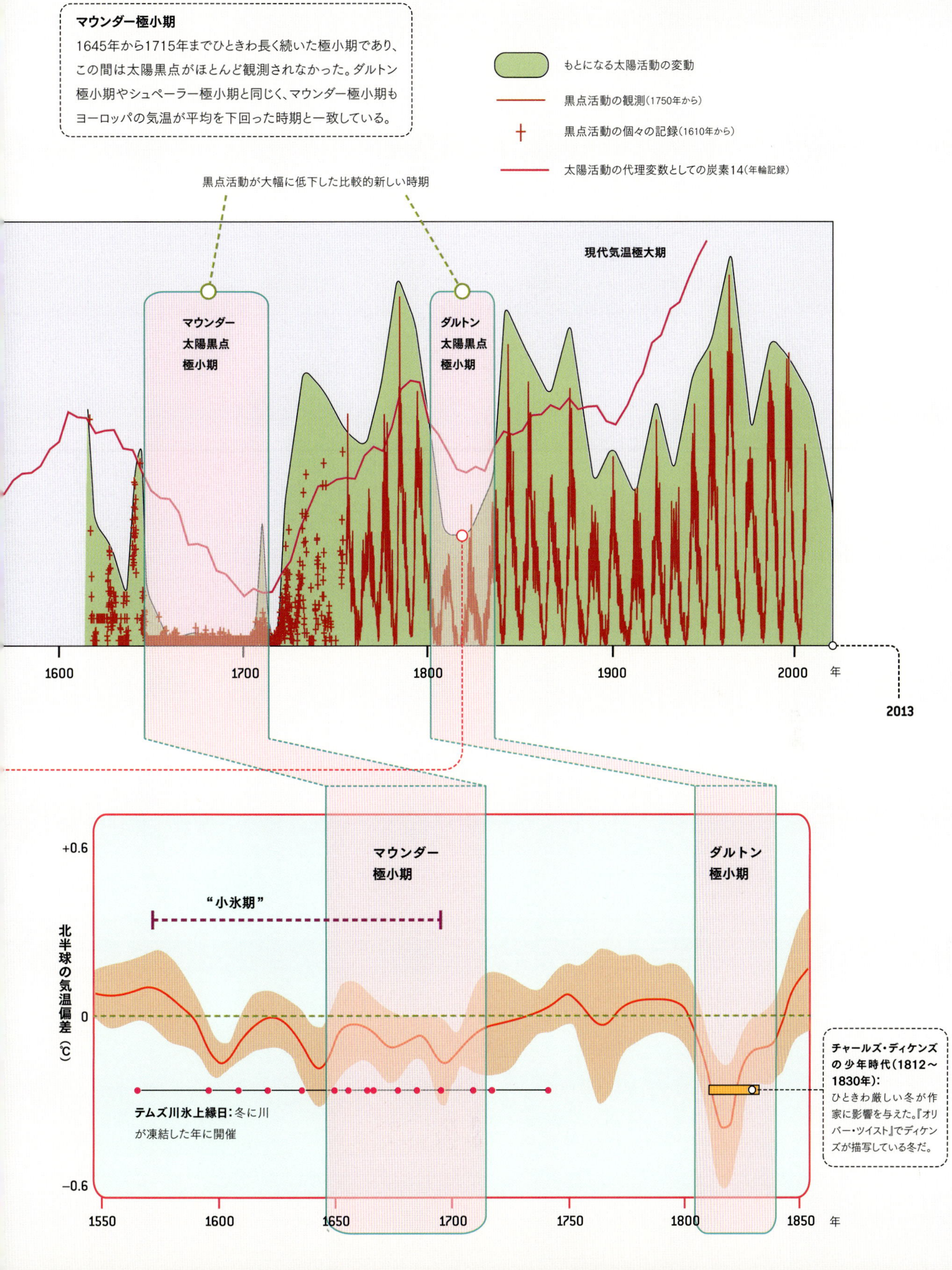
マウンダー極小期
1645年から1715年までひときわ長く続いた極小期であり、この間は太陽黒点がほとんど観測されなかった。ダルトン極小期やシュペーラー極小期と同じく、マウンダー極小期もヨーロッパの気温が平均を下回った時期と一致している。
もとになる太陽活動の変動
黒点活動の観測（1750年から）
黒点活動の個々の記録（1610年から）
太陽活動の代理変数としての炭素14（年輪記録）
黒点活動が大幅に低下した比較的新しい時期
現代気温極大期
マウンダー
太陽黒点
極小期
ダルトン
太陽黒点
極小期
1600
1700
1800
1900
2000
年
2013
+0.6
0
−0.6
北半球の気温偏差（℃）
マウンダー
極小期
ダルトン
極小期
“小氷期”
テムズ川氷上縁日：冬に川が凍結した年に開催
チャールズ・ディケンズの少年時代（1812〜1830年）：
ひときわ厳しい冬が作家に影響を与えた。『オリバー・ツイスト』でディケンズが描写している冬だ。
1550
1600
1650
1700
1750
1800
1850
年

気候変化：スノーボールアース

惑星全体がほぼ氷で覆われてしまうような厳しい氷河期を、地球は歴史的に何度も経験してきたと考えられている。雪や氷が十分に積もると、宇宙空間へ反射される太陽エネルギーもどんどん増えていき、寒冷化の暴走につながるのだ。

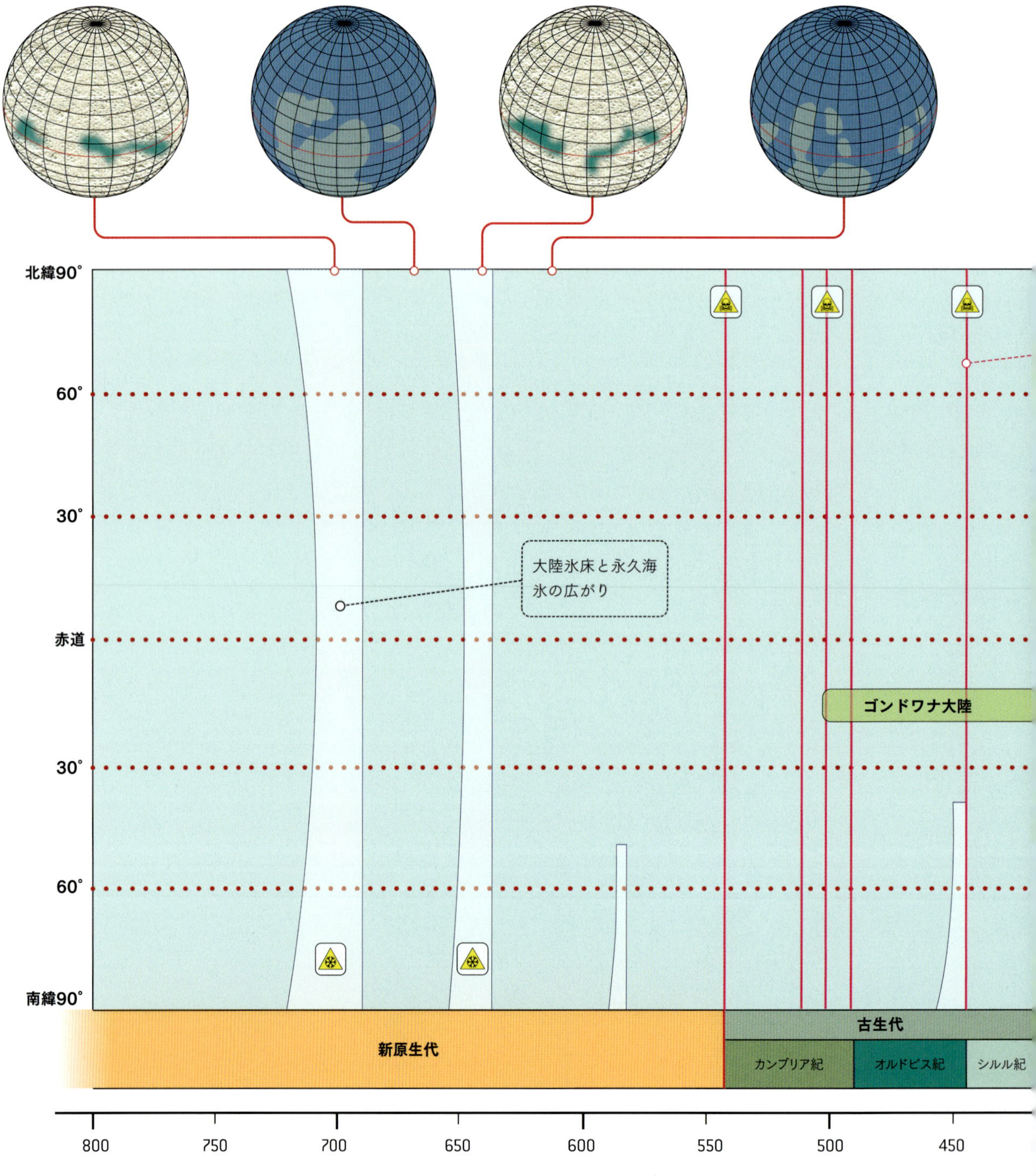

北緯90°
60°
30°
赤道
30°
60°
南緯90°
大陸氷床と永久海氷の広がり
ゴンドワナ大陸
新原生代
古生代
カンブリア紀
オルドビス紀
シルル紀
800
750
700
650
600
550
500
450

火星と金星：暴走温室効果

正のフィードバックが寒冷化の暴走につながるのと同じように、逆方向の気候変化も正のフィードバックによって引き起こされうる。金星では、二酸化炭素と水蒸気による暴走温室効果が発生して、海洋が蒸発してしまったのかもしれない。

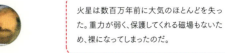

火星は数百万年前に大気のほとんどを失った。重力が弱く、保護してくれる磁場もないため、裸になってしまったのだ。

金星の大気
二酸化炭素は97％
気圧は地球の9,200％
平均地温は+467℃

地球の大気
二酸化炭素は0.03％
気圧は地球の100％
平均地温は+15℃

火星の大気
二酸化炭素は96％
気圧は地球の1％
平均地温は-50℃

スノーボールアース

大量絶滅

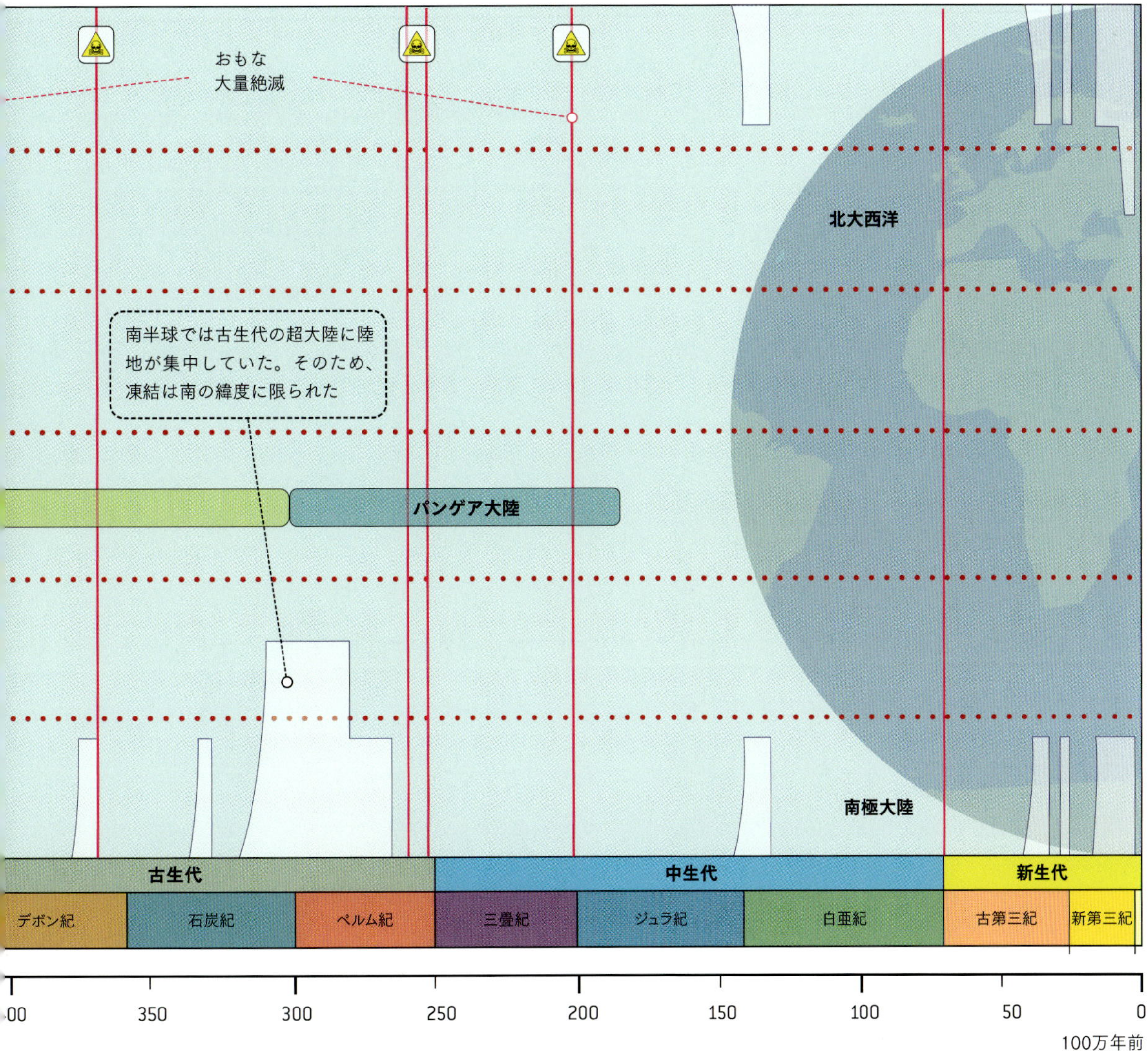
おもな
大量絶滅
北大西洋
南半球では古生代の超大陸に陸地が集中していた。そのため、凍結は南の緯度に限られた
パンゲア大陸
南極大陸
古生代
中生代
新生代
デボン紀
石炭紀
ペルム紀
三畳紀
ジュラ紀
白亜紀
古第三紀
新第三紀
00
350
300
250
200
150
100
50
0
100万年前

水と水の化学

一酸化二水素、すなわち水は生命の中心である。この小さな分子は驚くべき性質を持っており、反応性と安定性のバランスも絶妙な“ちょうどよい”化合物なのだ。

水の化学的性質

- **万能溶媒：**他の一般的な液体よりも多くの種類の物質を溶かす
- **pH：**水は、電荷を持つ陰イオン（OH^-）と陽イオン（H^+）に分離する
- **極性：**水分子には、正電荷を持つ側と負電荷を持つ側がある
- **疎水効果：**水と非極性物質は分離したり、反発するように見えたりする

水素結合

水分子は正電荷の部分と負電荷の部分を持つ極性分子なので、他の水分子を静電気によって引き付ける。水の沸点が高かったり、表面張力が強かったりするのは、この水素結合が原因だ。水素結合による引力は（水のように）分子間にも（タンパク質やDNAのように）単一分子の異なる部分間にも働く。水素結合は、タンパク質や核酸が2次構造や3次構造を作る理由の一部にもなっている。

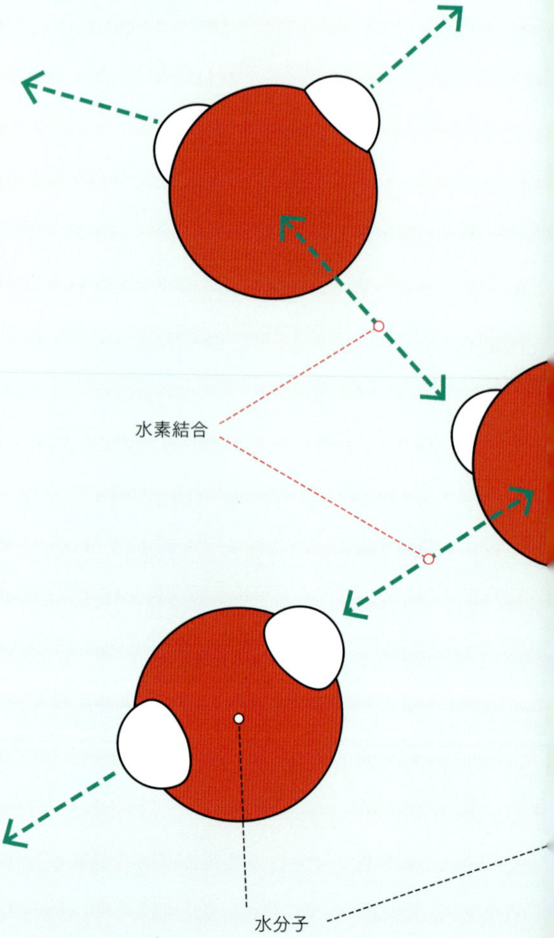

水素結合
水分子

水の物理的性質

- 地球上で3つの相状態（固体、液体、気体）のすべてをとる
- 表面張力がとても強い
- 水銀を除く液体の中で最も熱伝導性が高い
- 一般的な固体や液体の中で最も熱容量が大きい
- 粘性が低い
- 4℃で密度が最大になる

一般的な溶媒と液体の表面張力

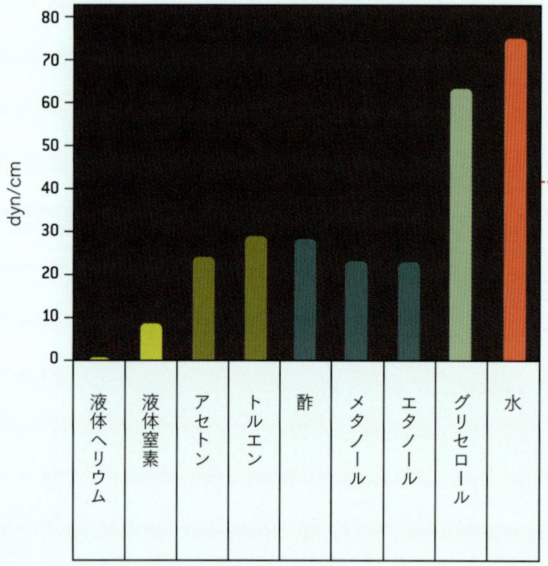

80
70
60
50
40
30
20
10
0
dyn/cm
液体ヘリウム
液体窒素
アセトン
トルエン
酢
メタノール
エタノール
グリセロール
水

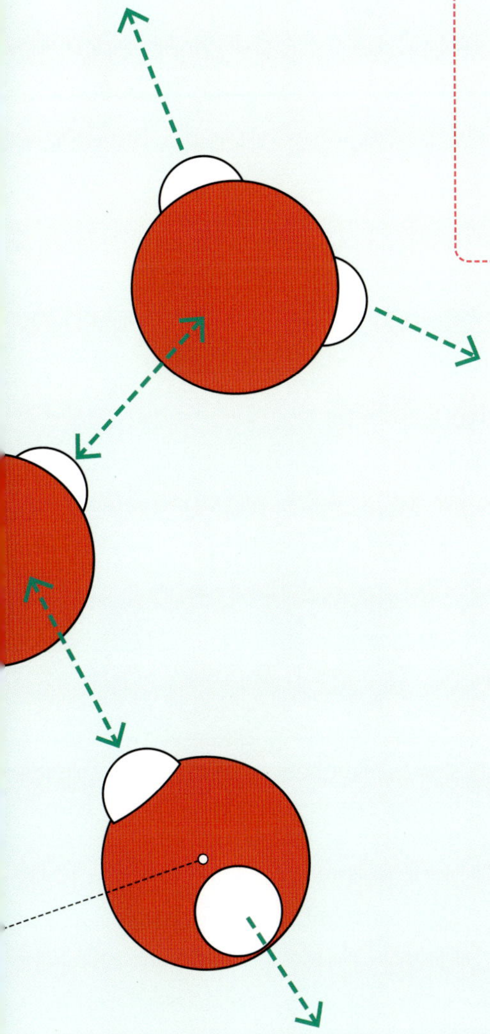

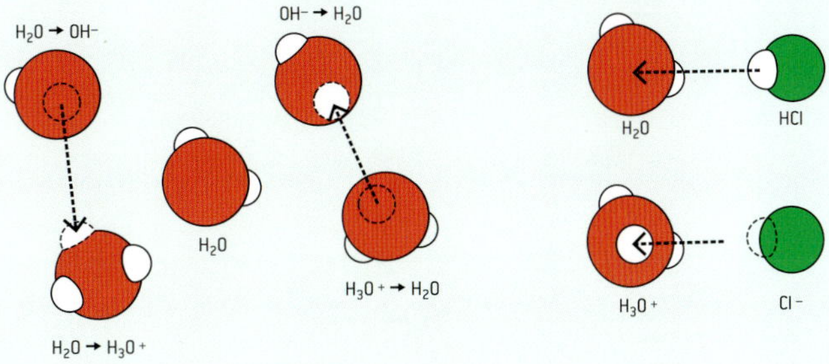
$H_2O \rightarrow OH^-$
$OH^- \rightarrow H_2O$
H_2O
HCl
H_2O
$H_3O^+ \rightarrow H_2O$
H_3O^+
Cl^-
$H_2O \rightarrow H_3O^+$

イオン化

水の自己解離とは、純水や水溶液で生ずるイオン化反応のことである。そこでは、水分子（H_2O）が、水素原子の1つから原子核を失って、水酸化物イオン（OH^-）になっている。飛び出した水素原子核（H^+）は、すぐに別の水分子をプロトン化して、ヒドロニウム（H_3O^+）を作る。水に酸を加えると、ヒドロニウムイオンの比率が増加して溶液のpHが下がり、酸性溶液が作られる。

溶媒としての水：イオン性塩を溶く

イオン性物質を水に入れると、水分子はイオン結晶から陽イオンと陰イオンを引き付ける。わずかに正電荷を帯びている水素原子は負の電荷を持つ塩素の**陰イオン**に引き付けられ、わずかに負電荷を帯びている酸素原子は正の電荷を持つナトリウムの**陽イオン**に引き付けられる。水分子に囲まれた塩イオンは自由に分離できるようになり、溶液の中を自由に動き回るのだ。

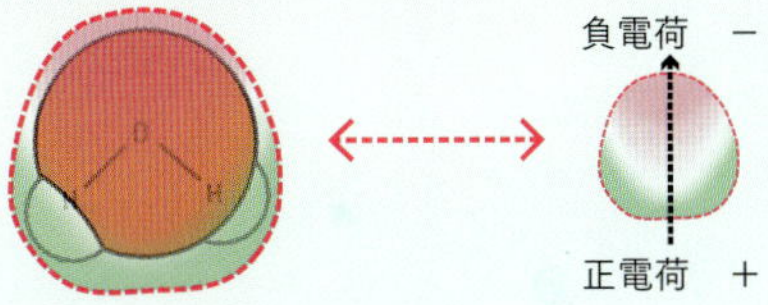
負電荷　－
正電荷　＋

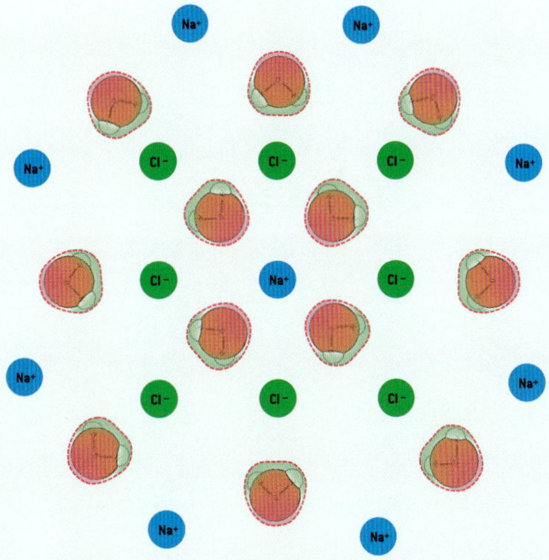
Na^+
Cl^-

有機化学

炭素には特有の性質があり、炭素原子の長い鎖に他のいろいろな元素を結び付けて大きな分子を作ることができる。そうしてできた化合物は、さまざまな特徴を持っている。有機分子や有機分子の特定の部位には、水を引き付けやすいものと、はじきやすいものとがあり、生命の有機化学に大きな影響を与えている。

水

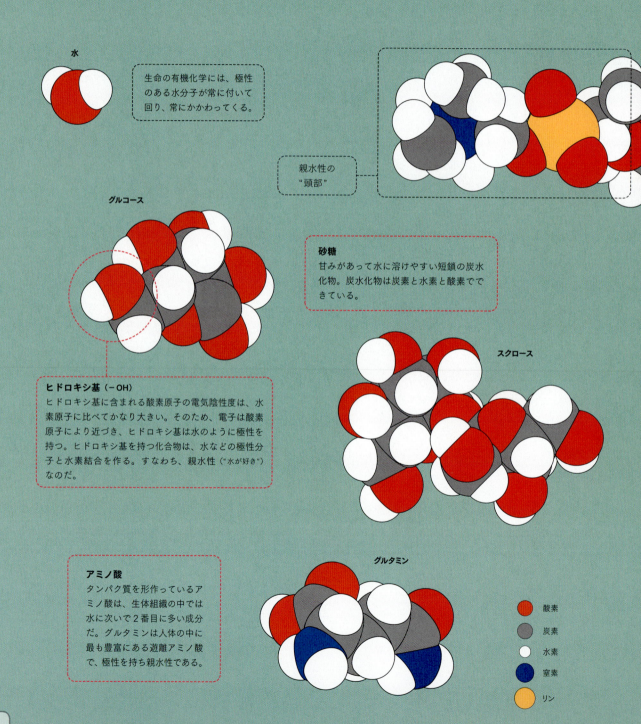

生命の有機化学には、極性のある水分子が常に付いて回り、常にかかわってくる。

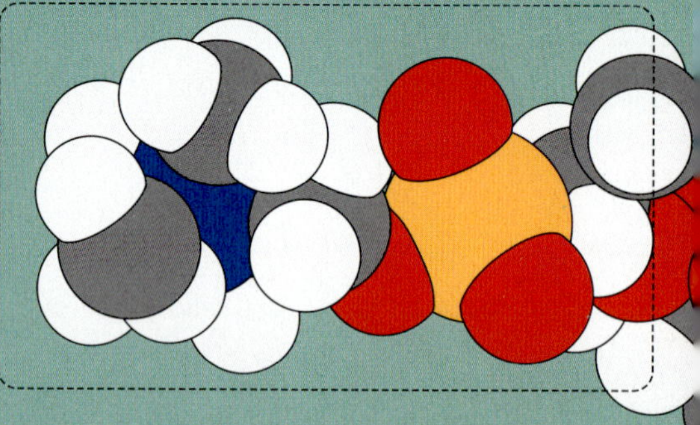

親水性の“頭部”

グルコース

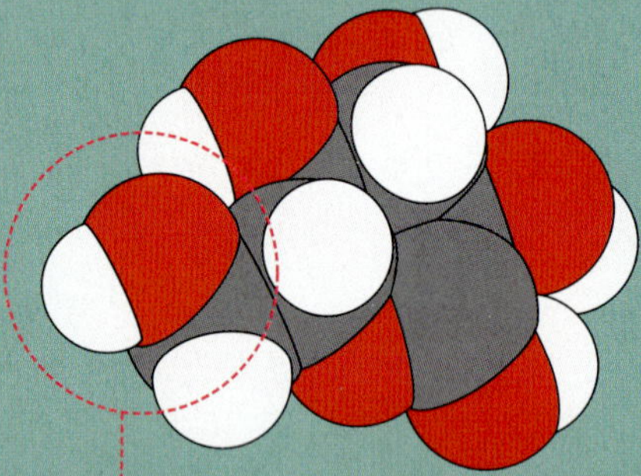

砂糖
甘みがあって水に溶けやすい短鎖の炭水化物。炭水化物は炭素と水素と酸素でできている。

ヒドロキシ基（−OH）
ヒドロキシ基に含まれる酸素原子の電気陰性度は、水素原子に比べてかなり大きい。そのため、電子は酸素原子により近づき、ヒドロキシ基は水のように極性を持つ。ヒドロキシ基を持つ化合物は、水などの極性分子と水素結合を作る。すなわち、親水性（“水が好き”）なのだ。

スクロース

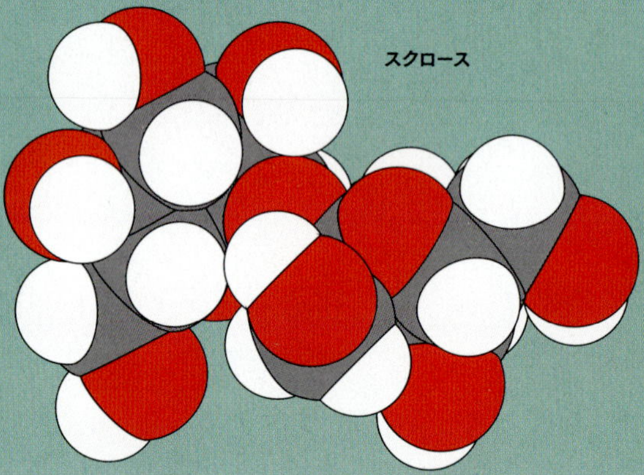

アミノ酸
タンパク質を形作っているアミノ酸は、生体組織の中では水に次いで2番目に多い成分だ。グルタミンは人体の中に最も豊富にある遊離アミノ酸で、極性を持ち親水性である。

グルタミン

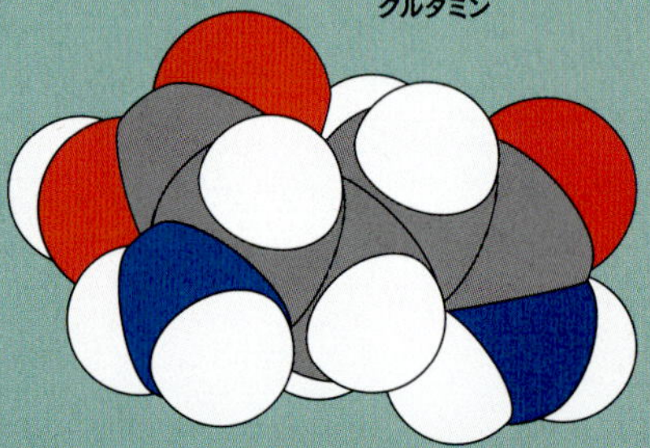

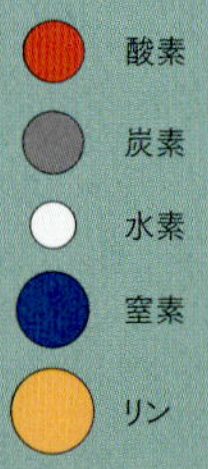
酸素
炭素
水素
窒素
リン

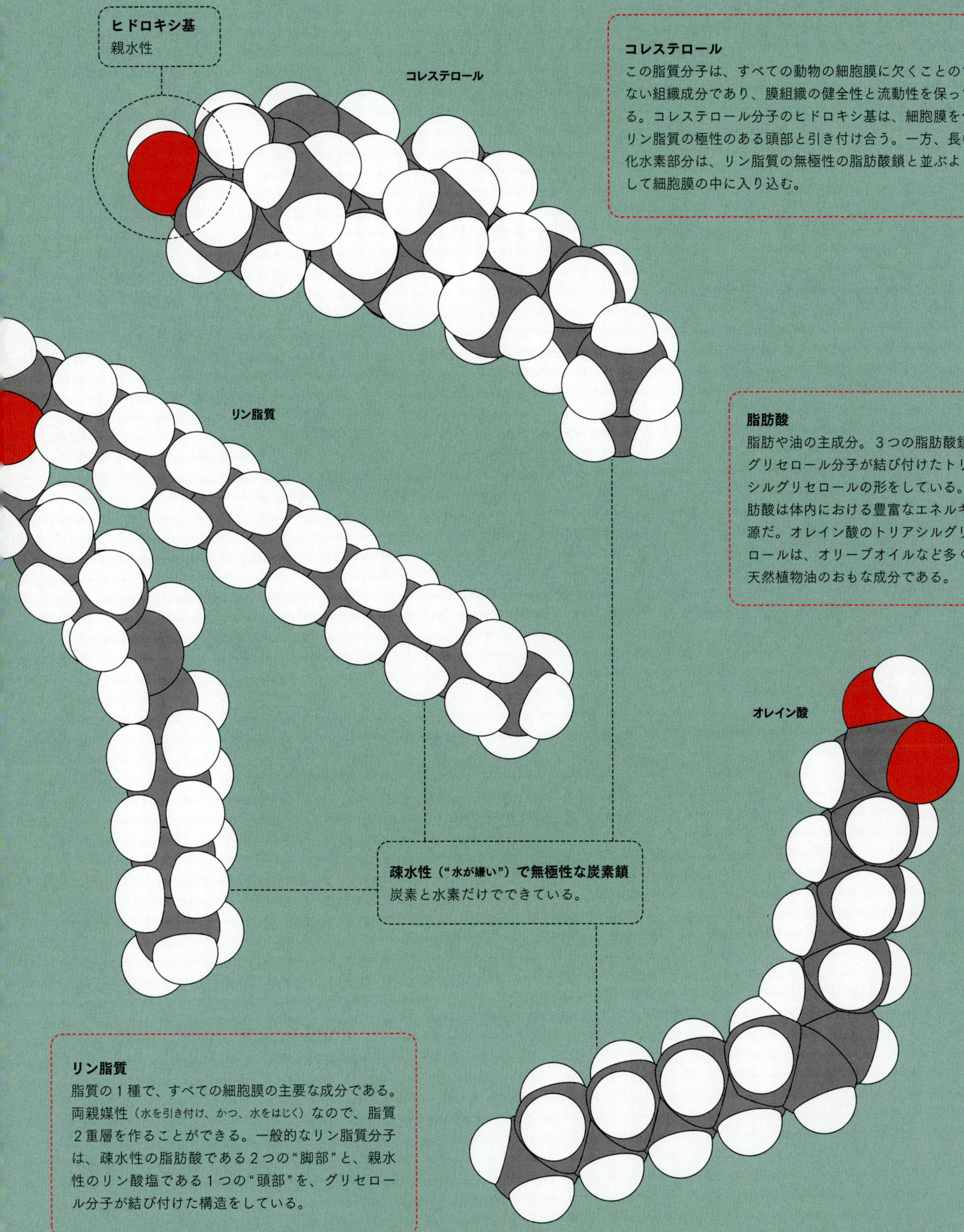
ヒドロキシ基
親水性
コレステロール
リン脂質
オレイン酸
疎水性（“水が嫌い”）で無極性な炭素鎖
炭素と水素だけでできている。

コレステロール
この脂質分子は、すべての動物の細胞膜に欠くことのできない組織成分であり、膜組織の健全性と流動性を保っている。コレステロール分子のヒドロキシ基は、細胞膜を作るリン脂質の極性のある頭部と引き付け合う。一方、長い炭化水素部分は、リン脂質の無極性の脂肪酸鎖と並ぶようにして細胞膜の中に入り込む。

脂肪酸
脂肪や油の主成分。３つの脂肪酸鎖をグリセロール分子が結び付けたトリアシルグリセロールの形をしている。脂肪酸は体内における豊富なエネルギー源だ。オレイン酸のトリアシルグリセロールは、オリーブオイルなど多くの天然植物油のおもな成分である。

リン脂質
脂質の１種で、すべての細胞膜の主要な成分である。両親媒性（水を引き付け、かつ、水をはじく）なので、脂質２重層を作ることができる。一般的なリン脂質分子は、疎水性の脂肪酸である２つの“脚部”と、親水性のリン酸塩である１つの“頭部”を、グリセロール分子が結び付けた構造をしている。

タンパク質

生命にとって大切な役割を担っているのがタンパク質だ。タンパク質は、わたしたちの質量の約20%を占める。構造タンパク質は、わたしたちの外見と中身を作ってくれる。酵素として、あらゆる生命活動における基本的な触媒となるものもある。タンパク質は、ねじれたり折り畳まれたりすることで、種々雑多な形を取ることができる。そして、ほとんど何でもできるのだ。

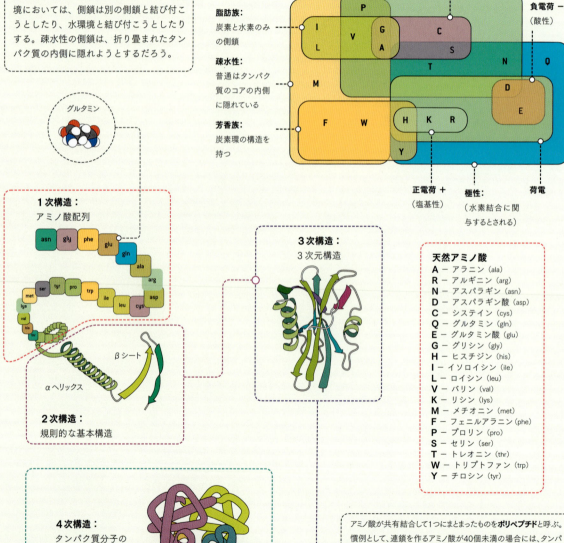

どのアミノ酸も基本的な構造は同じである。炭素と窒素からなる骨格に、さまざまな化学的特性を持つ多様な側鎖(そくさ)が付いている。それぞれの側鎖は電荷を持っていたり、極性があったり、疎水性だったりする。水環境においては、側鎖は別の側鎖と結び付こうとしたり、水環境と結び付こうとしたりする。疎水性の側鎖は、折り畳まれたタンパク質の内側に隠れようとするだろう。

アミノ酸の性質

アミノ酸の性質は側鎖の化学的性質によって決まる。

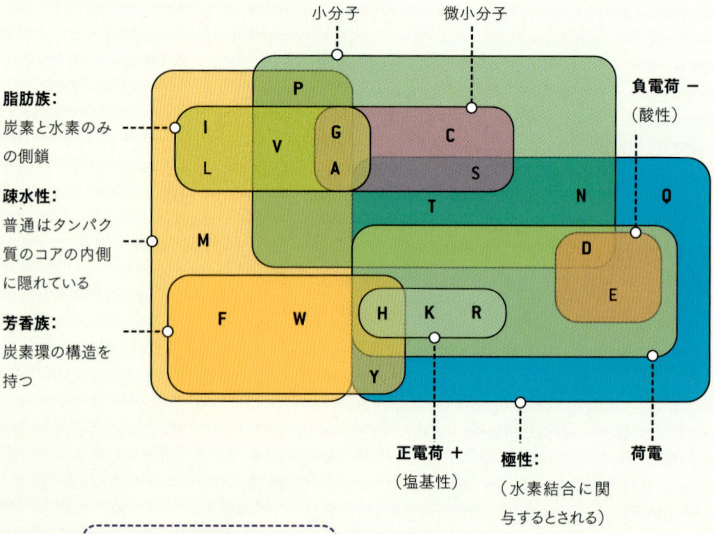
小分子
微小分子
脂肪族:
炭素と水素のみの側鎖
疎水性:
普通はタンパク質のコアの内側に隠れている
芳香族:
炭素環の構造を持つ
負電荷 −
(酸性)
P
I
L
V
G
A
C
S
T
N
Q
M
D
E
F
W
H
K
R
Y
正電荷 +
(塩基性)
極性:
(水素結合に関与するとされる)
荷電

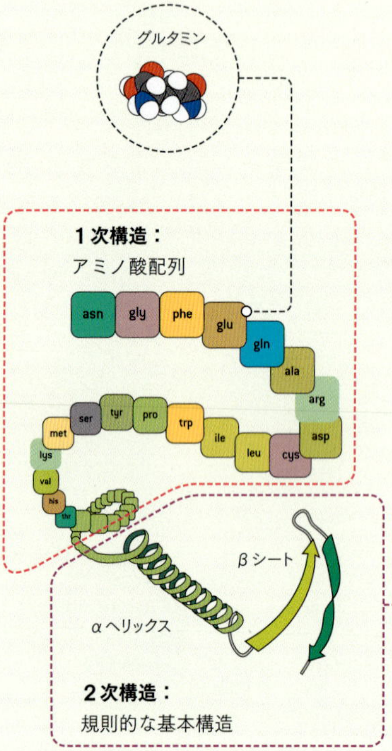
グルタミン
1次構造:
アミノ酸配列
asn
gly
phe
glu
gln
ala
arg
asp
cys
leu
ile
trp
pro
tyr
ser
met
lys
val
his
thr
βシート
αヘリックス
2次構造:
規則的な基本構造

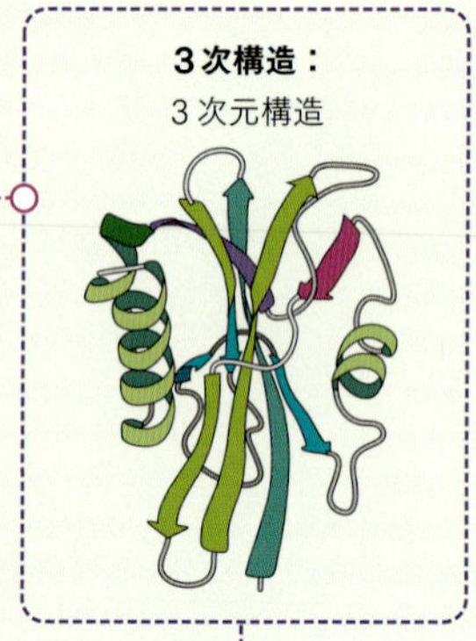
3次構造:
3次元構造

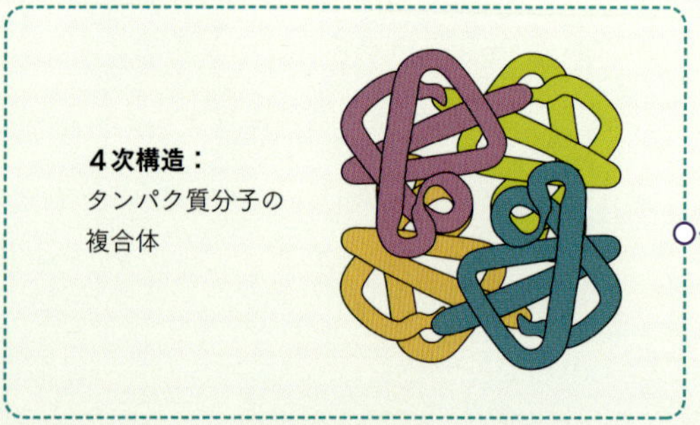
4次構造:
タンパク質分子の複合体

天然アミノ酸

- **A** − アラニン (ala)
- **R** − アルギニン (arg)
- **N** − アスパラギン (asn)
- **D** − アスパラギン酸 (asp)
- **C** − システイン (cys)
- **Q** − グルタミン (gln)
- **E** − グルタミン酸 (glu)
- **G** − グリシン (gly)
- **H** − ヒスチジン (his)
- **I** − イソロイシン (ile)
- **L** − ロイシン (leu)
- **V** − バリン (val)
- **K** − リシン (lys)
- **M** − メチオニン (met)
- **F** − フェニルアラニン (phe)
- **P** − プロリン (pro)
- **S** − セリン (ser)
- **T** − トレオニン (thr)
- **W** − トリプトファン (trp)
- **Y** − チロシン (tyr)

アミノ酸が共有結合して1つにまとまったものを**ポリペプチド**と呼ぶ。慣例として、連鎖を作るアミノ酸が40個未満の場合には、タンパク質ではなくペプチド(ポリペプチド)と呼ぶことが多い。細菌の"典型的な"タンパク質は約300個のアミノ酸でできており、人間の"典型的な"タンパク質は約400個のアミノ酸でできている。筋肉に弾力性を与える**チチン**は、なんと3万3,423個のアミノ酸でできている巨大なタンパク質だ!

折り畳まれていないタンパク質の鎖

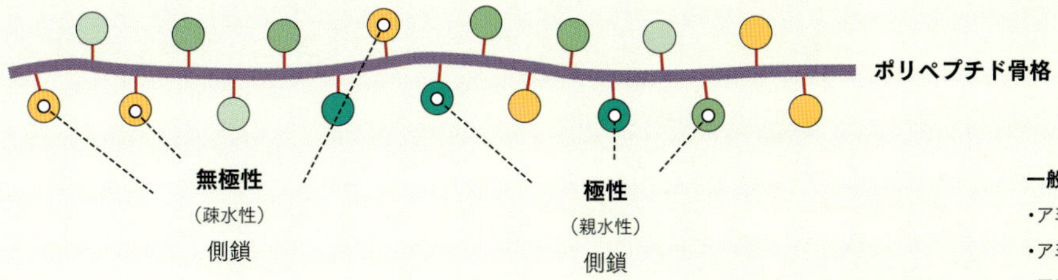
ポリペプチド骨格
無極性
（疎水性）
側鎖
極性
（親水性）
側鎖

一般的な分類の目安

- ・アミノ酸数が101個以上＝タンパク質
- ・アミノ酸数が10～100個＝ポリペプチド
- ・アミノ酸数が10個未満＝ペプチド

水環境における折り畳まれた構造

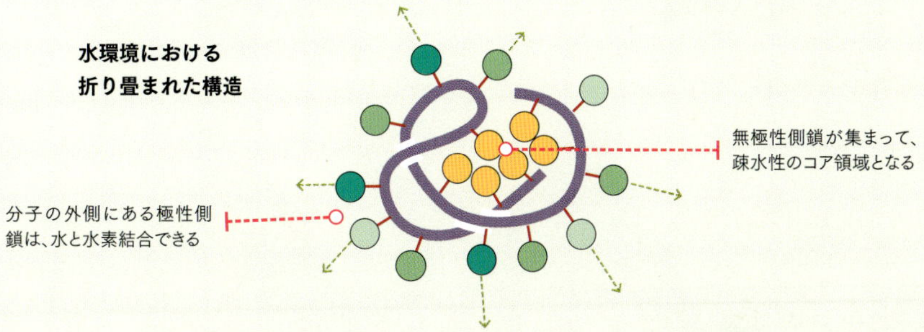
無極性側鎖が集まって、疎水性のコア領域となる
分子の外側にある極性側鎖は、水と水素結合できる

タンパク質：大きさと重さの比較

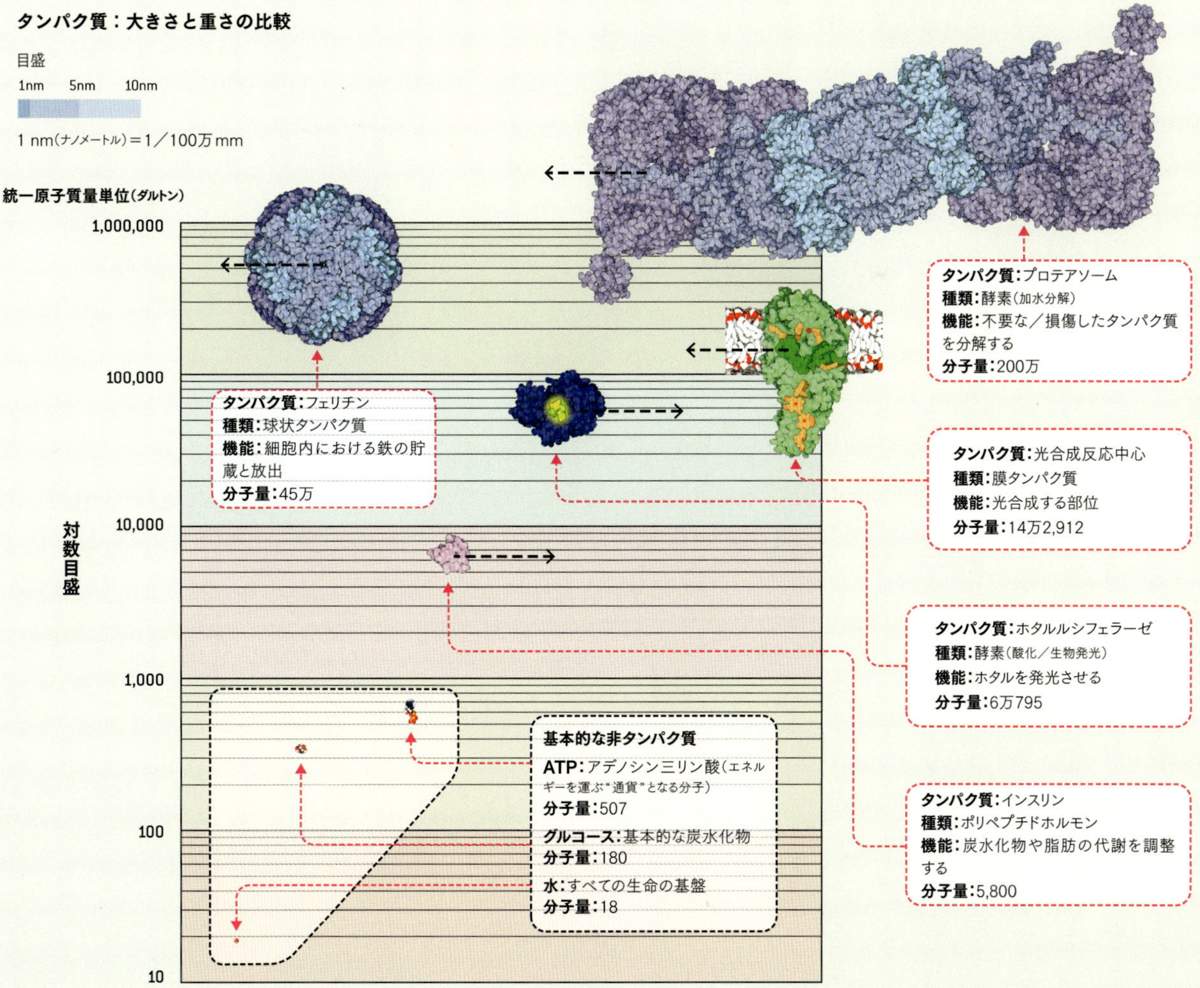
目盛
1nm
5nm
10nm
1 nm（ナノメートル）＝1／100万mm
統一原子質量単位（ダルトン）
1,000,000
100,000
10,000
1,000
100
10
対数目盛
タンパク質：プロテアソーム
種類：酵素（加水分解）
機能：不要な／損傷したタンパク質を分解する
分子量：200万
タンパク質：フェリチン
種類：球状タンパク質
機能：細胞内における鉄の貯蔵と放出
分子量：45万
タンパク質：光合成反応中心
種類：膜タンパク質
機能：光合成する部位
分子量：14万2,912
タンパク質：ホタルルシフェラーゼ
種類：酵素（酸化／生物発光）
機能：ホタルを発光させる
分子量：6万795
基本的な非タンパク質
ATP：アデノシン三リン酸（エネルギーを運ぶ"通貨"となる分子）
分子量：507
グルコース：基本的な炭水化物
分子量：180
水：すべての生命の基盤
分子量：18
タンパク質：インスリン
種類：ポリペプチドホルモン
機能：炭水化物や脂肪の代謝を調整する
分子量：5,800

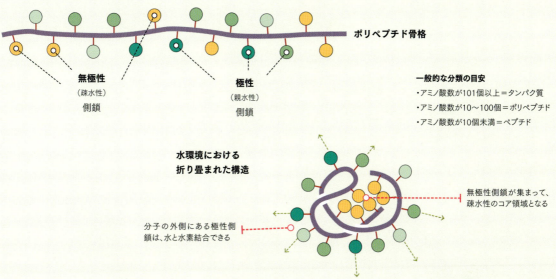

DNAコード

タンパク質を作る20種のアミノ酸は、それぞれ3つの塩基対を用いてDNA配列の中にコード化されている。3つの塩基対で表現される言葉がつなぎ合わされて、タンパク質を作るアミノ酸の配列を決める。これがゲノムの構文だ。

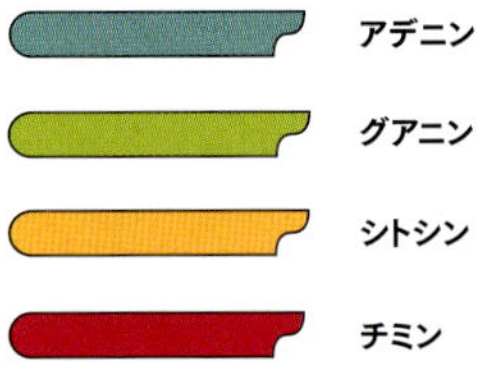

アデニン
グアニン
シトシン
チミン

核酸塩基は窒素を含む化合物であり、糖と結び付いてヌクレオシドを作る。ヌクレオシドは**DNA**やリボ核酸(**RNA**)の基本的な構成要素である。核酸塩基には塩基対を作ったり互いに積み重なったりする能力があり、それがそのままDNAやRNAのらせん構造につながっている。

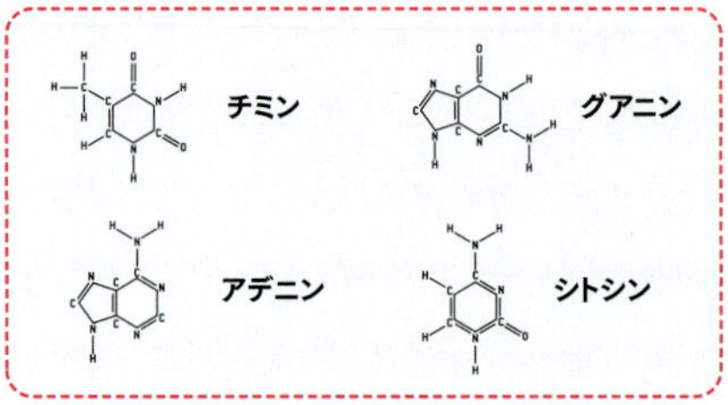

チミン
グアニン
アデニン
シトシン

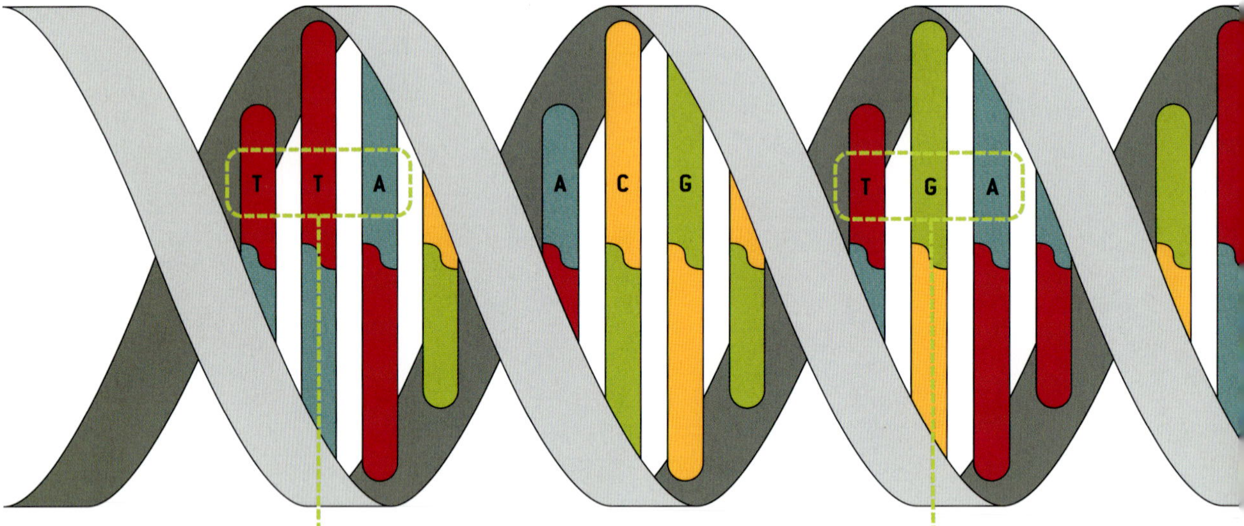

T T A
A C G
T G A

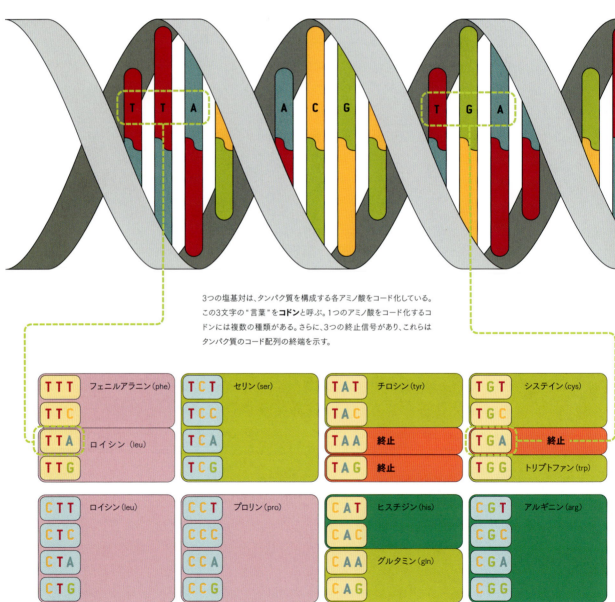

3つの塩基対は、タンパク質を構成する各アミノ酸をコード化している。この3文字の"言葉"を**コドン**と呼ぶ。1つのアミノ酸をコード化するコドンには複数の種類がある。さらに、3つの終止信号があり、これらはタンパク質のコード配列の終端を示す。

TTT	フェニルアラニン(phe)	TCT	セリン(ser)	TAT	チロシン(tyr)	TGT	システイン(cys)
TTC		TCC		TAC		TGC	
TTA	ロイシン(leu)	TCA		TAA	終止	TGA	終止
TTG		TCG		TAG	終止	TGG	トリプトファン(trp)
CTT	ロイシン(leu)	CCT	プロリン(pro)	CAT	ヒスチジン(his)	CGT	アルギニン(arg)
CTC		CCC		CAC		CGC	
CTA		CCA		CAA	グルタミン(gln)	CGA	
CTG		CCG		CAG		CGG	

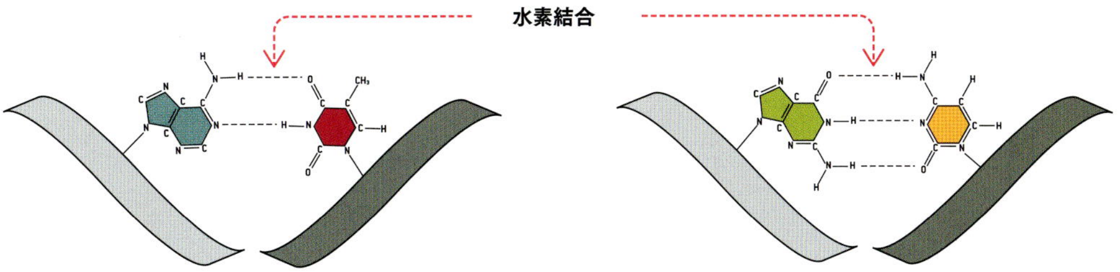
水素結合

塩基の分子構造から分かるように、**チミン**は**アデニン**と、**グアニン**は**シトシン**とのみ結び付くことができる。

DNAの骨格は、糖類やリン酸基の繰り返し配列が基本となっている。DNAの正式名はデオキシリボ核酸であり、これは糖類の**デオキシリボース**に由来する。

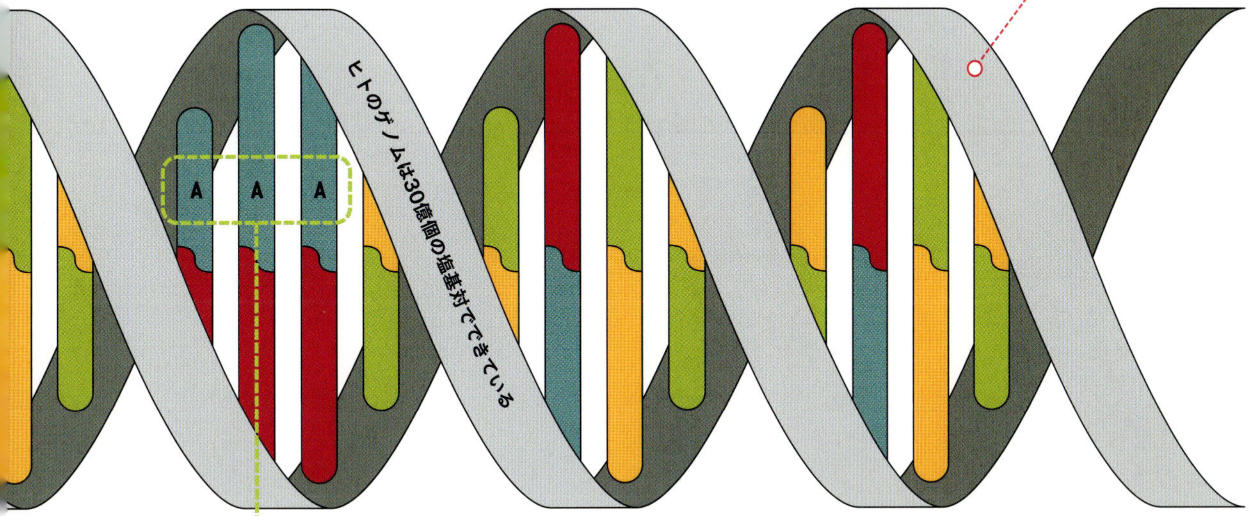
ヒトのゲノムは30億個の塩基対でできている
A
A
A

生命のコード

4文字種の“アルファベット”で作られる3文字長のコードには、64通りの可能性がある。

コード	アミノ酸	分類
ATT	イソロイシン（ile）	疎水性アミノ酸
ATC	イソロイシン（ile）	疎水性アミノ酸
ATA	イソロイシン（ile）	疎水性アミノ酸
ATG	メチオニン（met）	極性アミノ酸
ACT	トレオニン（thr）	極性アミノ酸
ACC	トレオニン（thr）	極性アミノ酸
ACA	トレオニン（thr）	極性アミノ酸
ACG	トレオニン（thr）	極性アミノ酸
AAT	アスパラギン（asn）	極性アミノ酸
AAC	アスパラギン（asn）	極性アミノ酸
AAA	リシン（lys）	荷電アミノ酸
AAG	リシン（lys）	荷電アミノ酸
AGT	セリン（ser）	極性アミノ酸
AGC	セリン（ser）	極性アミノ酸
AGA	アルギニン（arg）	荷電アミノ酸
AGG	アルギニン（arg）	荷電アミノ酸
GTT	バリン（val）	疎水性アミノ酸
GTC	バリン（val）	疎水性アミノ酸
GTA	バリン（val）	疎水性アミノ酸
GTG	バリン（val）	疎水性アミノ酸
GCT	アラニン（ala）	疎水性アミノ酸
GCC	アラニン（ala）	疎水性アミノ酸
GCA	アラニン（ala）	疎水性アミノ酸
GCG	アラニン（ala）	疎水性アミノ酸
GAT	アスパラギン酸（asp）	荷電アミノ酸
GAC	アスパラギン酸（asp）	荷電アミノ酸
GAA	グルタミン酸（glu）	荷電アミノ酸
GAG	グルタミン酸（glu）	荷電アミノ酸
GGT	グリシン（gly）	疎水性アミノ酸
GGC	グリシン（gly）	疎水性アミノ酸
GGA	グリシン（gly）	疎水性アミノ酸
GGG	グリシン（gly）	疎水性アミノ酸

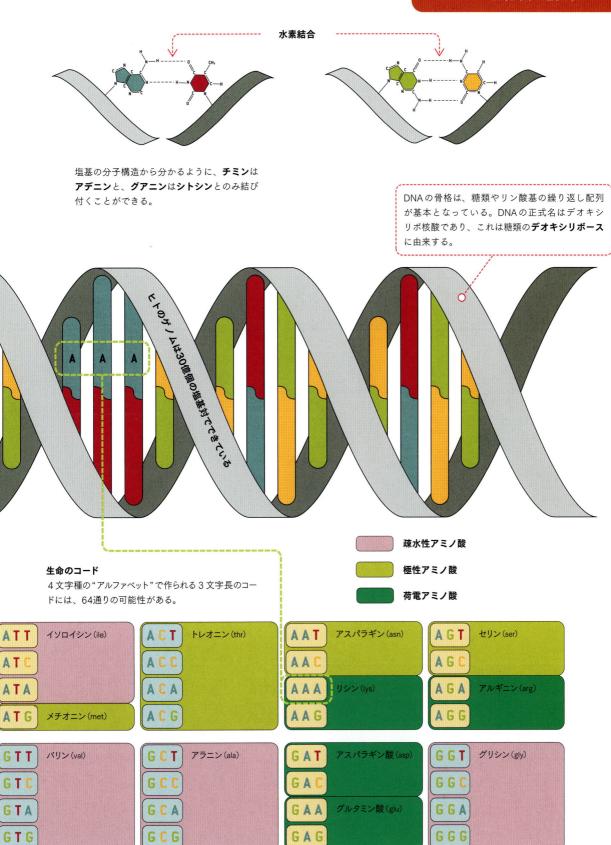

地球の地殻やマントル、コアの元素組成（色分けは84ページ参照）

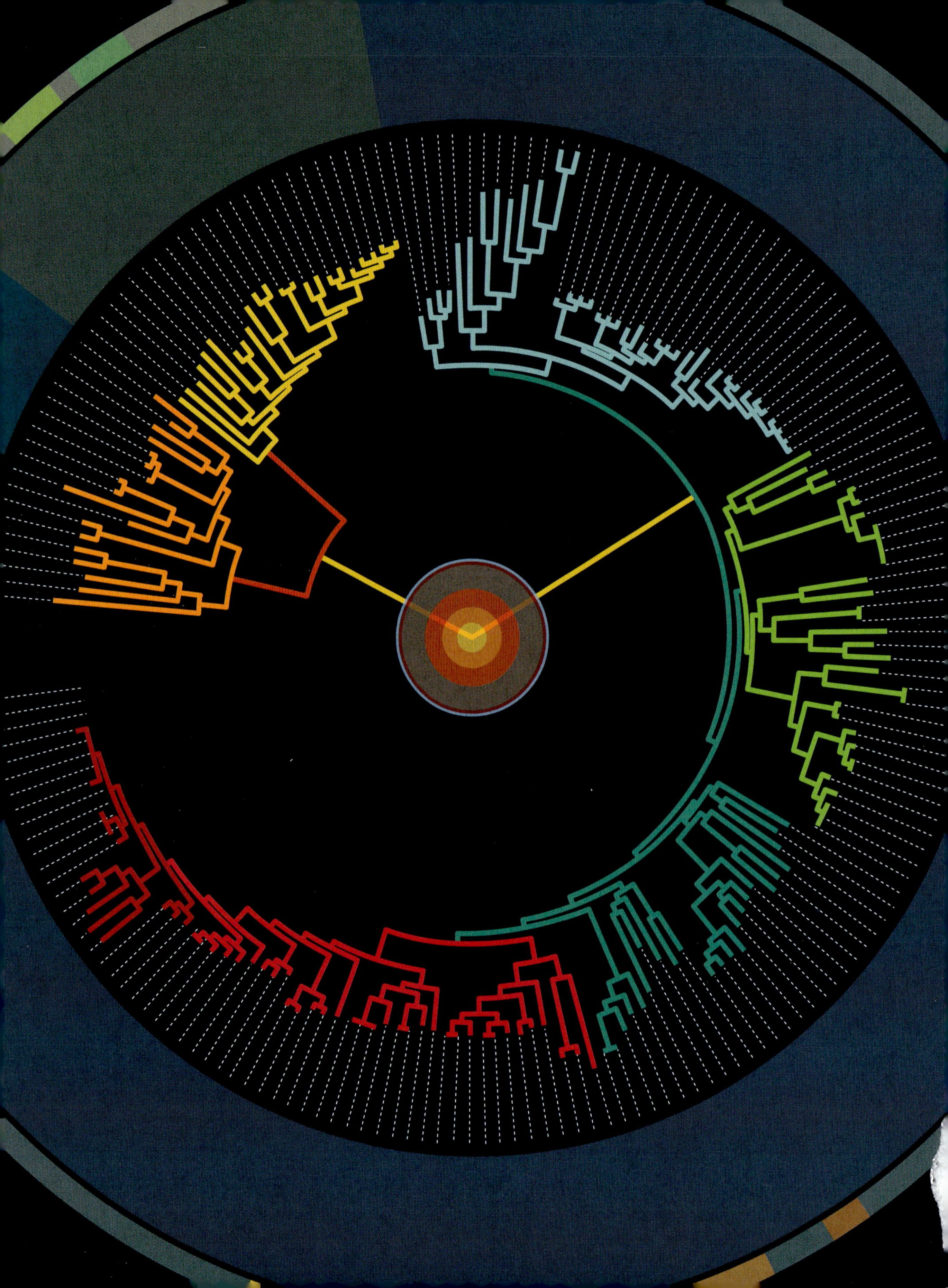

LIFE
生命

Life
生命

40億年ほど前、太古の海底の熱水噴出孔付近の、高温でミネラルを豊富に含む暗い海水の中で、すべてが変わり始めた。糖や核酸、脂肪酸、アミノ酸といった新たな化合物が出現したのだ。これらの化合物のなかには触媒としての性質を持つものがあり、最初は地球の内部から放出された熱によって進んでいたさまざまな化学反応を、さらに促進した。この“スープ”が濃くなるにつれ、大きめの分子は同じような分子の反応や生成を助けるだけでなく、自分自身の複製を作る——自身を構成している小さな分子の配列に情報をコードする——ようになった。こうした環境は、ある種の自己複製子にとって有利に働いた。これらの分子は、自分自身の生成を触媒するだけでなく、その独特な構造を写した構造を持つタンパク質の生成を触媒することもできた。その結果、分子に含まれている情報と特定のタンパク質の生成との間につながりが築かれた。私たちが知っているような生命の化学反応が生じたのだ。こうした化学反応が1つの膜に包み込まれるようになったとき、生命そのものが誕生した。歴史を持ち、環境からエネルギーを引き出し、自身の内部環境を制御し、変わりやすい未来においても増殖する力を備えた、自己複製する存在である。

少なくとも15億年の間、生物は酸素のない世界で進化し続けた。生命の渦と、不毛な陸地や何もない岸辺に照りつける太陽エネルギーとの間に関わりはなかった。そのうち、いつかははっきりしていないが、新たに出現した大陸を取り囲む浅瀬の中で、生命の次の革命が始まった。太陽光の力を利用して水を分解し、エネルギー電子を奪って二酸化炭素と水を糖と酸素に変える力を持つ、シアノバクテリアが進化したのだ。

この新たな生命体によって作られた酸素は、さらに10億年かけて酸素のなかった古代の海を制圧し、大気中に充満し始めた。この頃、生命はさらなる大きな進歩をとげた。ある種の細菌が他の細菌に飲み込まれ、その内部で生息するようになったのだ。これらの細菌が従属的な動力装置として共生するようになったことで、宿主の細胞はさらに大きくて複雑なものになることができた。真核生物細胞の誕生だ。これらの細胞は核と細胞小器官を持ち、有性生殖をすることができた。そこからさらに進化を続けて、針の穴より大きい生命体である多細胞生物となり、さらに10億年かけて、進化はゆっくりと進んだ……

発見されている複雑な生物の化石では、6億年前のものが最も古い。エディアカラ生物群と呼ばれるこの奇妙で謎めいた動物たちは、泥だらけの浅い海底をゆったりと動き回っていた。さらに5,000万年が過ぎたカンブリア紀の初め、生物の形態と多様性は爆発的に増加した。2,500万年の間に、現存する動物のほとんどのグループが出現したのだ。一方、大気中の酸素濃度は上昇し続けた。上空では太陽放射によって酸素がオゾンに変わり、強すぎる紫外線を吸収して地球を守る毛布のようなものになった。しかし、海岸の湿地に短時間姿を表す奇妙な軟体動物や節足動物は別として、生物は海というゆりかごの中に捕らわれたままだった。

陸地を征服し、空気を呼吸したい！　だが、すぐに干からびて死なずにすむにはどうしたらいいのか？　水はすべての生物にとって必要なのに、どうやって子を産んだらいいのか？　障害は大きかったが、恩恵も多かった。まずは植物が、それから動物——昆虫と軟体動物、さらに5,000万年後には最初の陸上脊椎動物——が、地上へと這(は)い上がった。彼らは体内に取り込んだ水を保ち、乾燥した空気から身を守り、呼吸する方法を身につけた。水の浮力がなくなったことには木部や骨で対処し、種子や卵で子どもを大事に育てるようになった。

3億5,000万年前から現在までの歴史については、もっとよくわかっている。そびえ立つ森、巨大な昆虫、空を飛ぶ動物、巨大な爬虫類、大量絶滅、氷河期、恒温動物、巨大な大陸の分裂、世界中に広がる広大な草原、哺乳類の出現、類人猿の時代と続き、やがて——良くも悪くも——内省的な感性を持つ人類が出現した。

自然発生：生命の誕生

生命は、自然発生という過程を経て、無生物から自然に生じたと考えられている。これは鶏が先か、卵が先かという究極の疑問だ……

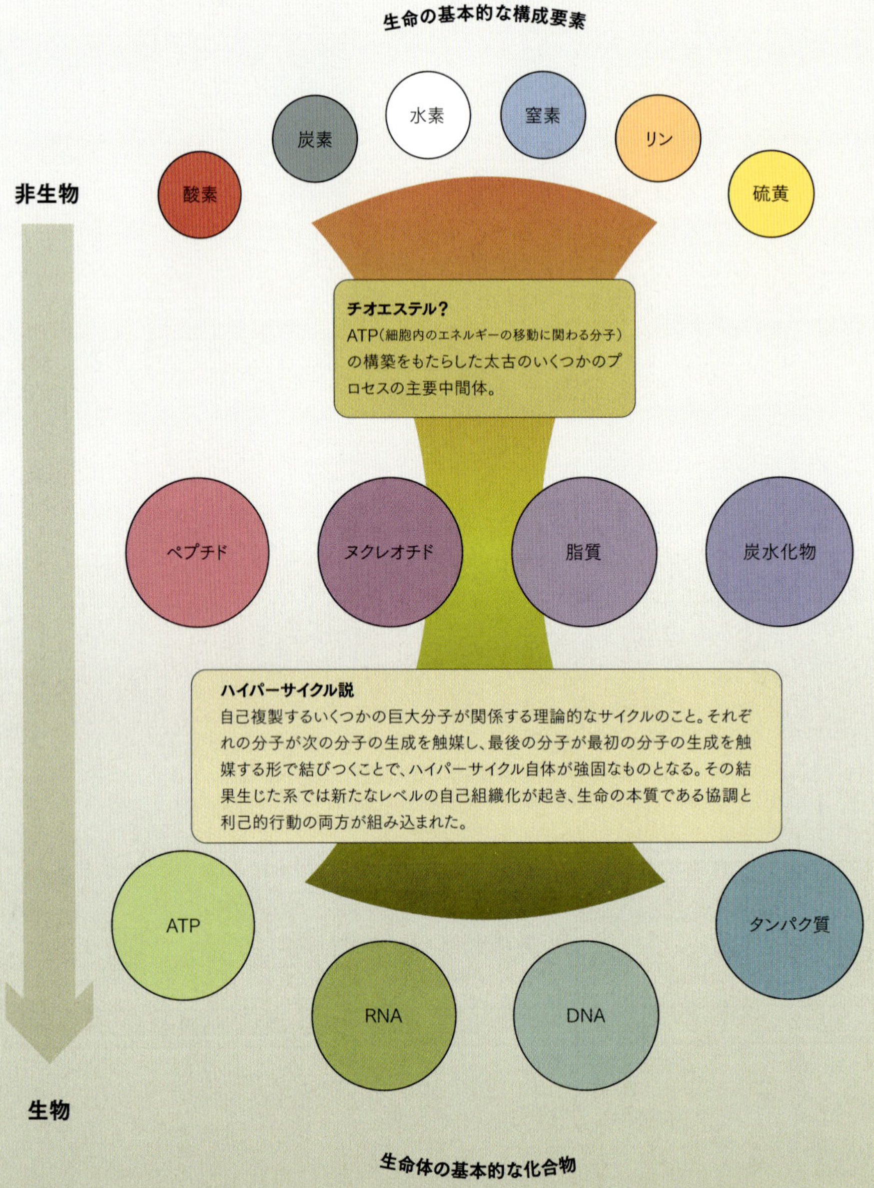
生命の基本的な構成要素
酸素
炭素
水素
窒素
リン
硫黄
非生物
チオエステル？
ATP（細胞内のエネルギーの移動に関わる分子）の構築をもたらした太古のいくつかのプロセスの主要中間体。
ペプチド
ヌクレオチド
脂質
炭水化物
ハイパーサイクル説
自己複製するいくつかの巨大分子が関係する理論的なサイクルのこと。それぞれの分子が次の分子の生成を触媒し、最後の分子が最初の分子の生成を触媒する形で結びつくことで、ハイパーサイクル自体が強固なものとなる。その結果生じた系では新たなレベルの自己組織化が起き、生命の本質である協調と利己的行動の両方が組み込まれた。
ATP
RNA
DNA
タンパク質
生物
生命体の基本的な化合物

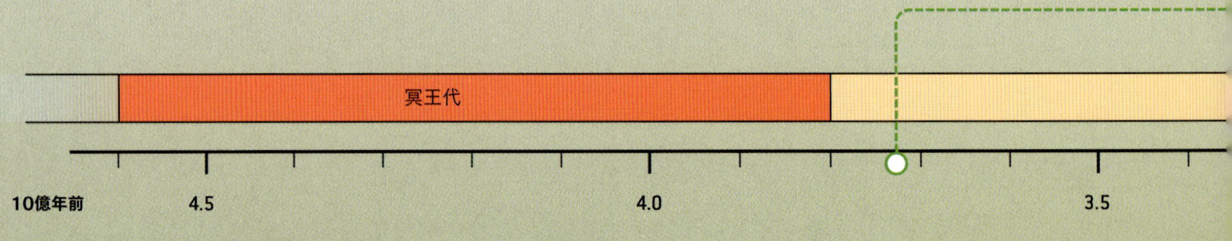
冥王代
10億年前
4.5
4.0
3.5

ロストシティー熱水噴出域

熱水噴出孔は、地熱で熱せられた水が噴き出すリソスフェアの割れ目のことで、中央海嶺の構造プレートが分離しているところに多い。陸上では、熱水噴出孔によって温泉や噴気孔、間欠泉が生じる。2000年、強アルカリ性の珍しい熱水噴出域が大西洋の真ん中で発見された。この「ロストシティー」と呼ばれる熱水噴出域には、炭酸カルシウムでできた高さ30〜60mの煙突状の噴出孔（チムニー）が30本ほど集まっていた。ロストシティーは生命の起源の研究や、蛇紋岩化作用によって非生物的に生じたメタンや水素が引き起こすさまざまなプロセスに関する研究の基盤を提供するモデルとなっている。水素の豊富なアルカリ性の水が酸性の海水に触れると、触媒として作用する硫化鉄鉱物を多く含んだ噴出孔の薄い“壁”を横切るように、**天然のプロトン（H+）勾配**が生じる。そのため二酸化炭素と水素が有機分子に変化するのに適した状況が作られた。それらがさらに互いに反応すると、ヌクレオチドやアミノ酸といった生命の構成要素が形成されることがある。

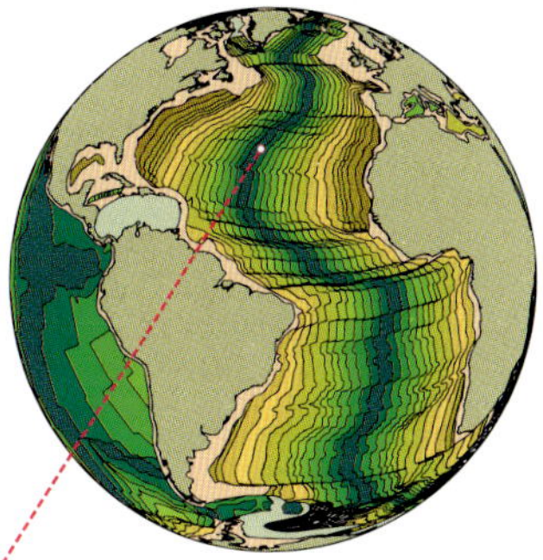

酢酸

自然界では、酢酸は生合成の最も基本的な要素で、生化学反応の中心に位置している。例えば、脂肪酸は酢酸由来の2つの炭素原子をつなげて炭素鎖をどんどん長くすることで生じる。酢酸は、生物では主にアセチル補酵素A（CoA）として利用されている。アセチルCoAは多くの生化学反応、特に代謝に関わる重要な分子で、主な機能は、細胞の代謝の中心となっているクエン酸回路に炭素原子を運ぶことだ。

チオエステル

生命の夜明けに関わった重要な化合物群の可能性がある。チオエステルはペプチドや脂肪酸、ステロール、テルペン、ポルフィリンなど、ほかの多くの細胞成分の合成に関わっている。

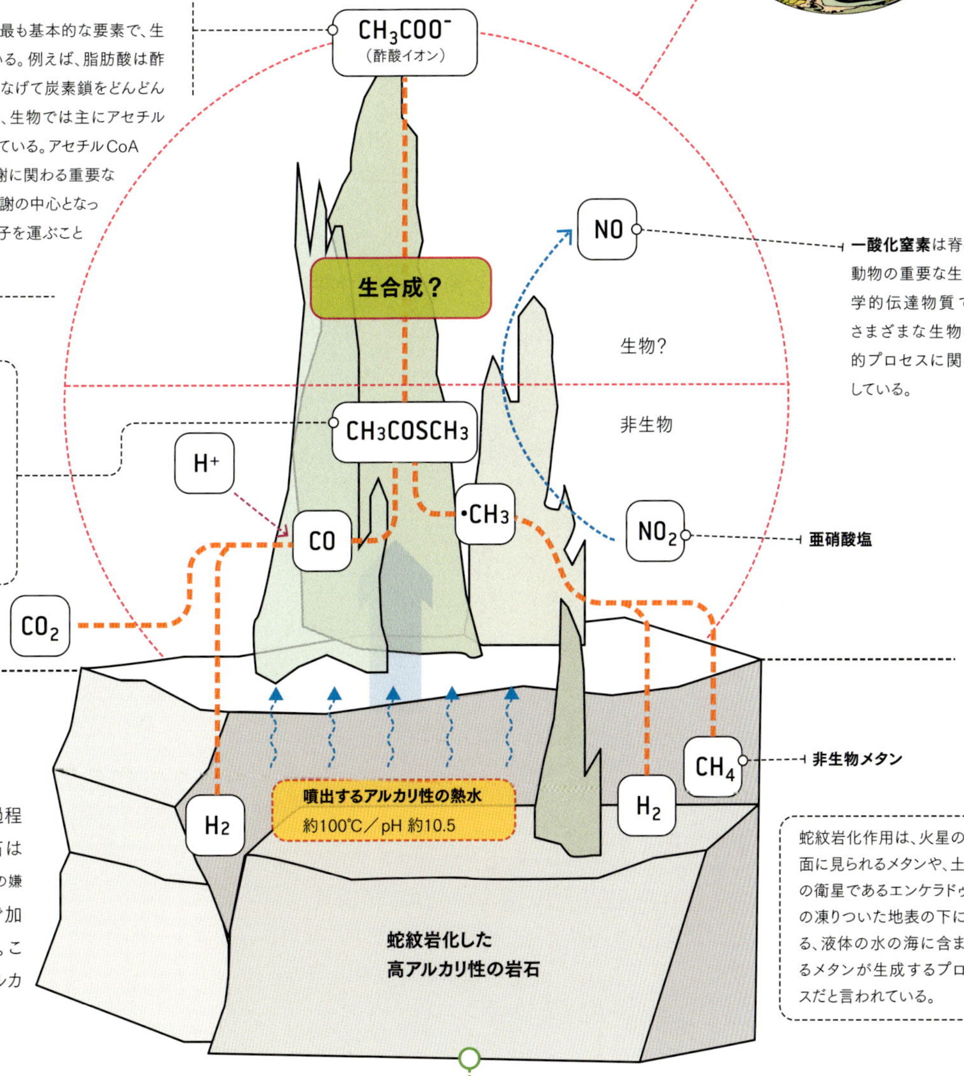

CH_3COO^-
（酢酸イオン）
生合成？
生物？
非生物
NO
NO_2
CH_3COSCH_3
H^+
CO
•CH_3
CO_2
海底
H_2
H_2
CH_4
噴出するアルカリ性の熱水
約100℃／pH 約10.5
蛇紋岩化した
高アルカリ性の岩石

一酸化窒素は脊椎動物の重要な生物学的伝達物質で、さまざまな生物学的プロセスに関与している。

亜硝酸塩

非生物メタン

蛇紋岩化作用は、火星の表面に見られるメタンや、土星の衛星であるエンケラドゥスの凍りついた地表の下にある、液体の水の海に含まれるメタンが生成するプロセスだと言われている。

蛇紋岩化作用

低温での地質学的な変成過程で、熱と水が関与する。岩石は酸化され（水のプロトンによる鉄の嫌気性酸化でH₂が生成する）、水で加水分解されて蛇紋岩化する。この反応によって環境は高アルカリ性になる。

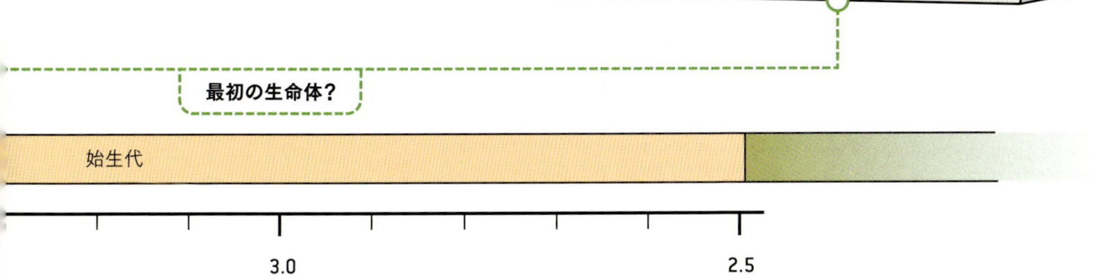

最初の生命体？
始生代
3.0
2.5

最初の生命：化学組成の変化

生命の構成要素は、地球を形成した宇宙塵の中にずっと前から存在していたものだが、大気や陸地、海の化学成分や元素成分は、生命の誕生によって急激に変化した。

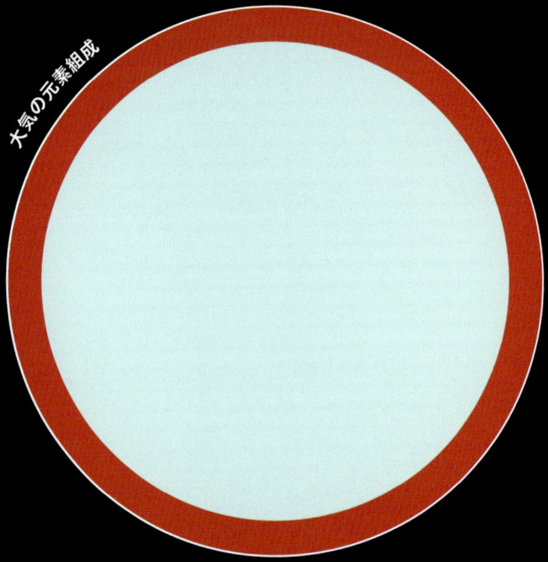
大気の元素組成

地殻の元素組成

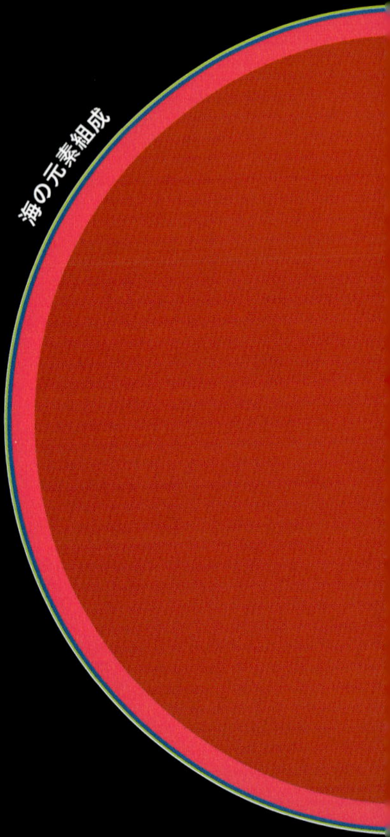
海の元素組成

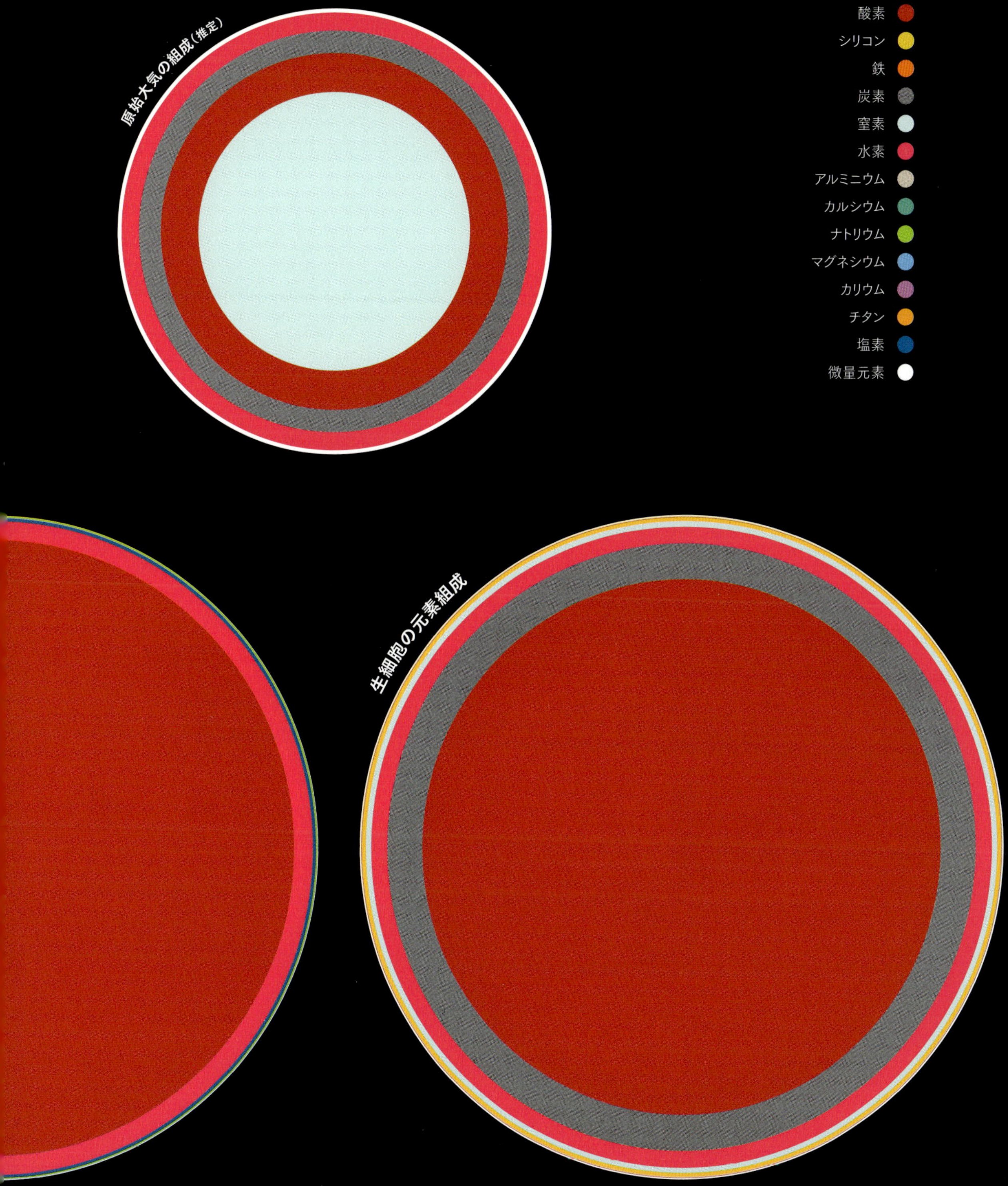
原始大気の組成（推定）
生細胞の元素組成
酸素
シリコン
鉄
炭素
窒素
水素
アルミニウム
カルシウム
ナトリウム
マグネシウム
カリウム
チタン
塩素
微量元素

原始細胞（プロトセル）：最初の細胞

最古の生命体は、成長と生存に重要な分子を身近なところに十分に高い濃度で保ち、不要な分子や有害な分子を締め出すといった、現代の細胞と同じ多くの理由から膜を必要とした。

天然のプロトン勾配

40億年前、当時はおそらく弱酸性だった海中にアルカリ性の液体が噴出した。大気中のCO_2濃度は現在より1,000倍ほど高かったが、CO_2は水に溶けると炭酸になる。そのため海水の酸性度は、噴出孔の水と比べて1万倍（pH価では4）ほど高かった。酸性度の差によって、噴出孔の膜には天然のプロトン勾配が生じた。この膜は現在の細胞と同じ極性（外側がプラス）を持ち、電気化学ポテンシャルもよく似ていた。熱力学的研究によると、このプロトン勾配を利用できなかったら、生命は誕生しなかったであろうことが示唆されている。

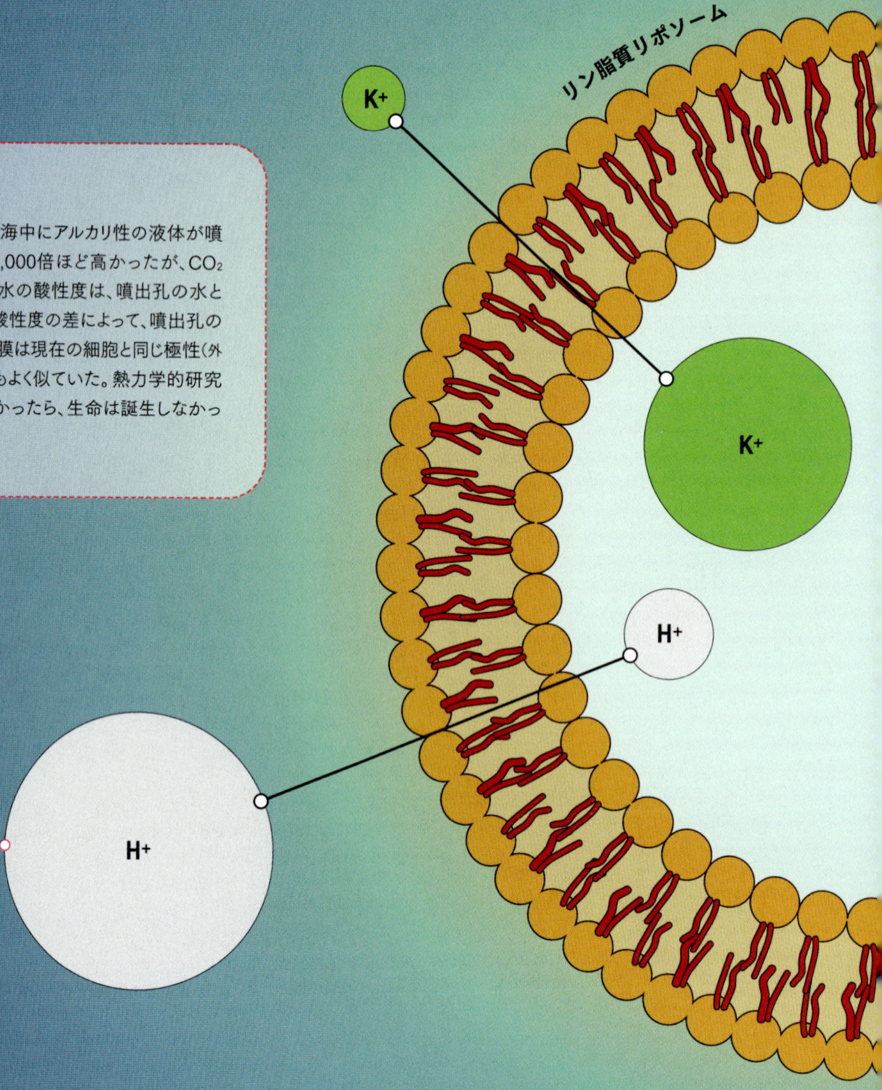
リン脂質リポソーム
K+
K+
H+
H+

膜電位

典型的な動物細胞では、細胞の膜電位は-50～100ミリボルト（1ボルトの約1/10以下）だ。この電圧勾配のおかげで、細胞は電池のように働き、膜に埋め込まれたさまざまなタンパク質装置（イオンポンプ、モーター、輸送体）を動かす動力を供給できる。

細胞は生命の２つの基本条件を満たしている

- **外部環境からの保護**：変動し、不利になることもある環境で複雑な分子を安定させる。
- **生化学的活性の封じ込め**：生物学的複雑性の進化に必要。酵素をコードしている複製子（レプリケーター）（DNAやRNAなど）が細胞に包まれていなかった場合、ある種の複製子によって進化した酵素が、隣接する複製子に利益をもたらすことになる。理論上、互いに区切られていない生命体でのこうした遺伝学的拡散がもたらす結果は、初期の寄生と見なすことができる。優れた酵素を生産する複製子であっても隣接する複製子より有利にならないため、複製子に自然選択が働く可能性は低かっただろう。一方、生化学的反応が１つの細胞膜に包み込まれていれば、出来のいい酵素を利用できるのはその複製子のみとなり、増殖できる可能性が高くなる。

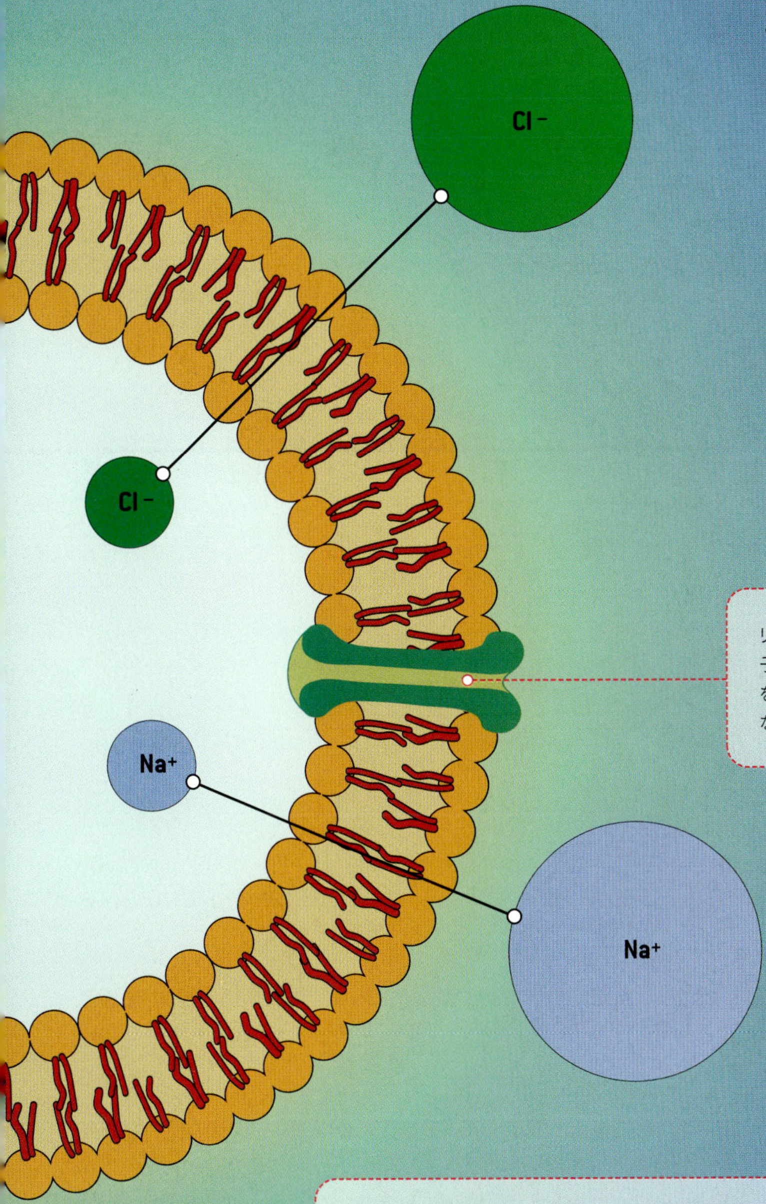
Cl⁻
Cl⁻
Na⁺
Na⁺

リン脂質二重層はヌクレオチドのような分子を比較的通しにくく、それらの分子が膜を通過するには、膜に埋め込まれた特別な輸送タンパク質が必要となる。

ある種の粘土が小胞の形成を触媒した可能性もある。こうした粘土が触媒となって、バラバラなヌクレオチドからRNA鎖が形成されることはわかっており、**モンモリロン石**のような粘土は、最初の原始細胞の形成に大きく役立った可能性が高い。こうした鉱物が触媒として作用すると、熱水噴出孔から放出された水素ガスと一酸化炭素ガスから生じた脂肪酸の炭素鎖が、段階的に伸長されることがあるからだ。最終的には、さまざまな長さの脂肪酸が周囲の海水に放出される。リン脂質と同じように、脂肪酸にも疎水性尾部と親水性頭部があるため、二重層や小胞、ミセルといった同じ種類の構造を形成することがある。脂肪酸でできたリポソームは原始細胞の内部環境を守り、一方で生命に不可欠な分子はその内外へある程度移動できたと考えられる。

細胞膜

細胞膜は細胞の内部を外部環境から切り離し、細胞を出入りする物質の動きを制御し、細胞を周囲の環境から守っている。細胞膜はリン脂質二重層とそこに埋め込まれたタンパク質でできている。

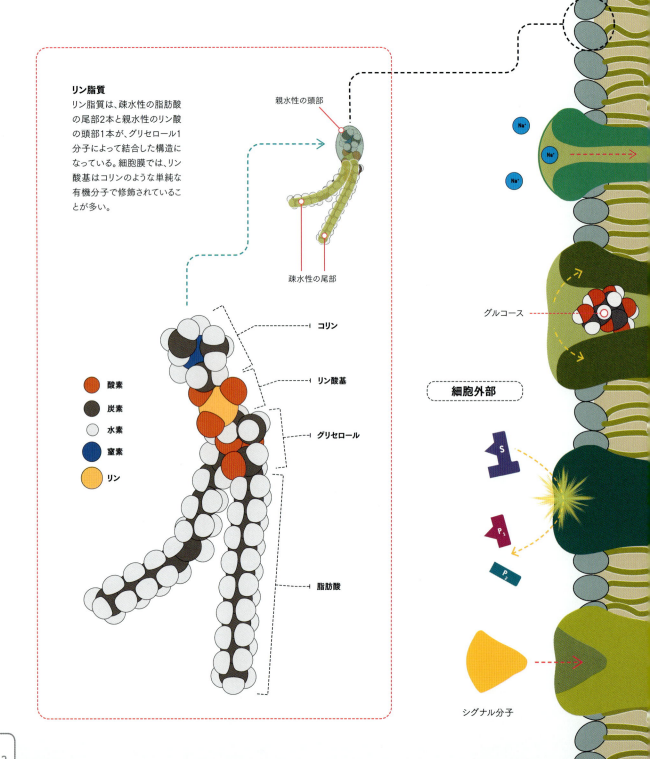

リン脂質

リン脂質は、疎水性の脂肪酸の尾部2本と親水性のリン酸の頭部1本が、グリセロール1分子によって結合した構造になっている。細胞膜では、リン酸基はコリンのような単純な有機分子で修飾されていることが多い。

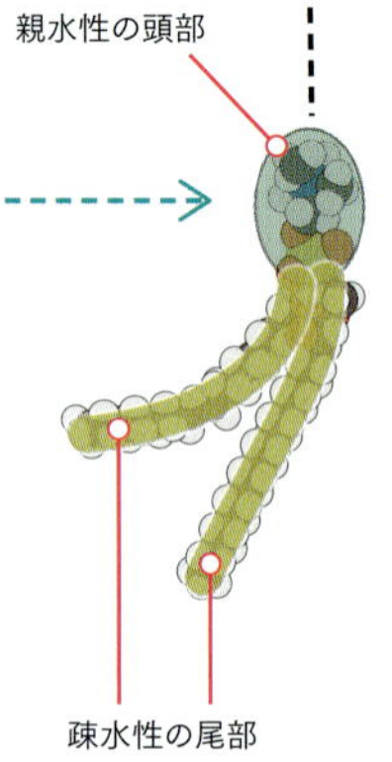
親水性の頭部
疎水性の尾部

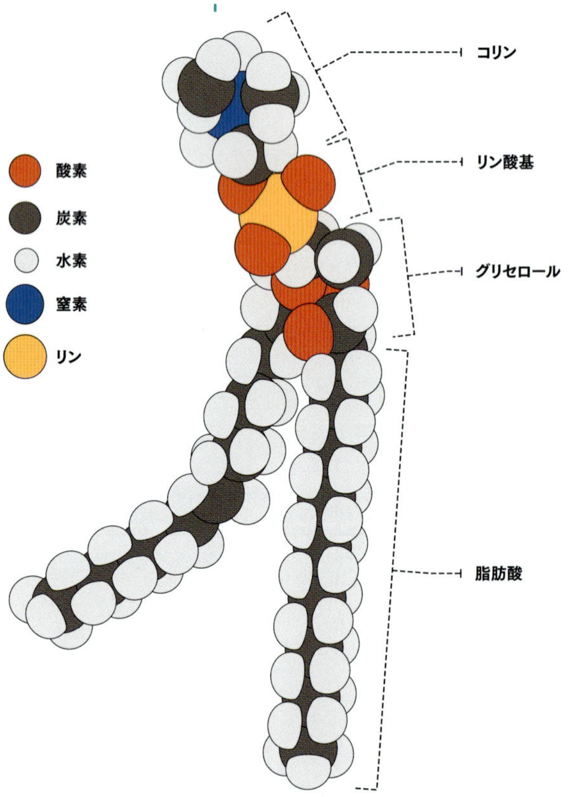
酸素
炭素
水素
窒素
リン
コリン
リン酸基
グリセロール
脂肪酸

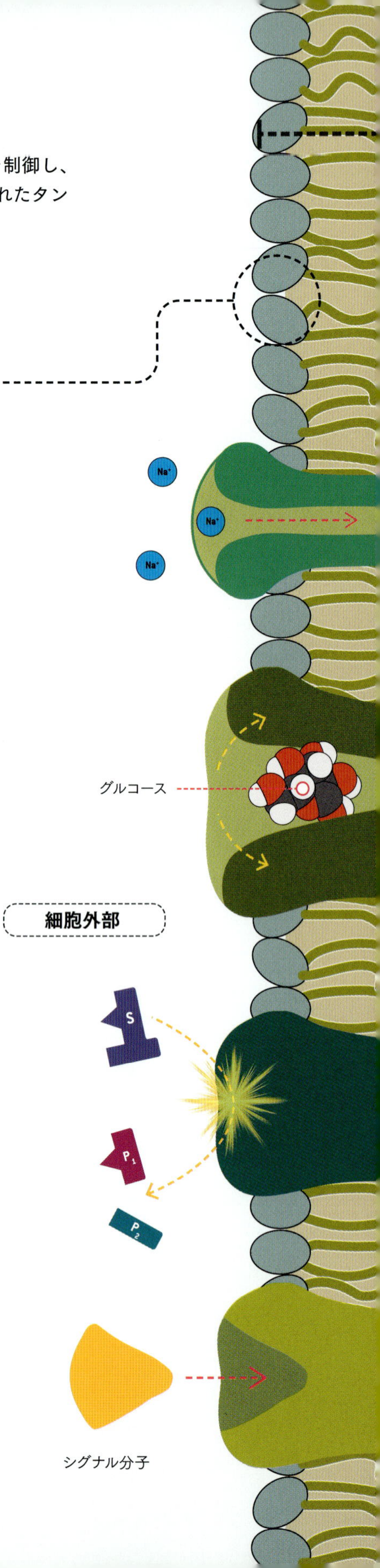
Na^+
Na^+
Na^+
グルコース
細胞外部
S
P_1
P_2
シグナル分子

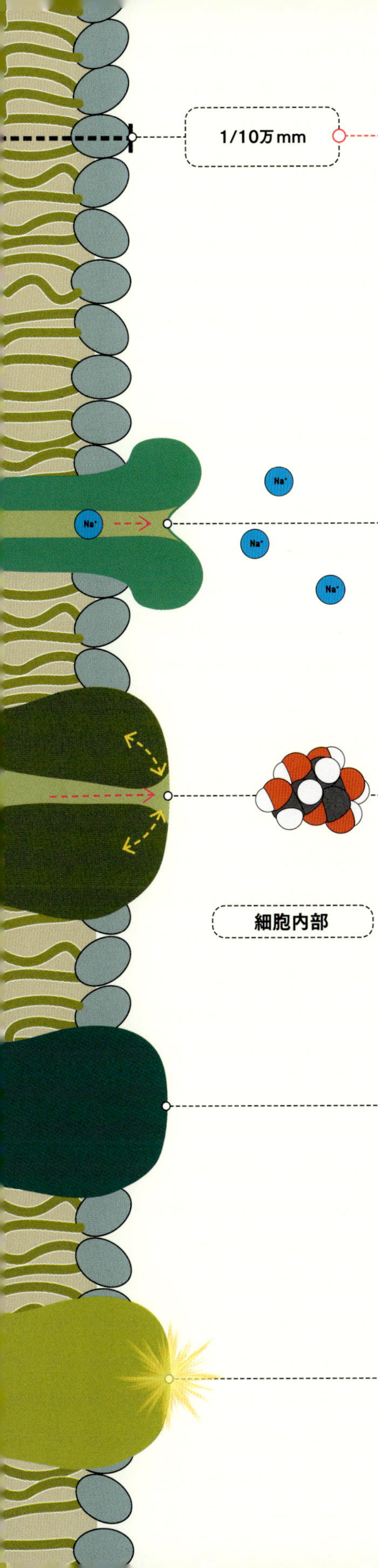
Na+
Na+
Na+
Na+
細胞内部

1/10万mm

この縮尺では、人間の髪の毛の太さは直径360mになる。

膜タンパク質の種類

生細胞のタンパク質の中でも、膜タンパク質は最も多様で重要な最大のグループを構成し、細胞の外膜や細胞内部の細胞小器官（ミトコンドリアや葉緑体）の膜に結合または付着している。一部の膜タンパク質に含まれている大きな疎水構造は、膜の脂質二重層を貫通していることが多く、イオンなどの分子を通過させる、酵素として作用する、他のタンパク質を結合させて受容体シグナル伝達を行うといったさまざまな役割を果たしている。

イオンチャネル

イオンチャネルは神経細胞や分泌細胞、上皮細胞の細胞膜を通過するイオン（電荷を帯びた原子）の流れを制御しており、神経インパルスとシナプスでの神経伝達を媒介するため、神経系の機能の中心となっている。自然界に存在する多くの動物毒（クモやヘビ、ミツバチの毒）は、イオンチャネルに作用する。イオン濃度と膜電位の関数である電気化学的勾配によって、1秒間に100万個以上のイオンがチャネルを通過するが、代謝エネルギーは使われない。

輸送タンパク質

輸送タンパク質は生体内の物質の輸送に関わり、すべての生物の成長や機能にとって重要な役割を果たしている。大きな分子に膜を通過させる場合も、濃度勾配に逆らって物質を輸送する場合も、代謝エネルギー（通常はATP〔アデノシン三リン酸〕）によって動く能動輸送だ。

酵素

多くの酵素は膜に結合している。膜に結合することで触媒活性が高く調節しやすくなり、ある種の反応が細胞内の特定の区画で起きるようになる。その一例がATP合成酵素（129ページ参照）だ。この酵素は、ミトコンドリア内膜に埋め込まれているおかげで、プロトン勾配を駆動力として利用し、ADPからのATPの生成を触媒することができる。ある種の消化酵素も膜に結合しているからこそ、ちょうどいい場所に存在し、腸に食べ物が入ってきた後もそこに留まっていることができる。

受容体

受容体は、細胞の外からの化学シグナルを受け取るタンパク質だ。ある種の物質が受容体に結合すると、細胞応答が活性化して、細胞の電気的活動などが変化することがある。受容体と結合する分子は**リガンド**と呼ばれ、ペプチドの場合もあれば、神経伝達物質やホルモン、医薬品、毒素といった小さな分子の場合もある。免疫系の白血球では、ウイルスや細菌の外側にある膜タンパク質もリガンドとなり得る。

生物の分類

生物の序列と分類は、自然界とその進化の歴史の複雑さを理解するのに役立つ。しかし、その中身は変化し続けているし考え方によっても異なる。生物の分類は一筋縄ではいかないものだ。

3つのドメイン

生化学的に見て、古細菌（アーキア）と真正細菌は、真核生物と比べた場合と同じくらいに互いに異なっているため、より高次の分類である**ドメイン**に位置づけられている。下図はリボソームRNAに基づいた生命の進化系統樹で、枝の長さは遺伝的距離を、色は種が成長できる最高の温度を示している。

従来、進化系統樹はどれも種の生理的・解剖学的特徴に基づいて作られてきた。最近の遺伝子配列解読法の進歩により、数十から数百個の遺伝子配列を比較して進化の歴史を再構築できるようになっている。

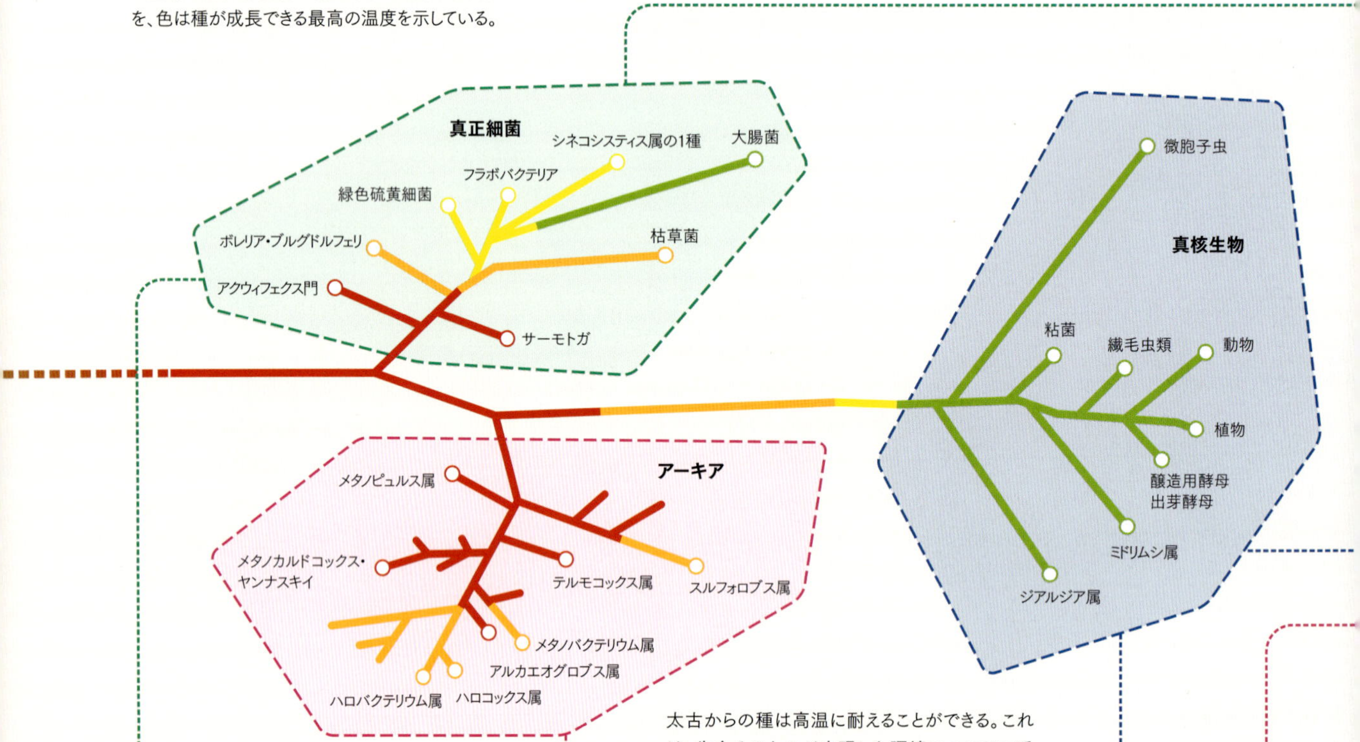
真正細菌
シネコシスティス属の1種
大腸菌
フラボバクテリア
緑色硫黄細菌
ボレリア・ブルグドルフェリ
枯草菌
アクウィフェクス門
サーモトガ
真核生物
微胞子虫
粘菌
繊毛虫類
動物
植物
醸造用酵母
出芽酵母
ミドリムシ属
ジアルジア属
アーキア
メタノピュルス属
メタノカルドコックス・ヤンナスキイ
テルモコックス属
スルフォロブス属
メタノバクテリウム属
アルカエオグロブス属
ハロバクテリウム属
ハロコックス属

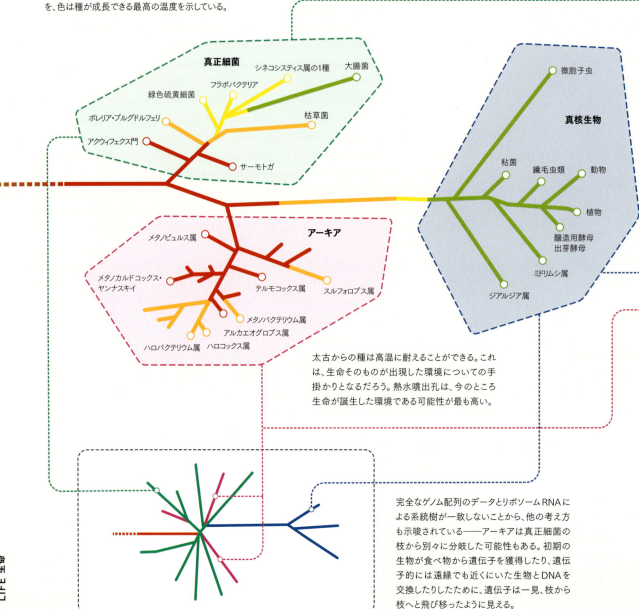

太古からの種は高温に耐えることができる。これは、生命そのものが出現した環境についての手掛かりとなるだろう。熱水噴出孔は、今のところ生命が誕生した環境である可能性が最も高い。

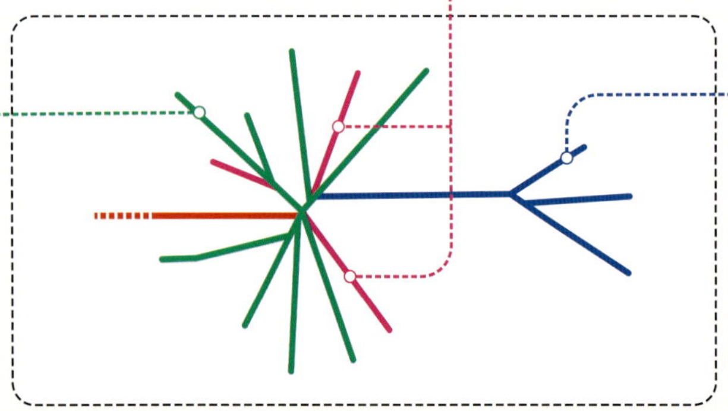

完全なゲノム配列のデータとリボソームRNAによる系統樹が一致しないことから、他の考え方も示唆されている——アーキアは真正細菌の枝から別々に分岐した可能性もある。初期の生物が食べ物から遺伝子を獲得したり、遺伝子的には遠縁でも近くにいた生物とDNAを交換したりしたために、遺伝子は一見、枝から枝へと飛び移ったように見える。

生命の進化系統樹

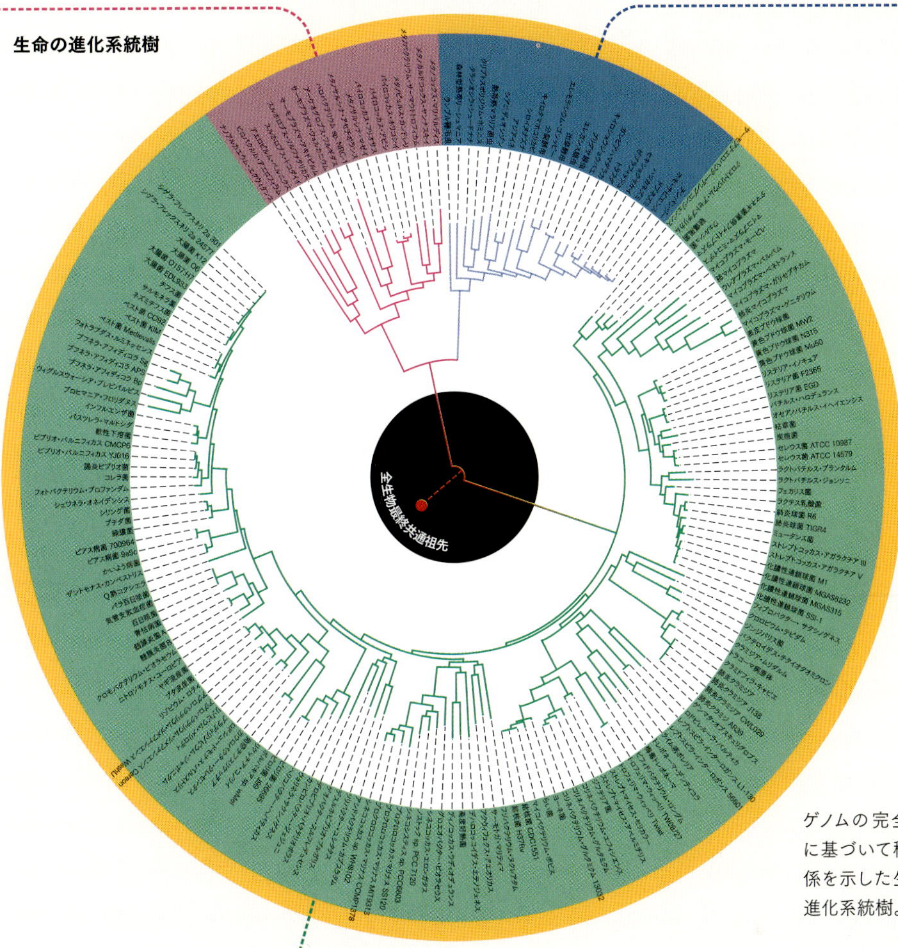
全生物最終共通祖先

ゲノムの完全解読に基づいて種の関係を示した生命の進化系統樹。

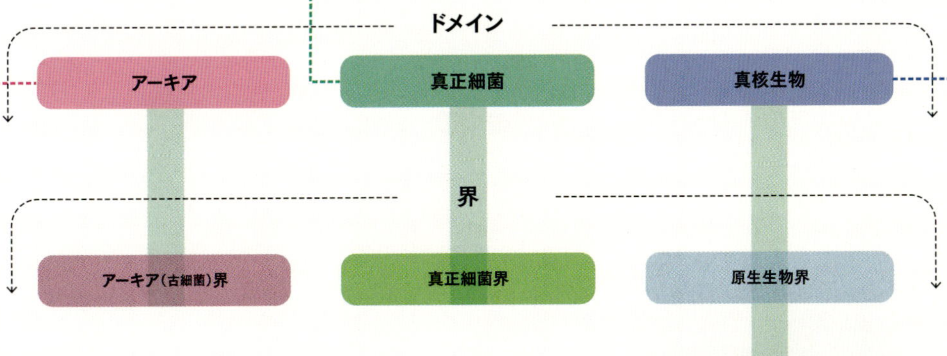
ドメイン
アーキア
真正細菌
真核生物
界
アーキア(古細菌)界
真正細菌界
原生生物界
植物界
菌界
動物界

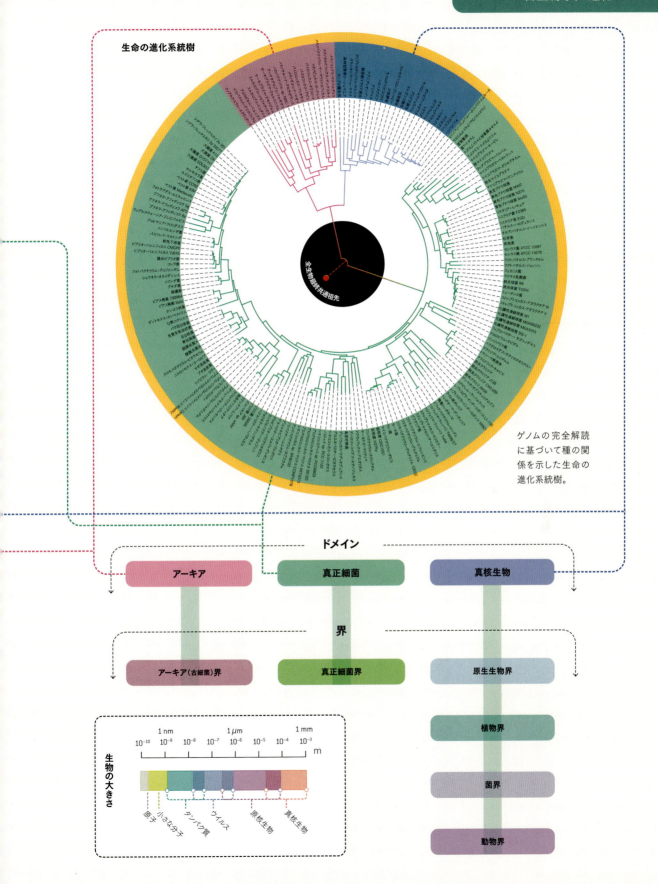

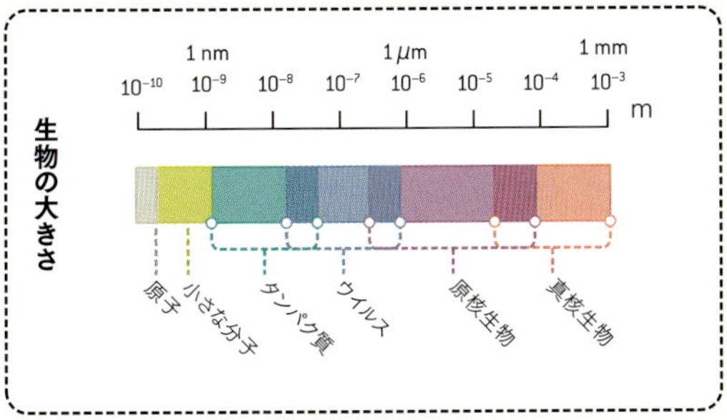
生物の大きさ
1 nm
1 μm
1 mm
10⁻¹⁰ 10⁻⁹ 10⁻⁸ 10⁻⁷ 10⁻⁶ 10⁻⁵ 10⁻⁴ 10⁻³
m
原子
小さな分子
タンパク質
ウイルス
原核生物
真核生物

真核細胞：起源

すべての動植物は真核細胞で構成されている。真核細胞の極めて複雑で多様な構造は、光合成や呼吸の動力装置である葉緑体やミトコンドリアが進化したことによって可能となった。

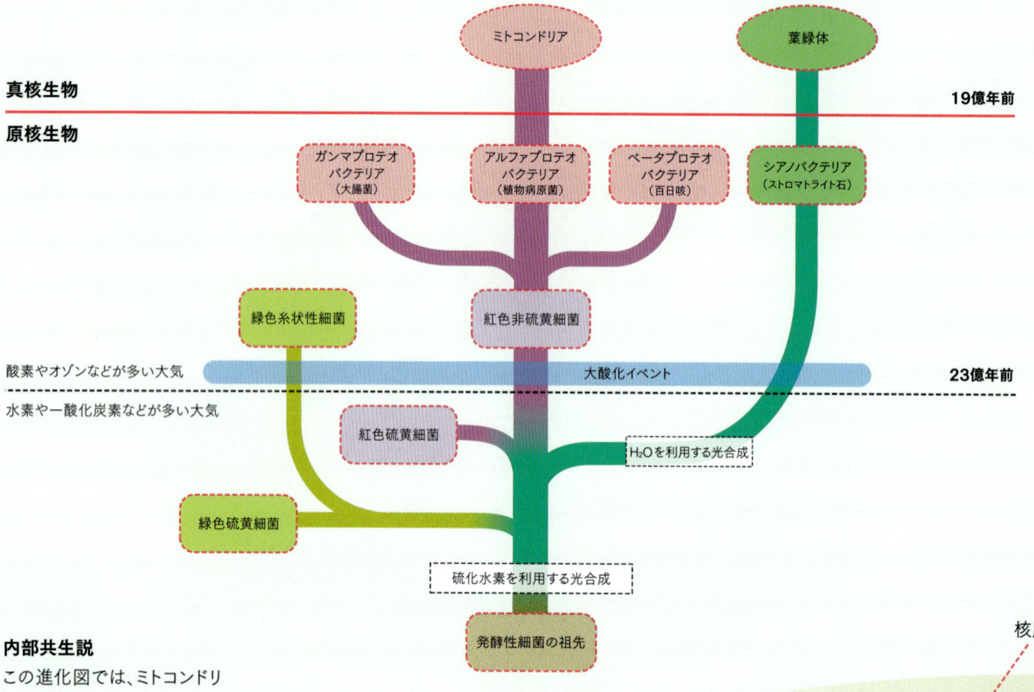

ミトコンドリア
葉緑体
真核生物
19億年前
原核生物
ガンマプロテオバクテリア（大腸菌）
アルファプロテオバクテリア（植物病原菌）
ベータプロテオバクテリア（百日咳）
シアノバクテリア（ストロマトライト石）
緑色糸状性細菌
紅色非硫黄細菌
酸素やオゾンなどが多い大気
大酸化イベント
23億年前
水素や一酸化炭素などが多い大気
紅色硫黄細菌
H_2Oを利用する光合成
緑色硫黄細菌
硫化水素を利用する光合成
発酵性細菌の祖先

内部共生説
この進化図では、ミトコンドリアや葉緑体、それらの祖先にあたる細菌の起源に関する仮説を示した。

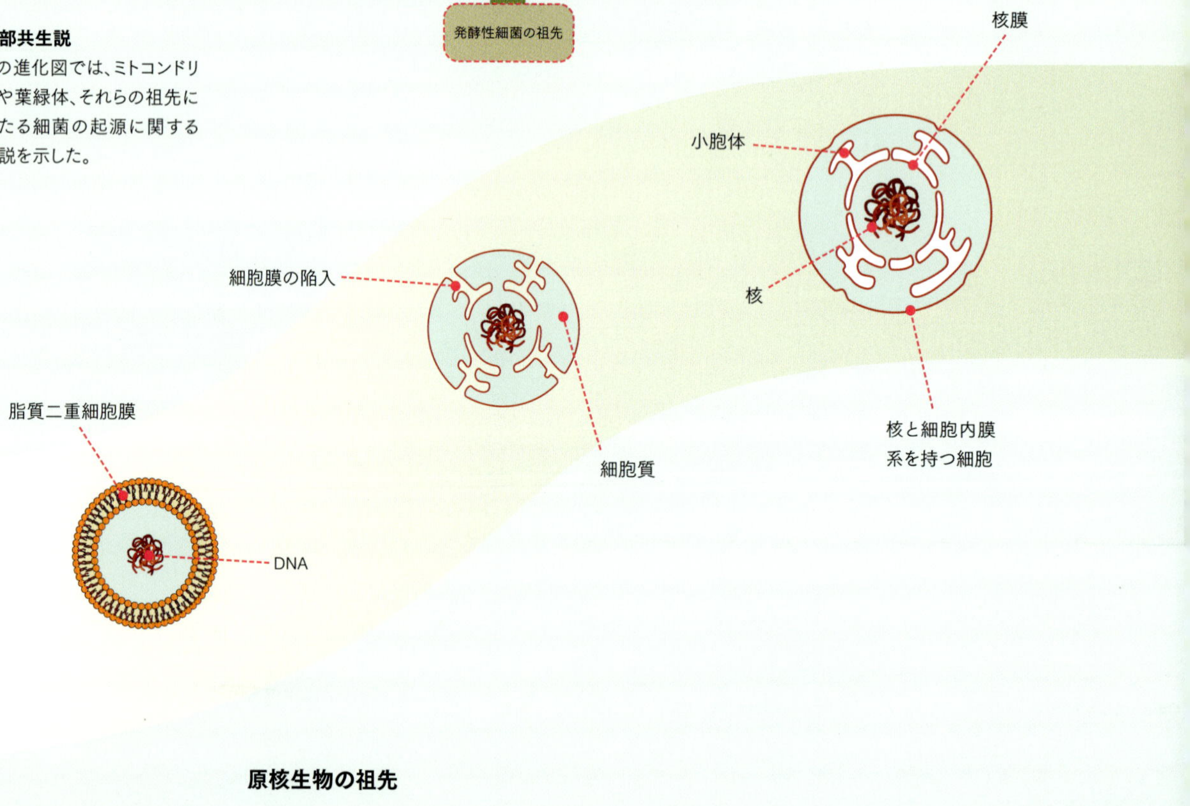

核膜
小胞体
核
核と細胞内膜系を持つ細胞
細胞膜の陥入
細胞質
脂質二重細胞膜
DNA
原核生物の祖先

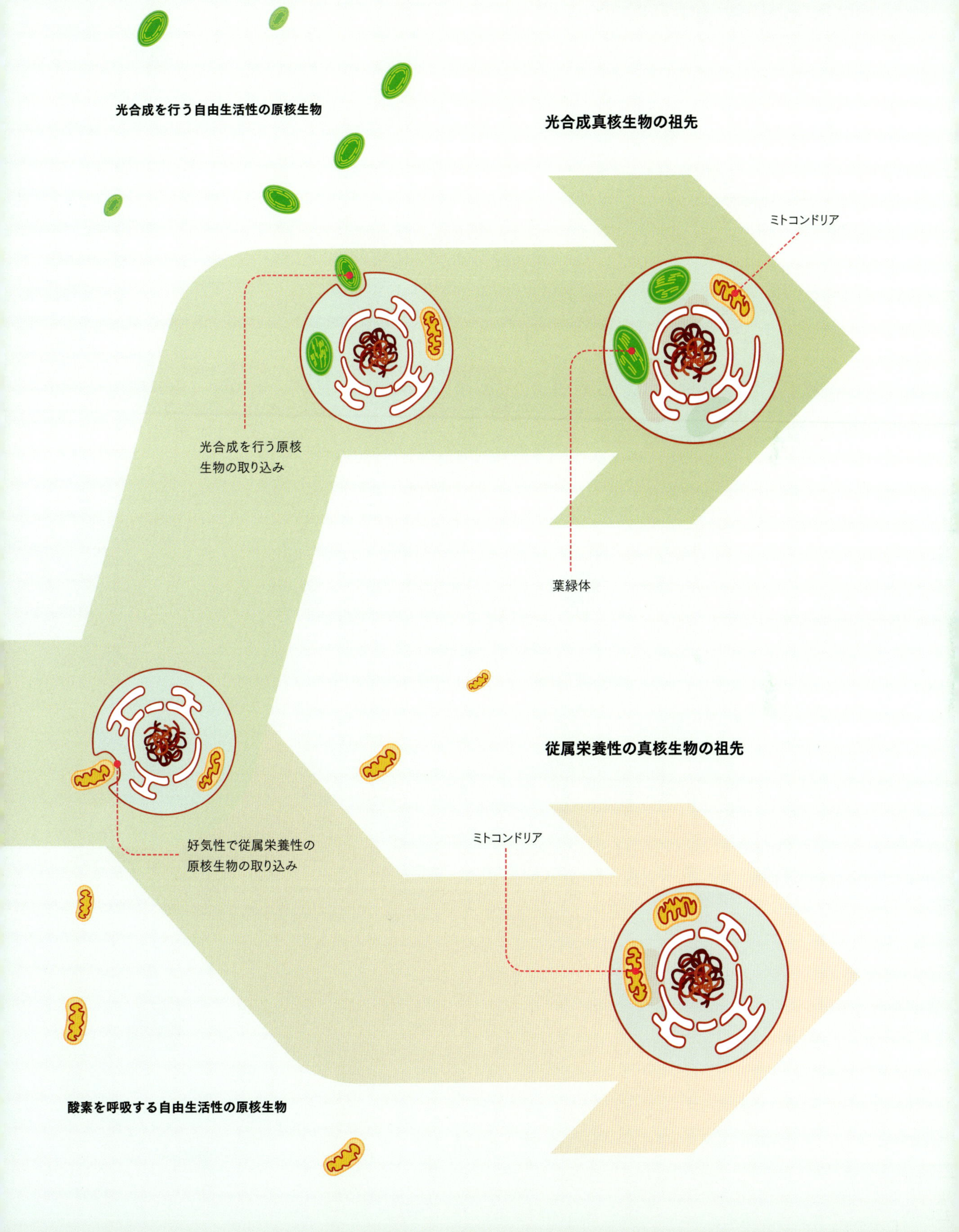
光合成を行う自由生活性の原核生物
光合成真核生物の祖先
ミトコンドリア
光合成を行う原核
生物の取り込み
葉緑体
従属栄養性の真核生物の祖先
好気性で従属栄養性の
原核生物の取り込み
ミトコンドリア
酸素を呼吸する自由生活性の原核生物

ミトコンドリア

真核細胞のエネルギー生産工場で、ここでは呼吸とエネルギー生成に関する生物化学プロセスが動いている。ミトコンドリアは、細胞に供給される主要なエネルギー通貨であるアデノシン三リン酸（ATP）のほとんどを生産し、そのATPは熱力学的に不利な反応にもエネルギーを供給する。

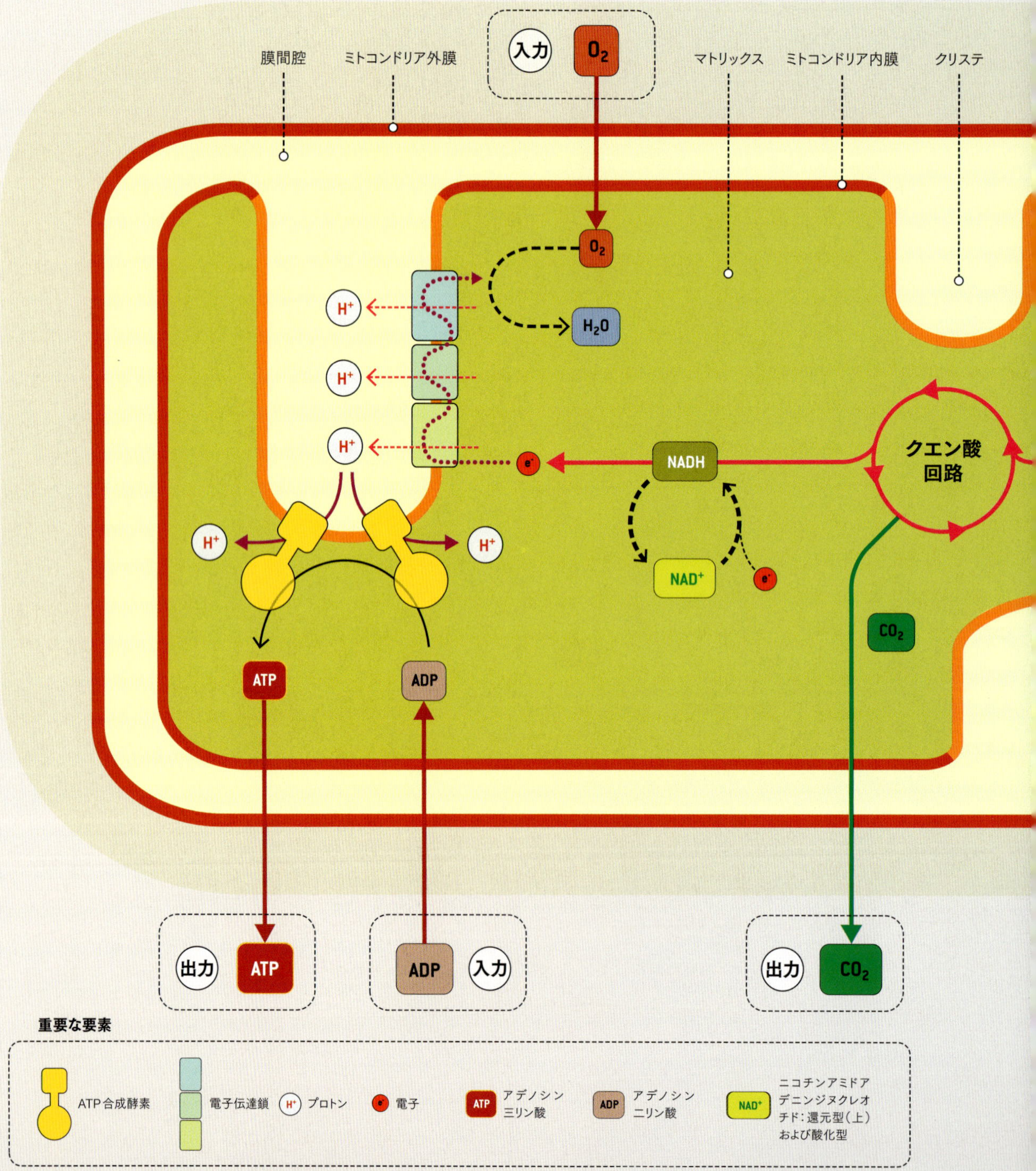

膜間腔
ミトコンドリア外膜
入力
O2
マトリックス
ミトコンドリア内膜
クリステ
O2
H+
H2O
NADH
e-
NAD+
クエン酸回路
CO2
ATP
ADP
出力
ATP
ADP
入力
出力
CO2
重要な要素
ATP合成酵素
電子伝達鎖
プロトン
電子
アデノシン三リン酸
アデノシン二リン酸
ニコチンアミドアデニンジヌクレオチド：還元型（上）および酸化型

細胞内の食物分子

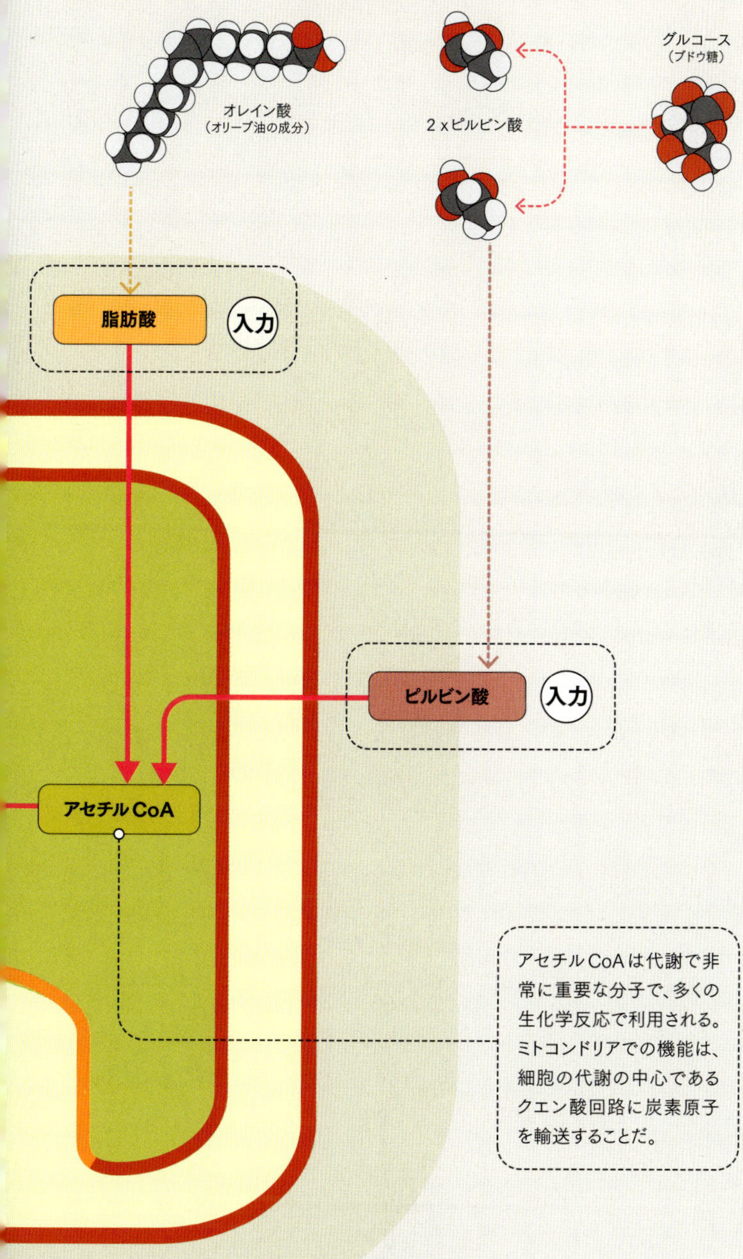
オレイン酸
（オリーブ油の成分）
2 x ピルビン酸
グルコース
（ブドウ糖）
脂肪酸
入力
ピルビン酸
入力
アセチル CoA

アセチルCoAは代謝で非常に重要な分子で、多くの生化学反応で利用される。ミトコンドリアでの機能は、細胞の代謝の中心であるクエン酸回路に炭素原子を輸送することだ。

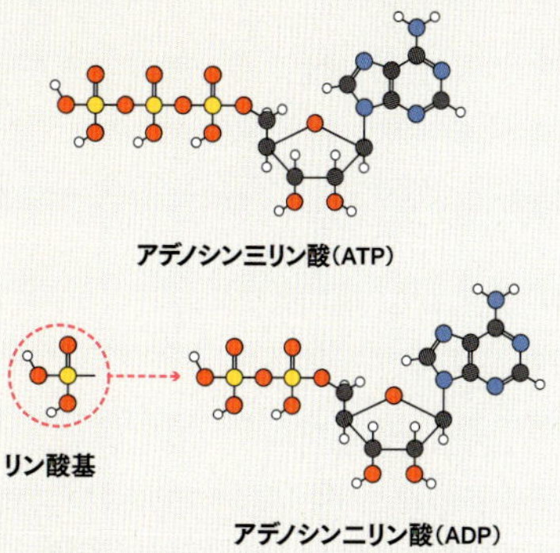
アデノシン三リン酸（ATP）
リン酸基
アデノシン二リン酸（ADP）

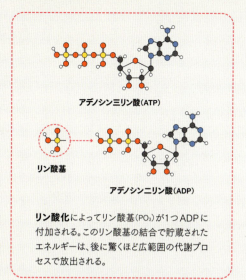

リン酸化によってリン酸基（PO_3）が1つADPに付加される。このリン酸基の結合で貯蔵されたエネルギーは、後に驚くほど広範囲の代謝プロセスで放出される。

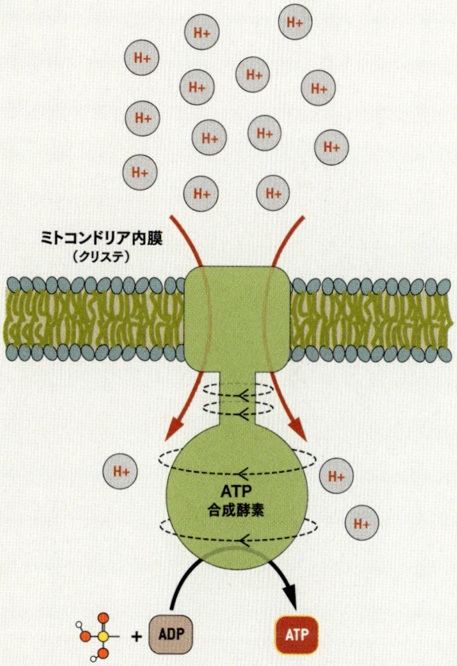
H+
ミトコンドリア内膜
（クリステ）
ATP
合成酵素
ADP
ATP

ミトコンドリアの大きさは0.5〜10μmとさまざまで、細胞中に1〜1,000個ほど含まれているが、その構造は植物でも動物でもよく似ている。

- 二重膜がある。
- 内膜と外膜の間に膜間腔と呼ばれる空間がある。
- 内膜の中の空間はマトリックスと呼ばれている。
- 内膜は非常に入り組んでおり、内側に陥入した部分はクリステと呼ばれる。
- 内膜と外膜ではタンパク質とリン脂質の組成が大きく異なる。

ATP合成酵素

食物の酸化で得られたエネルギー（**NADH**を介して輸送される）は、マトリックスから汲み出した**プロトン**（水素イオン）を、**電子伝達系**を利用して膜間腔に輸送するために使われる。その結果、170mVの電圧とプロトン勾配が生じる。イオンポンプであり分子モーターでもあるATP合成酵素は、ナノサイズのれっきとした分子機械だ。水素イオンがマトリックスに戻るときの流れによって円形のローターが9,000rpmで回転すると、別のモーターに動力が供給される。このモーターが力学的エネルギーを利用して位相をずらし、ADPからエネルギーの高いATPへのリン酸化を触媒する。このATPが輸送されて生命の無数のプロセスのエネルギー源となる。

ウイルス

ウイルスの起源ははっきりしていないが、細菌より後に進化した可能性がある。ウイルスは、宿主細胞の外では活性を持たないため生物ではない。１個の遺伝物質が、カプシドと呼ばれるタンパク質の殻に囲まれたものでできており、さらに脂質でできたエンベロープで囲まれているものもある。

試験管の中では、精製したRNAとタンパク質分子の自己組織化によって、十分な感染力を持つウイルス粒子が生じることがある。

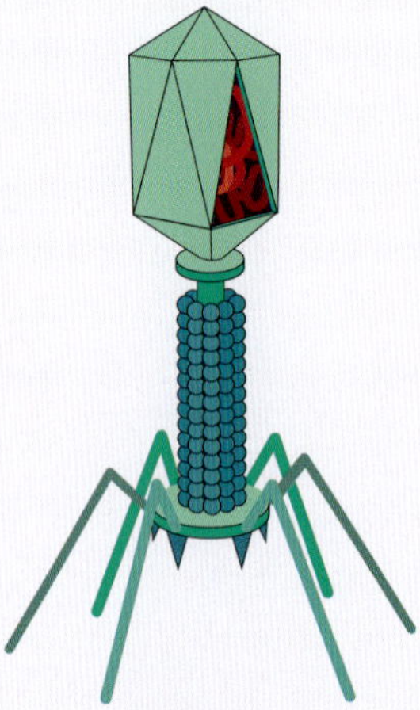

複合型
バクテリオファージ：
細菌細胞に感染して細菌を殺す

正二十面体は、20面の正三角形と12個の頂点を持つ多面体

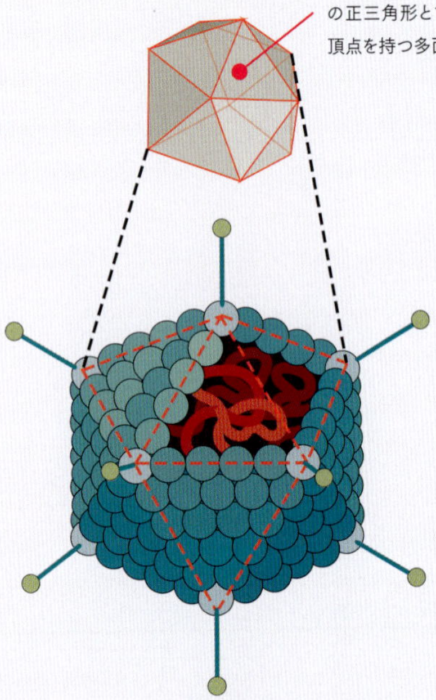

多面体型
アデノウイルス：
子供の風邪の一般的な原因

ウイルスの4種類の基本的形態

らせん型
タバコモザイクウイルス：
葉を傷つけるさまざまな植物ウイルスなど

158個のアミノ酸でできたカプシドタンパク質が、らせん状に2,130個つながって外被を形成し、その中に6,395個のヌクレオチドでできた一本鎖RNAが詰め込まれている。

ウイルス中の遺伝物質は二本鎖DNA、一本鎖DNA、二本鎖RNA、一本鎖RNAという4種類の形態のどれか1つを取るが、そのサイズは極めて小さいことが多い。ヒトゲノムには約10万個の遺伝子が含まれるが、ウイルスの遺伝子はたいてい10～200個だ。

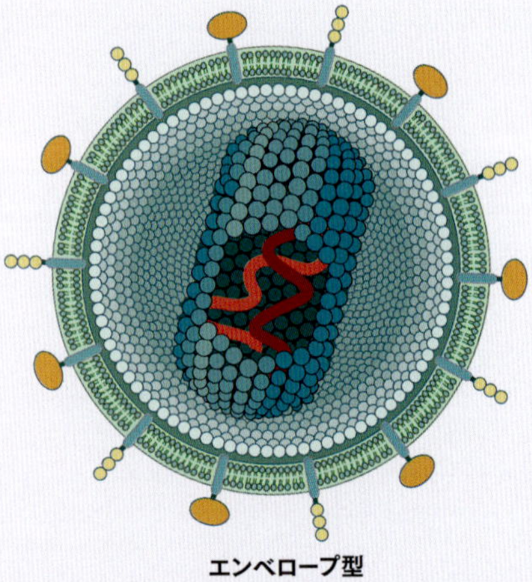

エンベロープ型
HIVウイルス：
人間の免疫系を攻撃する

ウイルスの大きさ

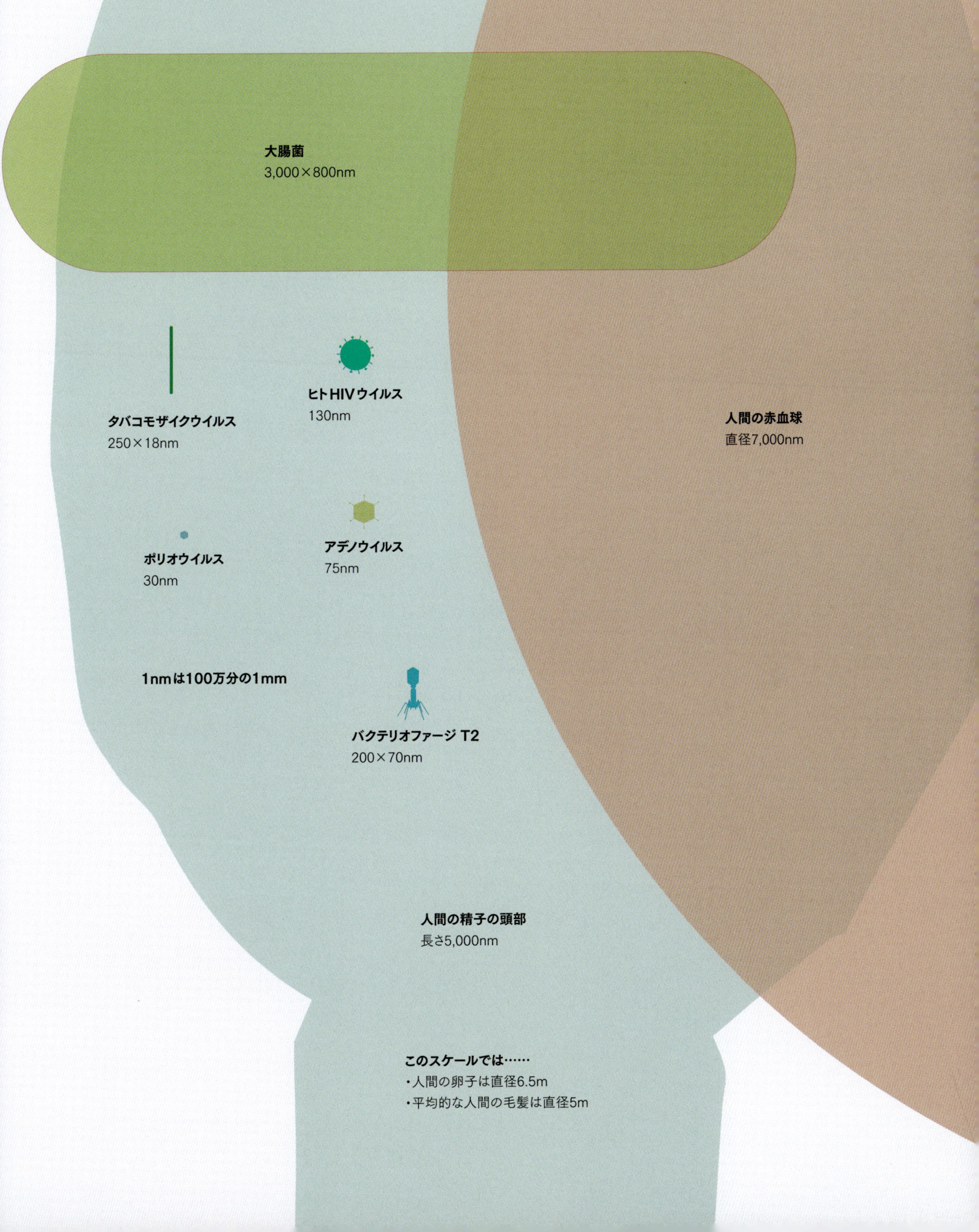
大腸菌
3,000×800nm
タバコモザイクウイルス
250×18nm
ヒトHIVウイルス
130nm
人間の赤血球
直径7,000nm
ポリオウイルス
30nm
アデノウイルス
75nm
1nmは100万分の1mm
バクテリオファージ T2
200×70nm
人間の精子の頭部
長さ5,000nm
このスケールでは……
・人間の卵子は直径6.5m
・平均的な人間の毛髪は直径5m

大酸化イベント

地球最古の大気には遊離酸素が含まれていなかった。現在のすべての生物が呼吸する酸素は、大気中のものも海や川に溶け込んでいるものも、数十億年にわたる光合成で作られた。

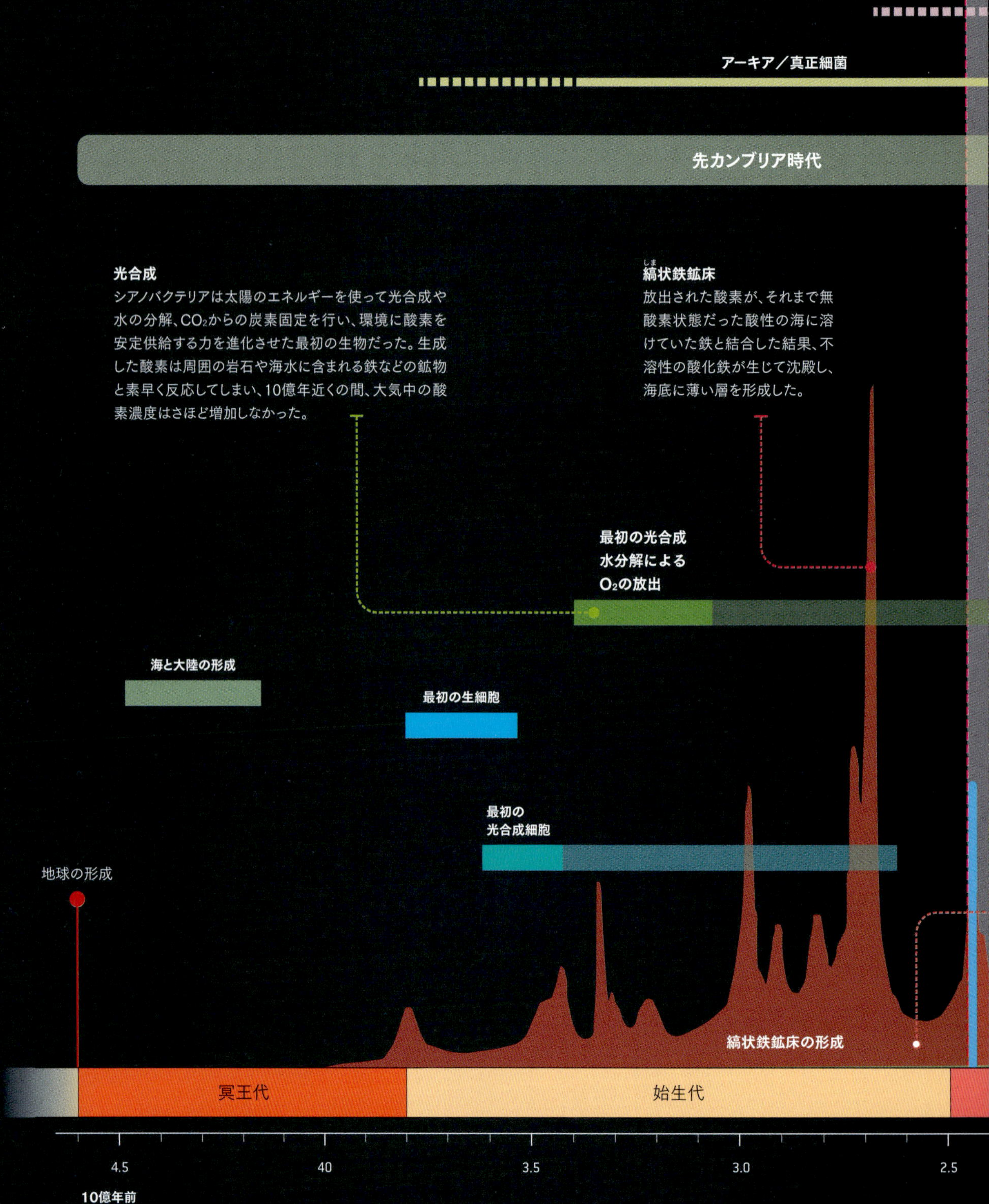

アーキア／真正細菌
先カンブリア時代
光合成
シアノバクテリアは太陽のエネルギーを使って光合成や水の分解、CO_2からの炭素固定を行い、環境に酸素を安定供給する力を進化させた最初の生物だった。生成した酸素は周囲の岩石や海水に含まれる鉄などの鉱物と素早く反応してしまい、10億年近くの間、大気中の酸素濃度はさほど増加しなかった。
縞状鉄鉱床
放出された酸素が、それまで無酸素状態だった酸性の海に溶けていた鉄と結合した結果、不溶性の酸化鉄が生じて沈殿し、海底に薄い層を形成した。
最初の光合成
水分解による
O_2の放出
海と大陸の形成
最初の生細胞
最初の
光合成細胞
地球の形成
縞状鉄鉱床の形成
冥王代
始生代
4.5
40
3.5
3.0
2.5
10億年前

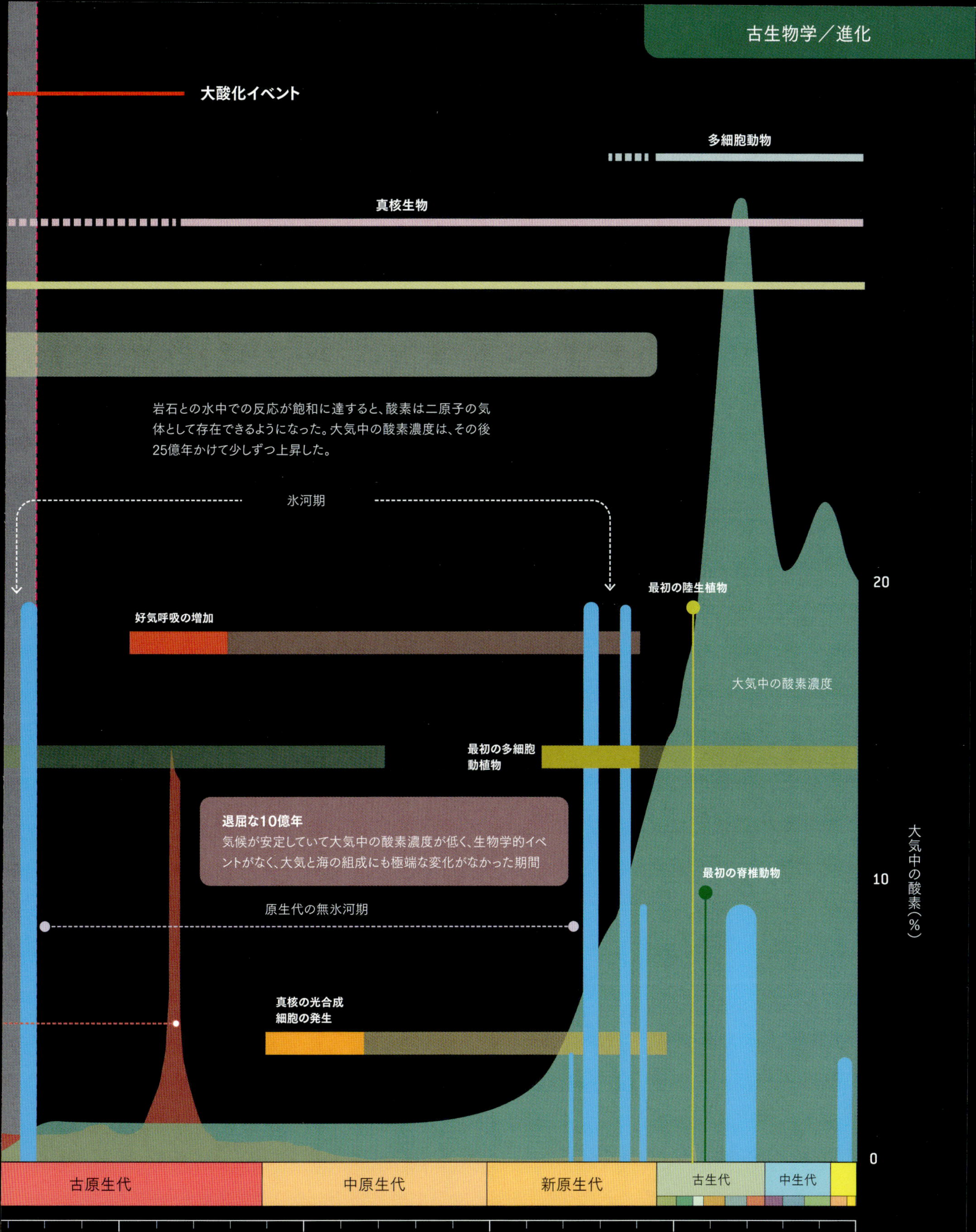
大酸化イベント
多細胞動物
真核生物
岩石との水中での反応が飽和に達すると、酸素は二原子の気体として存在できるようになった。大気中の酸素濃度は、その後25億年かけて少しずつ上昇した。
氷河期
最初の陸生植物
好気呼吸の増加
大気中の酸素濃度
20
最初の多細胞動植物
退屈な10億年
気候が安定していて大気中の酸素濃度が低く、生物学的イベントがなく、大気と海の組成にも極端な変化がなかった期間
最初の脊椎動物
10
大気中の酸素（%）
原生代の無氷河期
真核の光合成細胞の発生
0
古原生代
中原生代
新原生代
古生代
中生代

光合成と一次生産

一次生産とは、大気中や水中の二酸化炭素から主に光合成によって有機化合物を合成することだ。地球上のほとんどすべての生物は一次生産物に直接的、間接的に依存している。

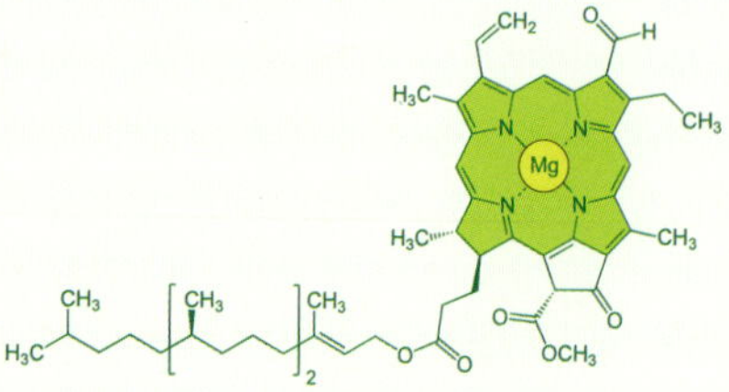

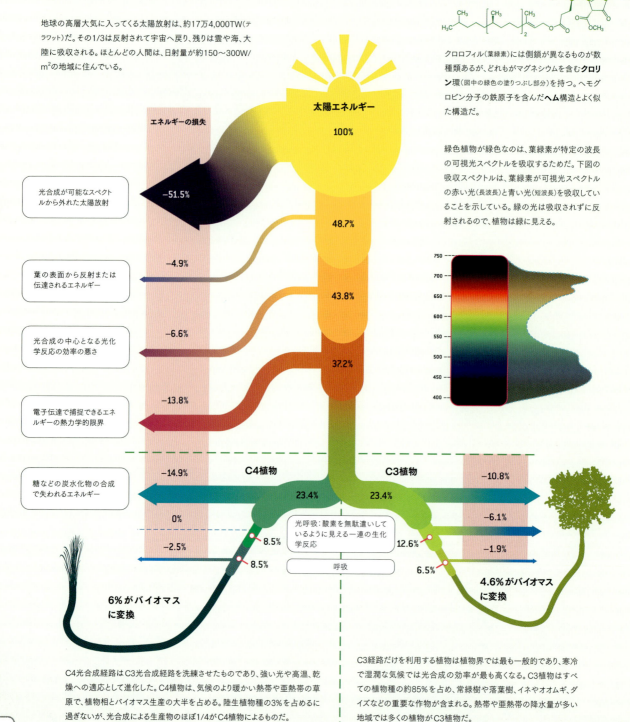

地球の高層大気に入ってくる太陽放射は、約17万4,000TW（テラワット）だ。その1/3は反射されて宇宙へ戻り、残りは雲や海、大陸に吸収される。ほとんどの人間は、日射量が約150～300W/m^2の地域に住んでいる。

クロロフィル（葉緑素）には側鎖が異なるものが数種類あるが、どれもがマグネシウムを含む**クロリン**環（図中の緑色の塗りつぶし部分）を持つ。ヘモグロビン分子の鉄原子を含んだ**ヘム**構造とよく似た構造だ。

緑色植物が緑色なのは、葉緑素が特定の波長の可視光スペクトルを吸収するためだ。下図の吸収スペクトルは、葉緑素が可視光スペクトルの赤い光（長波長）と青い光（短波長）を吸収していることを示している。緑の光は吸収されずに反射されるので、植物は緑に見える。

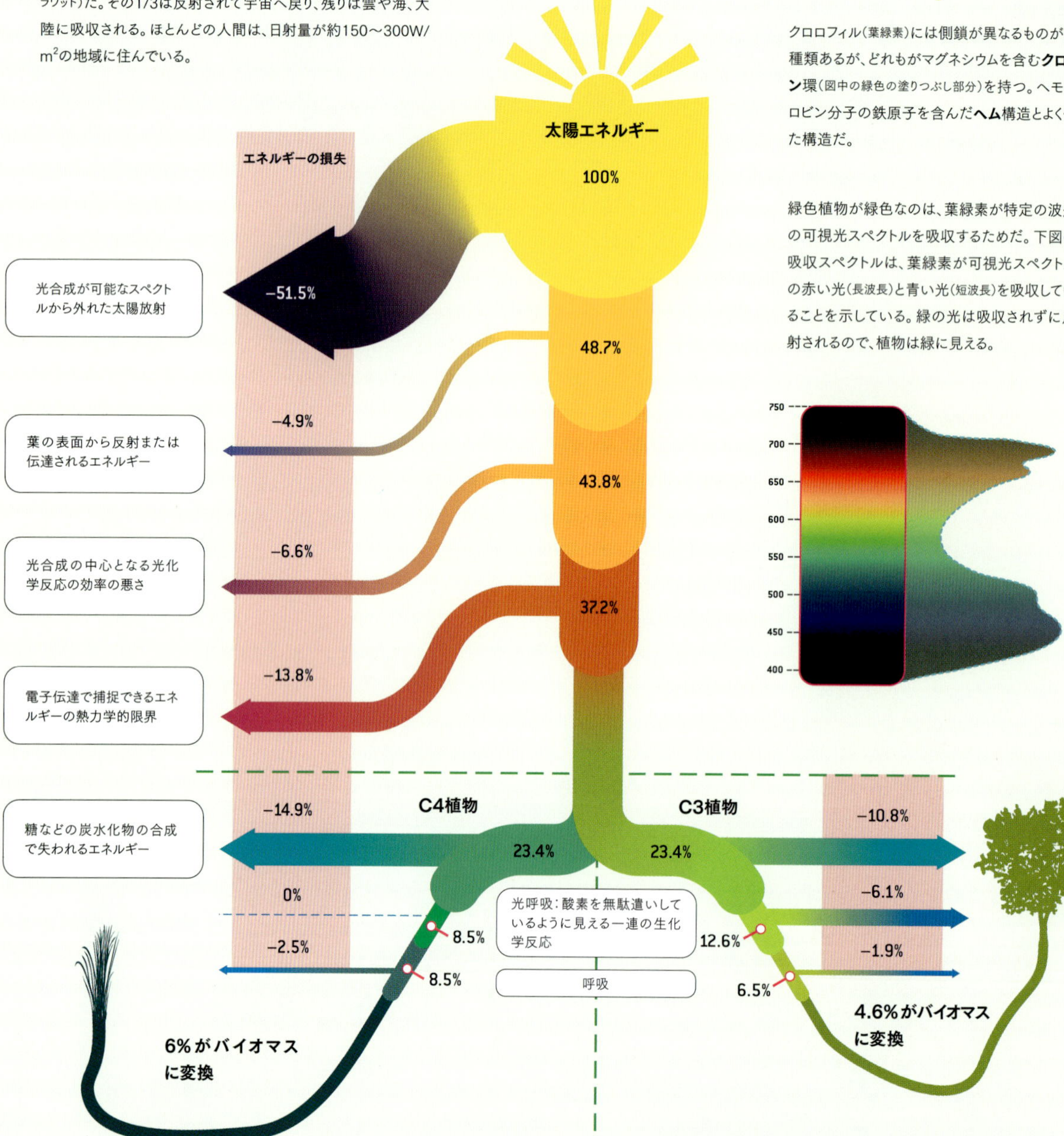

太陽エネルギー
100%
エネルギーの損失
光合成が可能なスペクトルから外れた太陽放射
−51.5%
48.7%
−4.9%
葉の表面から反射または伝達されるエネルギー
43.8%
−6.6%
光合成の中心となる光化学反応の効率の悪さ
37.2%
−13.8%
電子伝達で捕捉できるエネルギーの熱力学的限界
750
700
650
600
550
500
450
400
C4植物
C3植物
−14.9%
糖などの炭水化物の合成で失われるエネルギー
23.4%
23.4%
−10.8%
0%
−6.1%
光呼吸：酸素を無駄遣いしているように見える一連の生化学反応
8.5%
12.6%
−2.5%
−1.9%
8.5%
呼吸
6.5%
6%がバイオマスに変換
4.6%がバイオマスに変換

C4光合成経路はC3光合成経路を洗練させたものであり、強い光や高温、乾燥への適応として進化した。C4植物は、気候のより暖かい熱帯や亜熱帯の草原で、植物相とバイオマス生産の大半を占める。陸生植物種の3%を占めるに過ぎないが、光合成による生産物のほぼ1/4がC4植物によるものだ。

C3経路だけを利用する植物は植物界では最も一般的であり、寒冷で湿潤な気候では光合成の効率が最も高くなる。C3植物はすべての植物種の約85%を占め、常緑樹や落葉樹、イネやオオムギ、ダイズなどの重要な作物が含まれる。熱帯や亜熱帯の降水量が多い地域では多くの植物がC3植物だ。

世界のさまざまな生態系における
純一次生産量とバイオマス

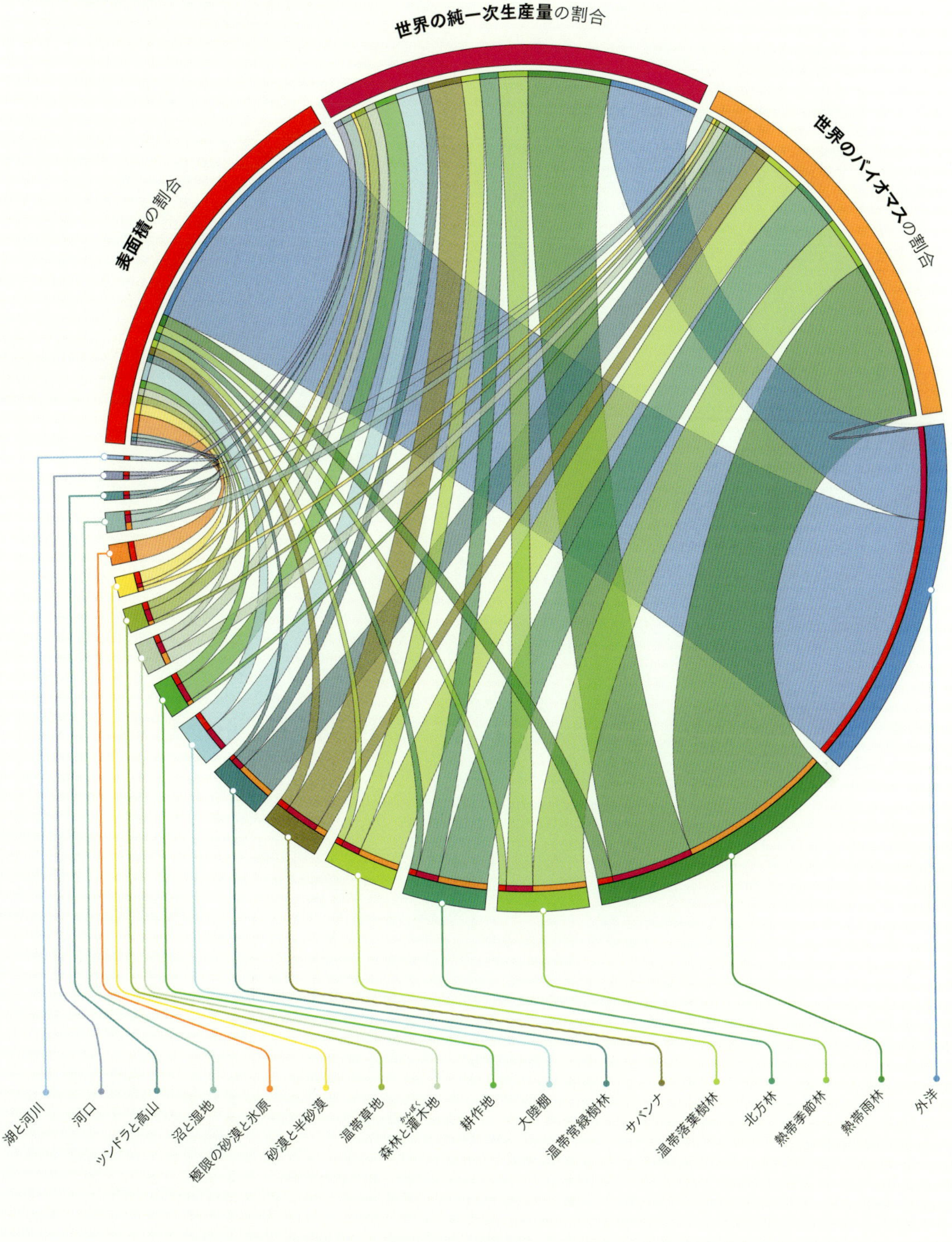

世界の純一次生産量の割合
世界のバイオマスの割合
表面積の割合
湖と河川
河口
ツンドラと高山
沼と湿地
極限の砂漠と氷原
砂漠と半砂漠
温帯草地
森林と灌木地
耕作地
大陸棚
温帯常緑樹林
サバンナ
温帯落葉樹林
北方林
熱帯季節林
熱帯雨林
外洋

光合成によって地球に捕捉されるエネルギーの割合は平均約130TWで、人類文明による電力消費量の３倍に相当する。光合成生物は、毎年約1,000億〜1,150億トンの炭素をバイオマスに変換している。

代謝とは、人間などの生物の体内で相互に接続し、巧妙に調節されている数千もの生化学プロセス全体を指す言葉であり、生物は代謝によって生存や成長、分裂を続けることができる。代謝プロセスは次の2種類に分けられる。

- **異化**——栄養素からエネルギーと還元力を得る。
- **同化**——新しい細胞成分を生産する。通常は栄養素の異化から得たエネルギーと還元力を必要とする。

人間の脳のエネルギー消費量
46W
(脳の重さは体重の2%だが、エネルギー消費量は20%にのぼる)
エネルギー
平均的な人間の
安静時の代謝率
115W
プロの自転車選手の
最大脚筋パワー
400W
プロの自転車選手の最大エネルギー消費量
(筋肉の効率=20%)
400W/20%=2,000W+115W(安静時)
2,115Wのエネルギー消費量

クエン酸回路では、体の主要なエネルギー通貨であるATP(アデノシン三リン酸)として、蓄えられていたエネルギーが放出される。ATPをエネルギー源として利用する他のいくつかの代謝プロセスによって、ATPは前駆体に再変換され、生体内で常に再利用されている。人体には平均250gのATPしか含まれていないが、毎日体重と同量のATPを回転させているため、1つのATP分子が1日で500〜750回再利用される。

細胞呼吸

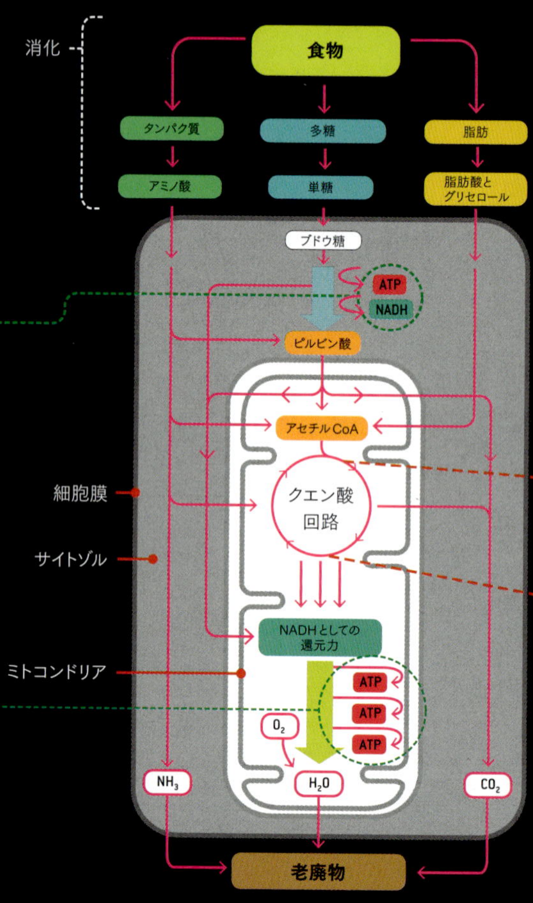

消化
食物
タンパク質
多糖
脂肪
アミノ酸
単糖
脂肪酸とグリセロール
ブドウ糖
ATP
NADH
ピルビン酸
アセチルCoA
細胞膜
クエン酸回路
サイトゾル
NADHとしての還元力
ミトコンドリア
ATP
ATP
ATP
O_2
NH_3
H_2O
CO_2
老廃物

エネルギーを生産する一連の主要な異化経路は、すべての生物の体内で何らかの形で動いている。これらの経路は、栄養素を分解するときに放出されるエネルギーを、ATPなどの小さな分子に変換して利用している。

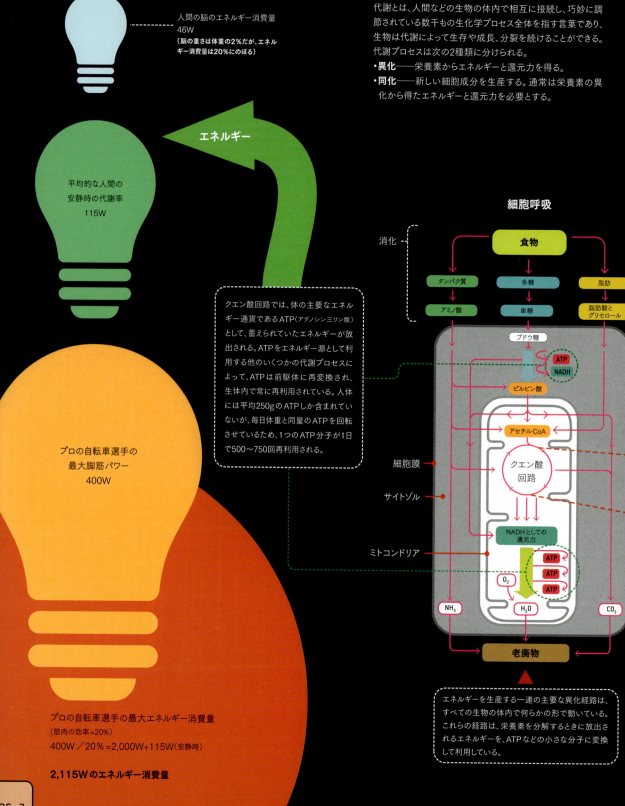

人間の全代謝経路の概要図

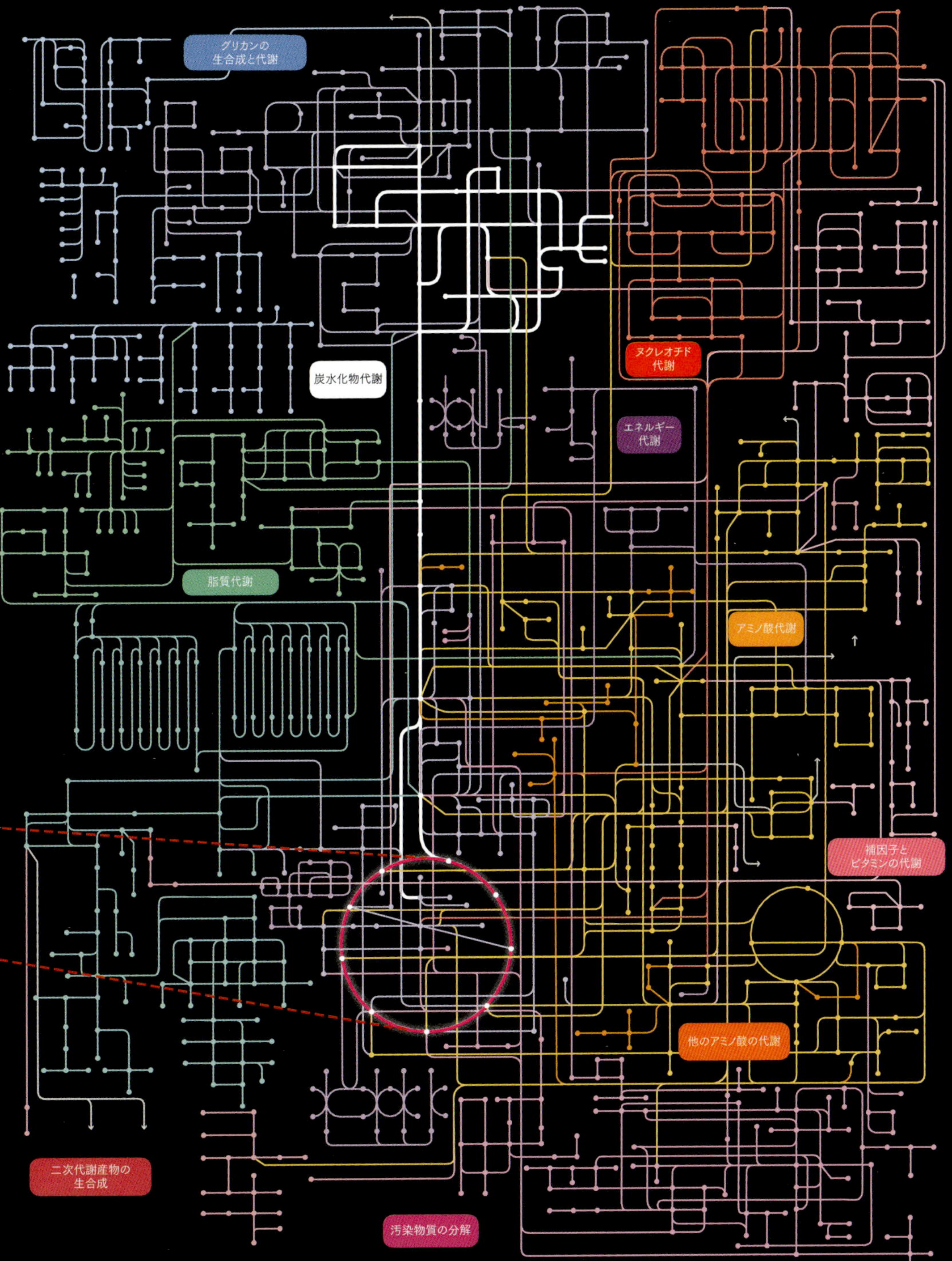
グリカンの
生合成と代謝
ヌクレオチド
代謝
炭水化物代謝
エネルギー
代謝
脂質代謝
アミノ酸代謝
補因子と
ビタミンの代謝
他のアミノ酸の代謝
二次代謝産物の
生合成
汚染物質の分解

酵素

生命の化学反応は酵素を基盤としている。酵素は生物学的な触媒作用を持つタンパク質で、３つの特徴がある。１つは反応速度を上げること、もう１つは１種類の反応物（基質）だけに特異的に作用して生産物を生じることだが、特にすごいのは、活性が低い状態から高い状態に切り替わり、再び元に戻るという調節が可能なことだ。

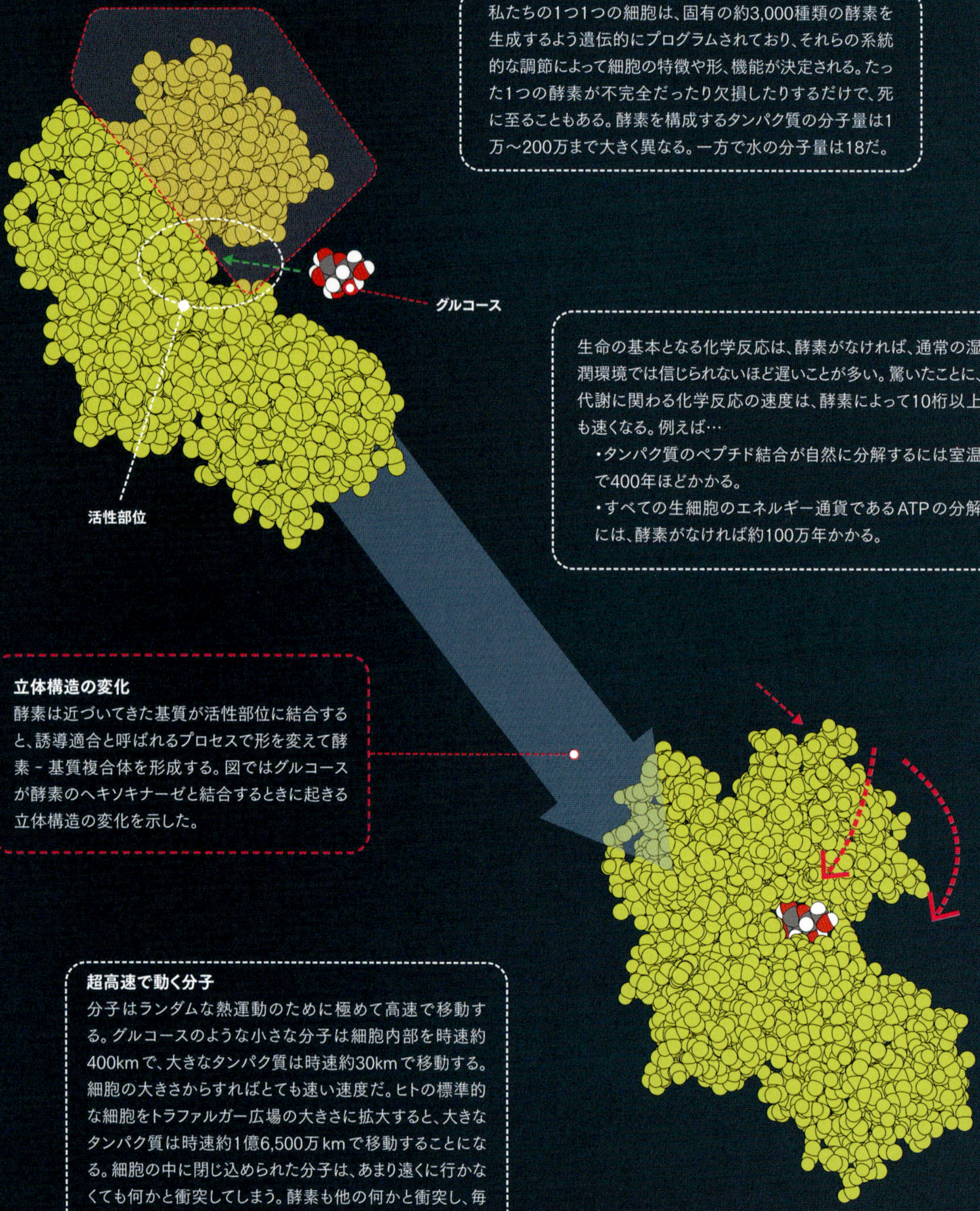
グルコース
活性部位

私たちの1つ1つの細胞は、固有の約3,000種類の酵素を生成するよう遺伝的にプログラムされており、それらの系統的な調節によって細胞の特徴や形、機能が決定される。たった1つの酵素が不完全だったり欠損したりするだけで、死に至ることもある。酵素を構成するタンパク質の分子量は1万～200万まで大きく異なる。一方で水の分子量は18だ。

生命の基本となる化学反応は、酵素がなければ、通常の湿潤環境では信じられないほど遅いことが多い。驚いたことに、代謝に関わる化学反応の速度は、酵素によって10桁以上も速くなる。例えば…

- タンパク質のペプチド結合が自然に分解するには室温で400年ほどかかる。
- すべての生細胞のエネルギー通貨であるATPの分解には、酵素がなければ約100万年かかる。

立体構造の変化

酵素は近づいてきた基質が活性部位に結合すると、誘導適合と呼ばれるプロセスで形を変えて酵素－基質複合体を形成する。図ではグルコースが酵素のヘキソキナーゼと結合するときに起きる立体構造の変化を示した。

超高速で動く分子

分子はランダムな熱運動のために極めて高速で移動する。グルコースのような小さな分子は細胞内部を時速約400kmで、大きなタンパク質は時速約30kmで移動する。細胞の大きさからすればとても速い速度だ。ヒトの標準的な細胞をトラファルガー広場の大きさに拡大すると、大きなタンパク質は時速約1億6,500万kmで移動することになる。細胞の中に閉じ込められた分子は、あまり遠くに行かなくても何かと衝突してしまう。酵素も他の何かと衝突し、毎秒50万回近く反応することがある。

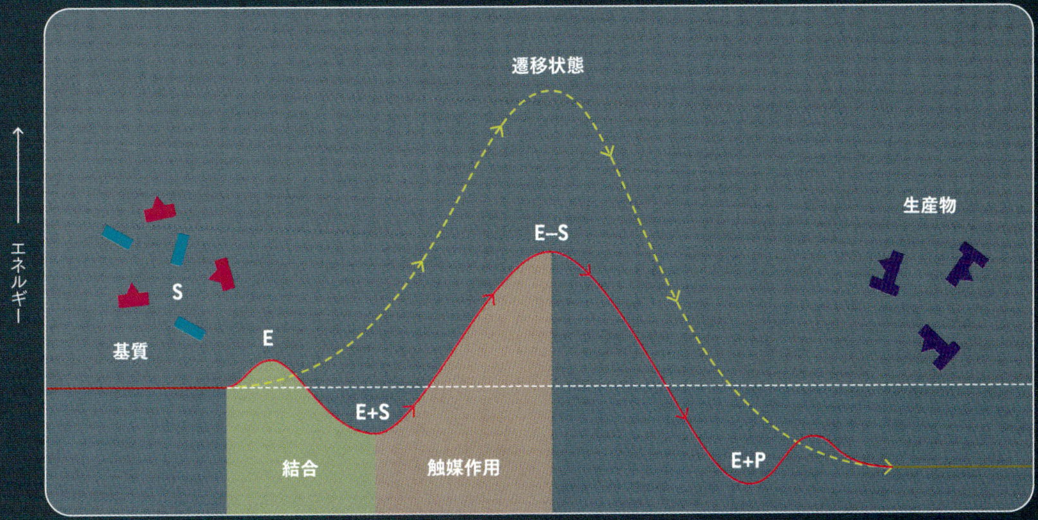
遷移状態
エネルギー
S
基質
E
E–S
E+S
結合
触媒作用
E+P
生産物

E=酵素　S=基質　E-S=酵素-基質複合体　P=生産物

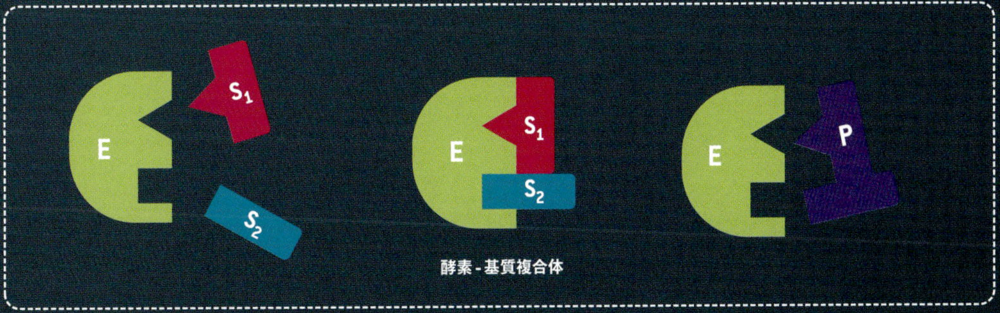
E
S_1
S_2
P
酵素-基質複合体

免疫系：生物学的な自己認識

免疫系は、自分の体の細胞を“自己”として認識し、外来の生物や化合物と区別する驚くべき力を持つ。免疫系のディフェンダーとして働く細胞は、“非自己”であることを示す標識に遭遇するとすぐに攻撃を開始する。

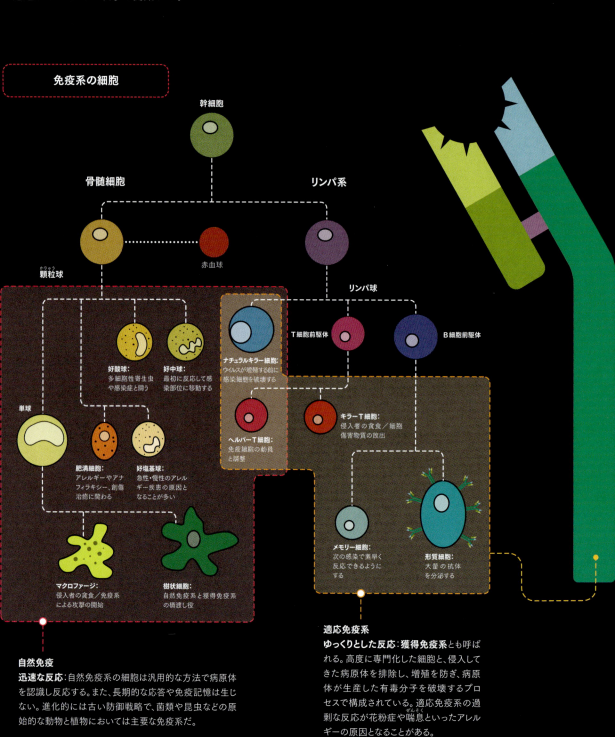

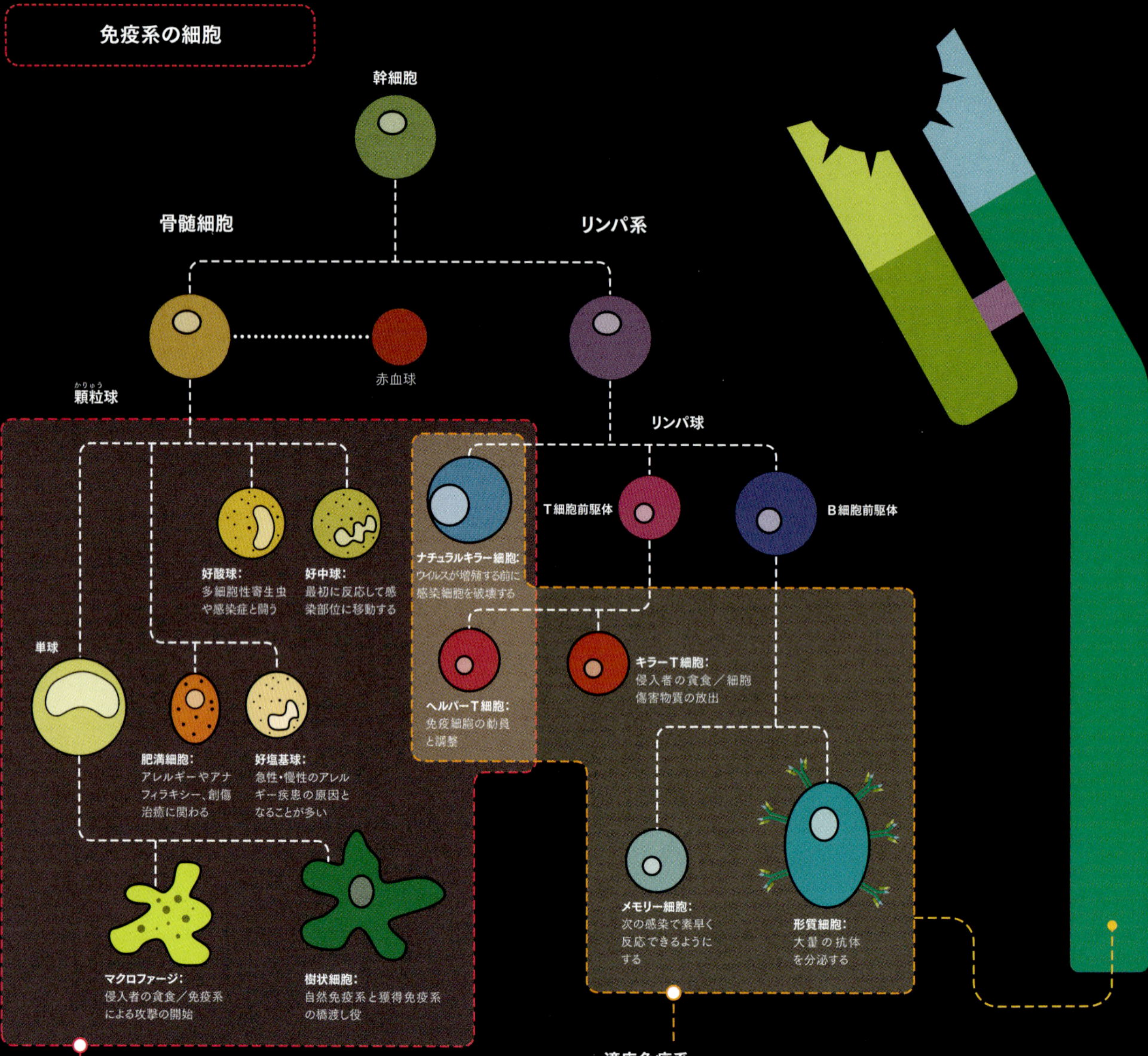

免疫系の細胞
幹細胞
骨髄細胞
リンパ系
赤血球
顆粒球
リンパ球
T細胞前駆体
B細胞前駆体
ナチュラルキラー細胞：ウイルスが増殖する前に感染細胞を破壊する
好酸球：多細胞性寄生虫や感染症と闘う
好中球：最初に反応して感染部位に移動する
単球
肥満細胞：アレルギーやアナフィラキシー、創傷治癒に関わる
好塩基球：急性・慢性のアレルギー疾患の原因となることが多い
ヘルパーT細胞：免疫細胞の動員と調整
キラーT細胞：侵入者の貪食／細胞傷害物質の放出
マクロファージ：侵入者の貪食／免疫系による攻撃の開始
樹状細胞：自然免疫系と獲得免疫系の橋渡し役
メモリー細胞：次の感染で素早く反応できるようにする
形質細胞：大量の抗体を分泌する

適応免疫系

ゆっくりとした反応：**獲得免疫系**とも呼ばれる。高度に専門化した細胞と、侵入してきた病原体を排除し、増殖を防ぎ、病原体が生産した有毒分子を破壊するプロセスで構成されている。適応免疫系の過剰な反応が花粉症や喘息（ぜんそく）といったアレルギーの原因となることがある。

自然免疫

迅速な反応：自然免疫系の細胞は汎用的な方法で病原体を認識し反応する。また、長期的な応答や免疫記憶は生じない。進化的には古い防御戦略で、菌類や昆虫などの原始的な動物と植物においては主要な免疫系だ。

免疫グロブリン（**抗体**）
形質細胞（B細胞から分化した細胞）が生産する糖タンパク質。細菌やウイルスの表面にあるタンパク質などの抗原を特異的に認識して結合し、それらの破壊を助けることで、免疫応答の重要な役割を果たしている。

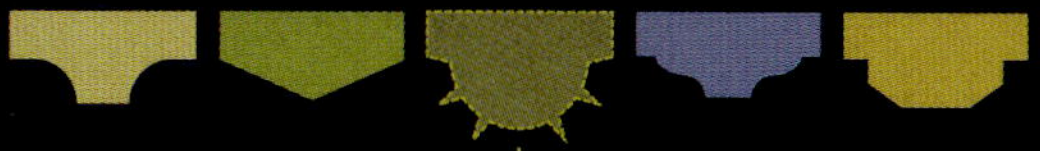
抗原

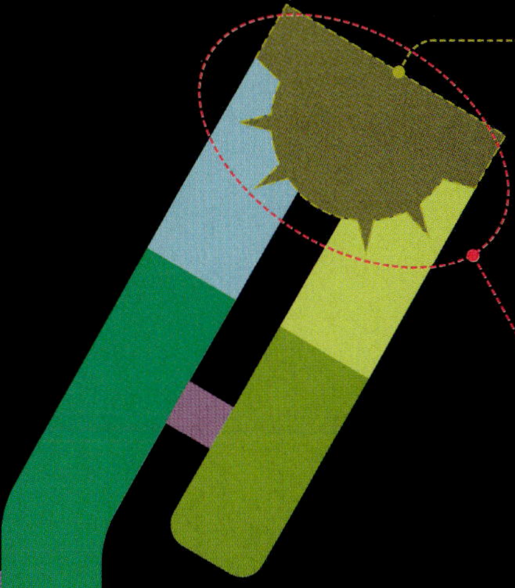
抗原結合部位

抗原は、免疫系での抗体の生産を引き起こす物質だ。免疫グロブリンの**抗原結合部位**と呼ばれる領域の構造が変化して、一致する構造を持つ抗原と結合できるようになる。抗原は浮遊している毒素や、細菌やウイルスの膜にくっついている特定のタンパク質であることが多い。抗体は抗原と結合すると、侵入してきた微生物の危険な部分を中和して覆い隠す、可溶性の毒素（抗原）を沈降させる、侵入してきた複数の細胞に同時に結合するといったさまざまな方法で作用する。

免疫グロブリンの種類

免疫グロブリンG（IgG）
- 典型的なY字型の単量体で2つの抗原結合部位を持つ
- 血液中の主な抗体：人間の血清中の抗体の75％を占める
- 形質細胞で生産・放出される

免疫グロブリンE（IgE）
- Y字型の単量体
- 免疫系がアレルゲンに過剰反応したときのアレルギーに関与する。IgEは化学物質を放出する細胞に移動してアレルギー反応を引き起こす
- 主な機能：寄生虫に対する防御

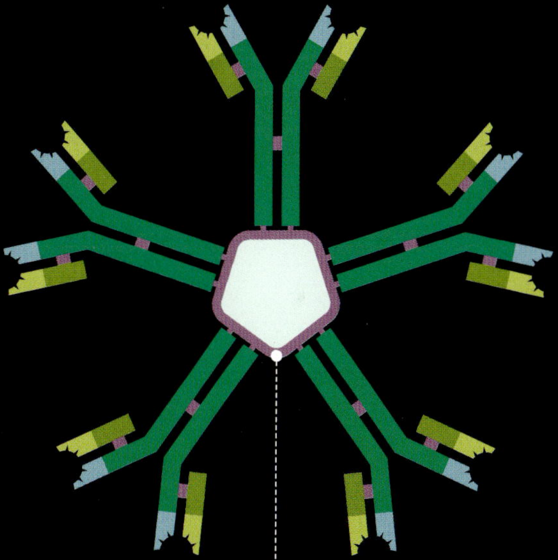

免疫グロブリンA（IgA）
- 侵入してきた微生物の主な標的となる唾液や腸、尿、気道の粘液に見られる二量体
- 腸で毎日3〜5g分泌され、全身で作られる全免疫グロブリン量の15％近くを占める
- 防御の重要な第一線

免疫グロブリン（IgM）
- 感染に反応する最初の抗体
- 複数の免疫グロブリンが共有結合したもので、五量体が多いが六量体のものもある
- 人間の循環系では最大の抗体で、分子量は約97万
- 輸血の血液型が適合しないときに赤血球が凝固する主な原因

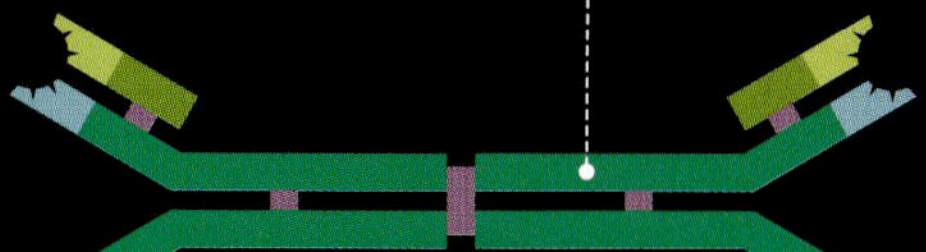

染色体:構造と凝縮

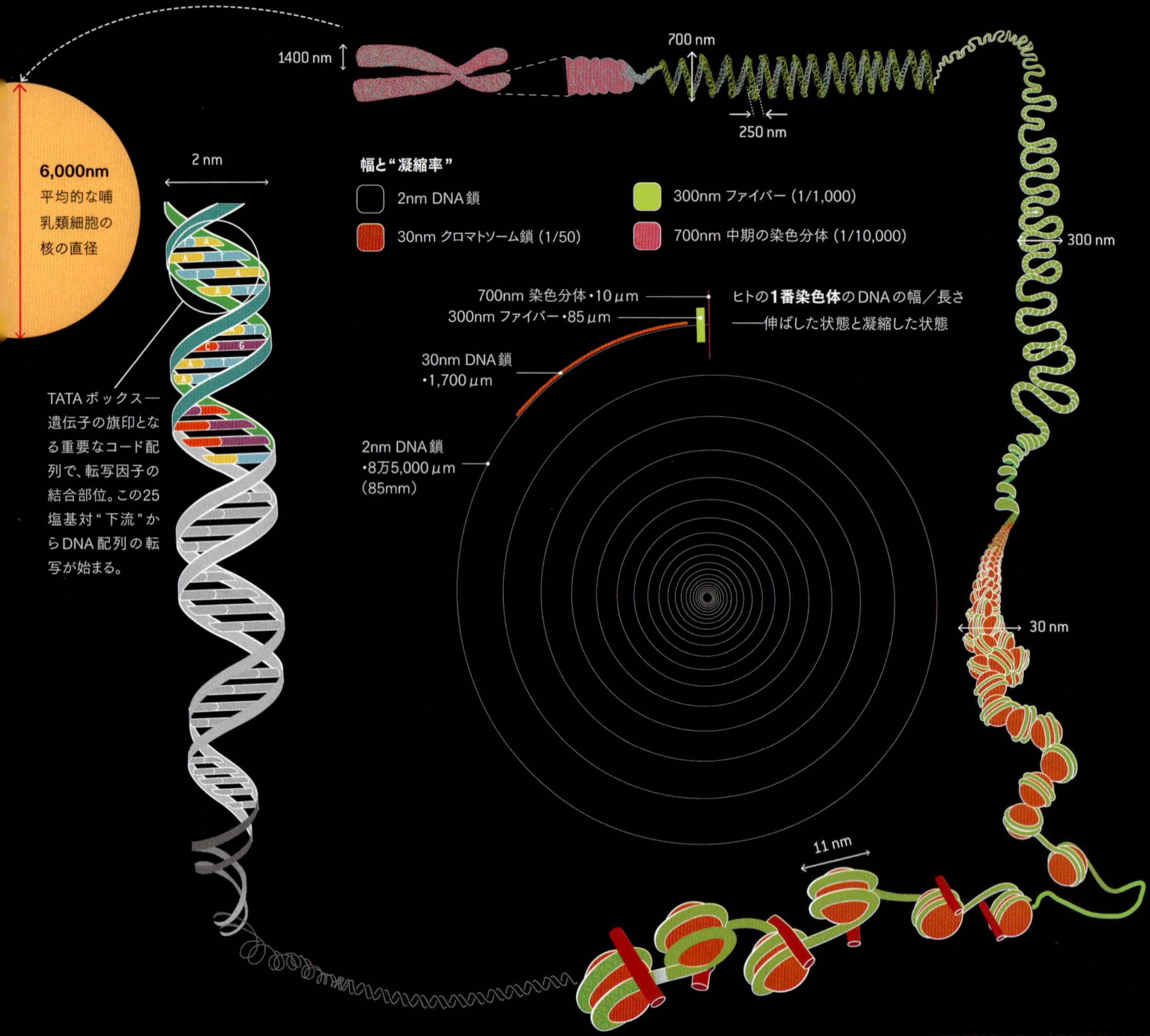

1400 nm
700 nm
250 nm
6,000nm
平均的な哺乳類細胞の核の直径
2 nm
幅と“凝縮率”
2nm DNA鎖
30nm クロマトソーム鎖 (1/50)
300nm ファイバー (1/1,000)
700nm 中期の染色分体 (1/10,000)
300 nm
700nm 染色分体・10 μm
300nm ファイバー・85 μm
30nm DNA鎖 ・1,700 μm
2nm DNA鎖 ・8万5,000 μm (85mm)
ヒトの1番染色体のDNAの幅/長さ——伸ばした状態と凝縮した状態
TATAボックス——遺伝子の旗印となる重要なコード配列で、転写因子の結合部位。この25塩基対“下流”からDNA配列の転写が始まる。
30 nm
11 nm

人体のDNAの全長
7億7,850万 km

実際のタンパク質をコードしている遺伝子(2万個)= 2%
脳の機能をコードしている遺伝子(6,500個)= 0.67%
機能しないと思われるDNA = 91.8%
ヒトの全ゲノム = 35億塩基対

既知の生物で最大のゲノムはキヌガサソウの約1,500億塩基対で、ヒトの細胞の50倍もある！

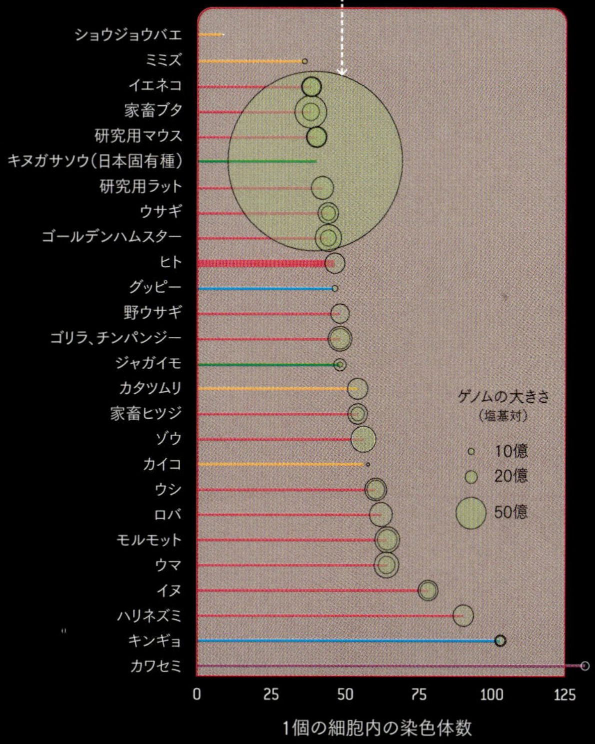

ショウジョウバエ
ミミズ
イエネコ
家畜ブタ
研究用マウス
キヌガサソウ(日本固有種)
研究用ラット
ウサギ
ゴールデンハムスター
ヒト
グッピー
野ウサギ
ゴリラ、チンパンジー
ジャガイモ
カタツムリ
家畜ヒツジ
ゾウ
カイコ
ウシ
ロバ
モルモット
ウマ
イヌ
ハリネズミ
キンギョ
カワセミ
ゲノムの大きさ
(塩基対)
10億
20億
50億
0
25
50
75
100
125
1個の細胞内の染色体数

人体のDNAの全長
平均的な人間の細胞の核に詰め込まれている染色体DNAの長さは2m
体内の細胞数は推定10兆個(諸説あり)
伸ばしたDNAの全長 = 200億 km
太陽と木星の距離(5.2 AU)(AU = 1天文単位)= 7億7,850万 km
DNAの全長 = 137 AU
太陽と木星を13回往復する長さに相当

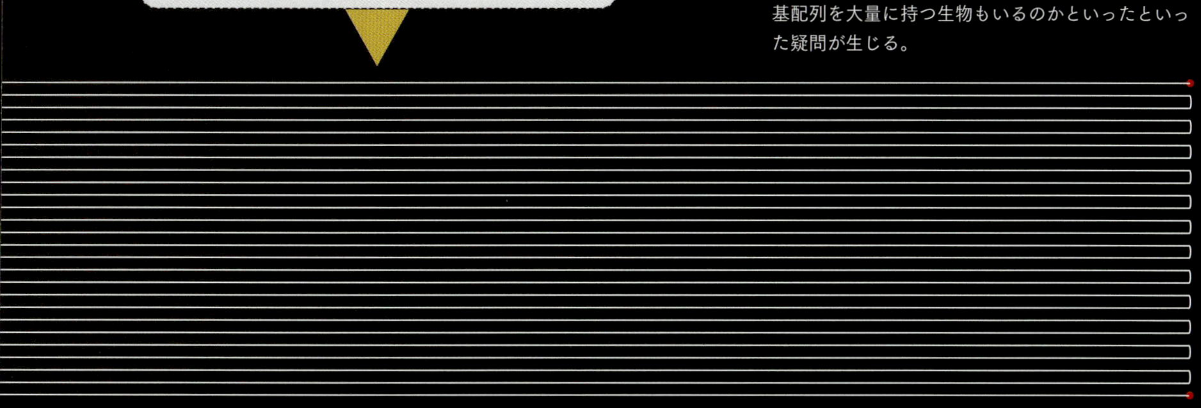

ゲノムの謎

“ゲノムの謎”の核心にあるのは、ゲノムの大きさが種によって大幅に異なることと、大きさと複雑さに相関関係がないという事実を取り巻く難問だ。例えば、アメーバのような単細胞生物のゲノムは、ヒトゲノムよりも遥(はる)かに大きい。この現象のため、ある生物の生化学的・構造的な複雑さをもたらす情報はDNAのどの部分にコードされているのか、非コードDNAはどこから来たのか、なぜ非常に合理的なゲノムを持つ生物もいれば、一見重複したDNA塩基配列を大量に持つ生物もいるのかといったといった疑問が生じる。

細胞の増殖

私たちの体は、それぞれの“母”細胞が自分のDNAを複製し分裂して同等な2つの娘細胞を作り出す、バレエのような整然とした現象によって成長し修復を行なっている。

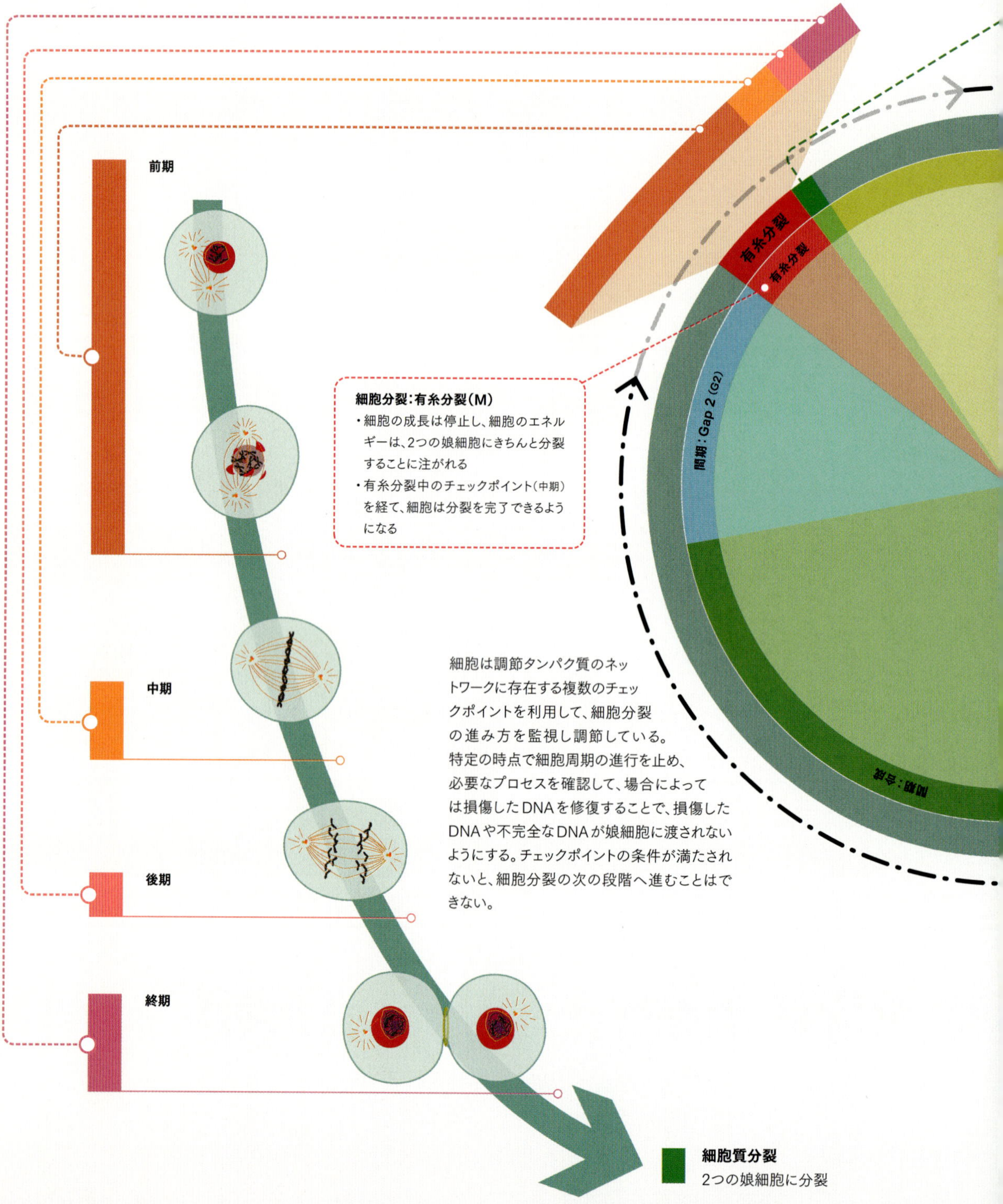

前期
中期
後期
終期
有糸分裂
有糸分裂
間期：Gap 2 (G2)
間期：合成
細胞質分裂
2つの娘細胞に分裂

細胞分裂：有糸分裂（M）

- 細胞の成長は停止し、細胞のエネルギーは、2つの娘細胞にきちんと分裂することに注がれる
- 有糸分裂中のチェックポイント（中期）を経て、細胞は分裂を完了できるようになる

細胞は調節タンパク質のネットワークに存在する複数のチェックポイントを利用して、細胞分裂の進み方を監視し調節している。特定の時点で細胞周期の進行を止め、必要なプロセスを確認して、場合によっては損傷したDNAを修復することで、損傷したDNAや不完全なDNAが娘細胞に渡されないようにする。チェックポイントの条件が満たされないと、細胞分裂の次の段階へ進むことはできない。

人間の細胞の寿命

白血球：1年以上
赤血球：4カ月
皮膚細胞：約2〜3週間
結腸細胞：4日
精子細胞：約3日
脳細胞：一生……残念なことに、大脳皮質のニューロンは死んでもほぼ置き換わらない

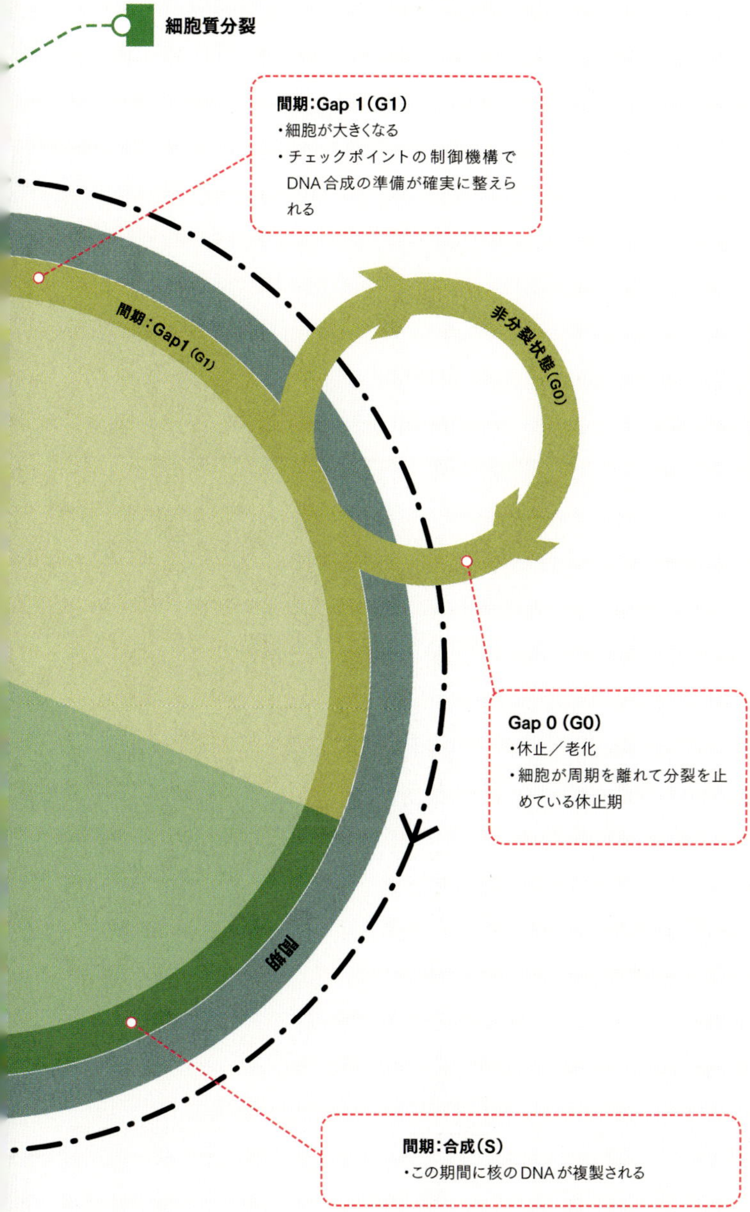
細胞質分裂
間期：Gap 1（G1）
・細胞が大きくなる
・チェックポイントの制御機構でDNA合成の準備が確実に整えられる
間期：Gap1（G1）
非分裂状態（G0）
Gap 0（G0）
・休止／老化
・細胞が周期を離れて分裂を止めている休止期
間期
間期：合成（S）
・この期間に核のDNAが複製される

種や細胞による細胞周期の違い

細胞が増殖する速度は一生のさまざまな時期や組織の種類、さらには種によって大きく異なる。ヒトの胚（はい）細胞は12時間ごとに分裂するが、成人の肝細胞の再生には1年近くかかる。細胞周期の各段階に費やされる時間もかなり異なる。

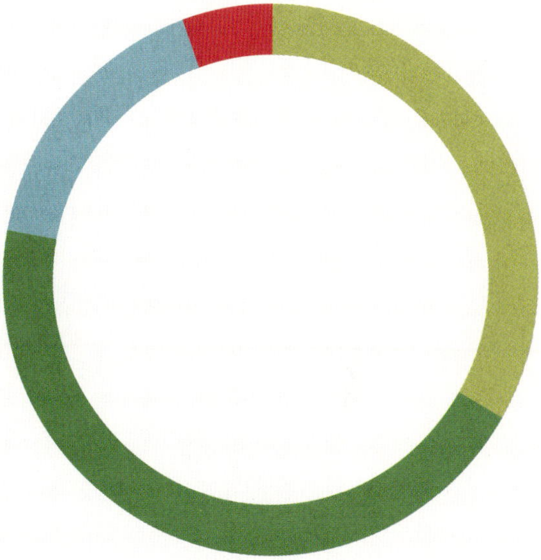
ヒト細胞（20時間）

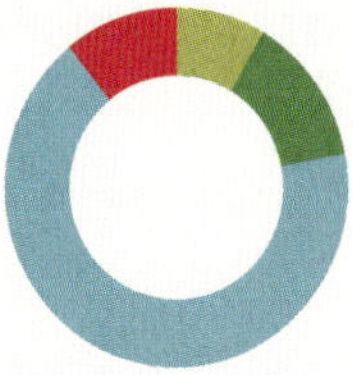
分裂酵母（2時間）

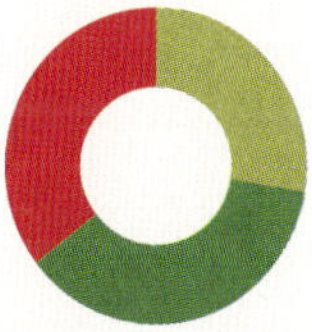
出芽酵母（2時間）

ショウジョウバエの胚（8分）

細胞の老化と死

多細胞生物は、細胞分裂によって古い細胞を置き換えている。だが、一部の動物では細胞の分裂がそのうち止まってしまう。人間では、平均約50回で分裂が止まる。それ以降の細胞は老化細胞と呼ばれる。細胞分裂が止まるのは、染色体の各末端でDNAを守り、複製に必要なテロメア配列が、複製するたびに短くなって最後には使い果たされてしまうからだ。人間の寿命を延ばす研究では、テロメアの保護や再構築がしばしば注目される。

有性生殖と多様性

突然変異は細胞ゲノムのDNA配列に起きる変化だ。これは多様性の根本的原因であり、多様性がなければ進化もありえない。突然変異はランダムに起きるが、環境に適合できるかどうかや遺伝率によって、その影響の出方が決まる。

減数分裂中の組み換え

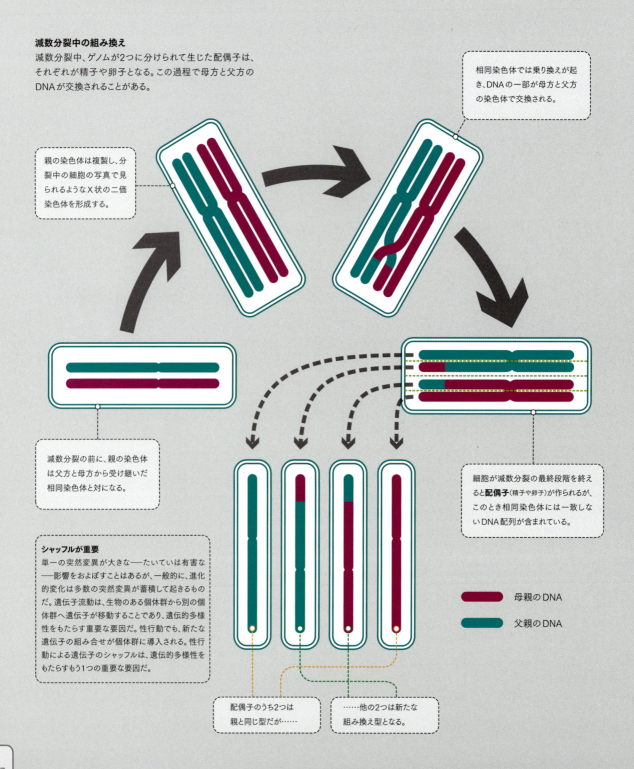

減数分裂中、ゲノムが2つに分けられて生じた配偶子は、それぞれが精子や卵子となる。この過程で母方と父方のDNAが交換されることがある。

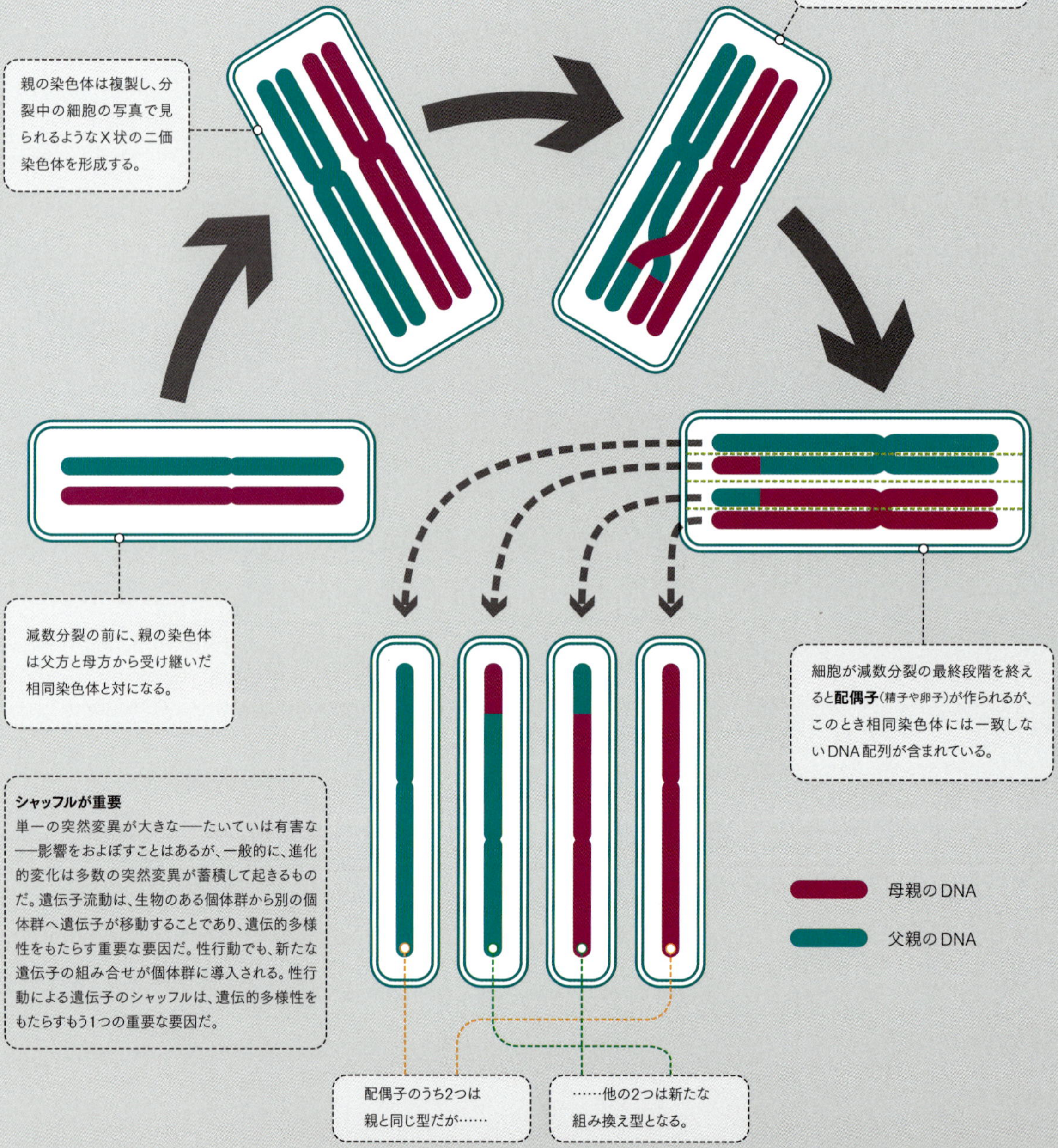

相同染色体では乗り換えが起き、DNAの一部が母方と父方の染色体で交換される。
親の染色体は複製し、分裂中の細胞の写真で見られるようなX状の二価染色体を形成する。
減数分裂の前に、親の染色体は父方と母方から受け継いだ相同染色体と対になる。
細胞が減数分裂の最終段階を終えると**配偶子**(精子や卵子)が作られるが、このとき相同染色体には一致しないDNA配列が含まれている。
母親のDNA
父親のDNA
配偶子のうち2つは親と同じ型だが……
……他の2つは新たな組み換え型となる。

シャッフルが重要

単一の突然変異が大きな――たいていは有害な――影響をおよぼすことはあるが、一般的に、進化的変化は多数の突然変異が蓄積して起きるものだ。遺伝子流動は、生物のある個体群から別の個体群へ遺伝子が移動することであり、遺伝的多様性をもたらす重要な要因だ。性行動でも、新たな遺伝子の組み合せが個体群に導入される。性行動による遺伝子のシャッフルは、遺伝的多様性をもたらすもう1つの重要な要因だ。

多様性と自然選択による進化
遺伝子やDNA塩基配列のレベルで小規模な突然変異と染色体の組み換えが組み合わさることで、世代ごとに多様性がもたらされる。この図の場合、環境は丸くて濃い色の子孫にとって有利に働く。四角くて薄い色の子孫は死滅する運命だ。

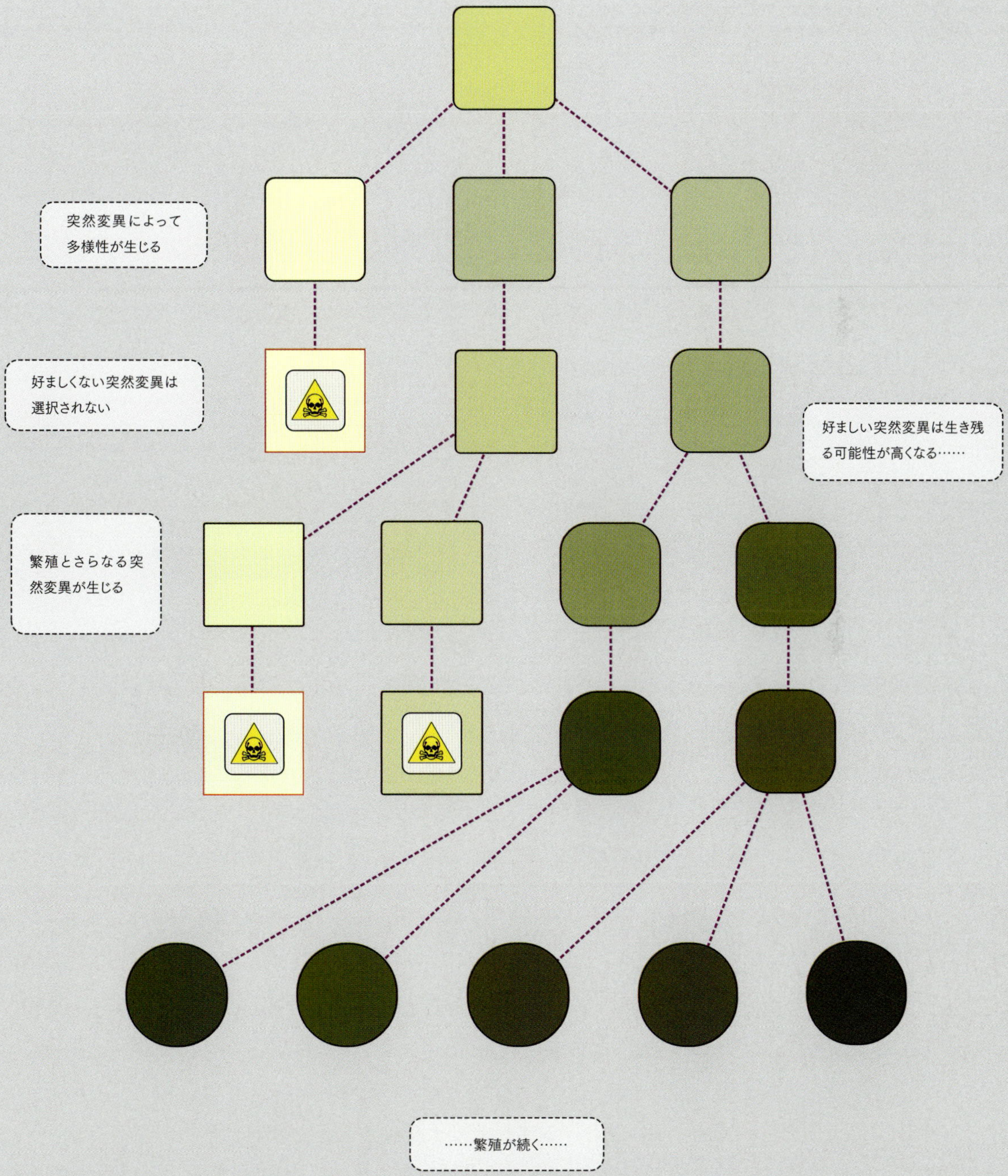
突然変異によって
多様性が生じる
好ましくない突然変異は
選択されない
好ましい突然変異は生き残
る可能性が高くなる……
繁殖とさらなる突
然変異が生じる
……繁殖が続く……

細菌

細菌は生命の夜明けから地球に存在し、今なお栄えている。生化学的には驚異的な速さで適応し、抗生物質耐性などを獲得するが、構造的には何十億年も変化していない。

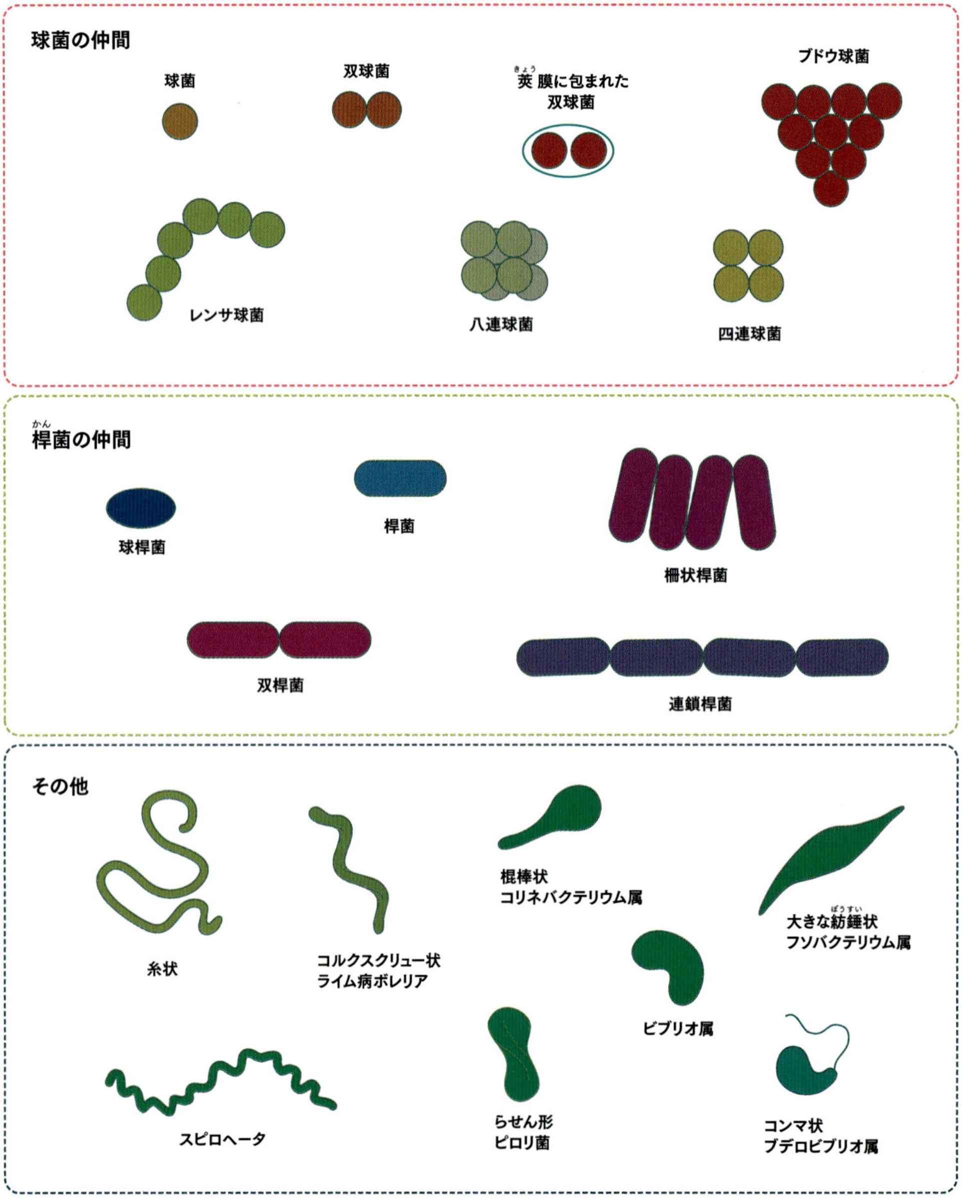
球菌の仲間
球菌
双球菌
莢膜に包まれた
双球菌
ブドウ球菌
レンサ球菌
八連球菌
四連球菌
桿菌の仲間
球桿菌
桿菌
柵状桿菌
双桿菌
連鎖桿菌
その他
糸状
コルクスクリュー状
ライム病ボレリア
棍棒状
コリネバクテリウム属
大きな紡錘状
フソバクテリウム属
ビブリオ属
スピロヘータ
らせん形
ピロリ菌
コンマ状
ブデロビブリオ属

細菌には何千もの種があるが、基本的な形態は3つに分かれる。小さな球状の**球菌**、棒状や竿状の**桿菌**とそれ以外（らせん状や渦巻き状のものは**スピロヘータ**と呼ばれる）だ。細菌は個々の菌体として存在することもあるが、いっしょになってペア状や鎖状などの連結した構造を形成するものもある。

人体の微生物叢

人体で見つかる細菌の総数は、人間の細胞１個あたり1.5〜10個と推定される。人体の微生物叢に関わる細菌遺伝子の総数は、人間の遺伝子の総数の80倍以上になることがある。控えめに見積もっても、70kgの平均的な人間は約30兆個の細胞と40兆個の細菌によって構成されているのだ。

5,000,000,000,000,000,000,000,000,000,000

地球上の細菌の推定数——宇宙のそれぞれの星に700億個を超える細菌が行き渡る計算だ。

人間の皮膚の細菌マップ

人体は、細菌にさまざまな豊かな環境を提供している。体の部位が異なれば、住み着いている原核生物のコミュニティーも大きく異なってくる。ほとんどの微生物はそれほど有害ではなく、体の健康に必要なプロセスを維持するのに役立っているものも多い。

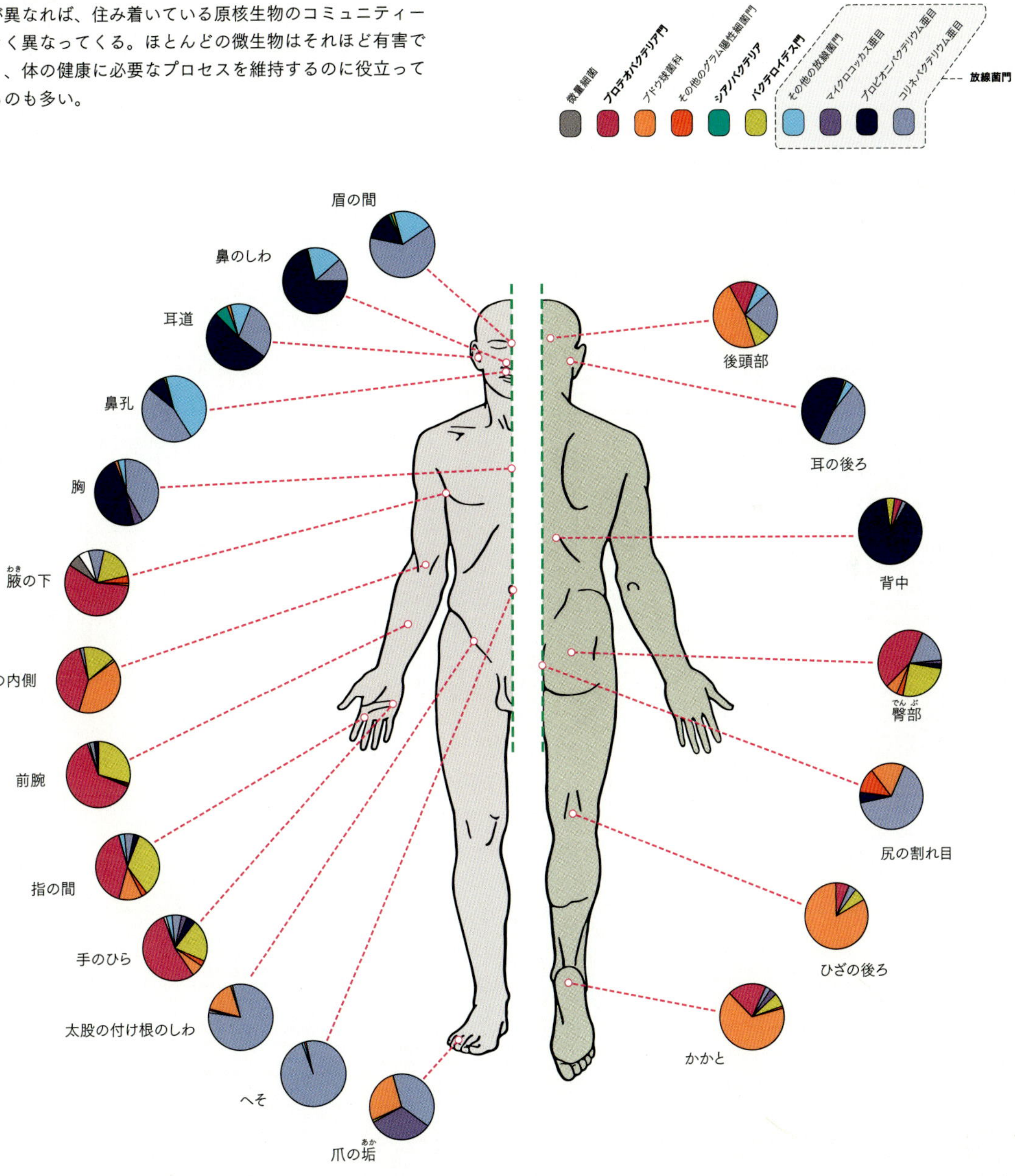

微量細菌
プロテオバクテリア門
ブドウ球菌科
その他のグラム陽性細菌門
シアノバクテリア
バクテロイデス門
その他の放線菌門
マイクロコッカス亜目
プロピオニバクテリウム亜目
コリネバクテリウム亜目
放線菌門
眉の間
鼻のしわ
耳道
鼻孔
胸
腋の下
肘の内側
前腕
指の間
手のひら
太股の付け根のしわ
へそ
爪の垢
後頭部
耳の後ろ
背中
臀部
尻の割れ目
ひざの後ろ
かかと

単細胞生物

最初期の真核生物は単細胞だったが、ある時点で多細胞へ進化したことで、肉眼で見える、驚異的で多様な美しい生物の領域が発展した。原生生物の群体が、最古の真の動物であるカイメンや有櫛動物といった多細胞動物に進化したという説もある。

アメーバ

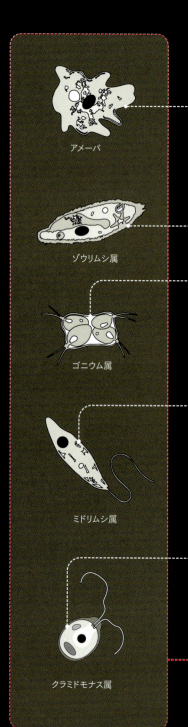

アメーバとは、主に仮足の伸縮によって変形することのできる種類の細胞や生物を指し、単一の分類群ではない。アメーバ状の細胞としては、単細胞の原生生物だけでなく、菌類や藻類、動物の特殊化した細胞などがある。人間の免疫系でも、ある種の白血球は**アメーバ状**だ。

原生生物

基本的には、決して多細胞化せず、独立した細胞または群体として存在する真核生物で、群体であっても別々の組織に分化することはない。通常は無性生殖で繁殖する。特定の条件下で一部の細胞が分化することはあるが、有性生殖の配偶子の生産に限られており、植物のような形態と被嚢になったときの休眠（耐性）期を交互に繰り返す。

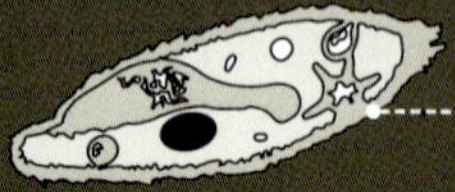

ゾウリムシ属

ゾウリムシ属は非光合成原生動物でスリッパのような形を持つ。通常は長さ0.25mm未満で、繊毛と呼ばれる小さな毛のような突起で覆われている。**従属栄養性**の場合が多く、細菌などの小さな生物を捕食している。

ゴニウム属は群体を作る藻類だ。典型的な群体は、ボルボックスの群体と同様に同じ大きさの4～16個の細胞が"前"も"後ろ"もない平板状に配列している。

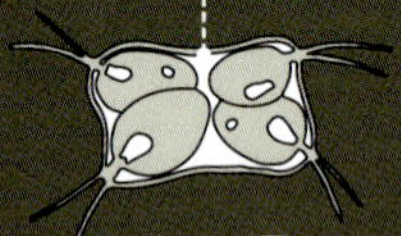

ゴニウム属

ミドリムシ属は葉緑体を持つため、植物のように光合成で栄養分を得ることができる。しかし、動物のように従属栄養性で、捕食をする仲間もいる。ミドリムシは動物と植物の両方の特徴を持つため、当初は分類が難しかった。

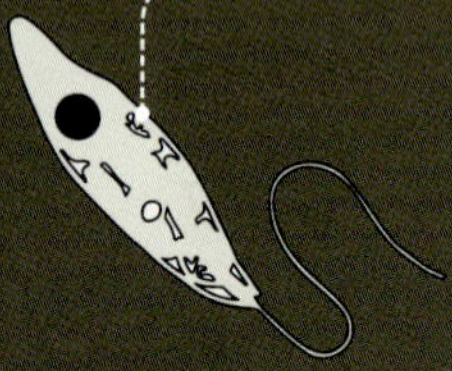

ミドリムシ属

ボルボックス

球状の群体を形成する緑藻類の属の1つで、細胞数は最大5万個近くになる。ボルボックスの祖先は、約2億年前の三畳紀に単細胞の原生生物から進化し、多細胞の群体を形成するようになった。ボルボックスとその近縁種45種のDNA配列によると、単細胞から未分化の多細胞でできた群体に変化するだけでも約3,500万年かかったらしい。成熟したボルボックスの群体では、ゼラチン状の糖タンパク質でできた細胞間マトリックスが中空の球体を形成し、その表面にクラミドモナスによく似た多数の鞭毛細胞が埋め込まれている。

クラミドモナス属は単細胞で鞭毛を持つ緑藻類で、淡水、海水を問わず淀んだ水域や湿地で見られる。

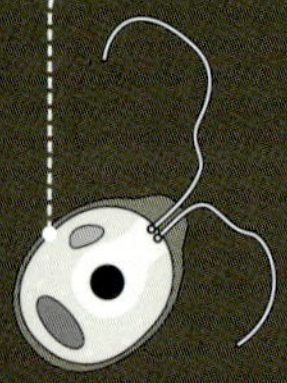

クラミドモナス属

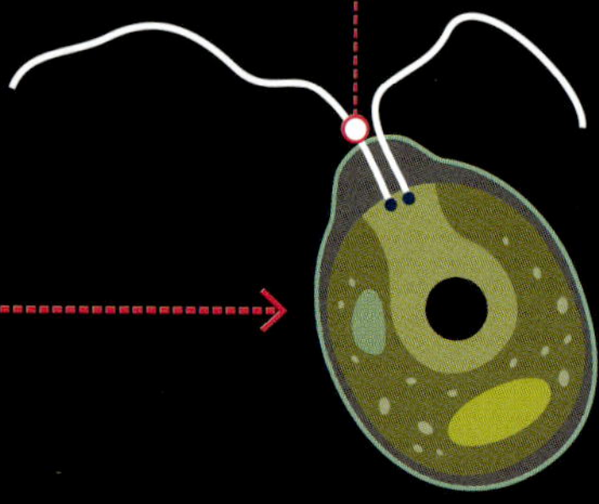

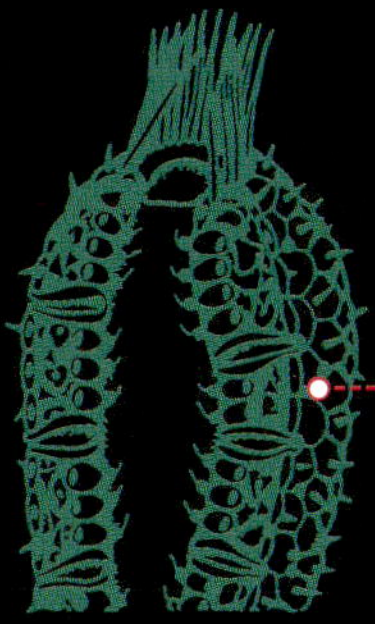

カイメン

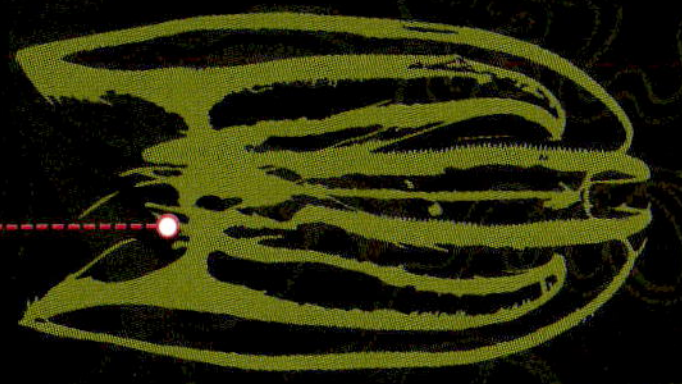

有櫛動物

単細胞の群体とは対照的に、多細胞生物は最も単純なものであっても、生き残るため互いに依存する数種類の細胞を持つ。ほとんどの多細胞生物の生活環には単細胞の段階がある。例えば、配偶子（卵子や精子など）は多細胞生物の生殖に関わる単細胞だ。多細胞性は生物の歴史の中で何度も別々に進化したらしい。最も原始的な真の**後生動物**が**カイメン**と**有櫛動物**だ。

それぞれのボルボックス細胞は細胞質の細い糸で互いに連結されているため、群体全体が協調して泳ぐことができる。それぞれの細胞には小さな赤い眼点もある。群体には“前端”と“後端”もあり、“前端”の眼点がよく発達しているため、群体は光に向かって方へ泳ぐことができる。こうした細胞の分化のためにボルボックスは非常にユニークであり、**多細胞生物**に極めて近い群体となっている。

ボルボックスの群体は直径2mmを超えることがあり、肉眼でも簡単に見える。

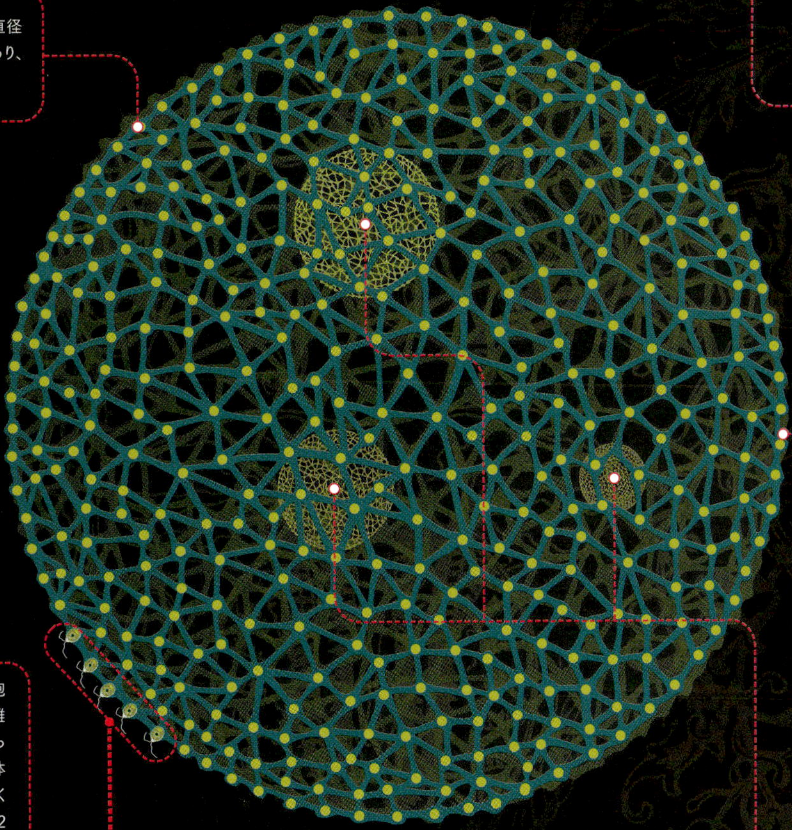

群体性の原生生物と真の多細胞生物を見分けるのがしばしば難しいのは、この2つの概念にはっきりした区別がないからだ。群体性の原生生物は多細胞ではなく**複数細胞**と呼ばれ、真核生物の2つの大きなグループの間に位置している。

ほとんどのボルボックスの群体は、内部にいくつかの球体がある。これらは群体の中央付近にある細胞から無性生殖によって生じた“娘”群体だ。こうした細胞が大きくなって一連の細胞分裂を行うと、小さい球体が形成される。娘群体が自分自身の内側と外側を反転させると、親群体は娘群体を周囲の水中に放出する。

先カンブリア時代の生物：エディアカラ生物群

1,950年代までは、複雑な生命が誕生したのは、約５億4,000万年前に始まったカンブリア時代からだというのが一般的な考え方だった。しかし最近、化石記録から、体の大きさが数mmから数ｍで、幅広い形態学的特徴を示す生物群が長期間存在していたことが明らかになった。

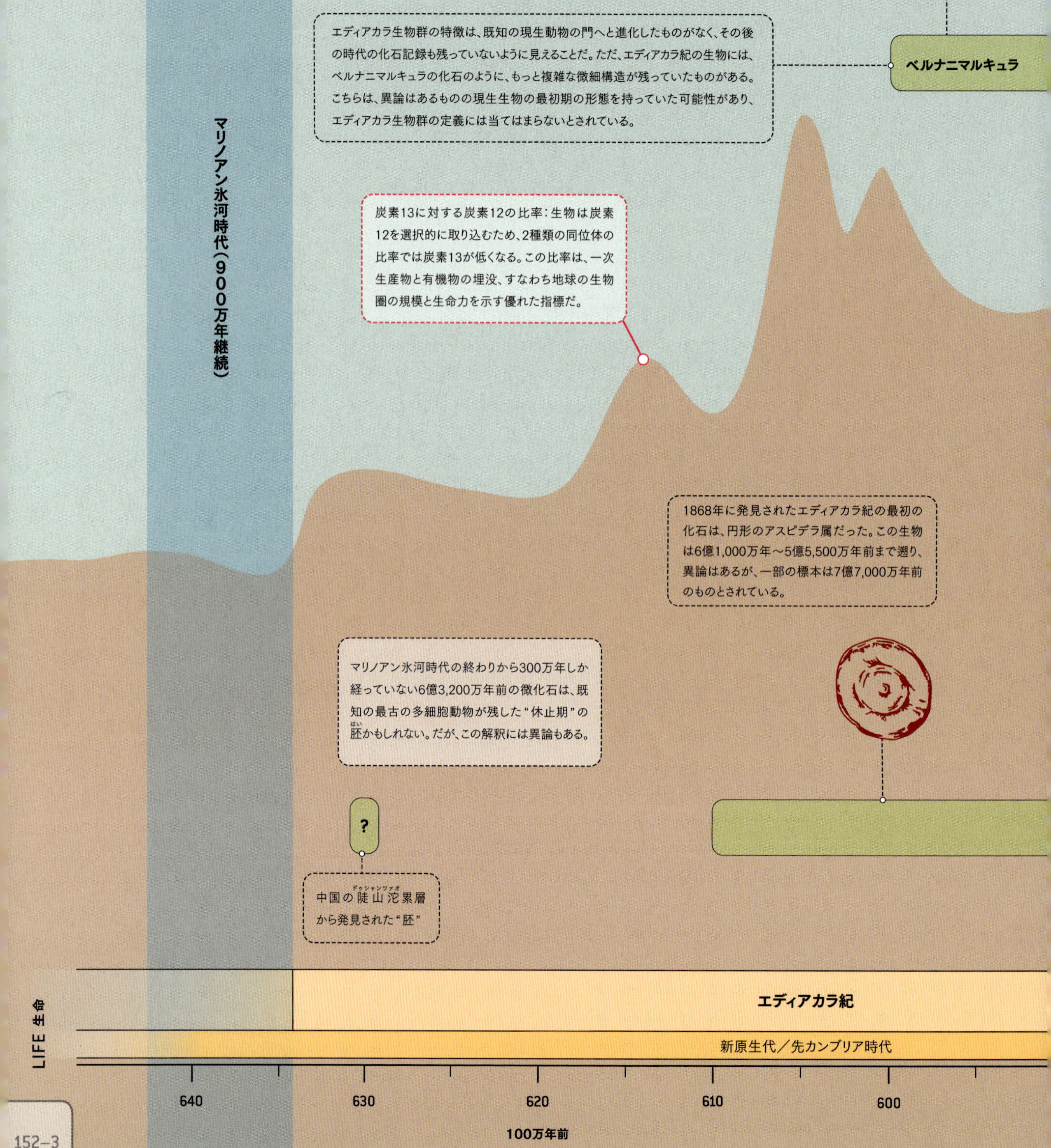
ベルナニマルキュラ
エディアカラ生物群の特徴は、既知の現生動物の門へと進化したものがなく、その後の時代の化石記録も残っていないように見えることだ。ただ、エディアカラ紀の生物には、ベルナニマルキュラの化石のように、もっと複雑な微細構造が残っていたものがある。こちらは、異論はあるものの現生生物の最初期の形態を持っていた可能性があり、エディアカラ生物群の定義には当てはまらないとされている。
マリノアン氷河時代（900万年継続）
炭素13に対する炭素12の比率：生物は炭素12を選択的に取り込むため、2種類の同位体の比率では炭素13が低くなる。この比率は、一次生産物と有機物の埋没、すなわち地球の生物圏の規模と生命力を示す優れた指標だ。
1868年に発見されたエディアカラ紀の最初の化石は、円形のアスピデラ属だった。この生物は6億1,000万年～5億5,500万年前まで遡り、異論はあるが、一部の標本は7億7,000万年前のものとされている。
マリノアン氷河時代の終わりから300万年しか経っていない6億3,200万年前の微化石は、既知の最古の多細胞動物が残した“休止期”の胚かもしれない。だが、この解釈には異論もある。
?
中国の陡山沱累層から発見された“胚”
エディアカラ紀
新原生代／先カンブリア時代
640
630
620
610
600
100万年前

保存

こうした化石が残っていたことは、大きな関心と議論の的である。軟体生物なので普通なら化石化しない上、バージェス頁岩やドイツのゾルンホーフェン石灰岩で見つかる後の時代の軟体生物の化石群のように、珍しい地域的状況に置かれた極めて特殊な環境で見つかるものでもない。エディアカラ生物群は世界中に分布していた。

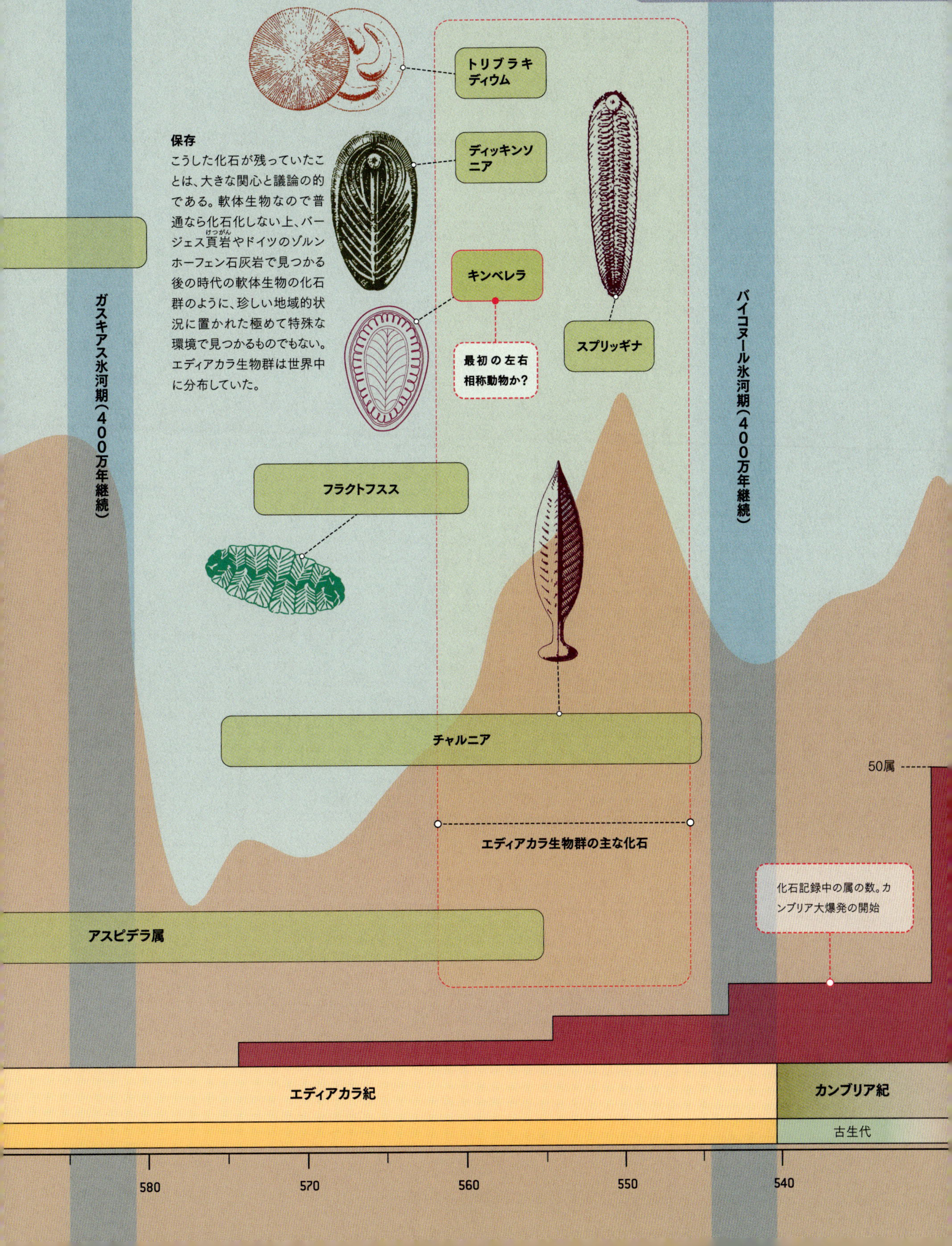
トリブラキディウム
ディッキンソニア
キンベレラ
最初の左右相称動物か?
スプリッギナ
ガスキアス氷河期（400万年継続）
バイコヌール氷河期（400万年継続）
フラクトフスス
チャルニア
エディアカラ生物群の主な化石
50属
化石記録中の属の数。カンブリア大爆発の開始
アスピデラ属
エディアカラ紀
カンブリア紀
古生代
580
570
560
550
540

左右相称動物

左右相称動物は左右相称な体を持つ動物、すなわち体に前端と後端、上部と下部があり、左右が相称となっている動物だ。前端には頭部があり、したがって脳がある。

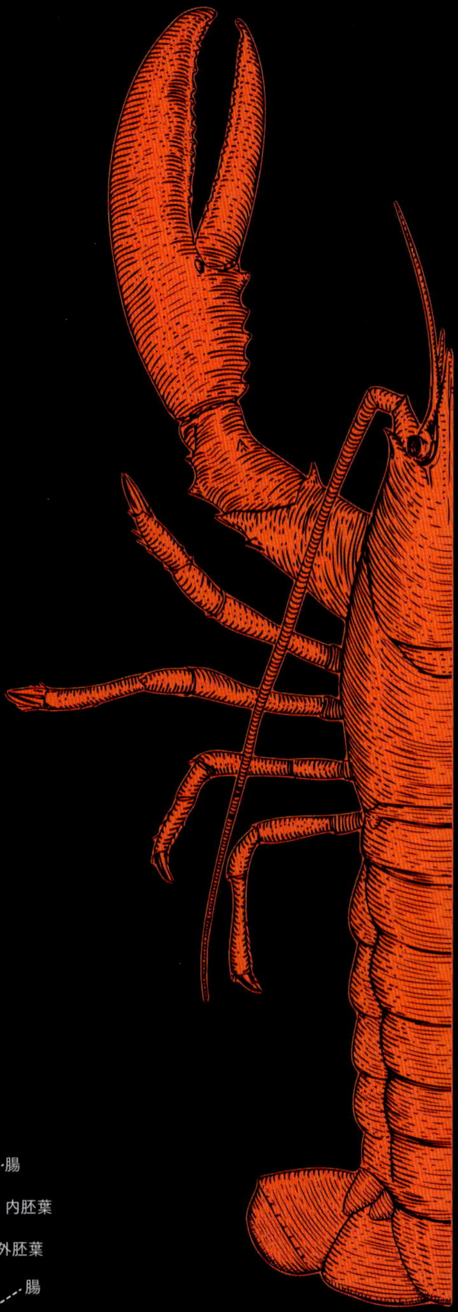

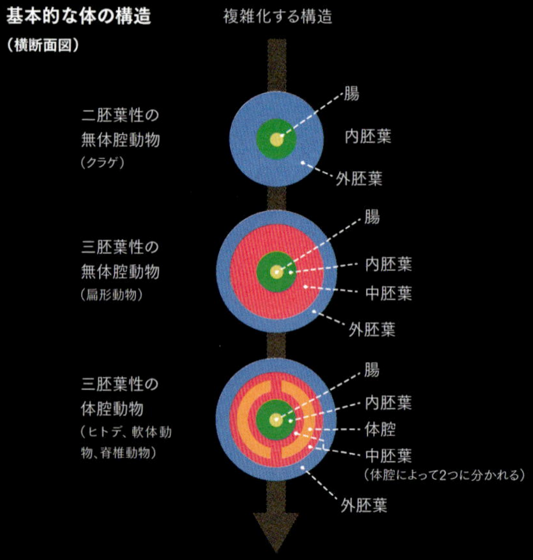
基本的な体の構造
（横断面図）
複雑化する構造
二胚葉性の
無体腔動物
（クラゲ）
腸
内胚葉
外胚葉
三胚葉性の
無体腔動物
（扁形動物）
腸
内胚葉
中胚葉
外胚葉
三胚葉性の
体腔動物
（ヒトデ、軟体動物、脊椎動物）
腸
内胚葉
体腔
中胚葉
（体腔によって2つに分かれる）
外胚葉

体の構造と相称性

左右相称動物は、動物では現生の門の大半を含む主要なグループだが、カイメンやクラゲ、イソギンチャク、ウニは含まれない。ほとんどの場合、左右相称動物の胚は**内胚葉**、**中胚葉**、**外胚葉**を形成する三胚葉性だ。ほとんどのものが左右相称かほぼ相称だが、もっともはっきりした例外はヒトデであり、成体は放射相称に近いが、幼生は左右相称になる。

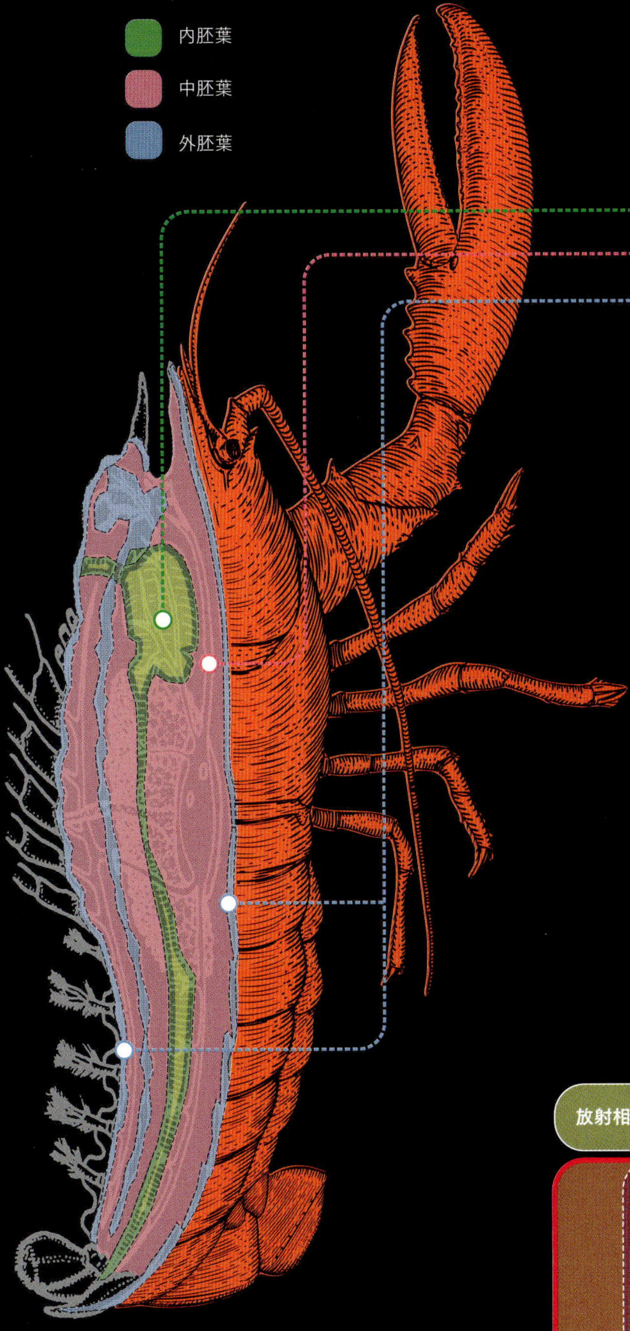
内胚葉
中胚葉
外胚葉

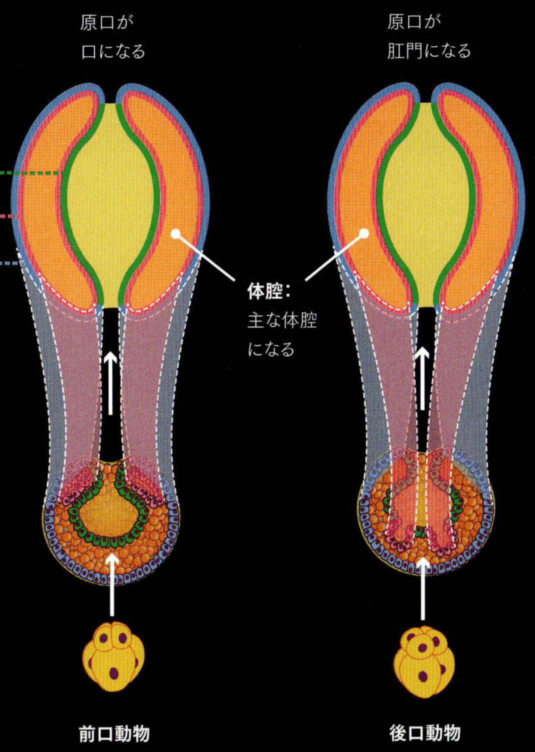
原口が
口になる
原口が
肛門になる
体腔：
主な体腔
になる
前口動物
後口動物

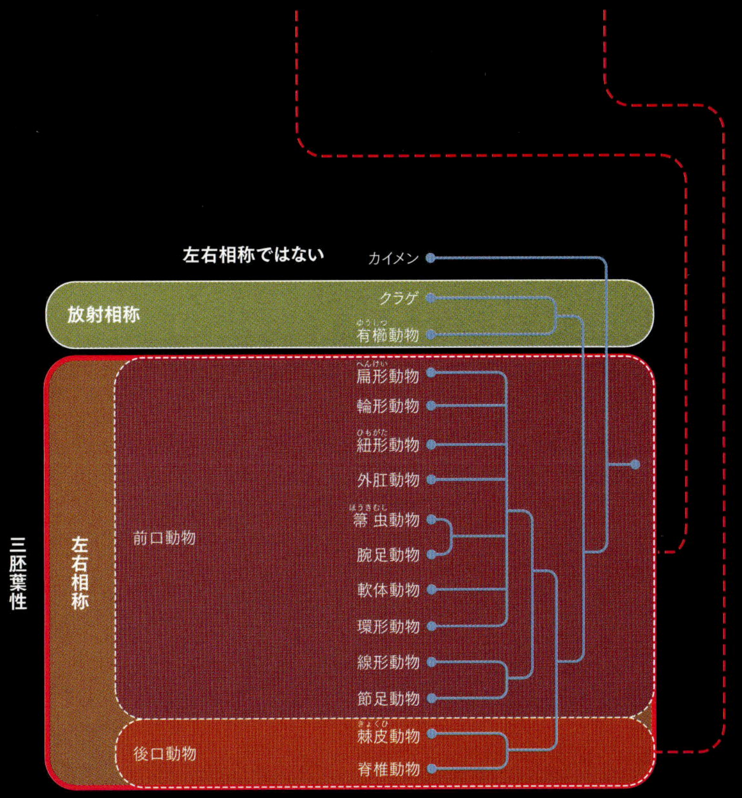
左右相称ではない
カイメン
放射相称
クラゲ
有櫛動物
三胚葉性
左右相称
前口動物
扁形動物
輪形動物
紐形動物
外肛動物
箒虫動物
腕足動物
軟体動物
環形動物
線形動物
節足動物
後口動物
棘皮動物
脊椎動物

三胚葉性とは、胚の中に**外胚葉**、**中胚葉**、**内胚葉**の3種類の細胞があることを意味する。すべての左右相称動物は三胚葉性だが、一部の左右相称動物（ヒトデやウニなど）は最終的に放射相称になる。ただ、それらも左右相称性の祖先から進化したため、幼生の体は今でも左右相称だ。

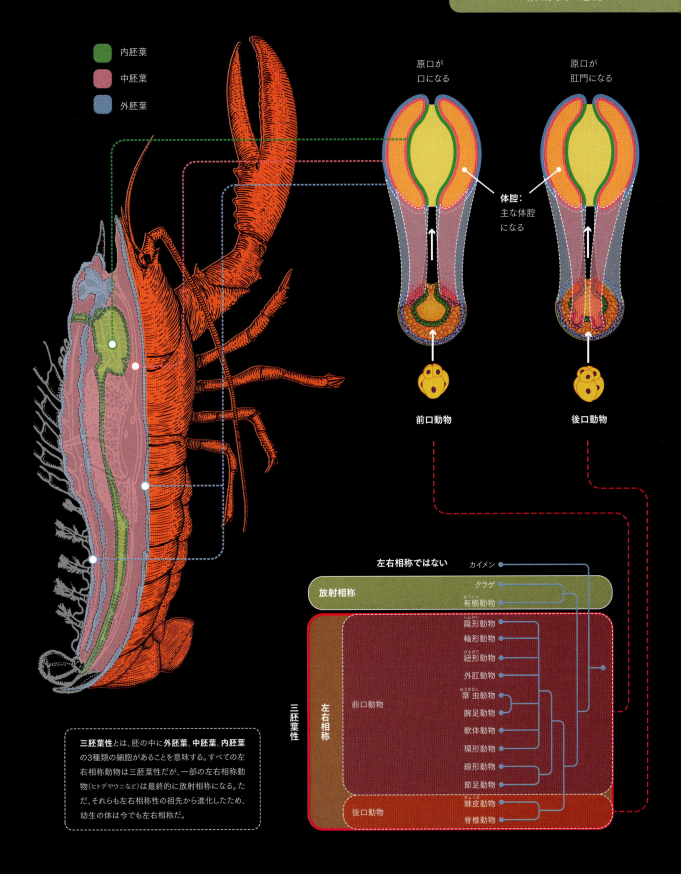

大量絶滅イベントと進化

生物の多様性
- 海生無脊椎動物
- 昆虫
- 維管束植物
- 陸生四肢動物

絶滅の原因と考えられる事象
- 有毒物質の増加：O_2濃度／メタンの放出
- 海水準の変動
- 火山活動：洪水玄武岩噴出
- 小惑星の衝突
- 気候変動

- 大陸氷河作用
- 全球的な海水準

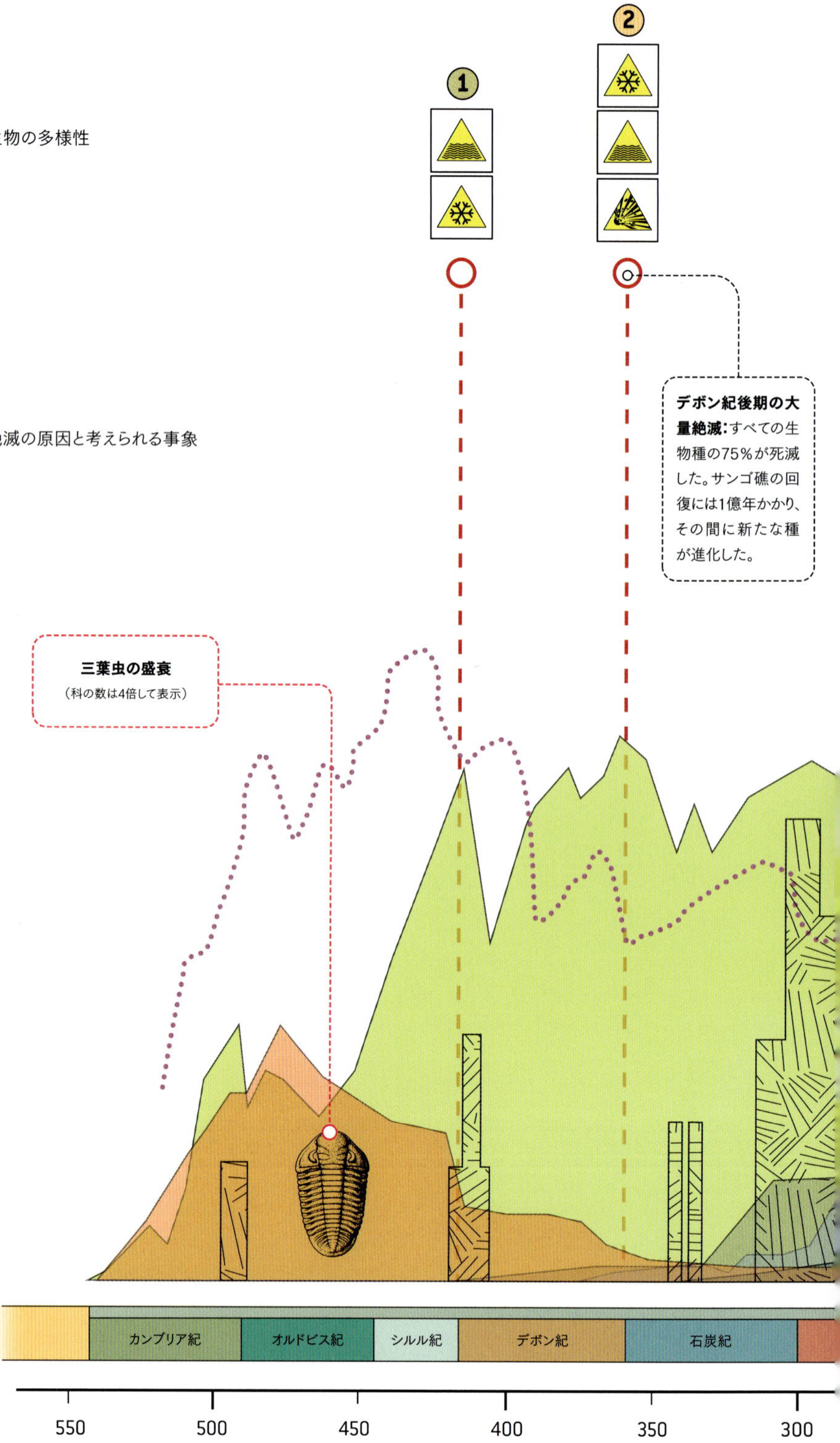

1
2
デボン紀後期の大量絶滅：すべての生物種の75％が死滅した。サンゴ礁の回復には1億年かかり、その間に新たな種が進化した。
三葉虫の盛衰
（科の数は4倍して表示）
カンブリア紀
オルドビス紀
シルル紀
デボン紀
石炭紀
100万年前
550
500
450
400
350
300

現在見られる生物は非常に多様だが、これらは地球に存在した生物のほんの一部に過ぎない。かつて存在していた種の99％以上が現在は絶滅している。生物系では一定の割合での絶滅は普通のことだが、地球上の生物の進化の道のりは、5回の**大量絶滅**によって劇的に変化した。地球上の種の75％以上が数百万年の間に消滅するなど、絶滅の速度が種分化の速度を大幅に上回る場合、大量絶滅が起きたとされる。

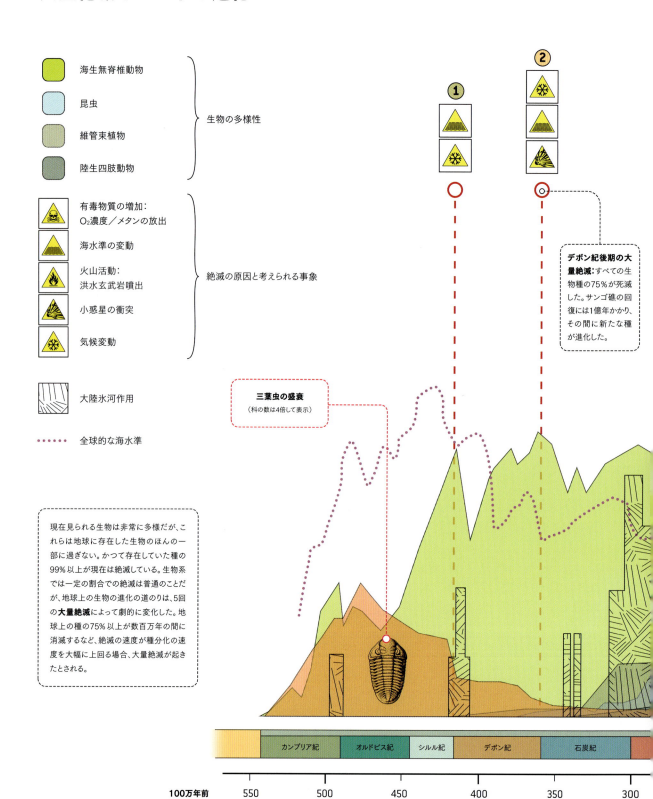

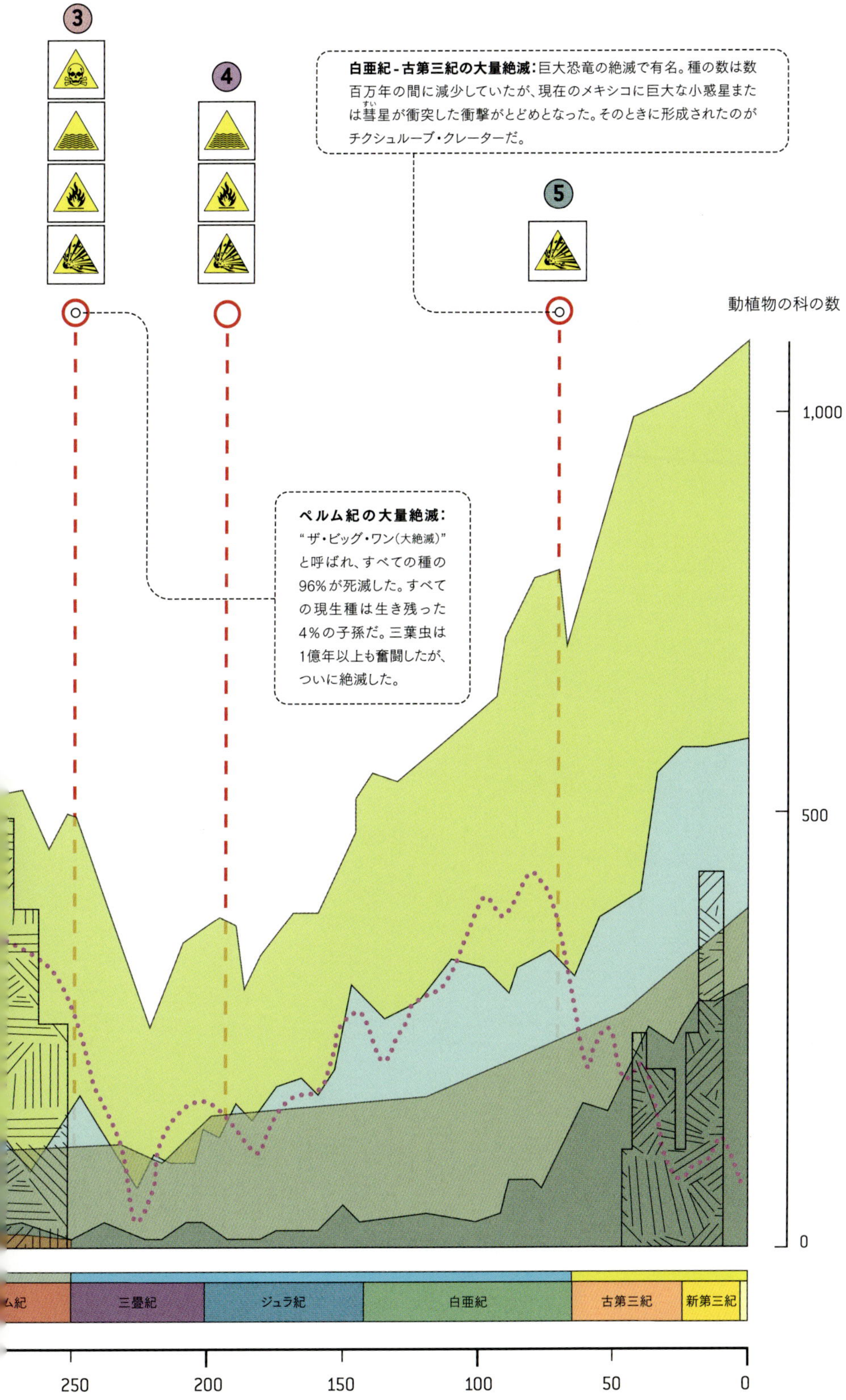

白亜紀 - 古第三紀の大量絶滅：巨大恐竜の絶滅で有名。種の数は数百万年の間に減少していたが、現在のメキシコに巨大な小惑星または彗星が衝突した衝撃がとどめとなった。そのときに形成されたのがチクシュルーブ・クレーターだ。
ペルム紀の大量絶滅：“ザ・ビッグ・ワン（大絶滅）”と呼ばれ、すべての種の96%が死滅した。すべての現生種は生き残った4%の子孫だ。三葉虫は1億年以上も奮闘したが、ついに絶滅した。
3
4
5
動植物の科の数
1,000
500
0
ム紀
三畳紀
ジュラ紀
白亜紀
古第三紀
新第三紀
250
200
150
100
50
0

勝者と敗者

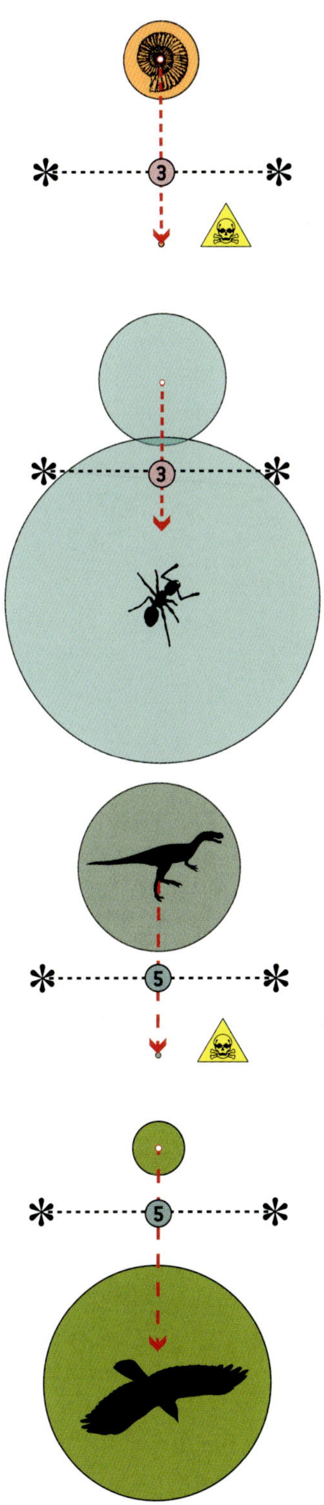

3
3
5
5

カンブリア爆発

カンブリア爆発は進化の上では比較的短い期間だが、この間に化石記録として残っている主要な動物門のほとんどが出現した。カンブリア爆発以前、ほとんどの生物は単純な単細胞で、それらが群体を作ることもあった。

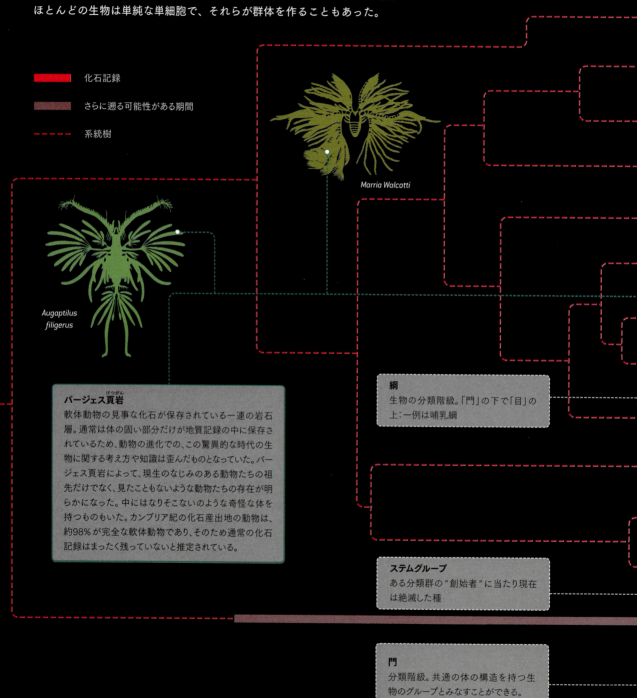

化石記録

さらに遡る可能性がある期間

系統樹

Marria Walcotti

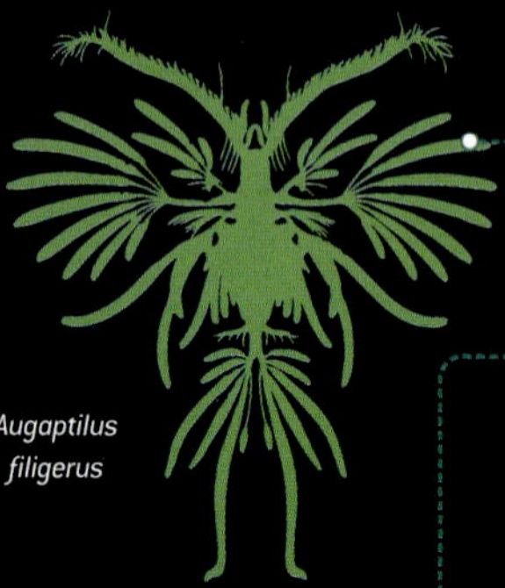

Augaptilus filigerus

バージェス頁岩

軟体動物の見事な化石が保存されている一連の岩石層。通常は体の固い部分だけが地質記録の中に保存されているため、動物の進化での、この驚異的な時代の生物に関する考え方や知識は歪んだものとなっていた。バージェス頁岩によって、現生のなじみのある動物たちの祖先だけでなく、見たこともないような動物たちの存在が明らかになった。中にはなりそこないのような奇怪な体を持つものもいた。カンブリア紀の化石産出地の動物は、約98%が完全な軟体動物であり、そのため通常の化石記録はまったく残っていないと推定されている。

綱

生物の分類階級。「門」の下で「目」の上：一例は哺乳綱

ステムグループ

ある分類群の"創始者"に当たり現在は絶滅した種

門

分類階級。共通の体の構造を持つ生物のグループとみなすことができる。

新原生代

750　700　650　600

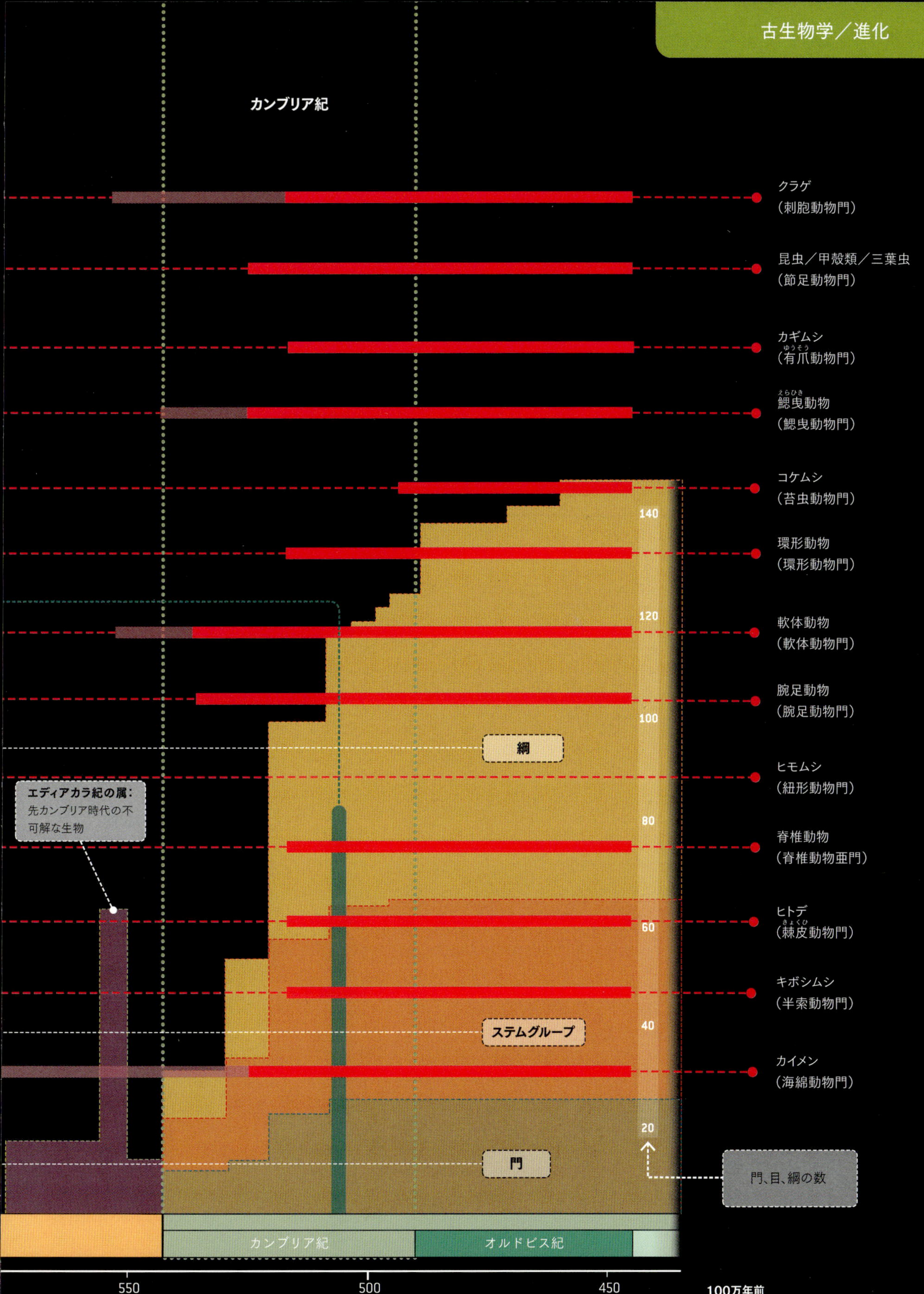
カンブリア紀
クラゲ
（刺胞動物門）
昆虫／甲殻類／三葉虫
（節足動物門）
カギムシ
（有爪動物門）
鰓曳動物
（鰓曳動物門）
コケムシ
（苔虫動物門）
環形動物
（環形動物門）
軟体動物
（軟体動物門）
腕足動物
（腕足動物門）
ヒモムシ
（紐形動物門）
脊椎動物
（脊椎動物亜門）
ヒトデ
（棘皮動物門）
キボシムシ
（半索動物門）
カイメン
（海綿動物門）
エディアカラ紀の属：
先カンブリア時代の不可解な生物
綱
ステムグループ
門
門、目、綱の数
140
120
100
80
60
40
20
カンブリア紀
オルドビス紀
550
500
450
100万年前

脊索動物

脊索動物への分岐は、生物の進化の過程で重要な分岐点となった。背側神経管と脊索の出現は、最終的に中枢神経系と、脊椎動物の脳の出現につながった。この脳こそ、地球を支配する器官である。

脊索動物の基本的な体の構造
脊索動物は左右相称性を持つ活発な動物で、その体は縦方向に頭部、胴体、尾部に分化する。最も顕著な形態学的特徴は、脊索と背側神経管、肛門の後ろにある尾、鰓裂だ。

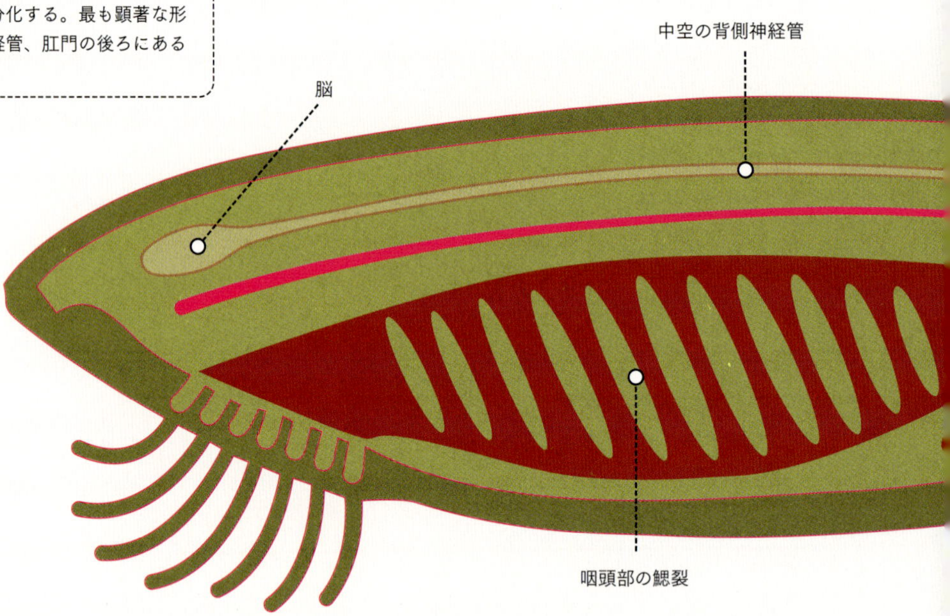

中空の背側神経管
脳
咽頭部の鰓裂

最古の脊索動物？
ユンナノゾーンは、カンブリア紀初期に当たる５億2,500万年前の化石（体長23mm）が見つかっており、最古の脊索動物の候補の１つとされている。カンブリア爆発の初期に有頭動物が存在したことがわかる、非常に重要な標本だ。

棘皮動物の幼生は左右相称で自由遊泳性を持ち、未発達の脊索動物のように見えるが、成体はもっと馴染み深い五放射相称形になる。

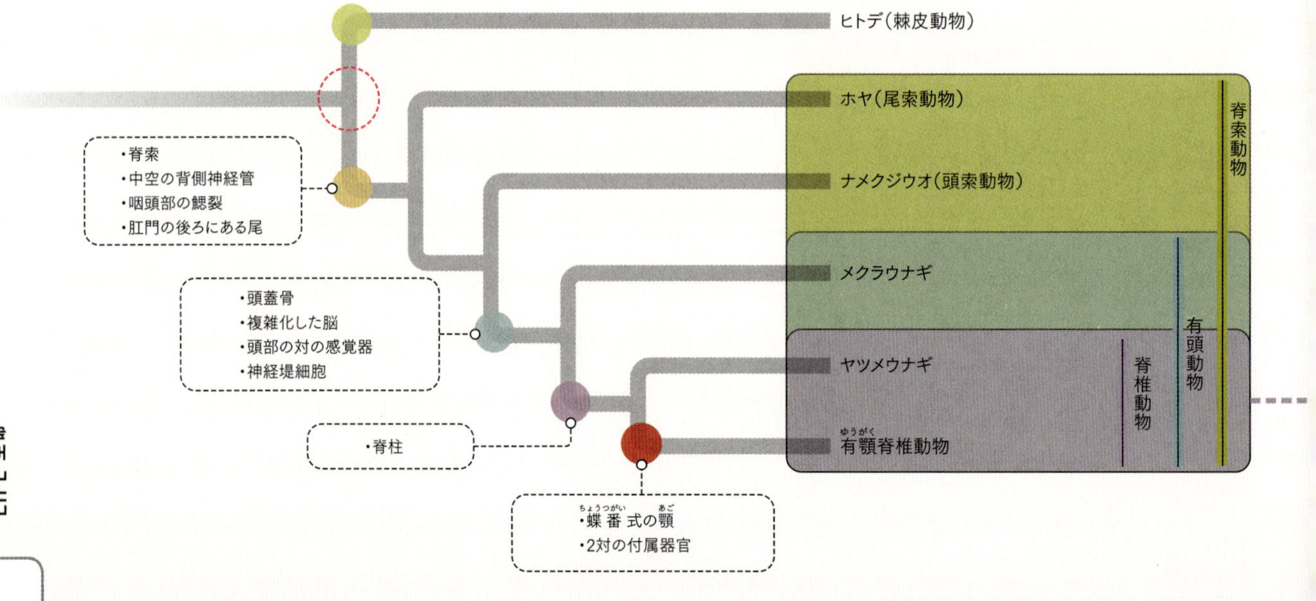

ヒトデ（棘皮動物）
ホヤ（尾索動物）
ナメクジウオ（頭索動物）
メクラウナギ
ヤツメウナギ
有顎脊椎動物
脊索動物
有頭動物
脊椎動物
・脊索
・中空の背側神経管
・咽頭部の鰓裂
・肛門の後ろにある尾
・頭蓋骨
・複雑化した脳
・頭部の対の感覚器
・神経堤細胞
・脊柱
・蝶番式の顎
・2対の付属器官

高度な神経系と体内の筋骨格系は、脊椎動物の画期的な特徴である。それまでとは異なるレベルの知性を持つ動物が、生物圏に解き放たれたのだ。魚類は類人猿と比べるとあまり頭がよさそうではないが、扁形動物と比べたらずっとましだ。無脊椎動物界の例外の1つはタコで、かなりの数の脊椎動物と同程度か、より頭がいいと考えられる。爬虫類や鳥類などの脊椎動物は、力強く、速く、敏捷に動く能力と知能が組み合わさったことで、自然界で生きる上で非常に有利になっている。

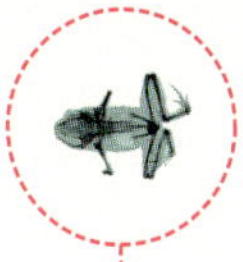

実物大

パエドフリン・アマウンシス
パプアニューギニアで発見され、2012年に発表された新種のカエル。体長7.7mmで、世界最小の既知の脊椎動物と考えられている。

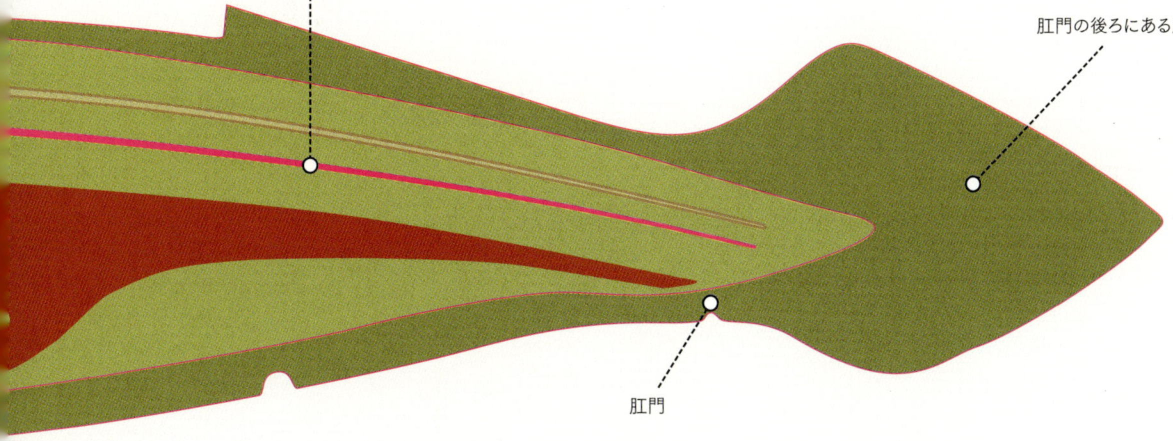
脊索
肛門の後ろにある尾
肛門

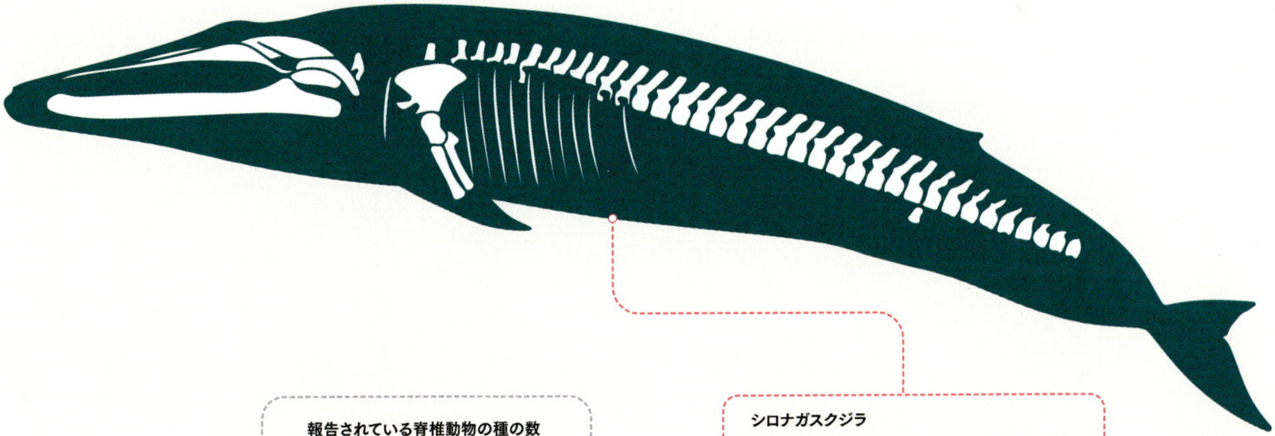

報告されている脊椎動物の種の数
- 両生類　6,199
- 鳥類　9,956
- 魚類　30,000
- 哺乳類　5,416
- 爬虫類　8,240

総数　59,811

シロナガスクジラ
現存する最大の動物種で、これまで存在した既知の動物の中でも最も重い。
- **体長**：約30m
- **体重**：7万3,000〜13万6,000kg
- **寿命**：約80年

魚類

デボン紀には顎のある魚が急速に多様化し、現生のすべてのグループが出現し繁栄していた。既知の現生種の数は３万を超え、魚類はすべての脊椎動物種の半数以上を占めている。

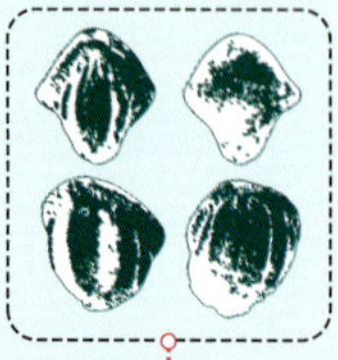

板皮類
装甲を持つ先史時代の魚類で、絶滅した綱の1つ。体長は最大10m、体重は最大3,600kgにおよぶ最大級の種類だ。デボン紀を支配した“超肉食”の頂点捕食者だったが、進化してきたサメや条鰭類より泳ぎが遅くて鈍重だったため、競争や一連の衝撃的な環境の変化によって姿を消した。

棘魚類
この絶滅した魚類綱には、棘鮫類という紛らわしい別名もあるが、サメではない。ただし、現在の硬骨魚類や軟骨魚類と同じ特徴を持っている。形はどこかサメに似ているが、皮膚は小さな**菱形の鱗**で覆われていた。

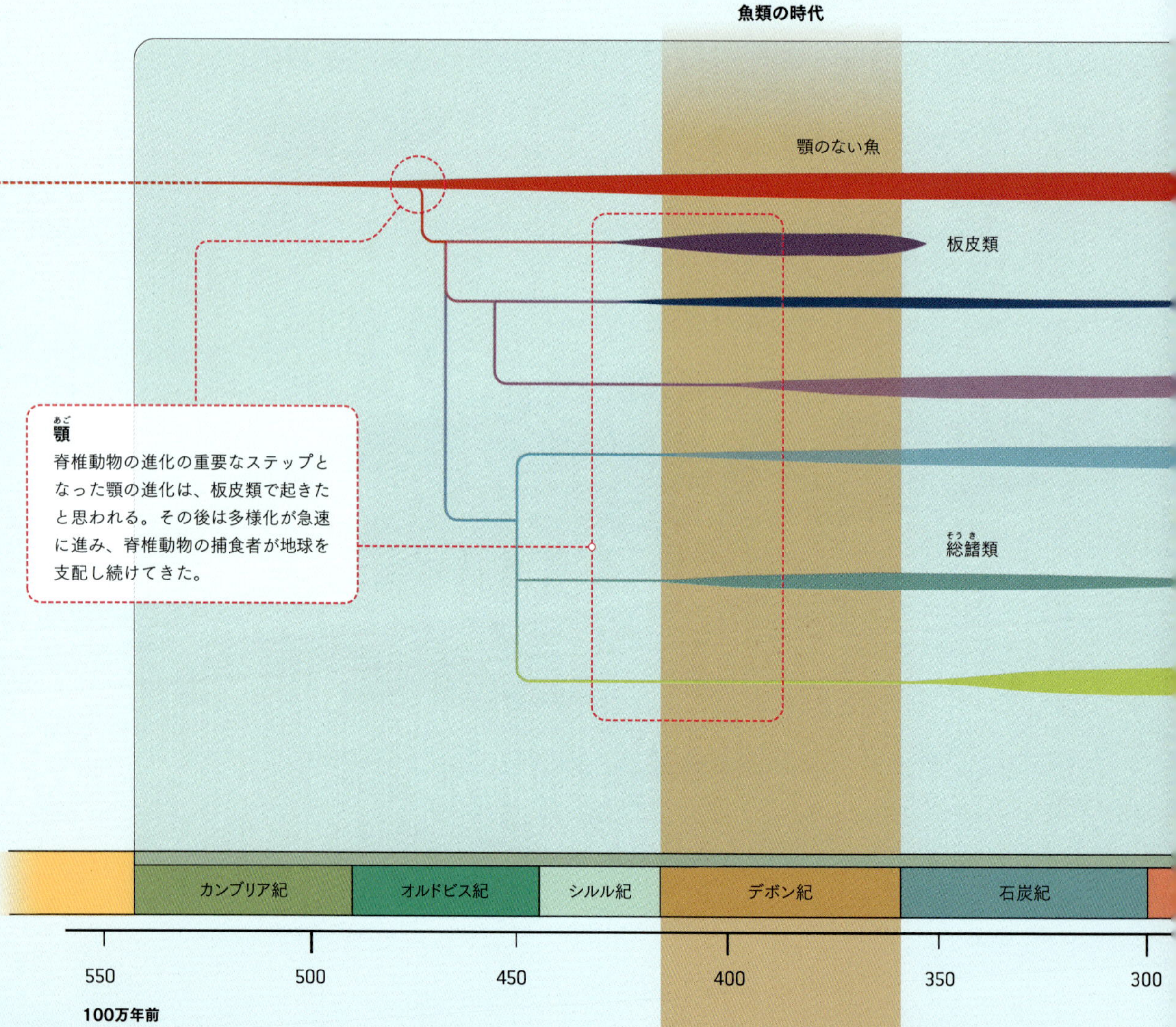

魚類の時代
顎のない魚
板皮類
総鰭類
カンブリア紀
オルドビス紀
シルル紀
デボン紀
石炭紀
550
500
450
400
350
300
100万年前

顎
脊椎動物の進化の重要なステップとなった顎の進化は、板皮類で起きたと思われる。その後は多様化が急速に進み、脊椎動物の捕食者が地球を支配し続けてきた。

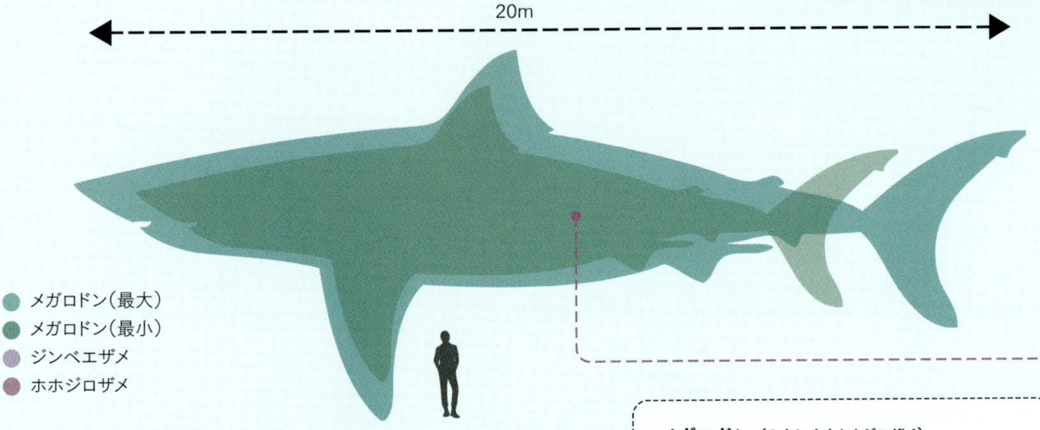
20m
メガロドン（最大）
メガロドン（最小）
ジンベエザメ
ホホジロザメ

メガロドン（ムカシオオホホジロザメ）
約2,300万～260万年前まで生息していたサメの絶滅種。おそらく脊椎動物の歴史上最大・最強の捕食者で、体長は20m、歯の長さは18cm近くなった。

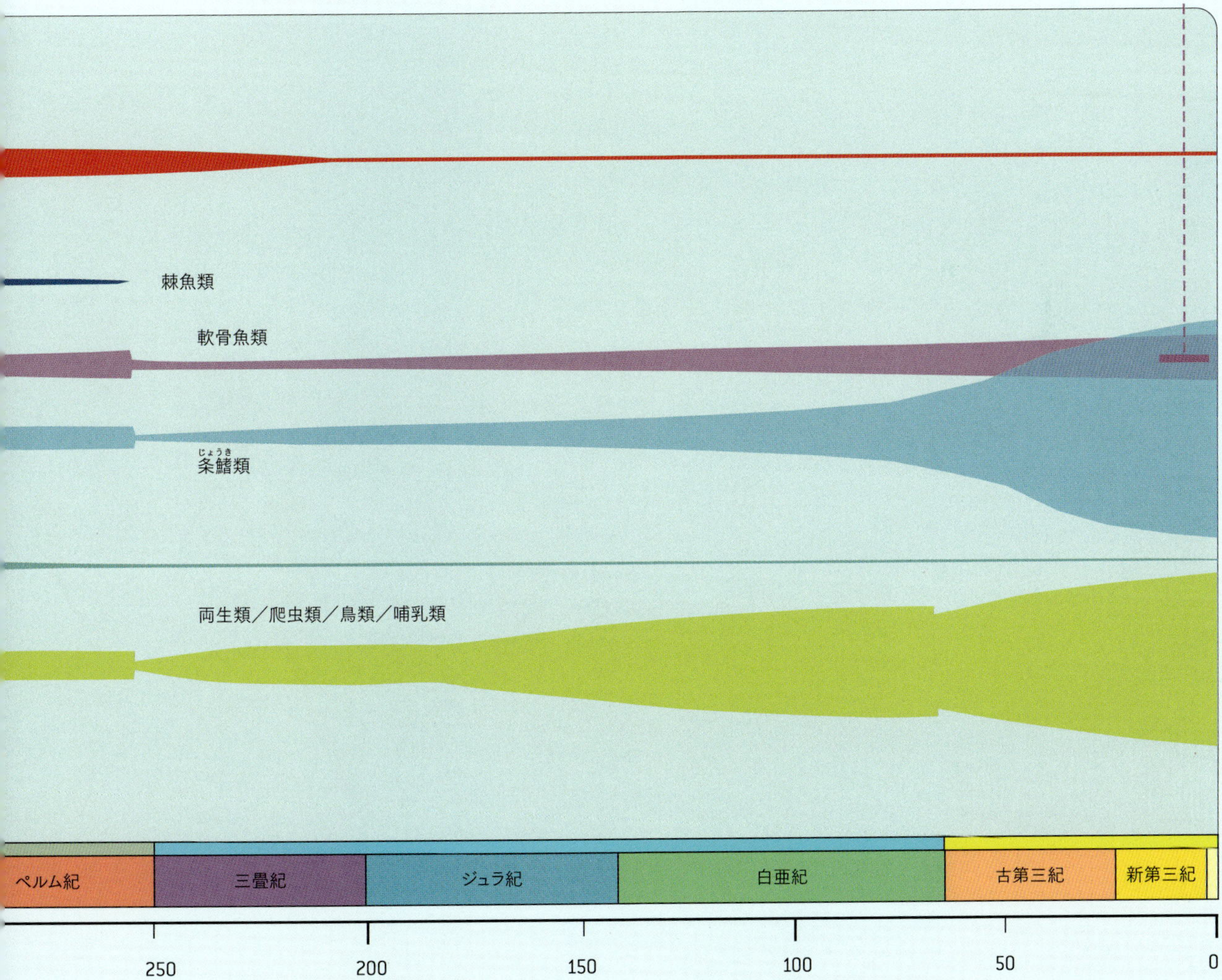
棘魚類
軟骨魚類
条鰭類
両生類／爬虫類／鳥類／哺乳類
ペルム紀
三畳紀
ジュラ紀
白亜紀
古第三紀
新第三紀
250
200
150
100
50
0

海の生息環境

世界の五大洋は地球上のすべての水の97%を占め、体積は合計13億km³。底辺が3×3kmの柱に換算すると、太陽まで届く高さになる。

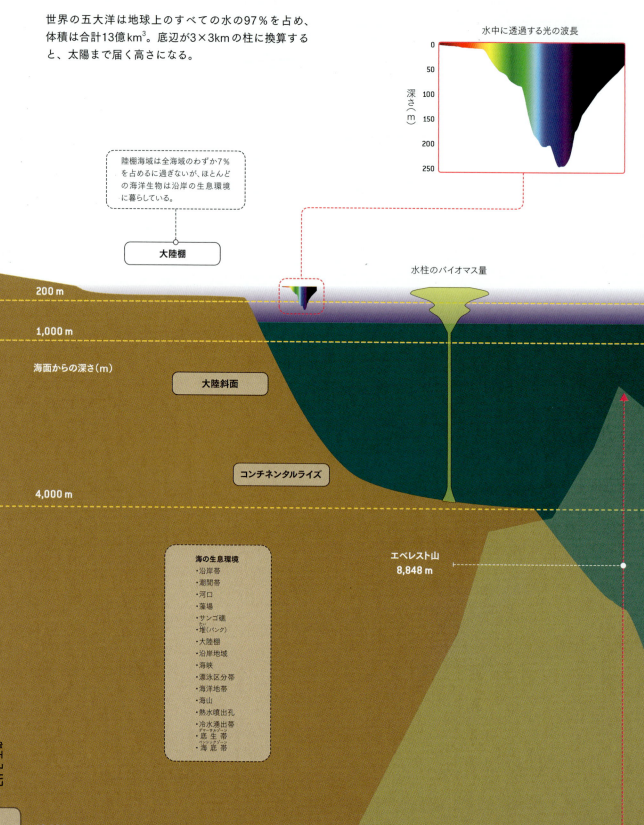

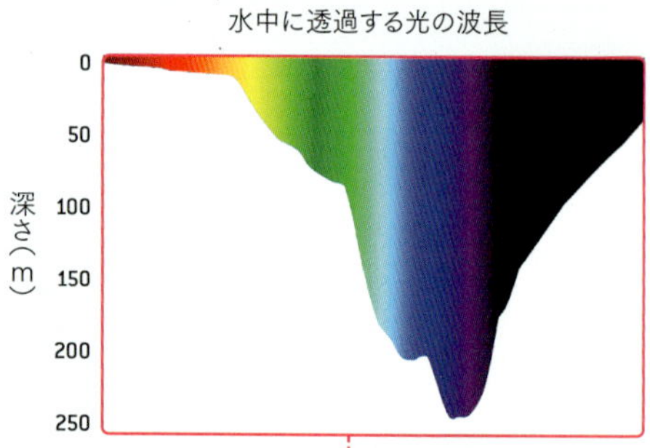

水中に透過する光の波長
深さ(m)
0
50
100
150
200
250

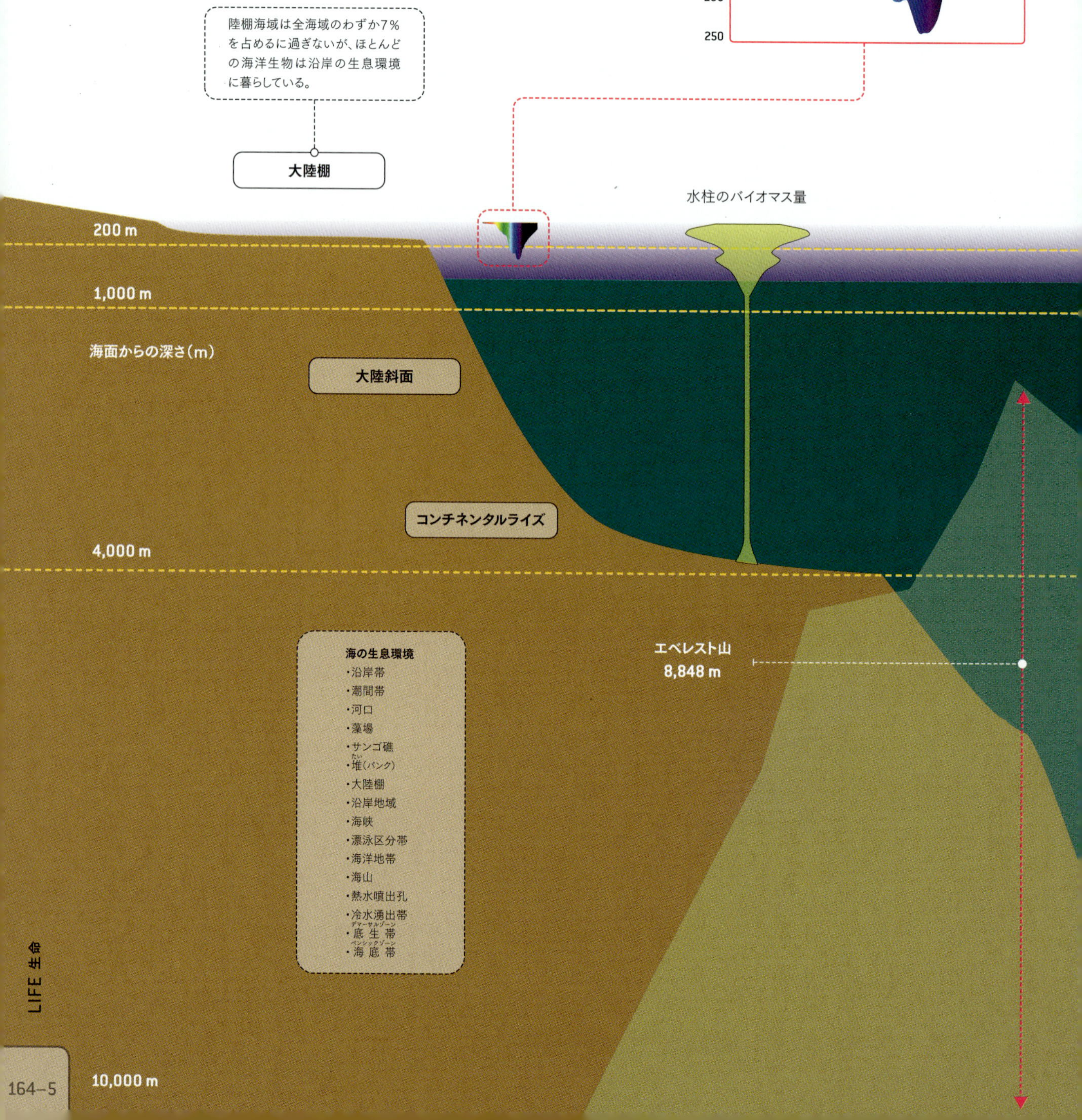

陸棚海域は全海域のわずか7%を占めるに過ぎないが、ほとんどの海洋生物は沿岸の生息環境に暮らしている。
大陸棚
水柱のバイオマス量
200 m
1,000 m
海面からの深さ(m)
大陸斜面
コンチネンタルライズ
4,000 m
エベレスト山
8,848 m
海の生息環境
・沿岸帯
・潮間帯
・河口
・藻場
・サンゴ礁
・堆(たい)(バンク)
・大陸棚
・沿岸地域
・海峡
・漂泳区分帯
・海洋地帯
・海山
・熱水噴出孔
・冷水湧出帯
・底生帯(デマーサルゾーン)
・海底帯(ベンシックゾーン)
10,000 m

海の表層

漂泳区分帯は陸地から遠く離れた海域を含み、基本的には外洋を指す。光合成をするのに十分な太陽光が差し込む表面の領域を表層という。海洋の総生体バイオマス量は陸生植物の1/200しかないという事実にもかかわらず、外洋での光合成は地球の炭素固定量の約45％を占めている。

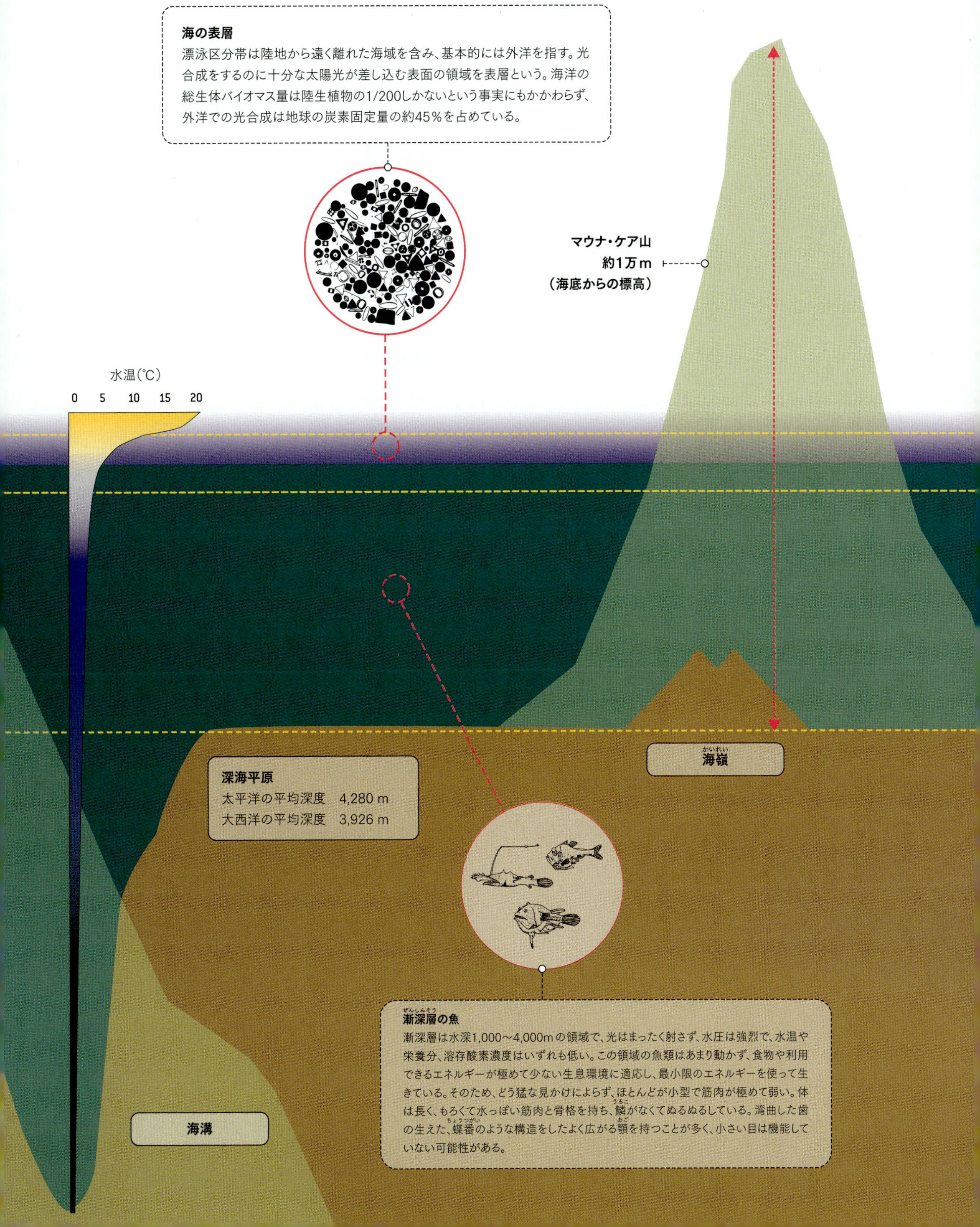
マウナ・ケア山
約1万m
（海底からの標高）
水温（℃）
0 5 10 15 20
海嶺
深海平原
太平洋の平均深度 4,280 m
大西洋の平均深度 3,926 m
海溝

漸深層の魚

漸深層は水深1,000～4,000mの領域で、光はまったく射さず、水圧は強烈で、水温や栄養分、溶存酸素濃度はいずれも低い。この領域の魚類はあまり動かず、食物や利用できるエネルギーが極めて少ない生息環境に適応し、最小限のエネルギーを使って生きている。そのため、どう猛な見かけによらず、ほとんどが小型で筋肉が極めて弱い。体は長く、もろくて水っぽい筋肉と骨格を持ち、鱗がなくてぬるぬるしている。湾曲した歯の生えた、蝶番のような構造をしたよく広がる顎を持つことが多く、小さい目は機能していない可能性がある。

鰓(えら)と肺の違い

動物は体が大きく活動的になればなるほど、十分な酸素を得にくくなる。
陸と海では生物が直面する身体機能の試練は大きく異なる。

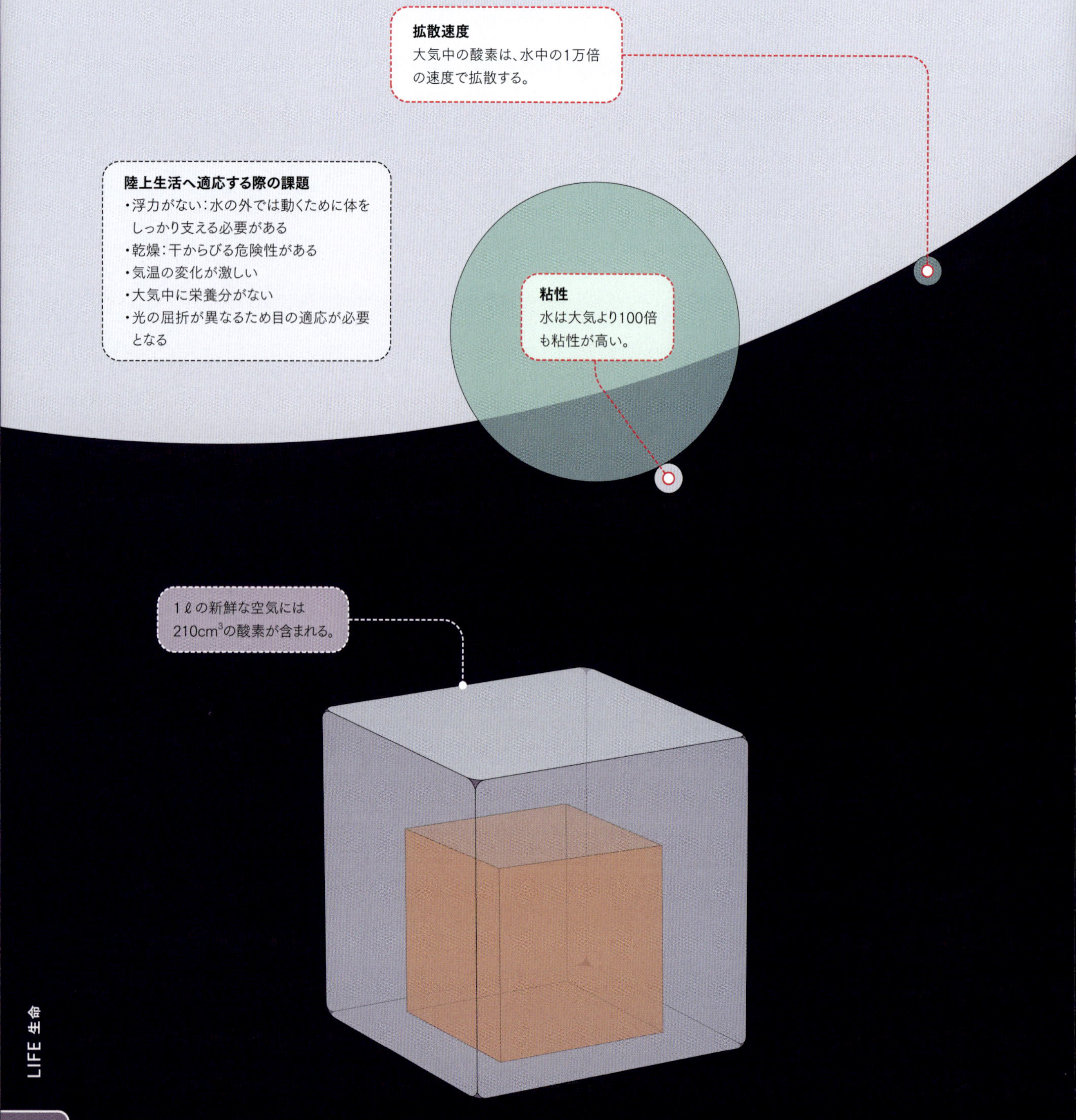

拡散速度
大気中の酸素は、水中の1万倍の速度で拡散する。
陸上生活へ適応する際の課題
・浮力がない：水の外では動くために体をしっかり支える必要がある
・乾燥：干からびる危険性がある
・気温の変化が激しい
・大気中に栄養分がない
・光の屈折が異なるため目の適応が必要となる
粘性
水は大気より100倍も粘性が高い。
1ℓの新鮮な空気には210cm³の酸素が含まれる。

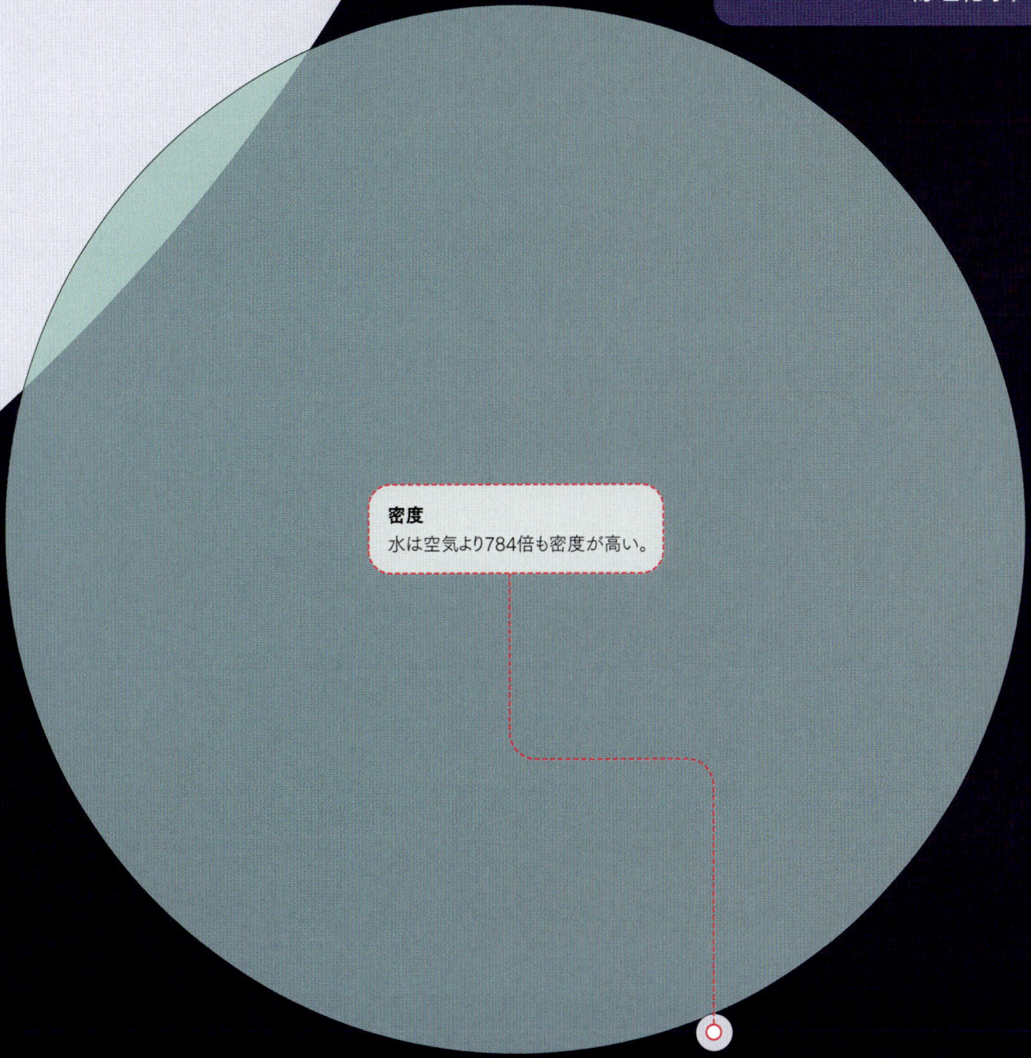
密度
水は空気より784倍も密度が高い。

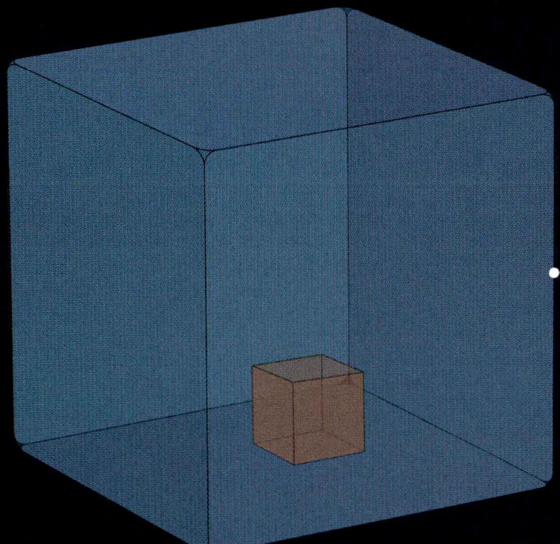
1 ℓ の淡水には8cm^3
の酸素が溶けている。

陸上への進出

４億5,000万年～３億5,000万年前、最初に植物が数百万年かけて海や湖から上陸した。続いて虫が、最後には脊椎動物が水辺の生息地から這(は)い上がり、何もない広大な大陸を征服した。

足首の高さの低木

3億9,500万年前
最初の地衣類と車軸藻類。最古のザトウムシ、ダニ、ワラジムシ、アンモナイト。陸上に残る既知の最古の四肢動物の足跡など。

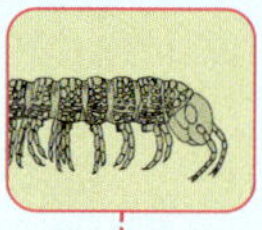

陸上に生息していた既知の最古の動物は、4億2,800万年前にいたプネウモデスムス・ネウマニというヤスデの1種だ。

4億5,000万年前
最初期の陸上植物と思われる化石胞子がオルドビス紀の地層から発見されている。

植物と無脊椎動物

4億3,400万年前
陸地の端に生息していた緑藻類から最初の原始的な植物が進化し、陸上にコロニーを作った。これらの植物にくっついてきた菌類が、共生関係によって上陸を助けた可能性がある。最初の陸上植物の進化は、地球の歴史上重大な出来事だった。これによって陸生動物が進化する道筋が必然的に開かれた。陸上植物によって生物圏は変化し続け、大気中の酸素濃度、川や湖の酸性度、土壌構造、大陸の侵食の特徴などが変化した。

パンデリクティス（3億8,000万年前）
頭は鼻先が細くて後部の幅が広く、四肢動物のように大きくて平らだった。

エウステノプテロン（3億8,500万年前）
肉鰭(にくき)類の魚で四肢動物の祖先。既知のものでは最古の骨髄の化石証拠が見つかっており、四肢動物の骨髄の起源かもしれない。

シルル紀	デボン紀

450　440　430　420　410　400

既知の最古の樹木

最初期の根と種子と葉

最初期の森林

はねを持つ昆虫
シミ
トビムシ
ザトウムシ
ダニ
ムカデ
ヤスデ

石炭紀初期には、地球の生物圏で今日認められるような特徴が多くなったようだ。昆虫は地上をうろついて空へ飛び立ち、サメは頂点捕食者として海を泳ぎ、植物は陸地を覆い、種子を作って木部を持つ樹木のような種がすぐに繁栄した。4本足の脊椎動物が獲得した適応は、真の陸上生活を送るのに役立った。

ペデルペス
脊椎動物

ティクターリク（3億7,500万年前）
過渡期のもっと魚に似た化石とは違い、ティクターリクの鱗に覆われた鰭には、原始的な手首の骨と、指に似た単純な鰭条があった。頭部の先端には呼吸孔があることから、鰓以外に原始的な肺も持っていたと思われる。これは当時の温暖で酸素の少ない浅水域で役に立ったようだ。こうした環境条件が四肢動物を進化させたと考えられている。

アカントステガ（3億6,500万年前）
解剖学的に見て、肉鰭類と完全に陸上に上がることのできる動物との中間にあたる。

イクチオステガ（3億6,000万年前）
魚類から四肢動物に移行した最初期の化石動物で、両生類の頭蓋骨や四肢、原始的な肺だけでなく、魚類のような尾と鰓も持ち、浅い沼地を動き回ることができた。

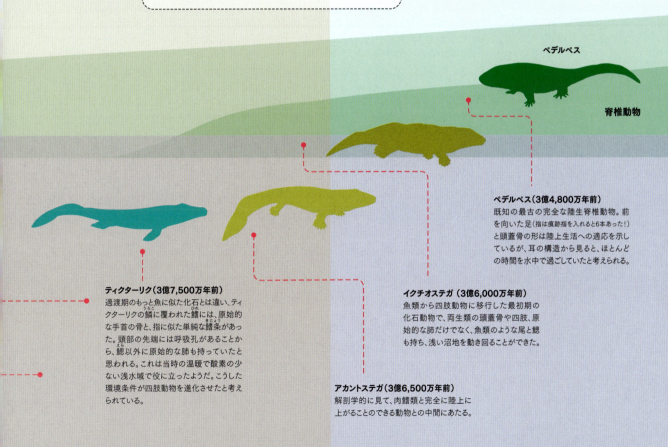

ペデルペス（3億4,800万年前）
既知の最古の完全な陸生脊椎動物。前を向いた足（指は痕跡指を入れると6本あった！）と頭蓋骨の形は陸上生活への適応を示しているが、耳の構造から見ると、ほとんどの時間を水中で過ごしていたと考えられる。

デボン紀	石炭紀

380　370　360　350　340　330
100万年前

石炭紀

この時代（３億6,000年～３億年前）は広大な森林地帯が陸地を覆い、両生類が陸生脊椎動物の支配者となっていた。両生類からは、最初の完全な陸生脊椎動物である爬虫類が進化することになる。

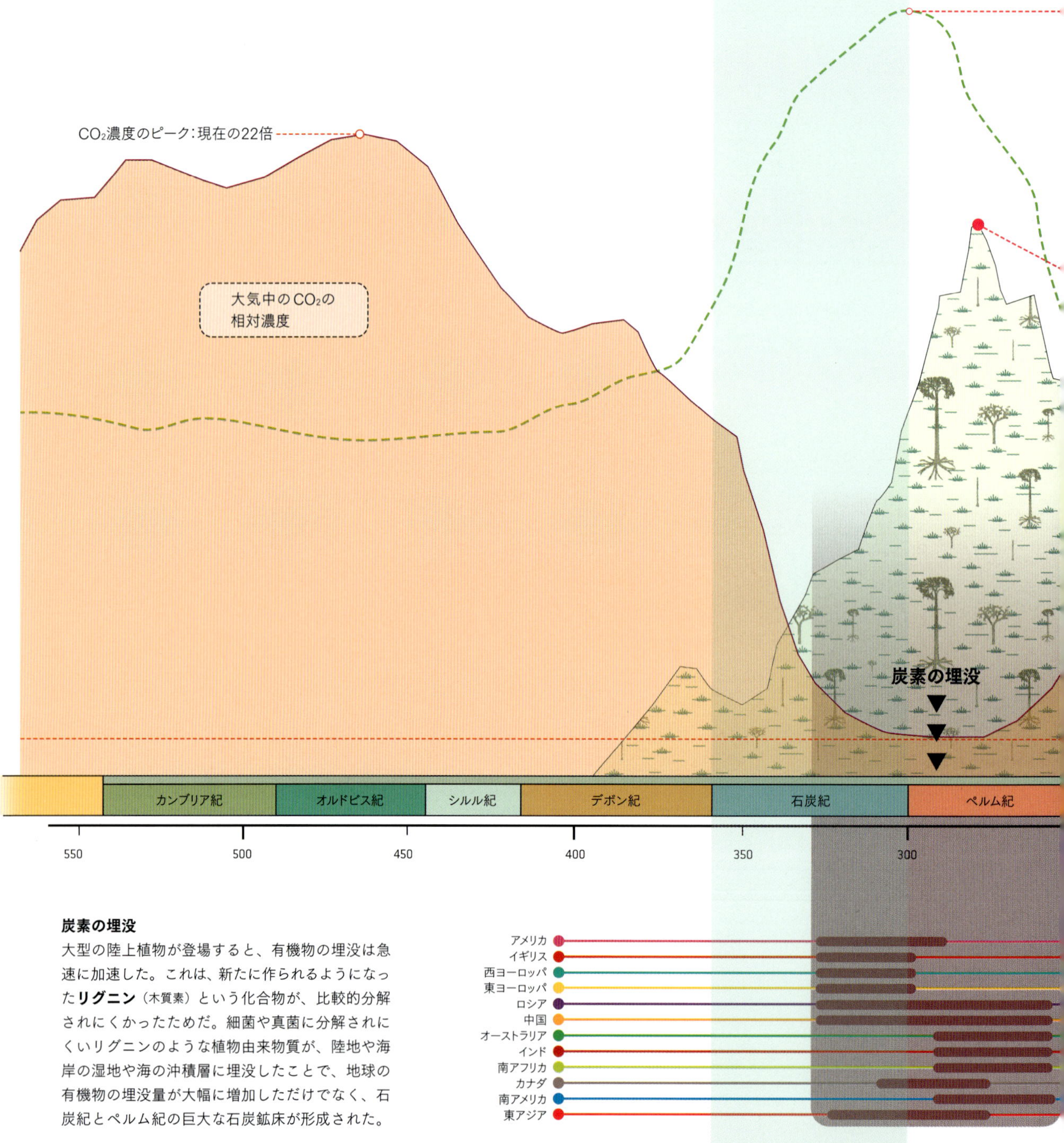

CO₂濃度のピーク：現在の22倍
大気中のCO₂の相対濃度
炭素の埋没
カンブリア紀
オルドビス紀
シルル紀
デボン紀
石炭紀
ペルム紀
550
500
450
400
350
300
アメリカ
イギリス
西ヨーロッパ
東ヨーロッパ
ロシア
中国
オーストラリア
インド
南アフリカ
カナダ
南アメリカ
東アジア

炭素の埋没

大型の陸上植物が登場すると、有機物の埋没は急速に加速した。これは、新たに作られるようになった**リグニン**（木質素）という化合物が、比較的分解されにくかったためだ。細菌や真菌に分解されにくいリグニンのような植物由来物質が、陸地や海岸の湿地や海の沖積層に埋没したことで、地球の有機物の埋没量が大幅に増加しただけでなく、石炭紀とペルム紀の巨大な石炭鉱床が形成された。

ペルム紀-三畳紀の
大量絶滅イベント

石炭紀のCO_2濃度のピーク：35%
酸素濃度は地球の歴史上最高となった。大気は30%ほど濃く、風は強烈で、昆虫はずっと大きかった！

石炭紀のユーラメリカ大陸の広大な熱帯雨林では、ヒカゲノカズラ植物門の植物がそびえ立ち、巨大トンボやヤスデ、ゴキブリ、両生類、最初の**有羊膜類**（ゆうようまくるい）といった極めて多様な動物が生息していた（174ページを参照）。

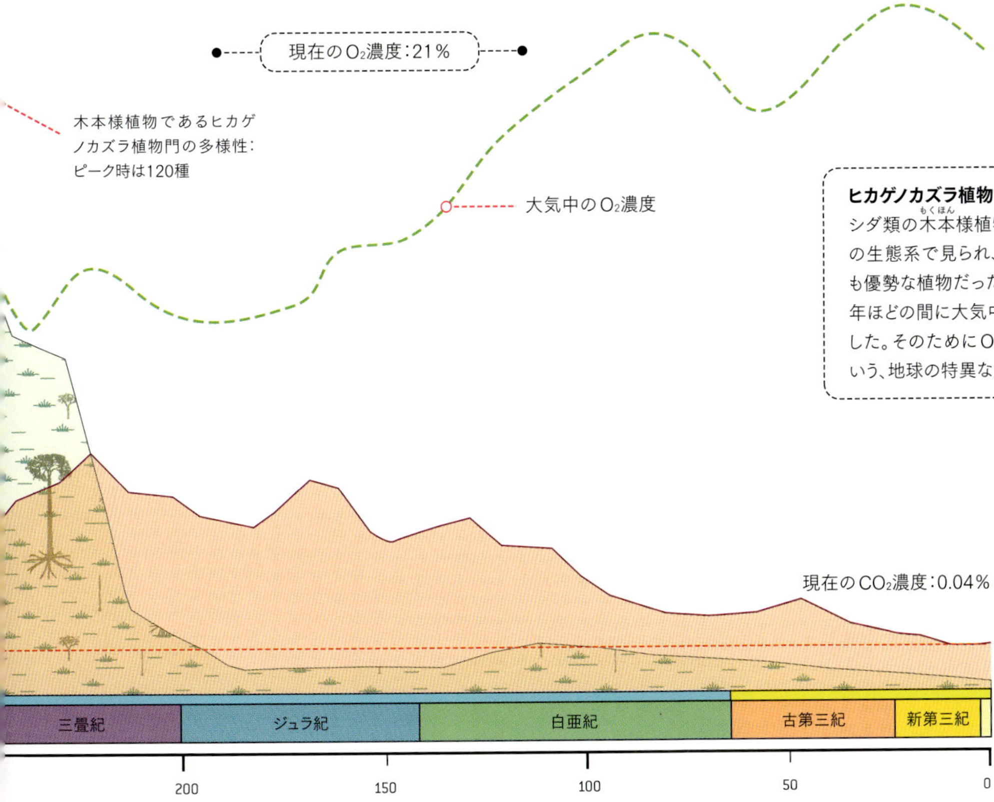
現在のO2濃度：21%
木本様植物であるヒカゲノカズラ植物門の多様性：ピーク時は120種
大気中のO2濃度
現在のCO2濃度：0.04%
三畳紀
ジュラ紀
白亜紀
古第三紀
新第三紀
200
150
100
50
0

100万年前

ヒカゲノカズラ植物門
シダ類の木本（もくほん）様植物で、石炭紀とペルム紀の低地の生態系で見られ、後に石炭となる湿地林では最も優勢な植物だった。並外れた代謝力を持ち、1億年ほどの間に大気中のかなりの割合の炭素を固定した。そのためにO_2濃度が高くCO_2濃度が低いという、地球の特異な大気が生じたと考えられている。

炭素

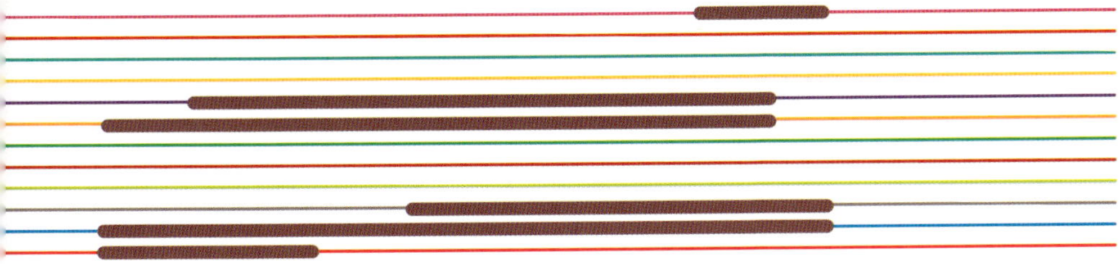

地球の褐炭と無煙炭の埋蔵量の合計は約22,000,000,000,000t（22兆t）と推定されている。

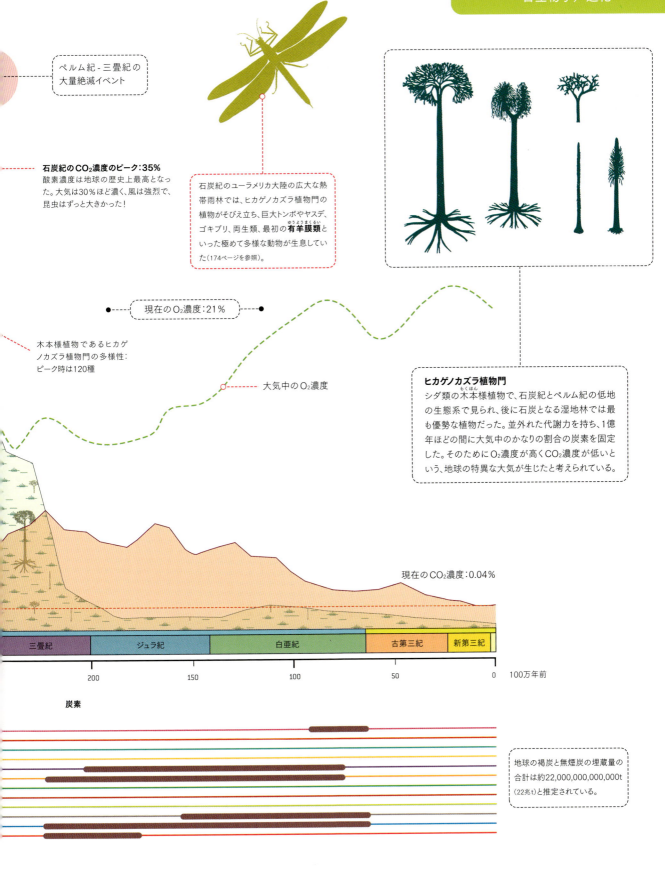

節足動物

この門は大きな成功を収め、現生の既知の全動物種の80％を占めている。

多種多様な節足動物

ここでは絶滅した既知の節足動物を人間と対比した大きさで表示した。石炭紀には大気の酸素濃度が極めて高く、脊椎動物の捕食者がいなかったため、陸生の節足動物は現代の基準から見るとおぞましいほど大きくなった。

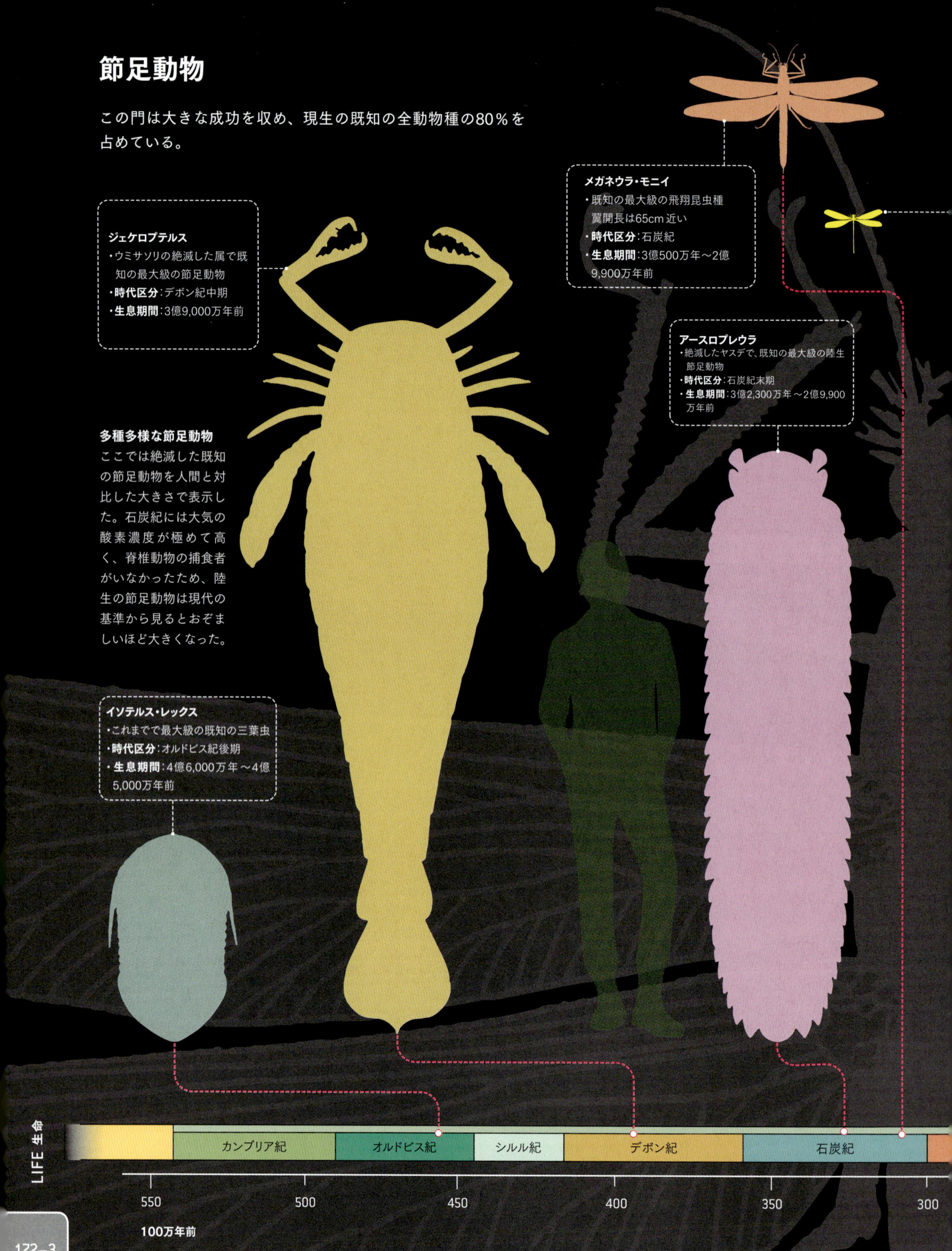

メガネウラ・モニイ
・既知の最大級の飛翔昆虫種 翼開長は65cm近い
・時代区分：石炭紀
・生息期間：3億500万年～2億9,900万年前
ジェケロプテルス
・ウミサソリの絶滅した属で既知の最大級の節足動物
・時代区分：デボン紀中期
・生息期間：3億9,000万年前
アースロプレウラ
・絶滅したヤスデで、既知の最大級の陸生節足動物
・時代区分：石炭紀末期
・生息期間：3億2,300万年～2億9,900万年前
イソテルス・レックス
・これまでで最大級の既知の三葉虫
・時代区分：オルドビス紀後期
・生息期間：4億6,000万年～4億5,000万年前
カンブリア紀
オルドビス紀
シルル紀
デボン紀
石炭紀
550
500
450
400
350
300
100万年前

ハビロイトトンボ
- 現生の最大のトンボ
- 翼開長：19 cm

記録されている現生種の相対的比率

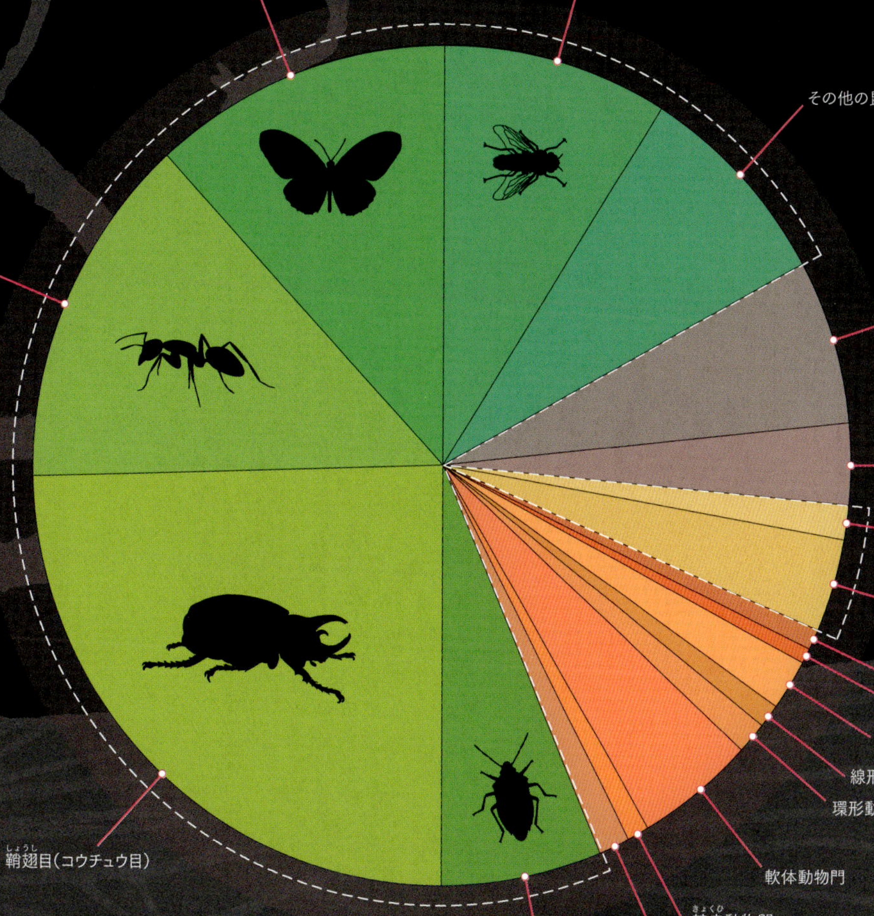
鱗翅目（チョウ目）
双翅目（ハエ目）
その他の昆虫
膜翅目（ハチ目）
クモ綱
その他の節足動物
哺乳綱
その他の脊椎動物
海綿動物門
刺胞動物門と有櫛動物門
扁形動物門
線形動物門
環形動物門
軟体動物門
鞘翅目（コウチュウ目）
棘皮動物門
小規模な門
半翅目（カメムシ目）

実物大のメガネウラ・モニイ
この見開きページの背景には、石炭紀の巨大な飛翔昆虫を実物大で示した。

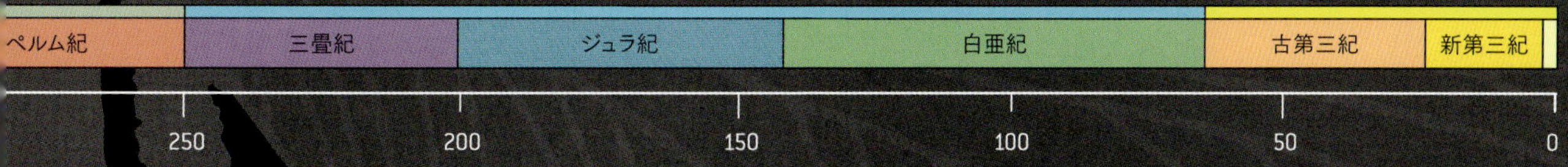
ペルム紀
三畳紀
ジュラ紀
白亜紀
古第三紀
新第三紀
250
200
150
100
50
0

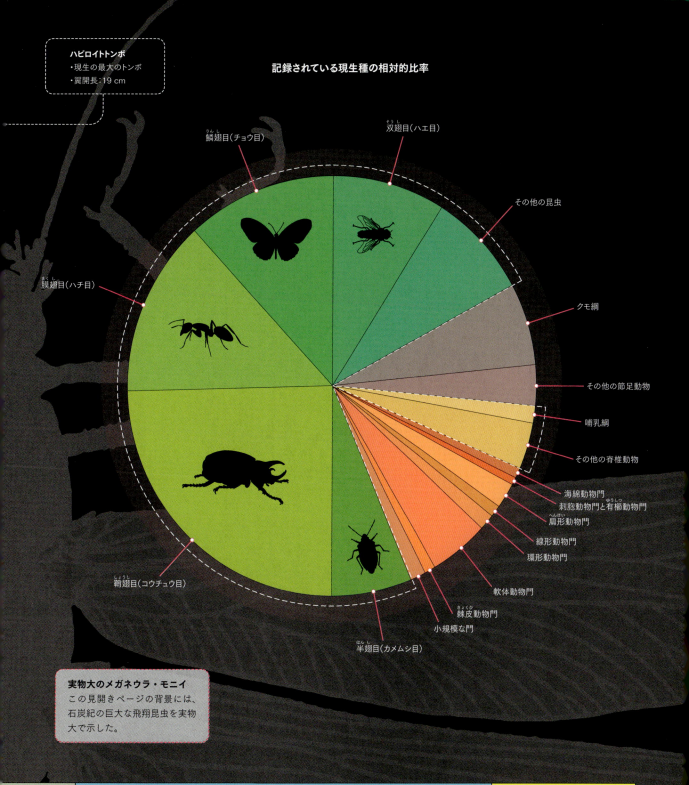

有羊膜類

有羊膜類（ゆうようまくるい）の卵は重要な進化的分岐を示している。生物は、こうした卵のおかげで乾いた陸地で繁殖できるようになり、繁殖のために水辺に戻る必要がなくなった。それ以降、有羊膜類は地球上のあらゆるニッチに広がり、最後は脊椎動物が陸地を征服した。

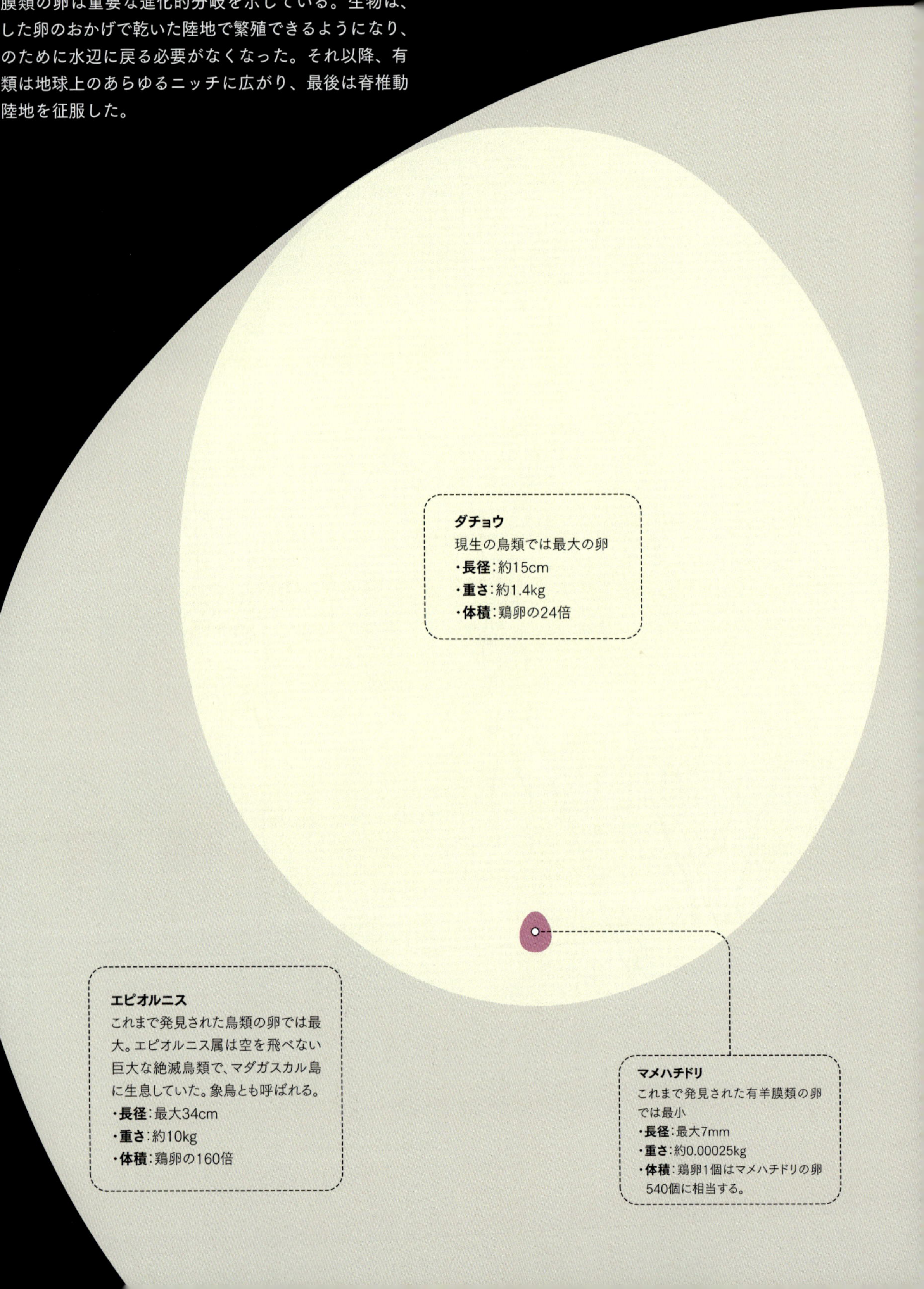

ダチョウ
現生の鳥類では最大の卵
・**長径**：約15cm
・**重さ**：約1.4kg
・**体積**：鶏卵の24倍

エピオルニス
これまで発見された鳥類の卵では最大。エピオルニス属は空を飛べない巨大な絶滅鳥類で、マダガスカル島に生息していた。象鳥とも呼ばれる。
・**長径**：最大34cm
・**重さ**：約10kg
・**体積**：鶏卵の160倍

マメハチドリ
これまで発見された有羊膜類の卵では最小
・**長径**：最大7mm
・**重さ**：約0.00025kg
・**体積**：鶏卵1個はマメハチドリの卵540個に相当する。

竜脚類
巨大な草食性恐竜の絶滅した分岐群で、有名なディプロドクス属などを含む。卵は既知の恐竜の卵としては最大級。竜脚類は、体は大きかったが卵はダチョウの卵よりそれほど大きくなかった。
- **長径**：約18cm
- **重さ**：2kg以上
- **体積**：鶏卵の30倍

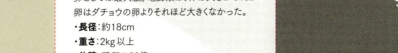

哺乳類
無弓類
プレシオサウルス
魚竜
ムカシトカゲ類
トカゲ類・ヘビ類
カメ類
ワニ類
翼竜
鳥盤類（恐竜）
竜盤類（恐竜）
鳥類
??

有羊膜類の系統樹

哺乳類の卵とは？
最初期の哺乳類の祖先は、今日むしろ変わっているとされるカモノハシやハリモグラと同じように、卵を産んでいた。他の有袋類や有胎盤哺乳類は卵を産まないが、胎児はすべての有羊膜類の特徴である羊膜に囲まれている。有胎盤哺乳類では卵そのものに卵黄はないが、爬虫類の卵黄嚢に当たる構造から臍帯が発達する。胎児は母親から栄養を受け取り、子宮内部で十分に発達してから生まれてくる（胎生）。

知能が高くて足が速かったと考えられる。

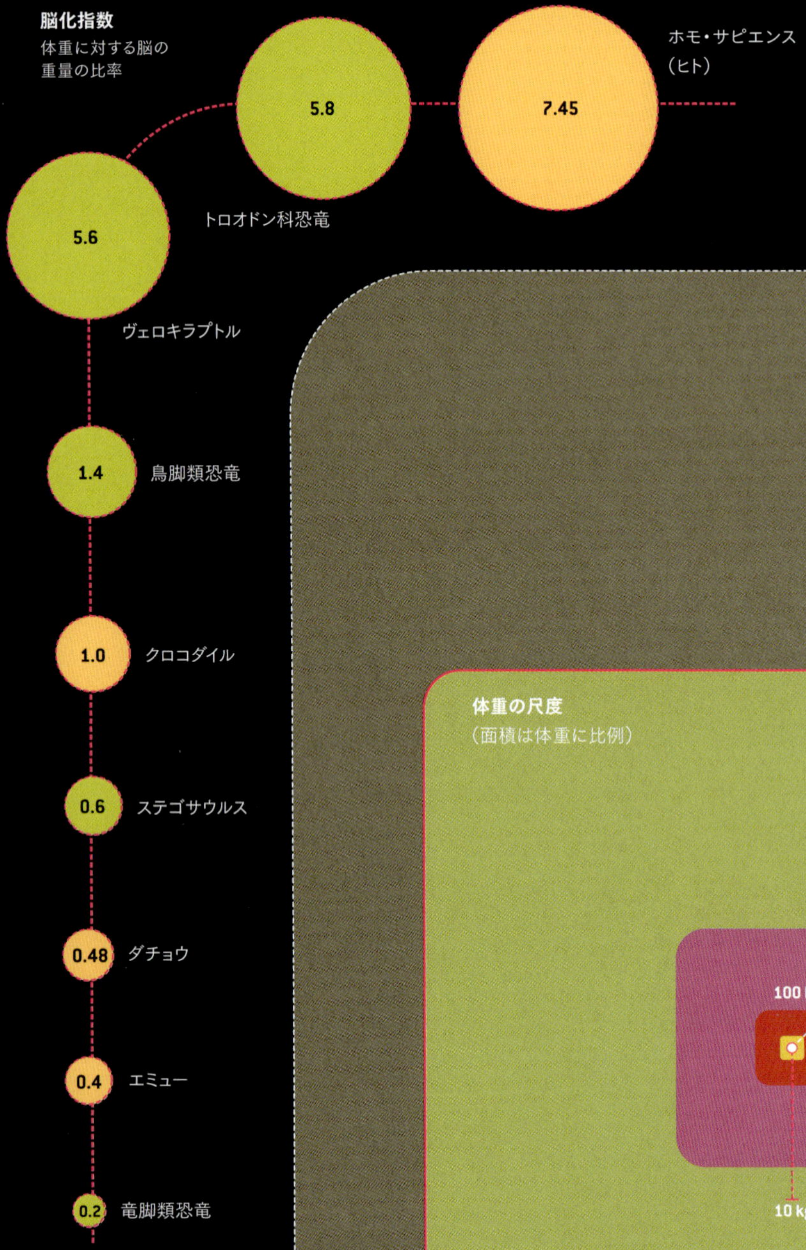

脳化指数
体重に対する脳の
重量の比率
7.45
ホモ・サピエンス
（ヒト）
5.8
トロオドン科恐竜
5.6
ヴェロキラプトル
1.4
鳥脚類恐竜
1.0
クロコダイル
0.6
ステゴサウルス
0.48
ダチョウ
0.4
エミュー
0.2
竜脚類恐竜

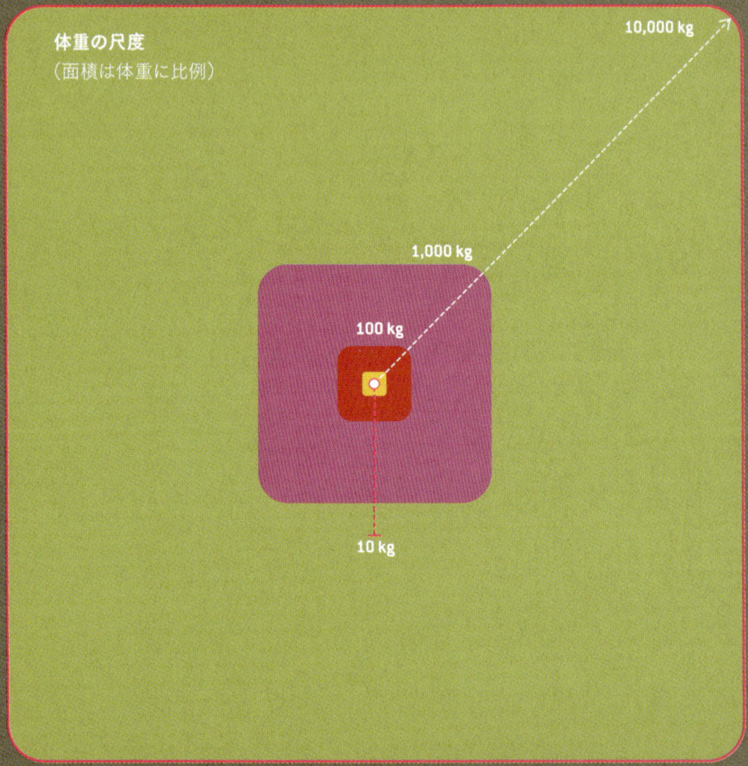

体重の尺度
（面積は体重に比例）
10,000 kg
1,000 kg
100 kg
10 kg

体重と最高速度

さまざまな恐竜といくつかの現生種

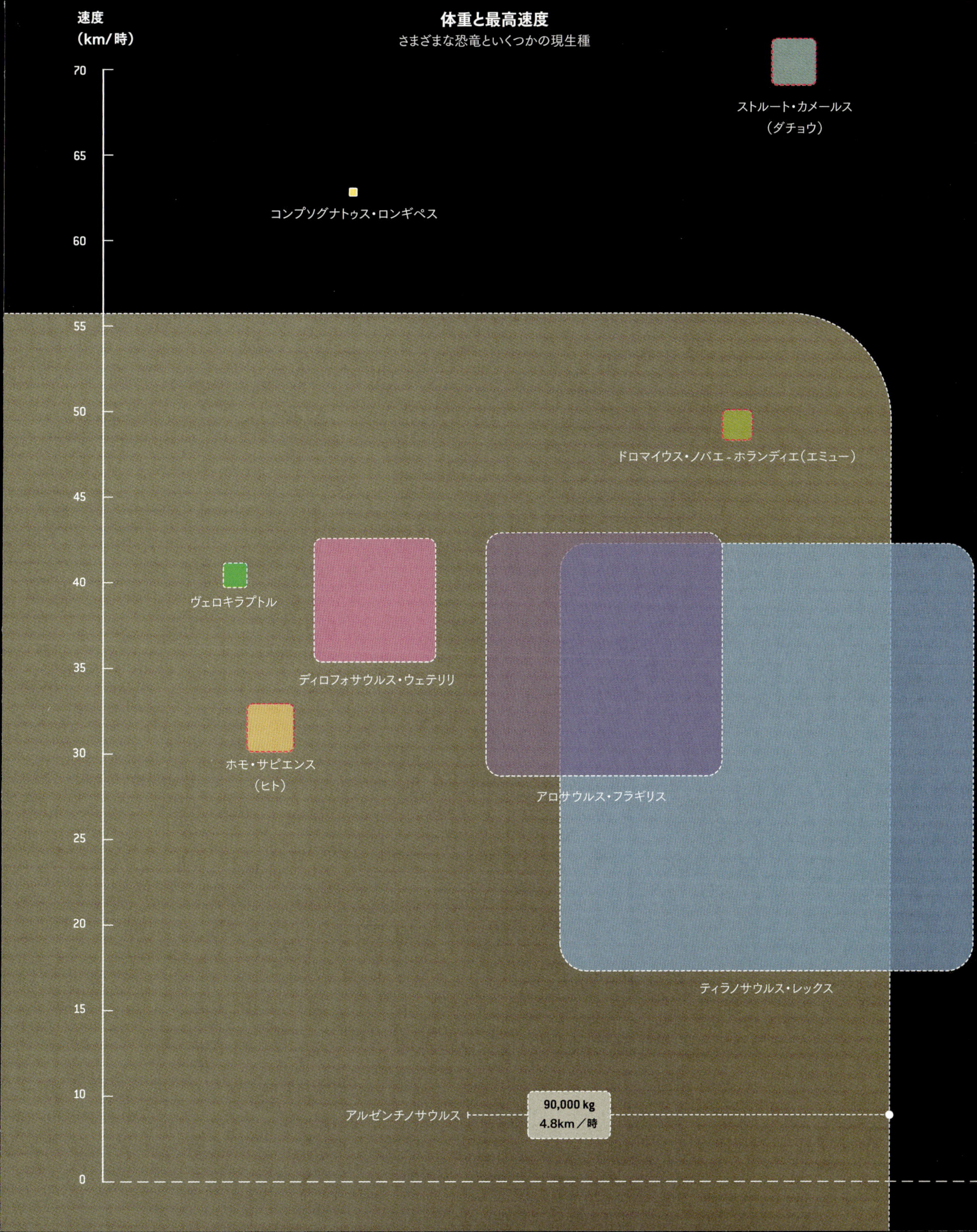

速度
(km/時)
70
65
60
55
50
45
40
35
30
25
20
15
10
0
ストルート・カメールス
(ダチョウ)
コンプソグナトゥス・ロンギペス
ドロマイウス・ノバエ - ホランディエ(エミュー)
ヴェロキラプトル
ディロフォサウルス・ウェテリリ
アロサウルス・フラギリス
ティラノサウルス・レックス
ホモ・サピエンス
(ヒト)
アルゼンチノサウルス
90,000 kg
4.8km/時

最初の樹木状植物は３億5,000万年前に出現した。その後、石炭紀には森が地球の大陸を支配したが、現在こうした“地球の肺”は人類の脅威にさらされている。その間ずっと、樹木は私たちの世界を形作ってきた。

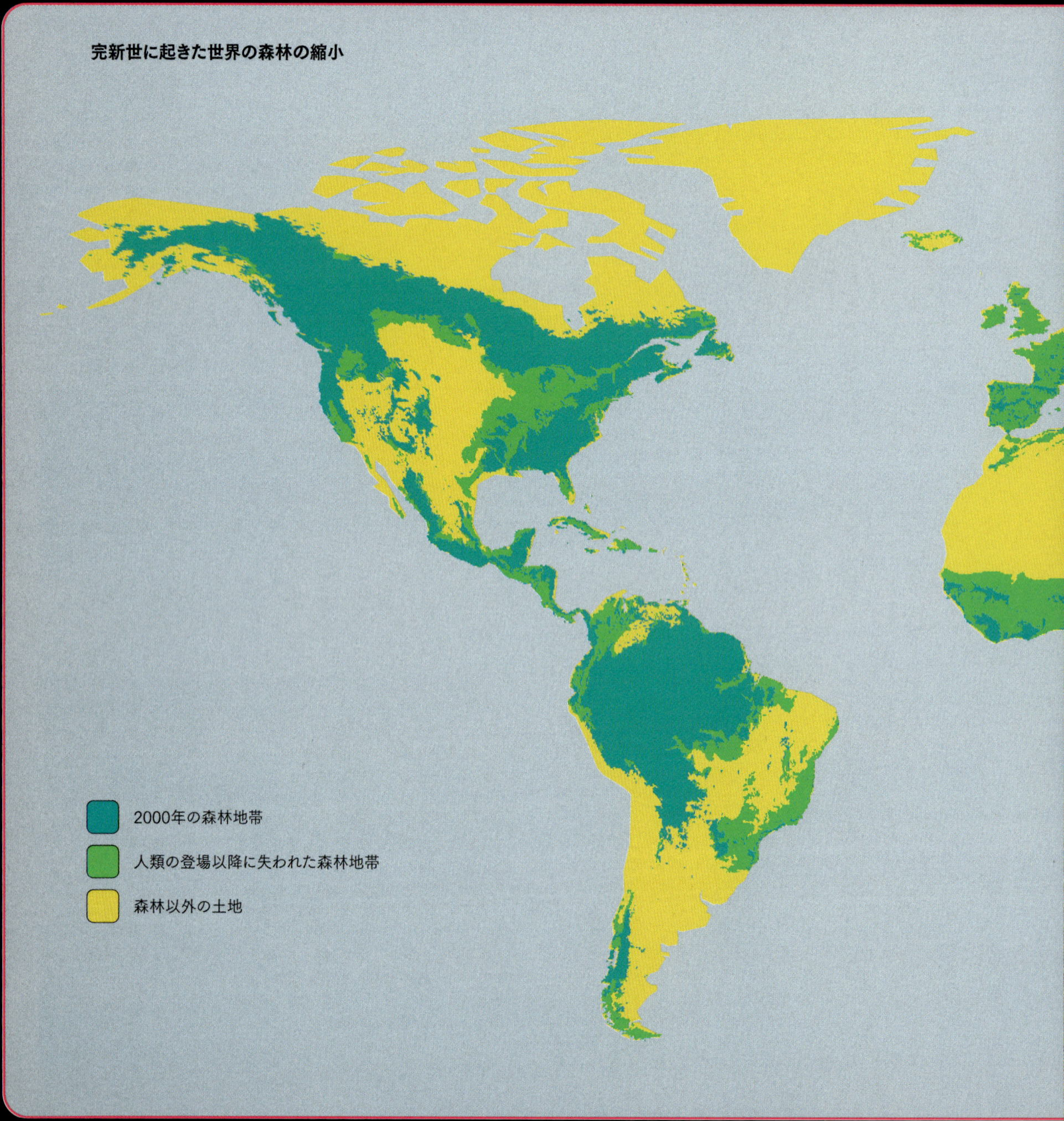

完新世に起きた世界の森林の縮小
2000年の森林地帯
人類の登場以降に失われた森林地帯
森林以外の土地

ボレアル亜氷期

最終氷期が終わってから約1,000年後、現在から1万年ほど前に、地球の気温が急激に上昇して森林が広がり、広大な草原やステップと入れ換わった。ヨーロッパでは森林が開けた土地に取って代わり、人間などの森林に住む動物が南の安全地帯から広がってきて、氷河期の哺乳類に取って代わった。完新世は現在まで続いているが、当時の樹木はすでに最盛期を迎えており、こんにちの2倍の樹木があったと推定されている。

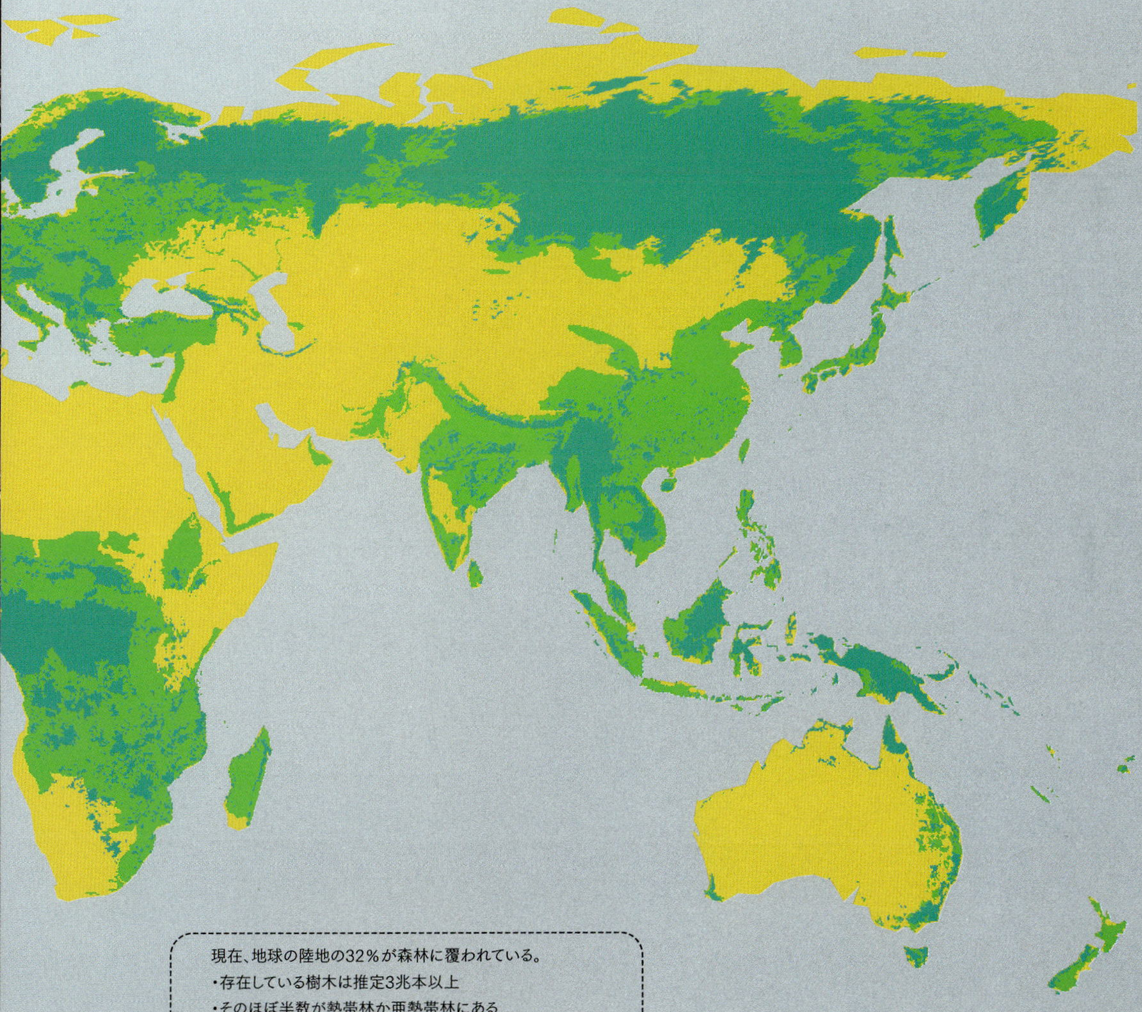

現在、地球の陸地の32％が森林に覆われている。
- 存在している樹木は推定3兆本以上
- そのほぼ半数が熱帯林か亜熱帯林にある
- 人間1人当たりの樹木の数は約400本
- 現在は年間1,000万本の樹木が地球上から失われている

翼竜：脊椎動物の飛行

自力での飛行を進化させた最初の脊椎動物は、主竜類の爬虫類である翼竜だ。現代科学により、彼らは力強く巧みに飛行することができ、鳥類よりも長い１億6,000万年以上にわたって空を支配していたことが明らかになっている。

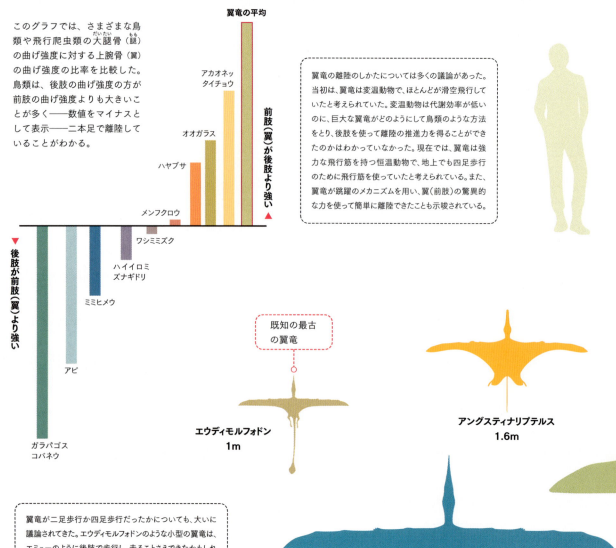

このグラフでは、さまざまな鳥類や飛行爬虫類の大腿骨（腿）の曲げ強度に対する上腕骨（翼）の曲げ強度の比率を比較した。鳥類は、後肢の曲げ強度の方が前肢の曲げ強度よりも大きいことが多く――数値をマイナスとして表示――二本足で離陸していることがわかる。

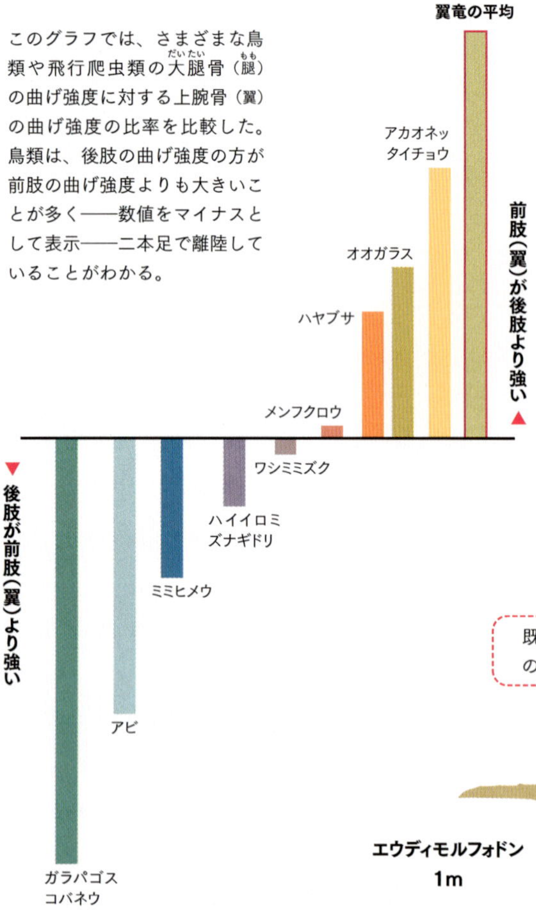

翼竜の平均
アカオオネッタイチョウ
オオガラス
ハヤブサ
メンフクロウ
ワシミミズク
ハイイロミズナギドリ
ミミヒメウ
アビ
ガラパゴスコバネウ
前肢（翼）が後肢より強い
後肢が前肢（翼）より強い

翼竜の離陸のしかたについては多くの議論があった。当初は、翼竜は変温動物で、ほとんどが滑空飛行していたと考えられていた。変温動物は代謝効率が低いのに、巨大な翼竜がどのようにして鳥類のような方法をとり、後肢を使って離陸の推進力を得ることができたのかはわかっていなかった。現在では、翼竜は強力な飛行筋を持つ恒温動物で、地上でも四足歩行のために飛行筋を使っていたと考えられている。また、翼竜が跳躍のメカニズムを用い、翼（前肢）の驚異的な力を使って簡単に離陸できたことも示唆されている。

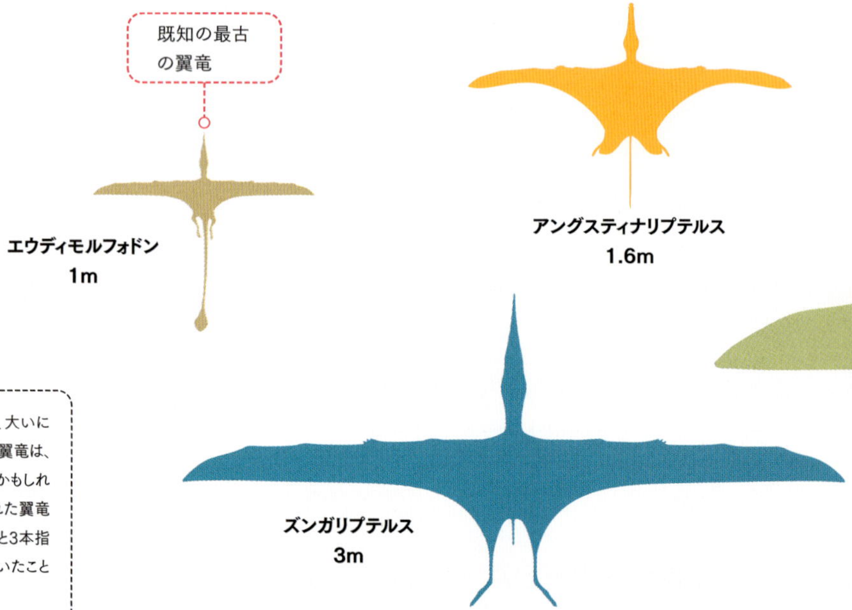

既知の最古の翼竜
エウディモルフォドン
1m
アングスティナリプテルス
1.6m
ズンガリプテルス
3m

翼竜が二足歩行か四足歩行だったかについても、大いに議論されてきた。エウディモルフォドンのような小型の翼竜は、エミューのように後肢で歩行し、走ることさえできたかもしれないと考えられている。しかし、これまでに発見された翼竜の足跡化石のほとんどで、特徴的な4本指の後足と3本指の前足の足跡が見て取れるため、四足歩行をしていたことは間違いない。

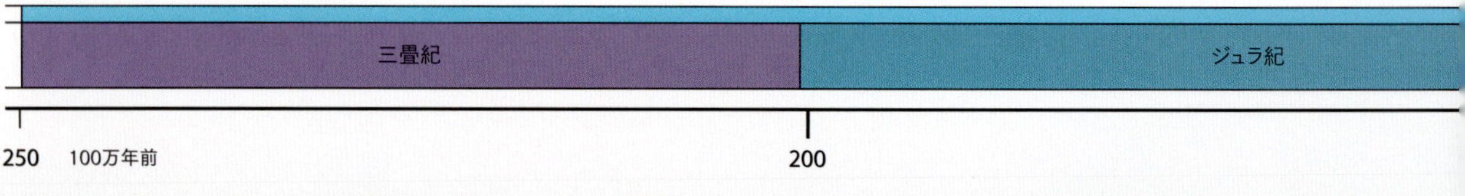

三畳紀
ジュラ紀
250
100万年前
200

翼開長と主な翼竜の生息年代

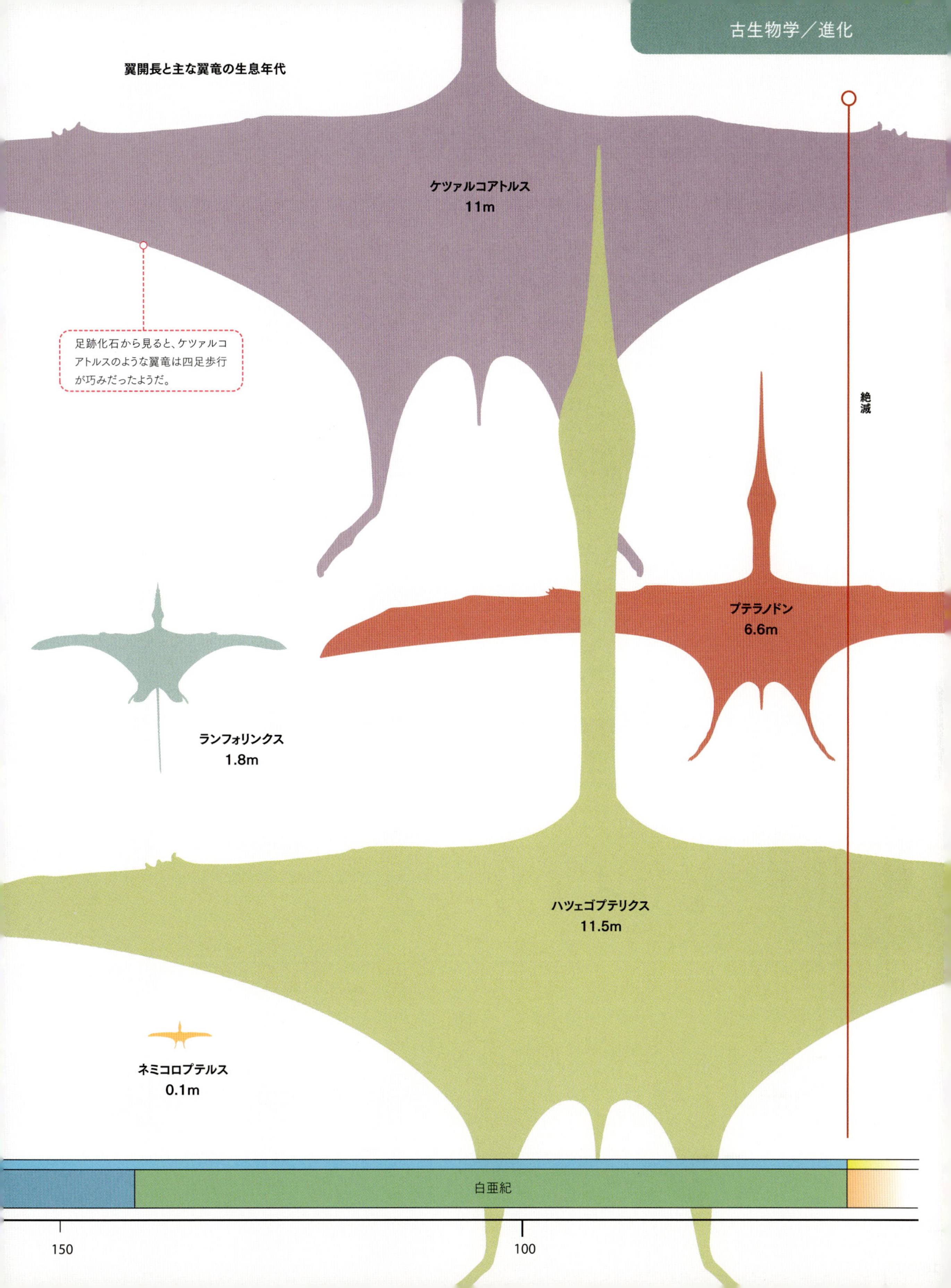
ケツァルコアトルス
11m
足跡化石から見ると、ケツァルコアトルスのような翼竜は四足歩行が巧みだったようだ。
絶滅
プテラノドン
6.6m
ランフォリンクス
1.8m
ハツェゴプテリクス
11.5m
ネミコロプテルス
0.1m
白亜紀
150
100

被子植物と飛翔昆虫

被子植物は、白亜紀末に属数が約180から現在の１万4,000以上となり、多様性が爆発的に増加した。この驚くべき繁栄は、飛翔昆虫との共進化の上に成り立っている。

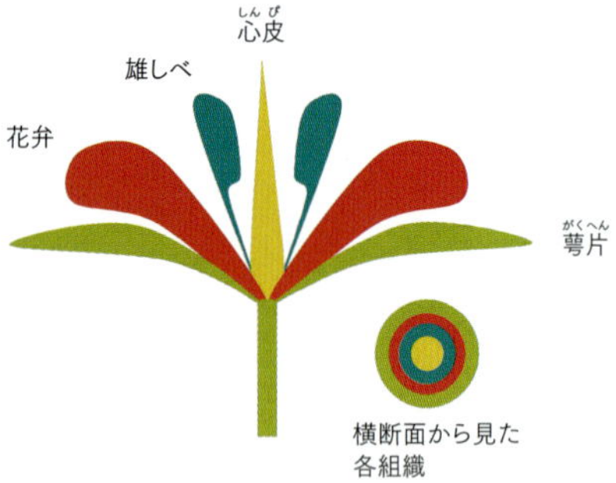

心皮
雄しべ
花弁
萼片
横断面から見た
各組織

一般的な花の構成要素

双翅目（ハエ目）
ハエは重要なのに軽視されている花粉媒介者で、双翅目の150科のうち少なくとも71科には、成体が花から食物を得ている種が含まれる。双翅目の昆虫が頻繁に訪れ、花粉を媒介してくれるのを待つ被子植物は550種を超える。

鱗翅目（チョウ目）
チョウやガのほとんどの種は何らかの形で授粉に関わっている。成体は、長い口吻を使って花の奥深くにある花弁の基部にある蜜を吸うが、そのときに花の雄しべに触れ、そこで体についた花粉を別の花の雌しべの柱頭にくっつける。

鞘翅目（コウチュウ目）
甲虫が授粉する花は、大きくて緑がかっているかオフホワイトで、腐敗物臭のような豊かな匂いを強く放っているものが多い。こうした植物の子房は、花粉媒介者に噛まれて傷つかないよう、しばしばしっかりと守られている。

膜翅目（ハチ目）
ミツバチは最も一般に知られている花粉媒介者で、明らかに授粉に適応している。体が短い毛で覆われて静電気を帯びていることが多く、そのため体に花粉がくっつきやすい。また、たいていは後肢に花粉を運ぶための特殊な構造を持つ。

被子植物には推定約35万2,000種が存在し、哺乳類の種の数を65倍も上回っているが、それを言うなら昆虫は約95万もの種が知られている！

虫媒
植物の花粉が昆虫によって分配される過程を、専門用語では虫媒という。昆虫によって受粉する花はたいてい明るい色や目立つ模様、さらには花粉や蜜といった報酬を使って自分を宣伝する。魅力的な香りを放つ花もあり、香りの中には昆虫のフェロモンを真似たものもある。

- 被子植物
- ソテツ
- シダ類
- 針葉樹（マツとイトスギ）
- イチョウ門（イチョウ）
- その他の裸子植物

属：分類学の階級の1つで科の下、種より上に位置する。属名は、その属の種に二名法で名前をつけるときの1つ目の語となる。例えばホモ・サピエンスという種名では、“ホモ”が属名だ。

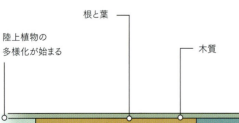

陸上植物の多様化が始まる

根と葉

木質

デボン紀
石炭紀
ペルム紀
三畳紀
400
350
300
250

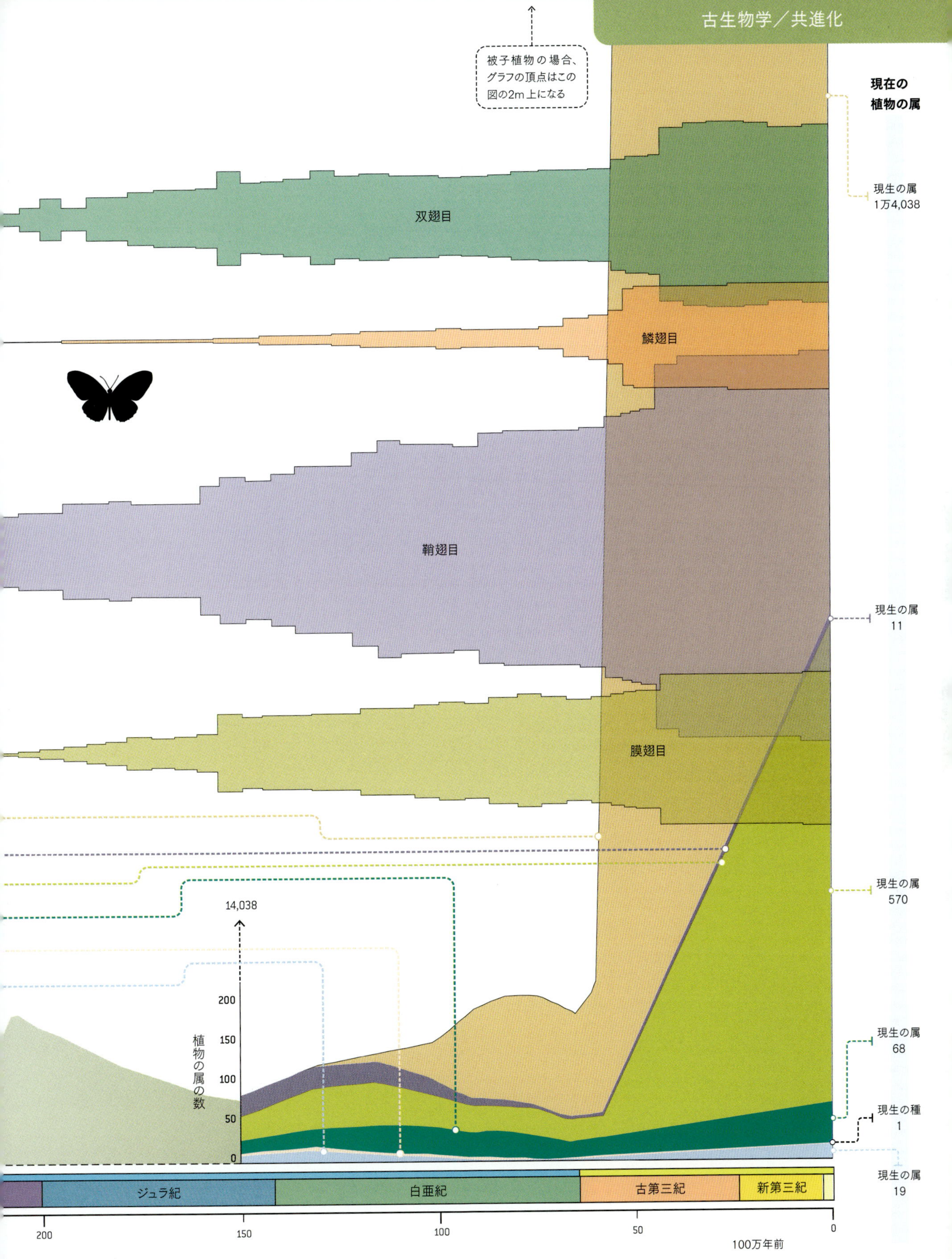
被子植物の場合、
グラフの頂点はこの
図の2m上になる
現在の
植物の属
双翅目
鱗翅目
鞘翅目
膜翅目
現生の属
1万4,038
現生の属
11
現生の属
570
現生の属
68
現生の種
1
現生の属
19
14,038
植物の属の数
200
150
100
50
0
ジュラ紀
白亜紀
古第三紀
新第三紀
200
150
100
50
0
100万年前

脊椎動物の視覚

視覚は５億年以上前から、ほとんどすべての動物に共通する知覚システムとなっている。無脊椎動物の視覚では、豊かな色覚を持つ昆虫の複眼とタコやイカの並外れた視覚が頂点だが、脊椎動物の視覚世界は新たなレベルに進化した。

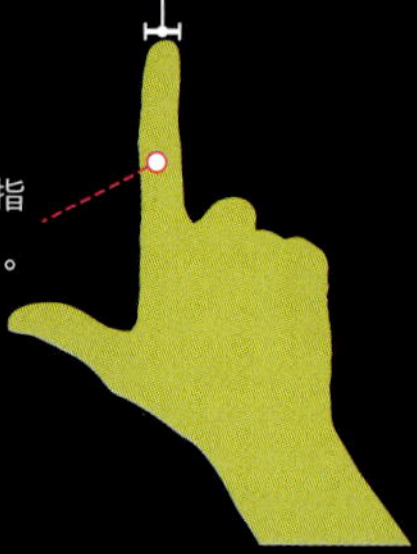

ヒトの視覚は視野１°あたり40～60本の縞模様を識別できる。
腕を伸ばして人差し指を見たときの幅が約1°。

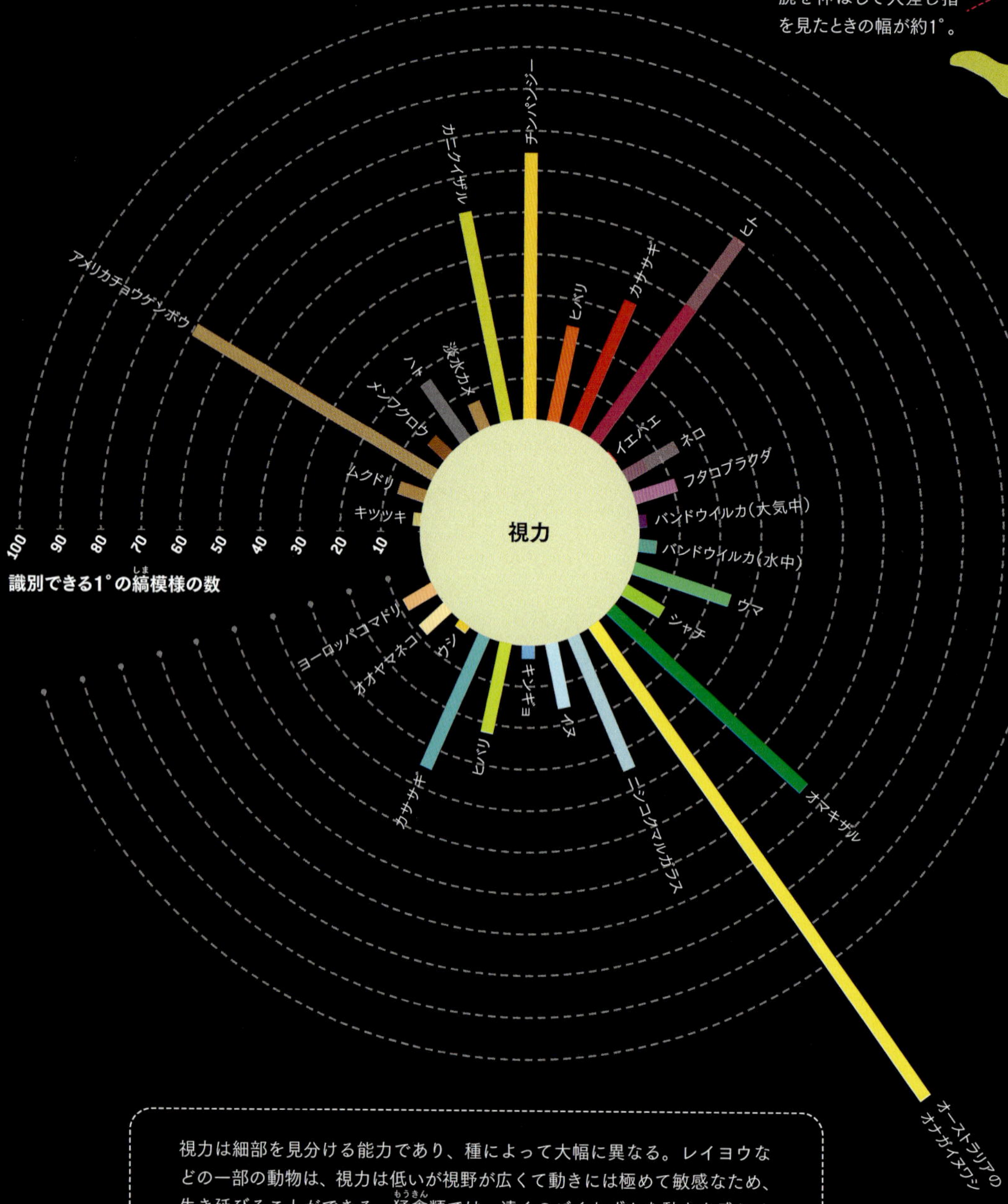

視力
100
90
80
70
60
50
40
30
20
10
識別できる1°の縞模様の数
チンパンジー
カニクイザル
アメリカチョウゲンボウ
ヒバリ
カササギ
ヒト
淡水カメ
ハト
メンフクロウ
ムクドリ
キツツキ
イエバエ
ネロ
フタロブラウダ
バンドウイルカ（大気中）
バンドウイルカ（水中）
ウマ
シャチ
オマキザル
ヨーロッパコマドリ
オオヤマネコ
ウシ
カササギ
ヒバリ
キンギョ
イヌ
ニシコクマルガラス
オーストラリアのオナガイヌワシ

視力は細部を見分ける能力であり、種によって大幅に異なる。レイヨウなどの一部の動物は、視力は低いが視野が広くて動きには極めて敏感なため、生き延びることができる。猛禽類では、遠くのごくわずかな動きを感じる能力が重要だ。さまざまな道具と、行動や考え方を変える能力を持つヒトの場合、高い視力と立体的に物を見たり色を見分けたりする優れた能力のおかげで、視覚的に感知する世界と心に思い描く世界が一致している。

立体視覚

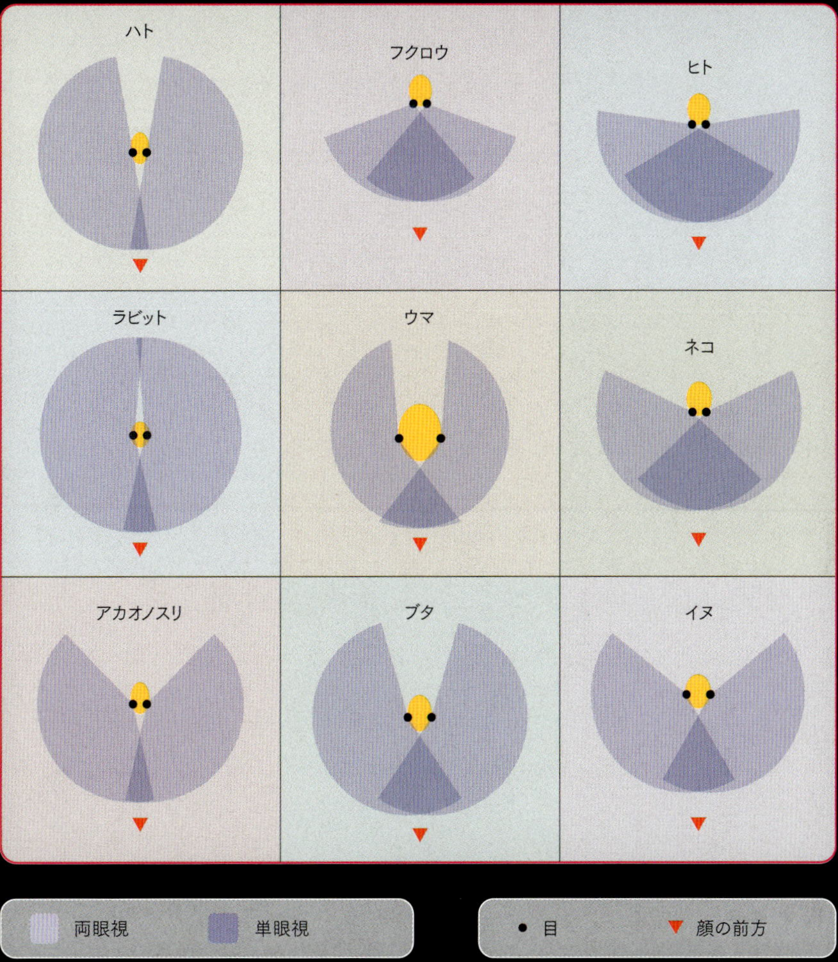
ハト
フクロウ
ヒト
ラビット
ウマ
ネコ
アカオノスリ
ブタ
イヌ
両眼視
単眼視
目
顔の前方

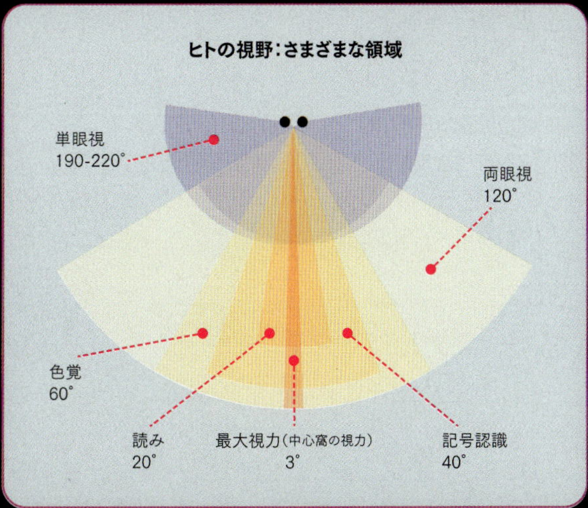
ヒトの視野：さまざまな領域
単眼視
190-220°
両眼視
120°
色覚
60°
読み
20°
最大視力（中心窩の視力）
3°
記号認識
40°

昆虫の視覚は？
人間の中心窩（か）の視力に匹敵する分解能を、昆虫のような複眼で得ようとしたら、直径22mという非常に巨大なものになる。

チクシュルーブ衝突体

約6,550万年前、巨大な隕石か彗(すい)星が現在のメキシコ沿岸に衝突した。現在では、この出来事が地球上で最大級の絶滅イベントの1つを誘発し、恐竜による支配が突然終わることになったと考えられている。

チクシュルーブでの衝突

- **爆発の規模**:1億3,000万Mt(メガトン)TNT火薬に換算
- **衝突体の直径**:12km
- **衝突体の密度**:3,000kg/m^3
- **衝突速度**:20km/s
- **衝突角度**:90度
- **標的の種類**:結晶質岩上の深さ500mの水

生きている細胞は、炭素13同位体ではなく、一般的な炭素12同位体を選択的に取り込む。海洋生物が繁栄しているときに生じた堆積物は、炭素13が少ない。この比率は、炭素循環すなわち生命そのものの力強さを知る優れた指標となる。

海中のほとんどの方解石は有機物由来なので、海洋生物の存在を示すもう1つの代替値となる。

イリジウムは一般的な海底堆積物にわずかに含まれる密度の高い金属で、金よりもずっと希少だ。しかし、白亜紀の絶滅が起きた時期には、地球全域で岩石のイリジウム濃度が急上昇し、金の2倍に達した。この比率は隕石の組成とよく似ている。研究の結果、イリジウムは、小惑星が地球に衝突したときに生じた破片の雲から、世界中にまき散らされたことが示された。チクシュルーブ衝突体の解明と年代測定は、この仮説を裏付けているようだ。

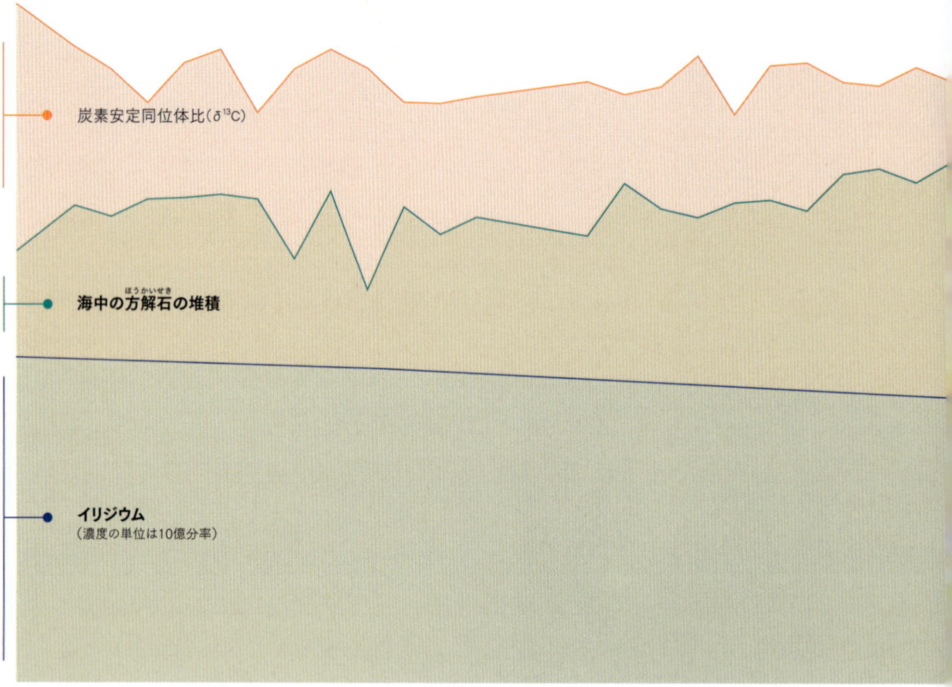

炭素安定同位体比(δ13C)
海中の方解石(ほうかいせき)の堆積
イリジウム
(濃度の単位は10億分率)

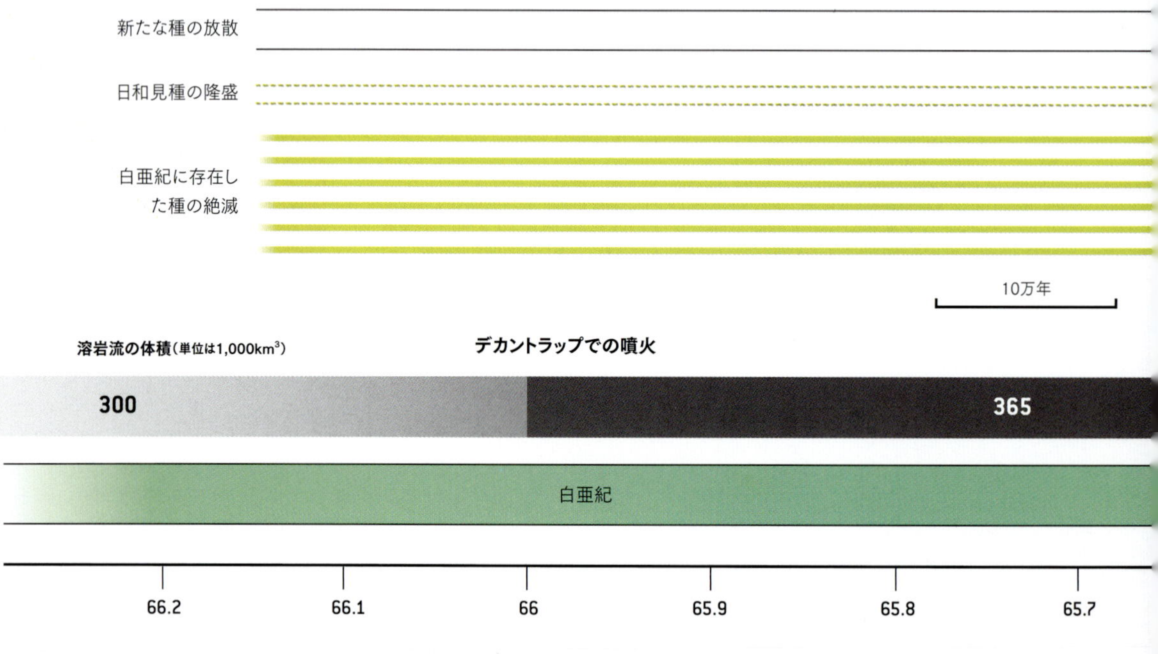

新たな種の放散
日和見種の隆盛
白亜紀に存在した種の絶滅
10万年
溶岩流の体積(単位は1,000km3)
デカントラップでの噴火
300
365
白亜紀
66.2
66.1
66
65.9
65.8
65.7

それ以前にもっと大規模な衝突があったことを示す新たな地質学的証拠が、現在の南アフリカの一部、バーバートングリーンストーンベルトという地質系統に近い地域で見つかっている。この衝突は30数億年前に起き、衝突体は直径が最大58kmで、チクシュルーブ衝突体より4倍以上大きかった。

暁新世の植物の回復は、地質記録でシダの胞子が急増したことからもわかるように、シダが再びコロニーを作ったことから始まった。

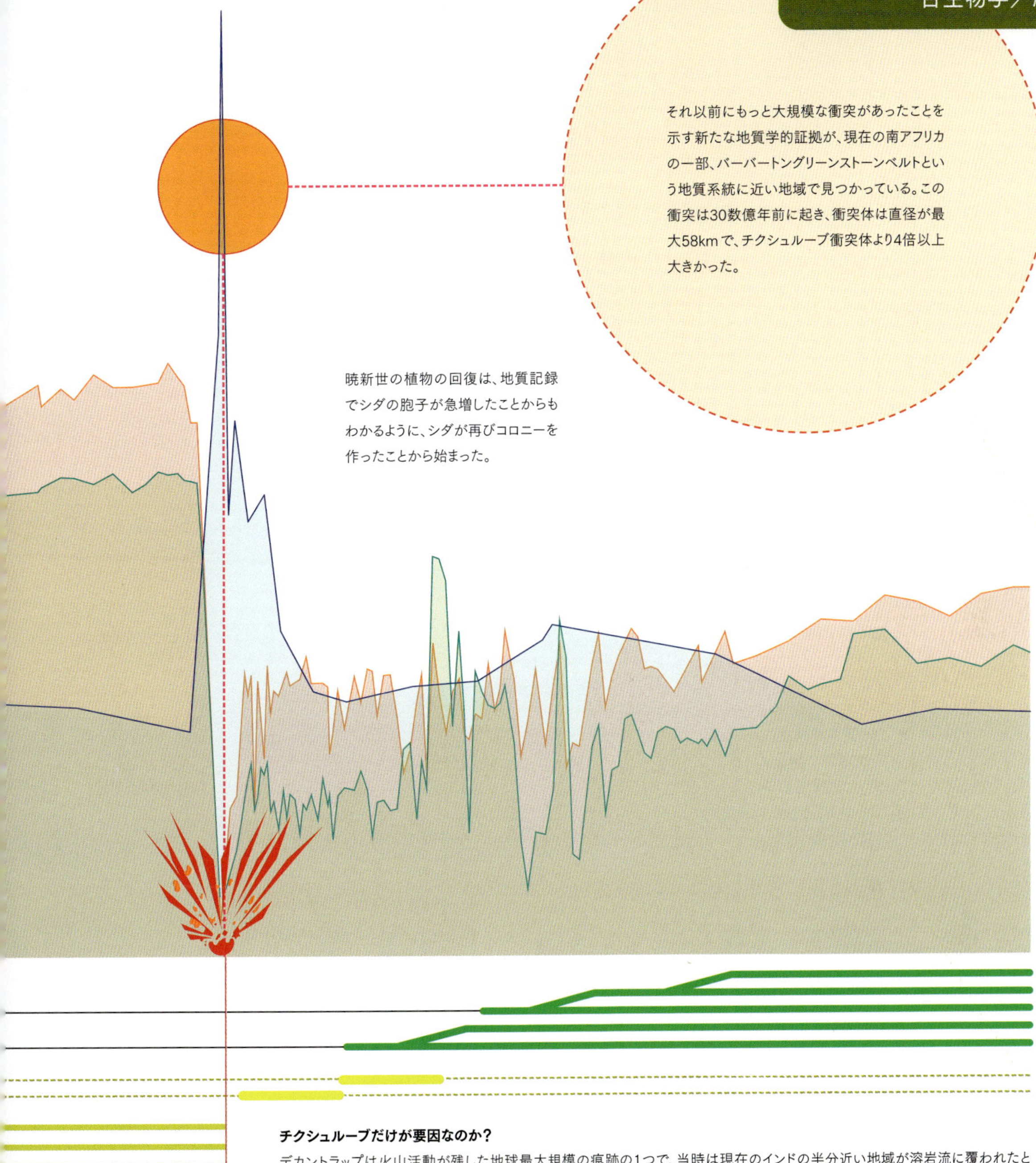

チクシュルーブだけが要因なのか？

デカントラップは火山活動が残した地球最大規模の痕跡の1つで、当時は現在のインドの半分近い地域が溶岩流に覆われたと推定されている。デカントラップの形成は白亜紀 - 古第三紀の大量絶滅の100万年ほど前に始まり、繰り返す噴火によって、白亜紀末にチクシュルーブの衝突が起きる前の50万年で45万 km2以上の溶岩が流出したが、流出が弱まったのは古第三紀が始まってから500万年後だった。デカントラップが形成されるときに放出された火山ガス（特に炭素と二酸化硫黄）は、当時の気候変動に大いに関わっていたはずだ。これらの噴火が既存の生態系を弱らせたために、多くの種（さらにはすべての恐竜）が絶滅しやすくなり、チクシュルーブの衝突が致命的打撃となった可能性がある。

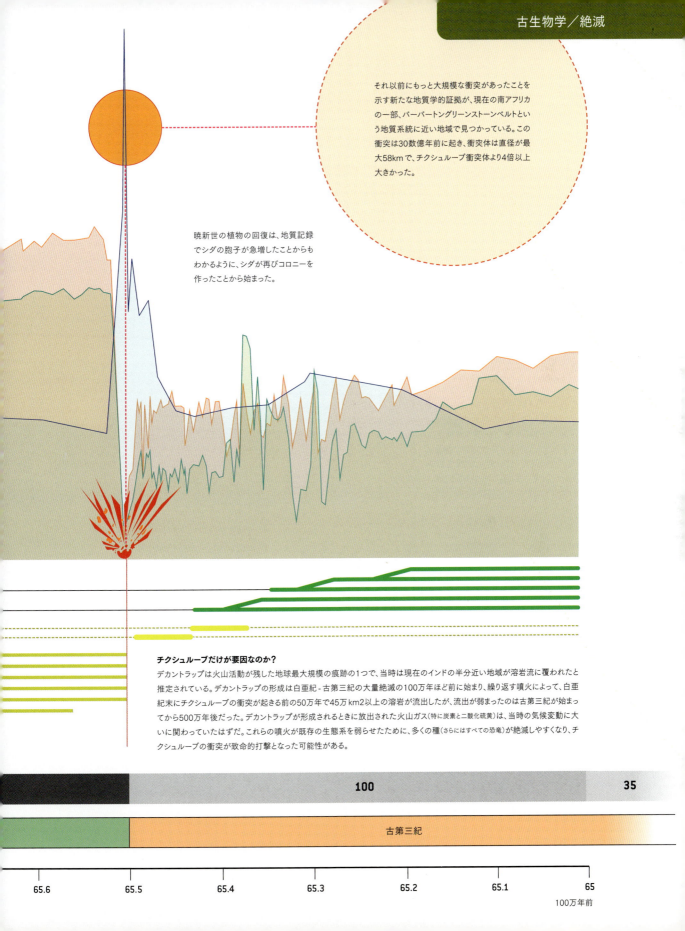

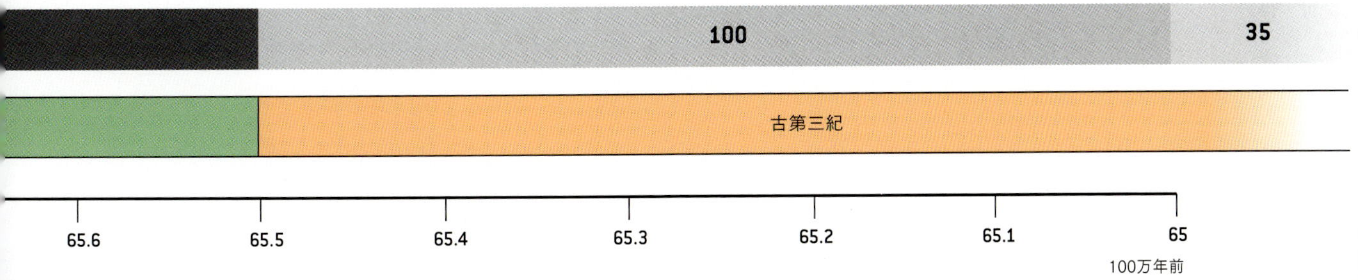
100
35
古第三紀
65.6
65.5
65.4
65.3
65.2
65.1
65
100万年前

鳥の渡り

鳥類は、恐竜の子孫では白亜紀の大量絶滅の後まで生き残った唯一のグループで、現生種は１万種近い。その飛行能力のために独特のニッチを占めるようになり、世界的な規模で決まった飛行ルートを通って、越冬地と繁殖地の間を往復するものも多い。

キョクアジサシ

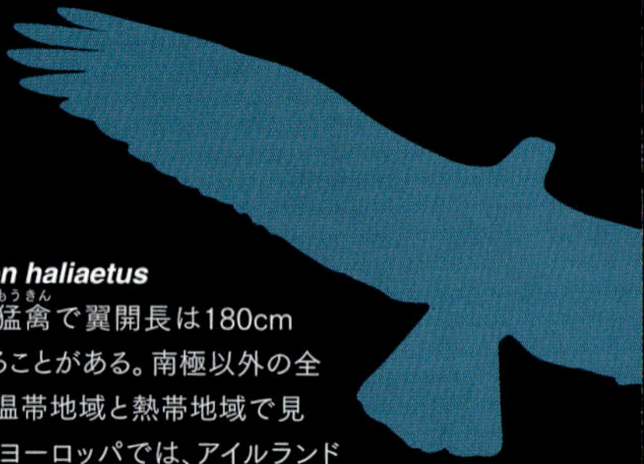

ミサゴ
Pandion haliaetus
大型の猛禽(もうきん)で翼開長は180cmに達することがある。南極以外の全大陸の温帯地域と熱帯地域で見られる。ヨーロッパでは、アイルランドやスカンジナビア半島、イギリス諸島など、アイスランド以外の大陸北部のあちこちで夏を過ごし、北アフリカで越冬する。

ボボリンク
キョクアジサシ

キョクアジサシ　*Sterna paradisaea*
渡りの習性が強く、北の繁殖地から複雑なルートを通って夏の南極の海岸へ渡り、6カ月後に戻るため、1年に2回の夏を過ごす。最近の研究から、年間の往復距離は平均8万～9万 kmと、動物界でわかっているものとしては圧倒的に長いことが示された。

ボボリンク　*Dolichonyx oryzivorus*
夏にカナダ南部とアメリカ合衆国北部の北米各地で繁殖する。長距離を渡り、南米南部のアルゼンチン、ボリビア、ブラジル、パラグアイで越冬する。渡りを追跡した複数の個体は年間で1万9,000kmを移動し、1日1,800km近く飛行していた。

オオソリハシシギ　*Limosa lapponica*

大型の渉禽類で、北極圏の海岸とツンドラで繁殖し、オーストラリアやニュージーランドなどの温帯地域と熱帯地域の海岸で越冬する。渡り鳥の中では休まずに最も長い距離を飛んだという記録があり、アラスカ州からニュージーランドまでの1万1,700kmを8日で移動した。渡りの前には、ノンストップ飛行のエネルギー源として蓄えた脂肪が、体重の55％を占めるようになる。

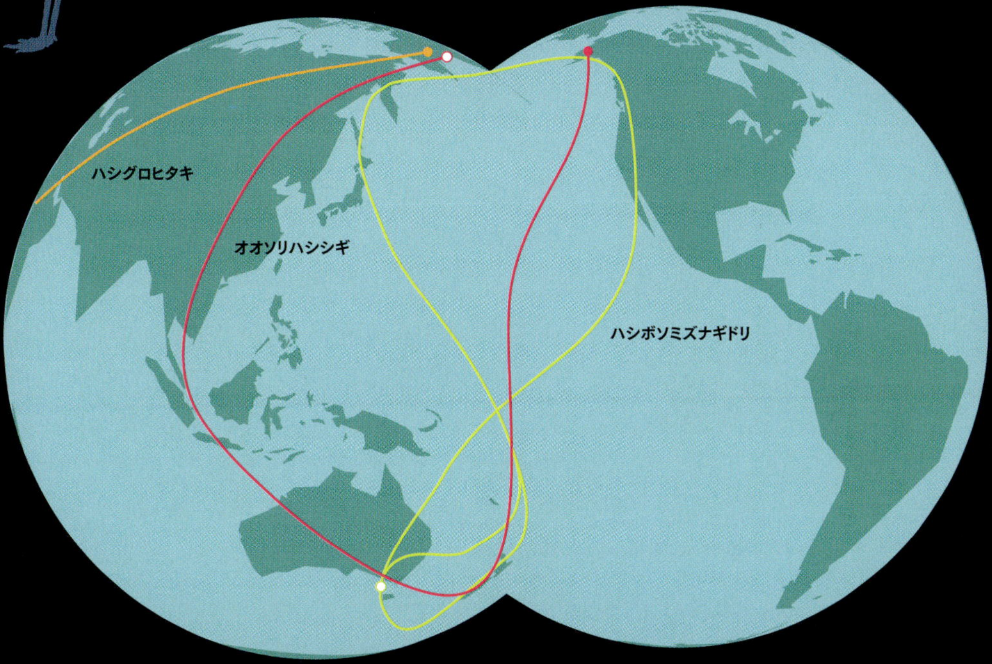
ハシグロヒタキ
オオソリハシシギ
ハシボソミズナギドリ

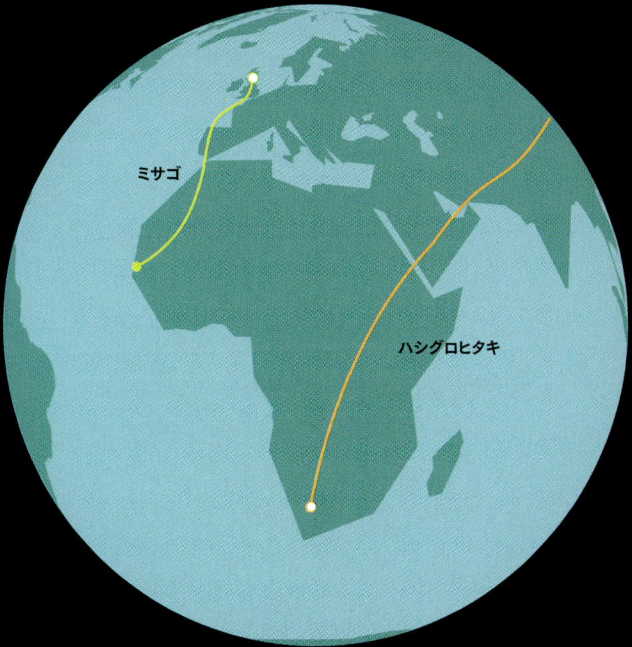
ミサゴ
ハシグロヒタキ

ハシボソミズナギドリ
Ardenna tenuirostris

壮大な渡りをする海鳥の1種で、バス海峡の小島やタスマニア島で主に繁殖し、アリューシャン諸島とカムチャッカ半島沖の海に移動する。北半球が秋になるとカリフォルニア州沿岸を南下し、太平洋を横断してオーストラリアに戻る。昔から肉が珍重されたため、マトンバードとして知られている。

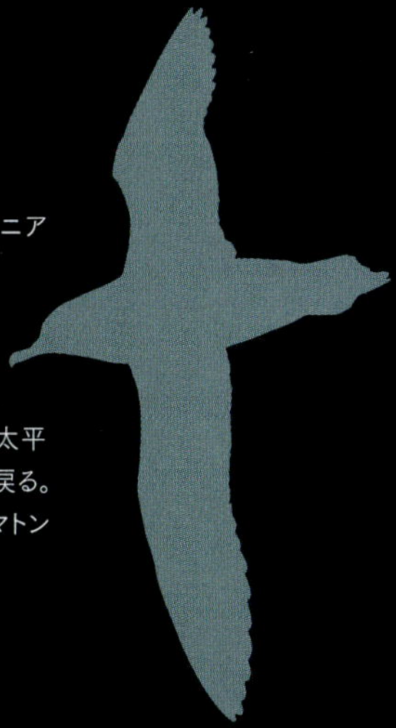

ハシグロヒタキ
Oenanthe oenanthe

カナダ北部やグリーンランドを足場にヨーロッパ北部やアジアで繁殖し渡りを行う移住性で食虫性の種。サハラ以南のアフリカにある越冬地までの渡りのルートは、3万kmを超えることがある。

哺乳類の出現

白亜紀-古第三紀大量絶滅と恐竜絶滅の後は、哺乳類が繁栄した。彼らは多様化し大型化して、地球の生態系の大部分を支配するようになった。

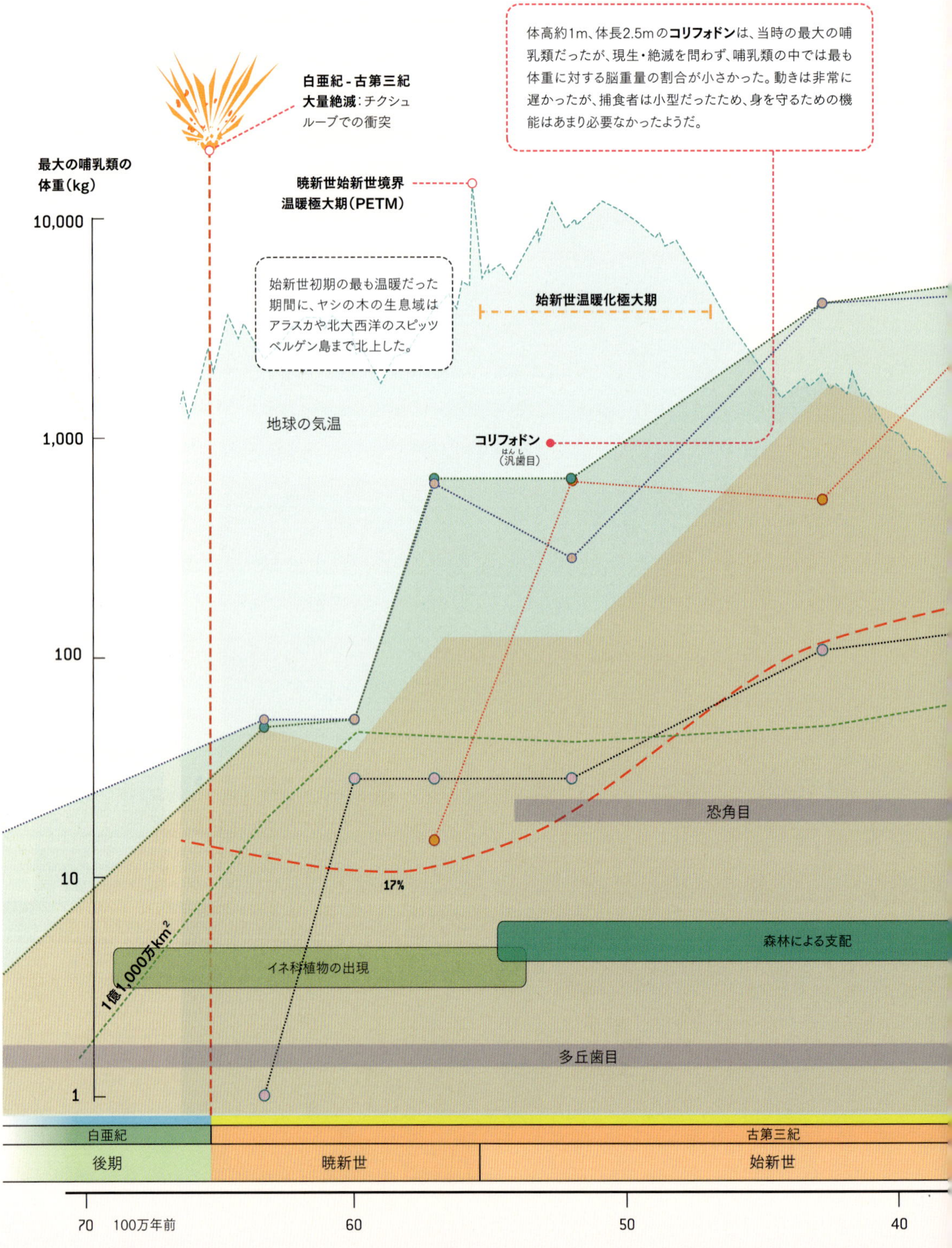

体高約1m、体長2.5mのコリフォドンは、当時の最大の哺乳類だったが、現生・絶滅を問わず、哺乳類の中では最も体重に対する脳重量の割合が小さかった。動きは非常に遅かったが、捕食者は小型だったため、身を守るための機能はあまり必要なかったようだ。
白亜紀-古第三紀大量絶滅：チクシュルーブでの衝突
最大の哺乳類の体重（kg）
10,000
1,000
100
10
1
暁新世始新世境界温暖極大期（PETM）
始新世初期の最も温暖だった期間に、ヤシの木の生息域はアラスカや北大西洋のスピッツベルゲン島まで北上した。
始新世温暖化極大期
地球の気温
コリフォドン（汎歯目）
恐角目
17%
1億1,000万km²
イネ科植物の出現
森林による支配
多丘歯目
白亜紀
後期
古第三紀
暁新世
始新世
70
100万年前
60
50
40

パラケラテリウム属は角のないサイ類の絶滅した属で、体高約4.8m、体長約7.4mと、これまで存在した最大級の陸生哺乳類だった。1,100万年ほど存続した後に絶滅した理由は不明だが、気候変動やゾウに似た長鼻類の出現といった複数の要因のせいだろう。

長鼻目（ちょうびもく）
中新世後期から更新世にかけては、マンモスやアメリカマストドン、ナウマンゾウが優占的な陸生哺乳類となった。

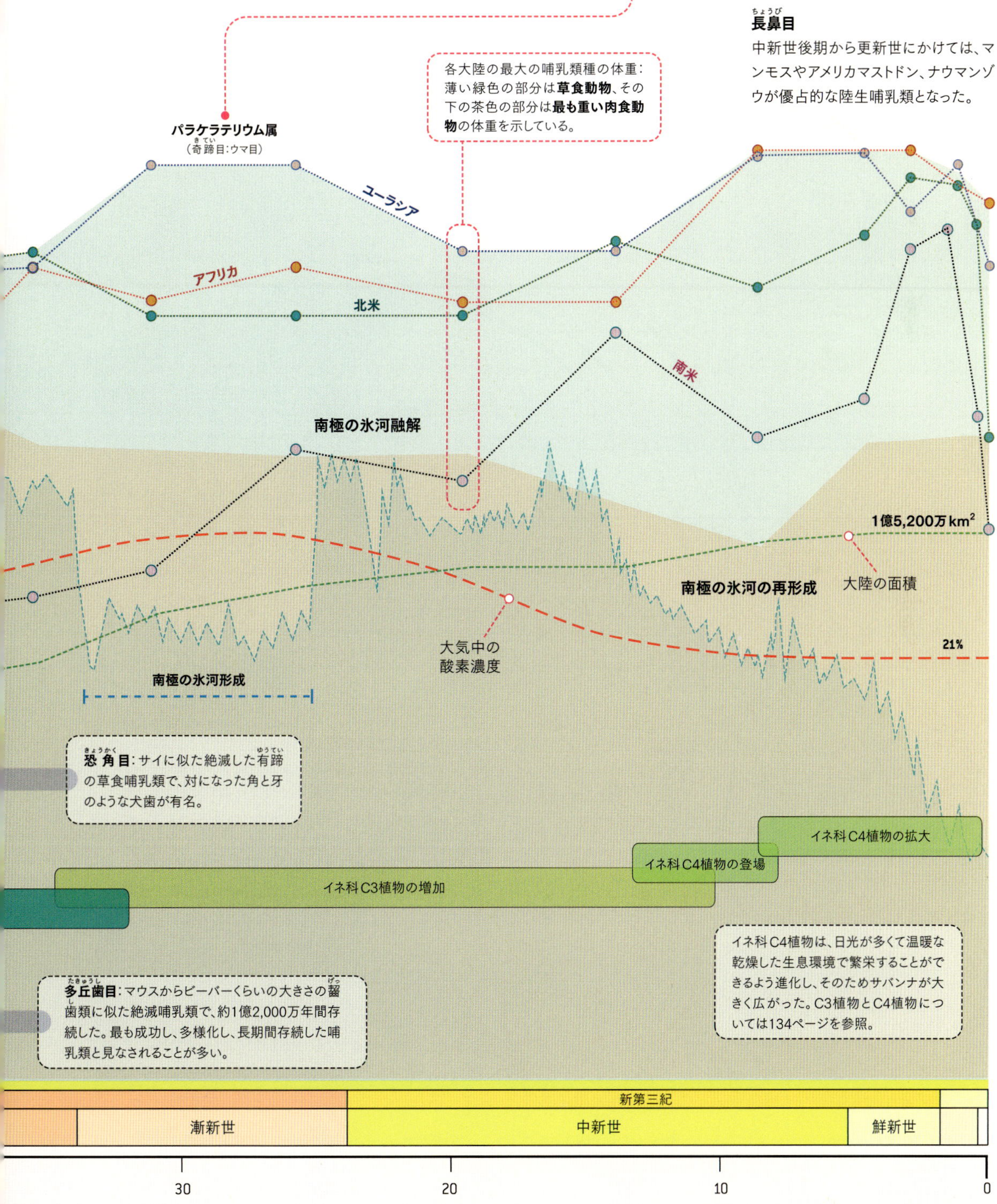
パラケラテリウム属
（奇蹄目：ウマ目）
各大陸の最大の哺乳類種の体重：薄い緑色の部分は**草食動物**、その下の茶色の部分は**最も重い肉食動物**の体重を示している。
ユーラシア
アフリカ
北米
南米
南極の氷河融解
1億5,200万km²
大陸の面積
南極の氷河の再形成
大気中の酸素濃度
21%
南極の氷河形成
イネ科C4植物の拡大
イネ科C4植物の登場
イネ科C3植物の増加
新第三紀
漸新世
中新世
鮮新世
30
20
10
0

恐角目：サイに似た絶滅した有蹄の草食哺乳類で、対になった角と牙のような犬歯が有名。

多丘歯目：マウスからビーバーくらいの大きさの齧歯類に似た絶滅哺乳類で、約1億2,000万年間存続した。最も成功し、多様化し、長期間存続した哺乳類と見なされることが多い。

イネ科C4植物は、日光が多くて温暖な乾燥した生息環境で繁栄することができるよう進化し、そのためサバンナが大きく広がった。C3植物とC4植物については134ページを参照。

妊娠期間

妊娠期間の長さは、一般に動物の体や脳の大きさと密接な相互関係がある。

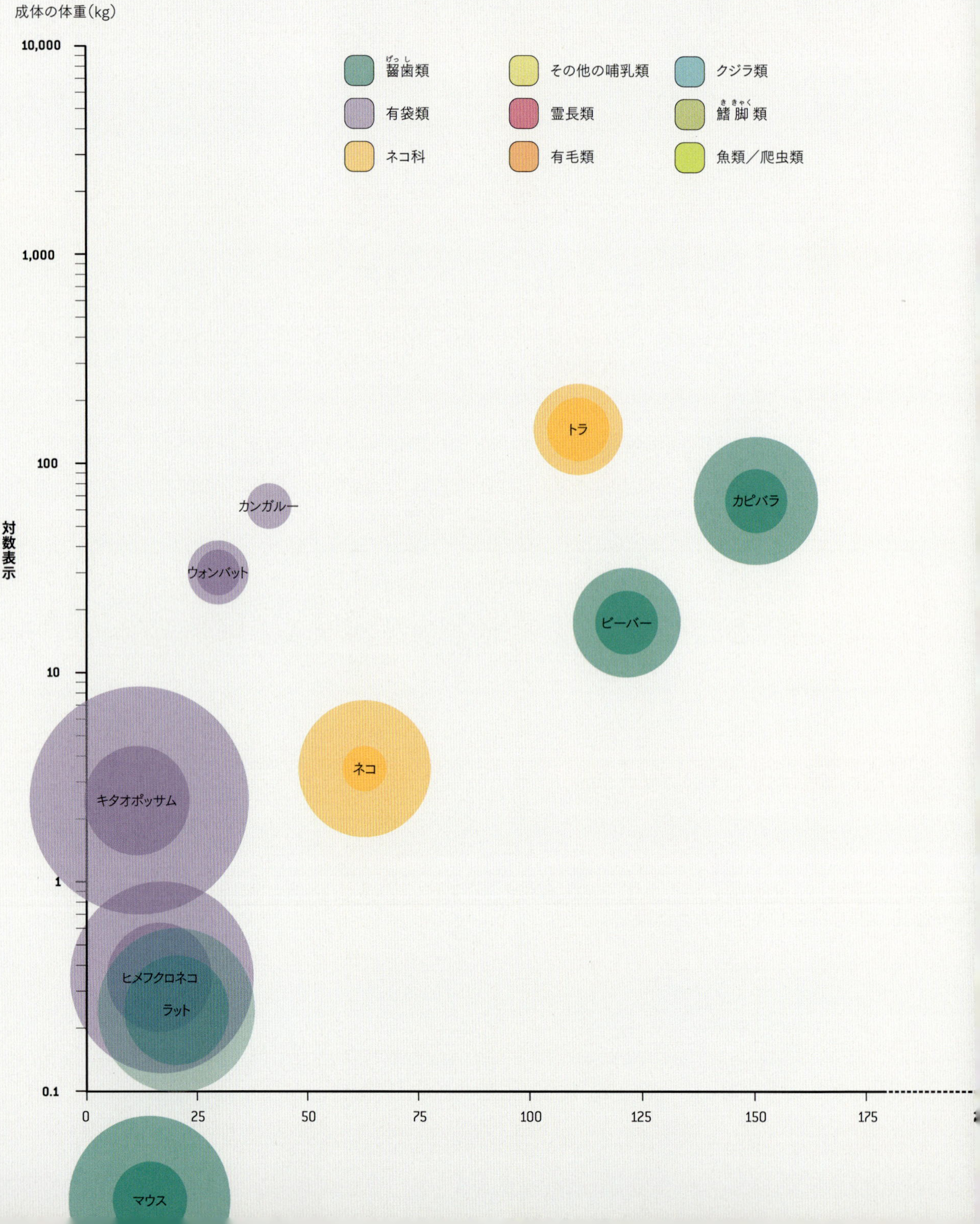

成体の体重(kg)
10,000
1,000
100
10
1
0.1
対数表示
齧歯類
その他の哺乳類
クジラ類
有袋類
霊長類
鰭脚類
ネコ科
有毛類
魚類／爬虫類
トラ
カピバラ
カンガルー
ウォンバット
ビーバー
ネコ
キタオポッサム
ヒメフクロネコ
ラット
マウス
0
25
50
75
100
125
150
175

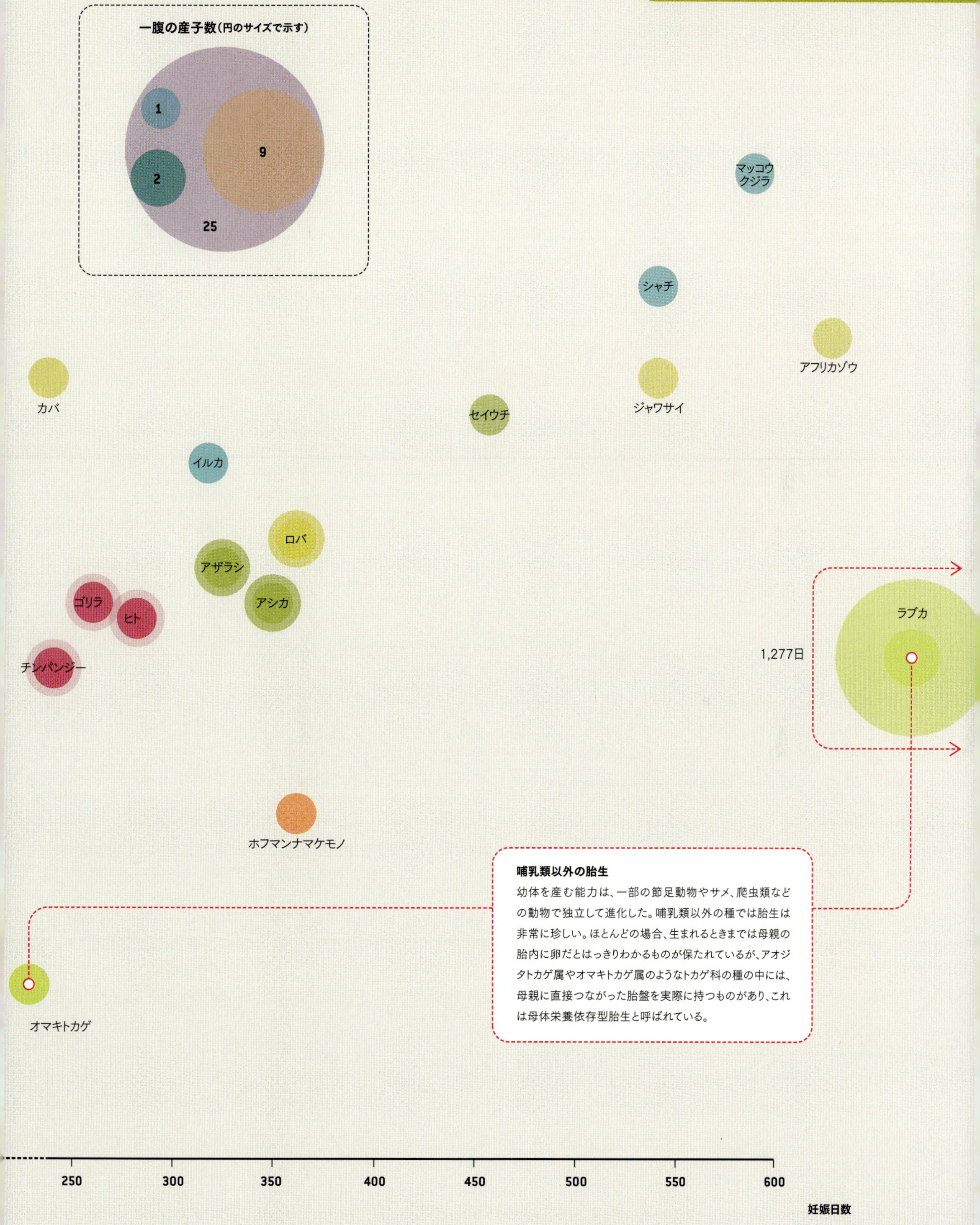
一腹の産子数(円のサイズで示す)
1
2
9
25
マッコウクジラ
シャチ
アフリカゾウ
カバ
ジャワサイ
セイウチ
イルカ
ロバ
アザラシ
アシカ
ゴリラ
ヒト
チンパンジー
ラブカ
1,277日
ホフマンナマケモノ
オマキトカゲ
250
300
350
400
450
500
550
600
妊娠日数

哺乳類以外の胎生

幼体を産む能力は、一部の節足動物やサメ、爬虫類などの動物で独立して進化した。哺乳類以外の種では胎生は非常に珍しい。ほとんどの場合、生まれるときまでは母親の胎内に卵だとはっきりわかるものが保たれているが、アオジタトカゲ属やオマキトカゲ属のようなトカゲ科の種の中には、母親に直接つながった胎盤を実際に持つものがあり、これは母体栄養依存型胎生と呼ばれている。

進化的適応とその見返り

進化的放散と多様化によって、ほとんどの綱の動物が陸や海を征服し、さらには空を征服するものも現れた。同様の過程を経て海中に戻ったものもいた。

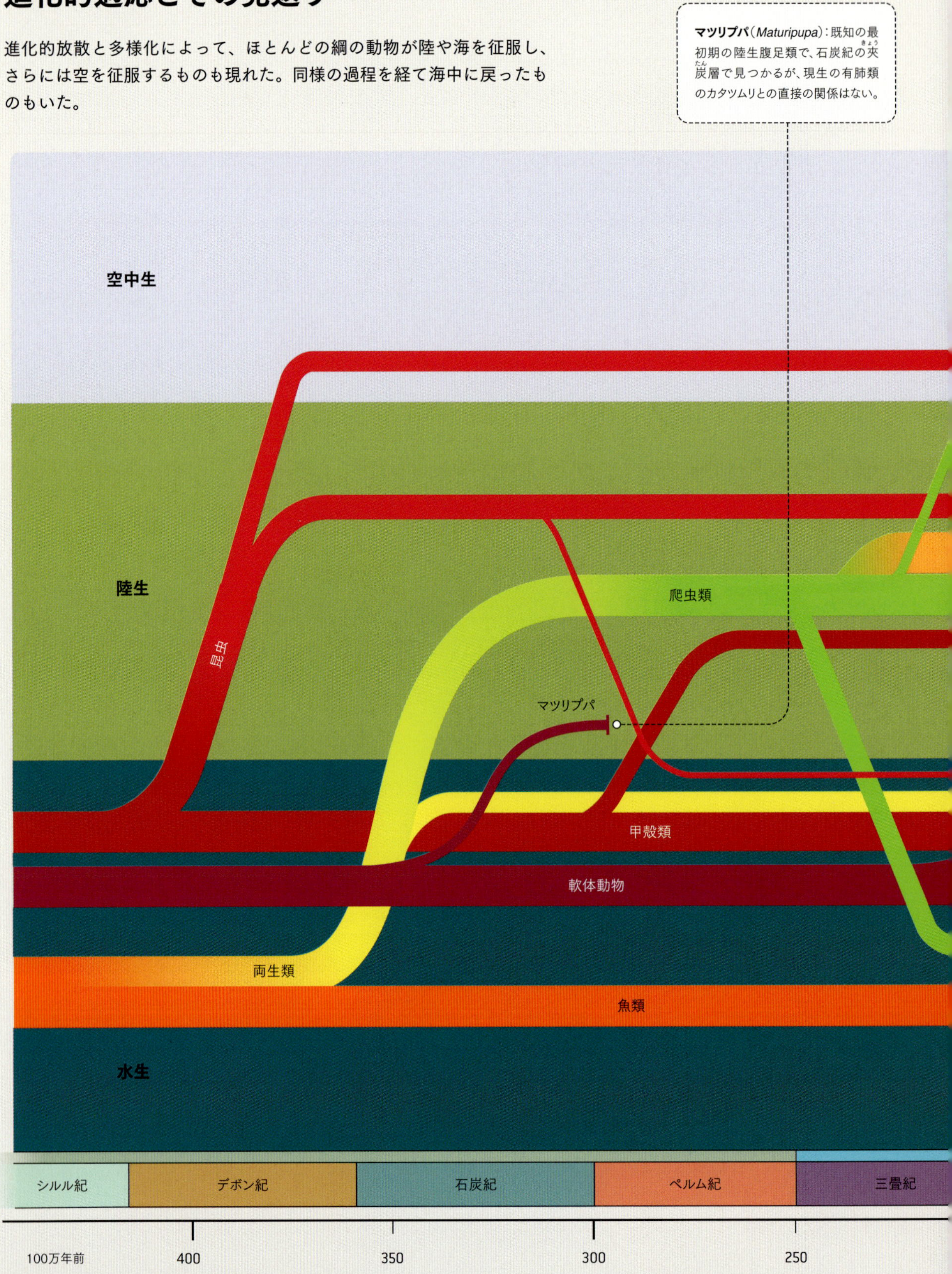
マツリプパ（*Maturipupa*）：既知の最初期の陸生腹足類で、石炭紀の夾炭層で見つかるが、現生の有肺類のカタツムリとの直接の関係はない。
空中生
陸生
水生
昆虫
爬虫類
マツリプパ
甲殻類
軟体動物
両生類
魚類
シルル紀
デボン紀
石炭紀
ペルム紀
三畳紀
100万年前
400
350
300
250

翼竜は自力での飛行を進化させたことで知られる最古の脊椎動物で、既知の最大級の飛翔生物として有名なケツァルコアトルス（翼開長11m）などが含まれる。

4万4,000種ある現生の甲殻類の大多数は水生だが、陸上生活に適応したグループもいくつかある。陸生カニやハマトビムシなどだが、最も繁栄している等脚類にはワラジムシなど約5,000種の陸生種が含まれる。

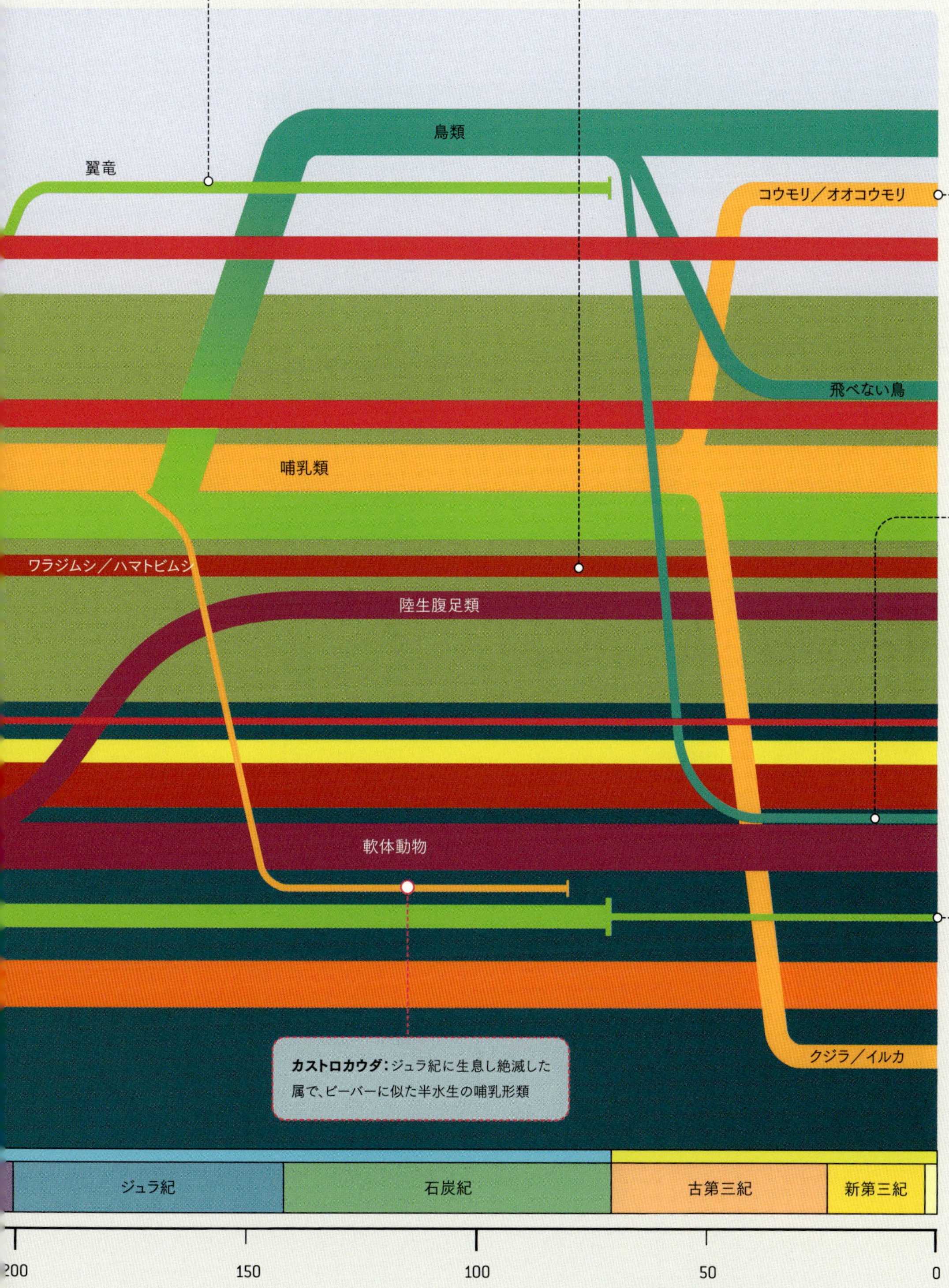

鳥類
翼竜
コウモリ／オオコウモリ
飛べない鳥
哺乳類
ワラジムシ／ハマトビムシ
陸生腹足類
軟体動物
クジラ／イルカ
カストロカウダ：ジュラ紀に生息し絶滅した属で、ビーバーに似た半水生の哺乳形類
ジュラ紀
石炭紀
古第三紀
新第三紀
200
150
100
50
0

コウモリは反響定位（エコーロケーション）や極端に長く伸びた前肢の骨、前肢と後肢をつなぐ飛膜など、多くの特殊な形態を持つ。そのため哺乳類の典型的なイメージからかけ離れているように見えるが、現生の哺乳類種の約1/5はコウモリなのだ！

ペンギン目は、まったく飛べない鳥の中では最大の目となっている。種の数はおよそ20種で、どの種もカウンターシェーディング効果をもたらす（泳ぐときに上になる部分が黒く、下になる部分が白い）羽毛が特徴だ。他の鳥類は、骨に空洞があって軽くて飛行に適した翼を持つが、ペンギンの翼は泳ぐために骨の密度が高くて硬く、筋肉が発達している。

中生代には、魚竜やプレシオサウルス、モササウルス、板歯類、ウミガメなど、爬虫類の多くのグループが水中生活に適応していた。白亜紀末の大量絶滅によって種の数はかなり減少した。現存する約1万2,000種の爬虫類のうち、水生と見なされているのはほんの100種程度だ。

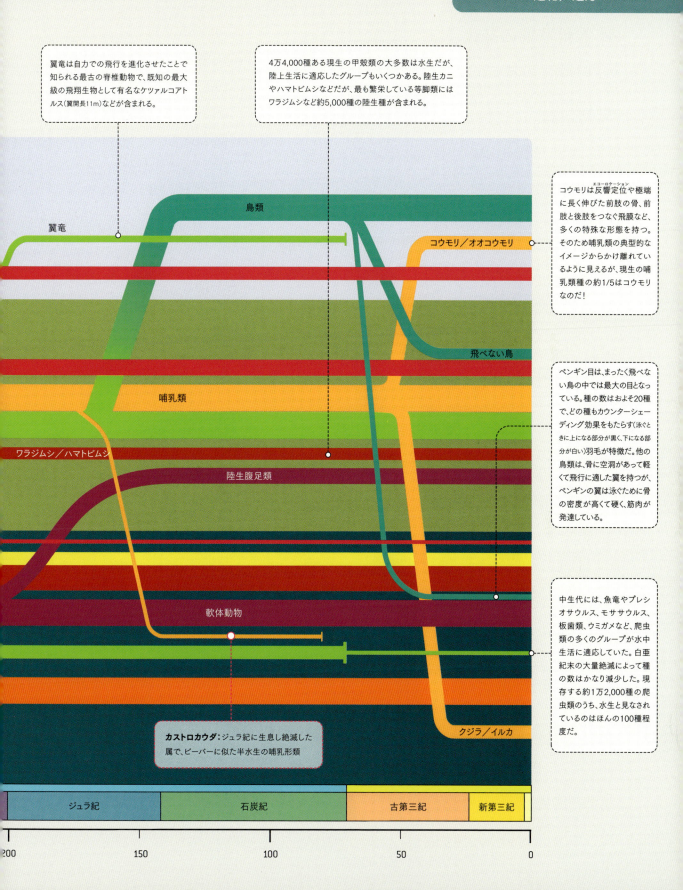

イネ科植物の進化

イネ科植物が白亜紀後期から進化し生態系に拡大したことで、地球の支配的なバイオームの１つである温帯と熱帯の大草原が、森林の代わりに確立された。イネ科植物が優勢な生息環境は、地球の陸地表面の40％近くを覆っている。

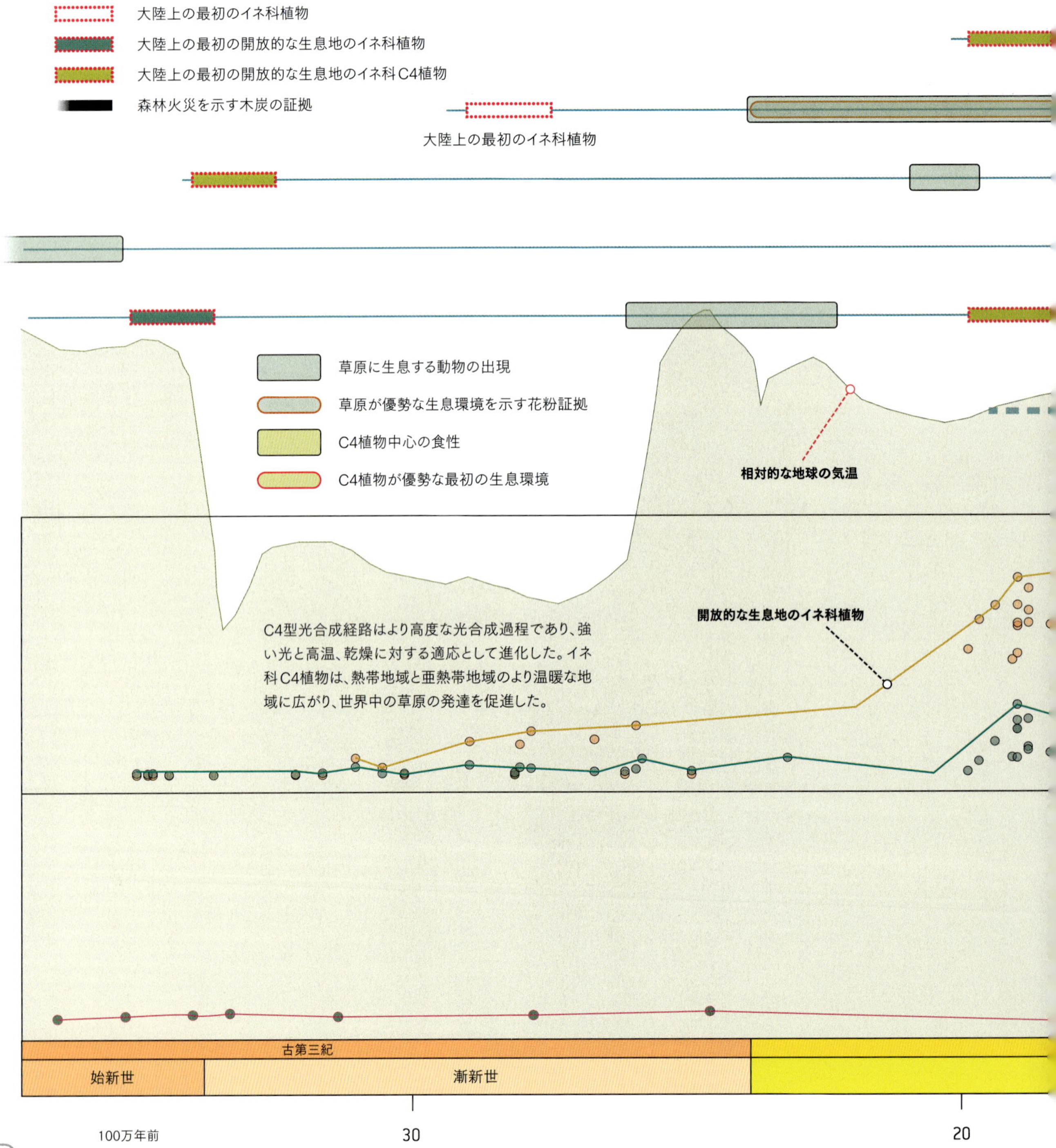

大陸上の最初のイネ科植物
大陸上の最初の開放的な生息地のイネ科植物
大陸上の最初の開放的な生息地のイネ科C4植物
森林火災を示す木炭の証拠
大陸上の最初のイネ科植物
草原に生息する動物の出現
草原が優勢な生息環境を示す花粉証拠
C4植物中心の食性
C4植物が優勢な最初の生息環境
相対的な地球の気温
開放的な生息地のイネ科植物
C4型光合成経路はより高度な光合成過程であり、強い光と高温、乾燥に対する適応として進化した。イネ科C4植物は、熱帯地域と亜熱帯地域のより温暖な地域に広がり、世界中の草原の発達を促進した。
古第三紀
始新世
漸新世
100万年前
30
20

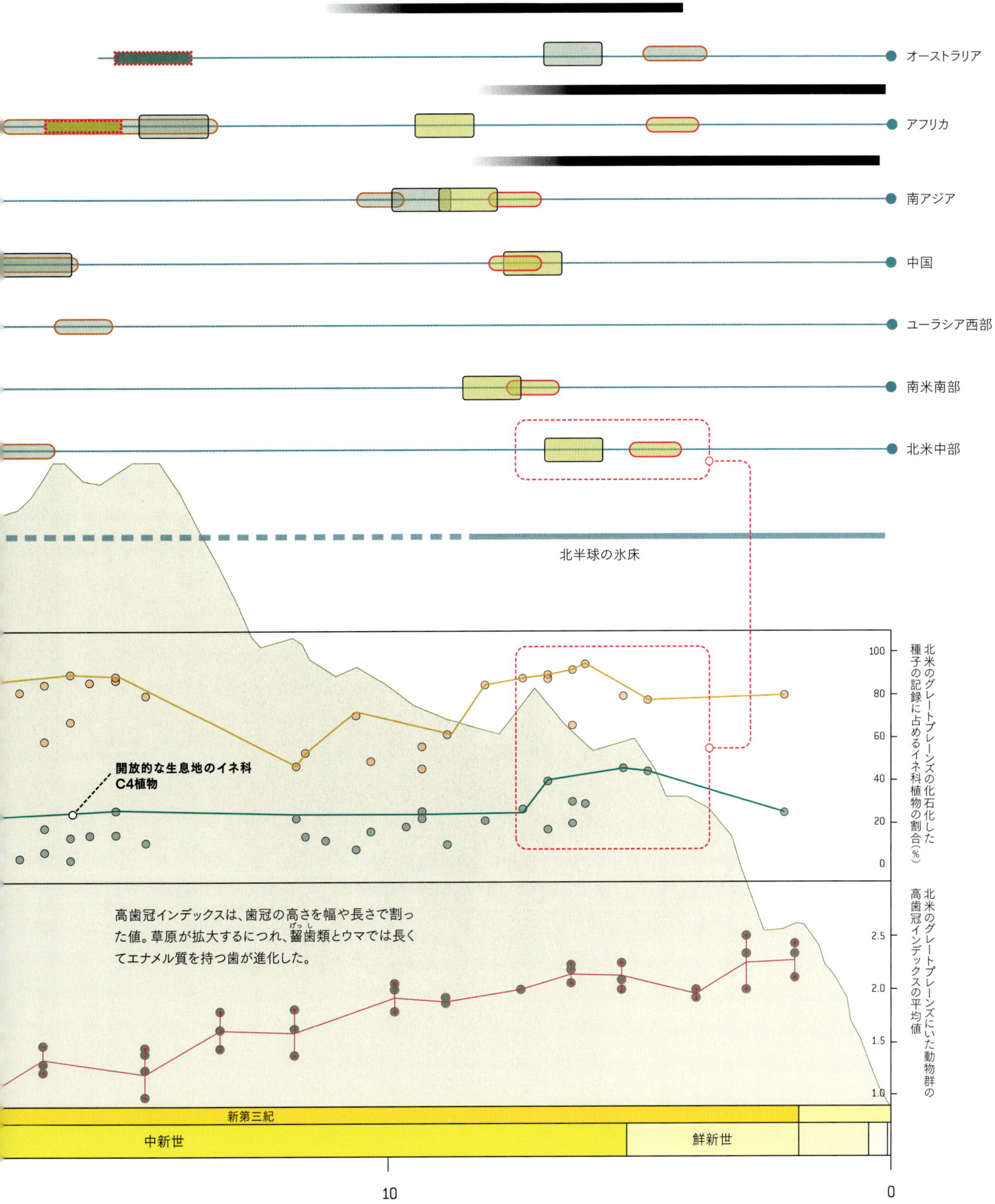
オーストラリア
アフリカ
南アジア
中国
ユーラシア西部
南米南部
北米中部
北半球の氷床
開放的な生息地のイネ科C4植物
北米のグレートプレーンズの化石化した種子の記録に占めるイネ科植物の割合（%）
100
80
60
40
20
0
高歯冠インデックスは、歯冠の高さを幅や長さで割った値。草原が拡大するにつれ、齧歯類とウマでは長くてエナメル質を持つ歯が進化した。
北米のグレートプレーンズにいた動物群の高歯冠インデックスの平均値
2.5
2.0
1.5
1.0
新第三紀
中新世
鮮新世
10
0

生物圏と炭素循環

生物圏とはすべての生物と、彼らのさまざまな関係を合わせた全球的な生態系を指す。それらの関係の中には岩石圏（リソスフェア）や地圏、水圏、土壌圏、大気圏の要素との相互作用も含まれる。

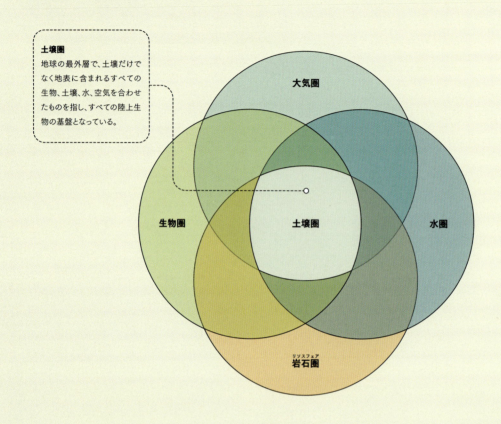

土壌圏
地球の最外層で、土壌だけでなく地表に含まれるすべての生物、土壌、水、空気を合わせたものを指し、すべての陸上生物の基盤となっている。

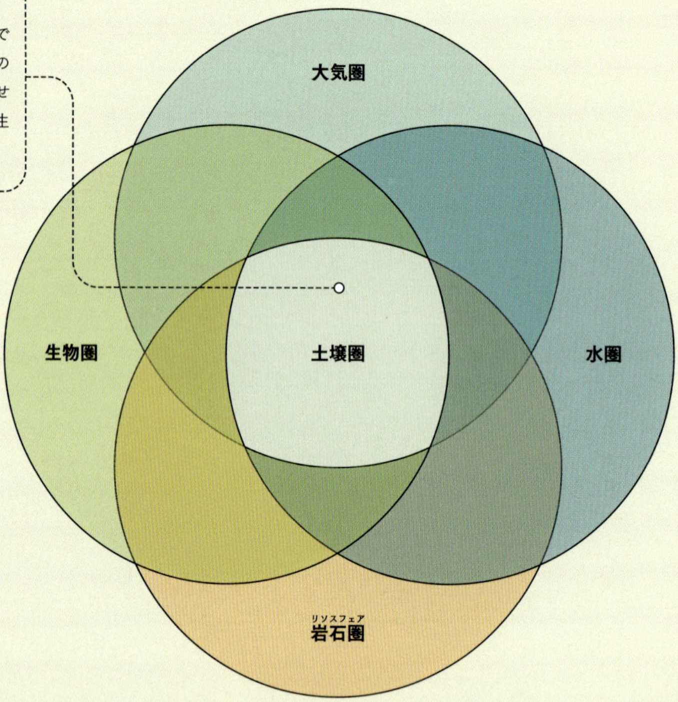
大気圏
生物圏
土壌圏
水圏
リソスフェア
岩石圏

炭素循環

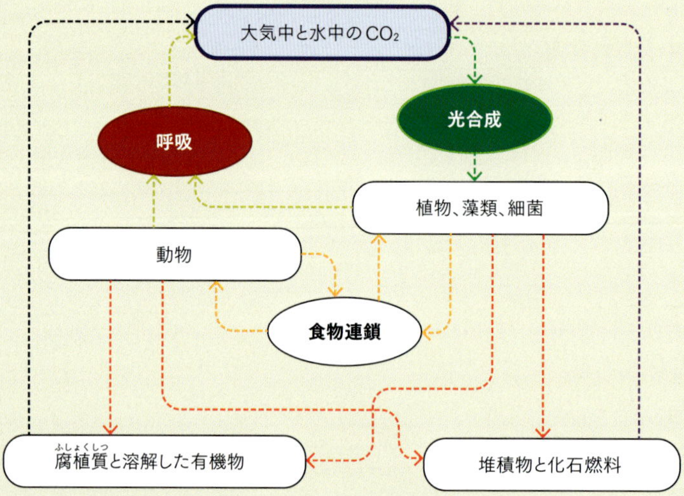
大気中と水中のCO₂
呼吸
光合成
植物、藻類、細菌
動物
食物連鎖
ふしょくしつ
腐植質と溶解した有機物
堆積物と化石燃料

生物と炭素循環と気候変動

炭素原子は細菌や藻類、植物の光合成によって生体の有機分子に取り込まれる。それらは摂食と消化の周期的な経路で微生物と動物に受け渡され、排泄と死によって土壌や淡水、海に入る。炭素は、有機分子が細菌による分解で酸化されたり人間によって燃焼されたりしたときに、CO_2として大気圏に再び放出される。

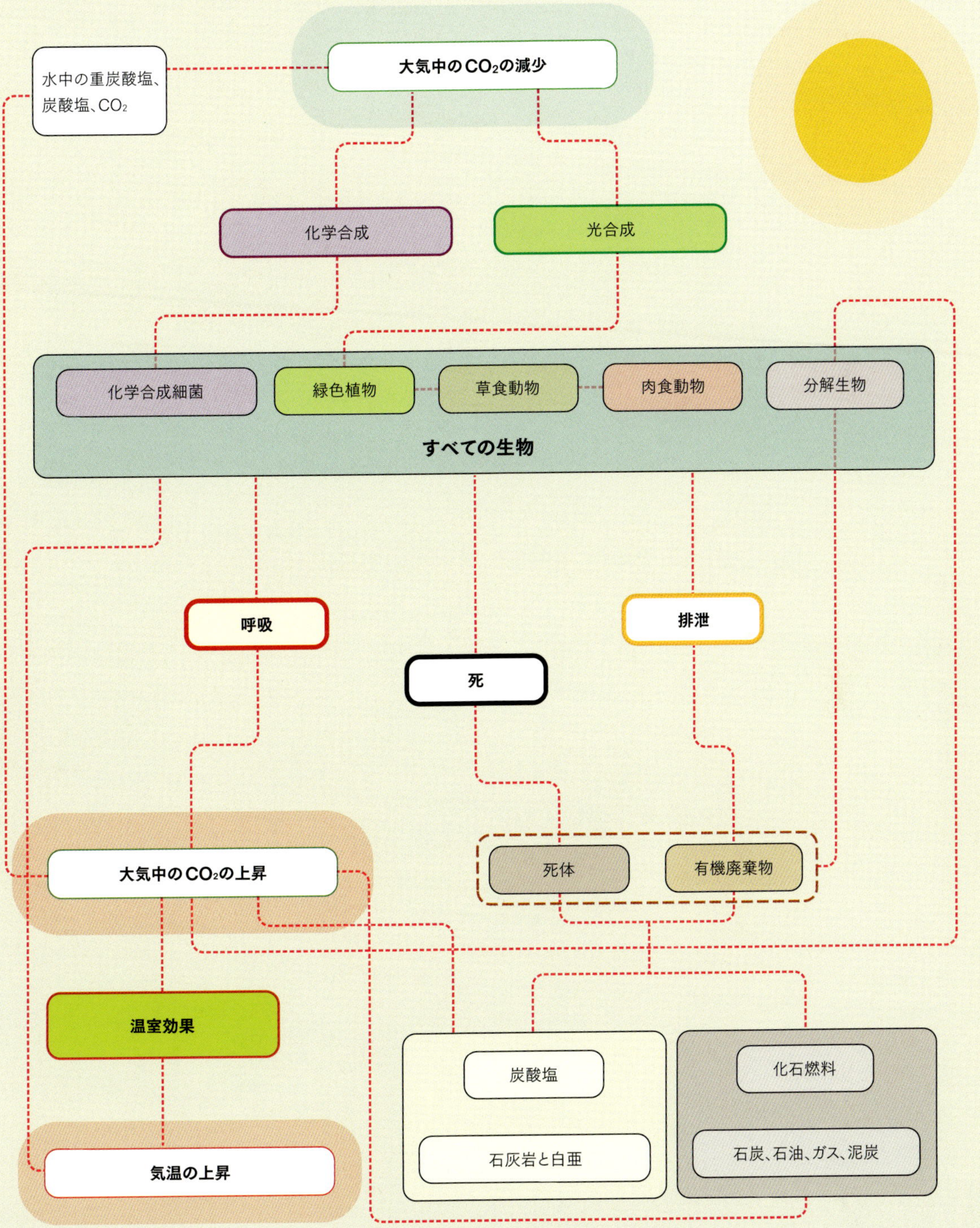

水中の重炭酸塩、炭酸塩、CO_2
大気中のCO_2の減少
化学合成
光合成
化学合成細菌
緑色植物
草食動物
肉食動物
分解生物
すべての生物
呼吸
排泄
死
大気中のCO_2の上昇
死体
有機廃棄物
温室効果
炭酸塩
石灰岩と白亜
化石燃料
石炭、石油、ガス、泥炭
気温の上昇

WoollyRhinoAAAGCAAGGCATTG
GGCTGAATTGiantLemurTTCCTC
GGGTATATTACGGTTCATTHome
AAAACCCCCCCTCCCCCGCTTCTGC
CAAACCCCAAAmericanMastoc
GAGAAGACCCTGCGGAGCTTCAATT
GCTGAATTATCCGGTATCTACACGCC
CAACTATGGCTGNATCANTCGATACA
TCTGCCTATTCATGiantShort-Face
GAGAGAAGGTTTGTGATGACTGTGI
TATATACACGCAAACGGAGCATCAATA
GACGAGGCCTATACTACGGATCGTATA
TAATTSabre-ToothedCatAGAACAG

AAAATGCCTAGATGAGGCGGTATATA

TGCCTATTCATTCATGTTGGCCGAG

SapiensNeanderthalensis

CCACAGCACTTAAACACATCTCTGC

onAACGGACATGAATTAATAAGAC

ACTAGTACAACTCaveLionCTTATG

AACGGABlueAntelopeAGAGATGT

ACATGCNAACGCGGCATCAATATTCT

dBearGGCTACGTCCTACCATGAGGCT

ishElkAATTACGGCTGAATTATCCGA

TCTTCATCTGCCTATTCATGCATGTAG

CTTTTCTAGAAACATGAAACATTGGAG

GCTCCTCTAGAGGGATGTAAAGCACCG

絶滅した哺乳類種のミトコンドリアRNA塩基配列

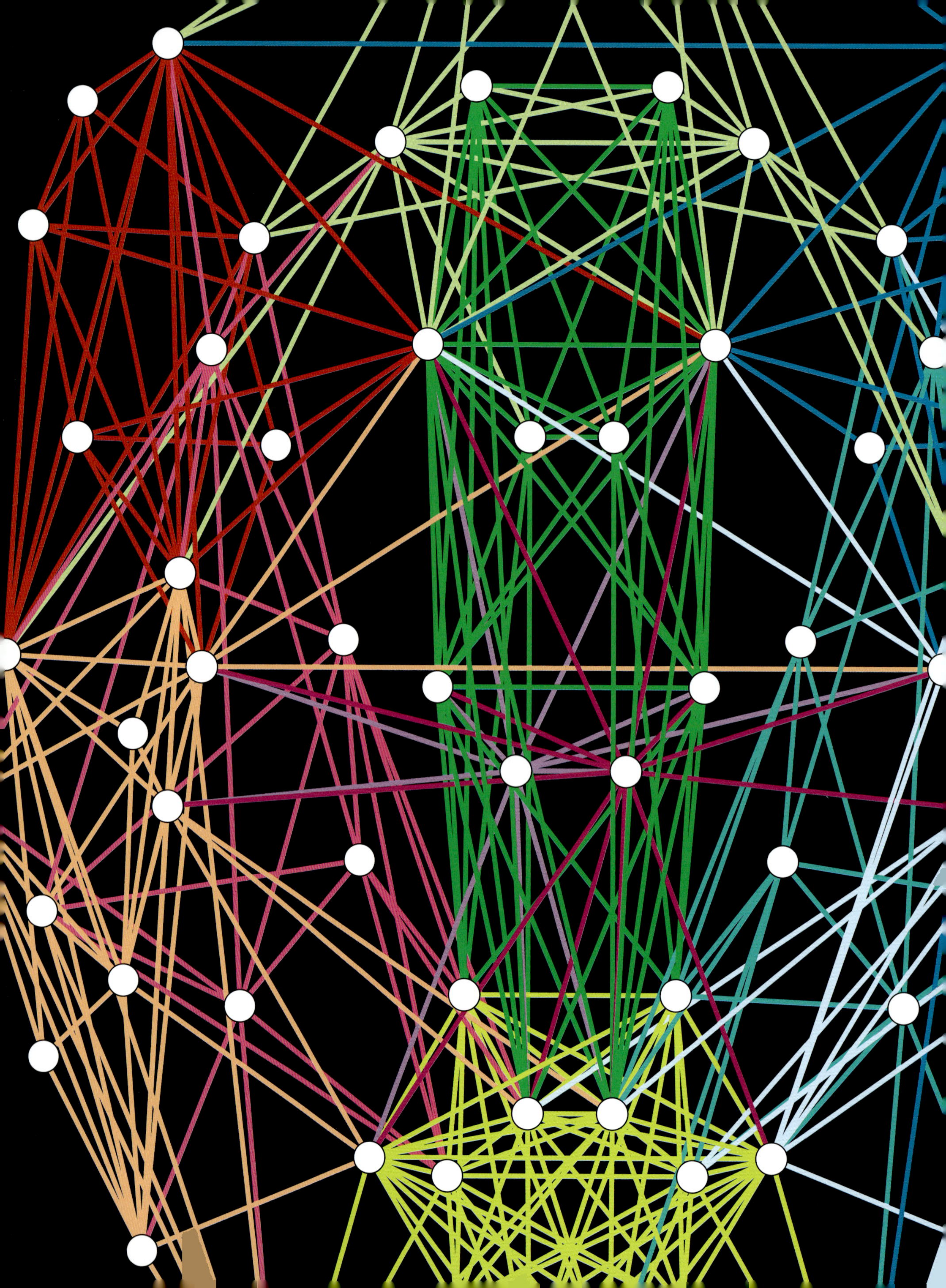

HUMAN
人類

Human

人類

白亜紀の終わりを告げた絶滅イベント（6,600万年前）は、恐竜の破滅を決定づけたことで有名であり、そのために地球上の動植物種は全体の4分の3以上が死滅したと推定されている。同規模の絶滅イベントは、生命の長い歴史の中で以前にも何度か起きていたが、このときの絶滅は、その後の生物が進化する大きな機会をもたらした。頂点捕食者が姿を消し、生物が激減した世界で、多くのグループの急速な多様化――多数の新たな形態や種への突然の分岐――が起きた。このときの朽ちゆく、堆積物で覆われた破壊された世界は、いろいろな意味で人類のゆりかごとなった。というのも、哺乳類が優位を占めるようになったのは、新生代と呼ばれるこの時代からなのだ。

哺乳類は小さくて単純なありふれた形態から急速に増加し、さまざまな陸生種や海生種、さらには空を飛ぶ種が生じた。一方、新生代の鳥類（恐竜の分岐群で唯一の生き残り）、被子植物、被子植物と昆虫の関係、開けた草原についても、同じことが言える。

新生代の初めは気温が低かったが、やがて徐々に上昇し始め、1,000万年もしないうちにヤシの木がアラスカや北極圏のスピッツベルゲン島で育ち、ワニがグリーンランドの海岸沖を泳ぐようになった。世界は齧歯類のような哺乳類、森で腐肉をあさる中型の哺乳類、もっと大型の草食の哺乳類、他の哺乳類や鳥類や爬虫類を狩る肉食の哺乳類だらけになった。哺乳類の体の大きさは指数関数的に増加し、最大級の草食動物の体重は約1,000倍に増加した。大気中の酸素濃度はこの期間でほぼ倍増した。

その後の1,000万～1,500万年間で二酸化炭素が海底に隔離され、南アメリカ大陸が南極大陸から完全に分離して南極の冷たい海水が南極還流を形成するにつれて、気温は再び徐々に低下した。イネ科植物はさらに拡大して世界の大部分を事実上支配したため、その過程で森林が減少した。地質学的変化は急速に進行し、空へ突き出すヒマラヤ山脈が巨大な障壁を形成して、大陸の気象パターンが変化した。アフリカ大地溝帯が広がり、アフリカ東部に新たな火山群が生じた。海面が下がると水中にあった海岸平野が姿を現し、地中海東部沿岸ではアフリカ大陸とユーラシア大陸が再び地続きになったため、霊長類などの動物の大陸間の移動ルートとなった。熱帯林は草原に変わり、森林はまばらになった。新たな類人猿が広がっていったのは、こうした状況だった。

1,400万年前には、人類の祖先を含む類人猿のグループはサバンナの端での生活に適応しつつあった。このサバンナは、比較的短期間だった全球的な温暖化の間にヨーロッパ南部に広がったものだ。その後、北半球の冷涼な環境があまり生活に適さなかったため、またもや多くの霊長類種が絶滅したが、アフリカや南アジアに移住して生き延びた種もあった。約500万年前、アフリカの類人猿は2つに分岐した。後にゴリラになる系統と、ヒトやチンパンジーになる系統だ。その後、400万年前にもう一度分岐が起きて、現生のチンパンジーやボノボの祖先とヒトに似た最初の霊長類——人類の直接の祖先——が分岐した。

現在のタンザニアのラエトリで発見された足跡化石からは、300万年前に直立歩行する初期人類（ヒト族）が連れ立ってゆっくりと歩き、1人がもう1人の足跡の上を辿っていった様子がわかる。アフリカ東部の緑が多い地溝帯が現生人類のゆりかごとなって、人類の祖先は多様化し続け、脳は進化し大きくなっていった。

すべての動物が共有するさまざまな本能や知覚、感情、意欲から、人類が自分を自分として認識する意識がいつ生じたのかはわかっていない。だが、100万年で頭蓋容量は2倍になった。初期の人類は10万年ほど前から地球規模での移住を始め、自分のイメージに合わせて世界を理解し、想像し、作り上げ……自分自身の目的のために世界を形作ってきた。

霊長類

霊長類の進化の歴史は、恐竜が絶滅してから間もない6,500万年前まで遡ることができる。そこからの歴史の特徴は、脳の大きさと頭蓋容量が長い間に劇的に増加したことだ。

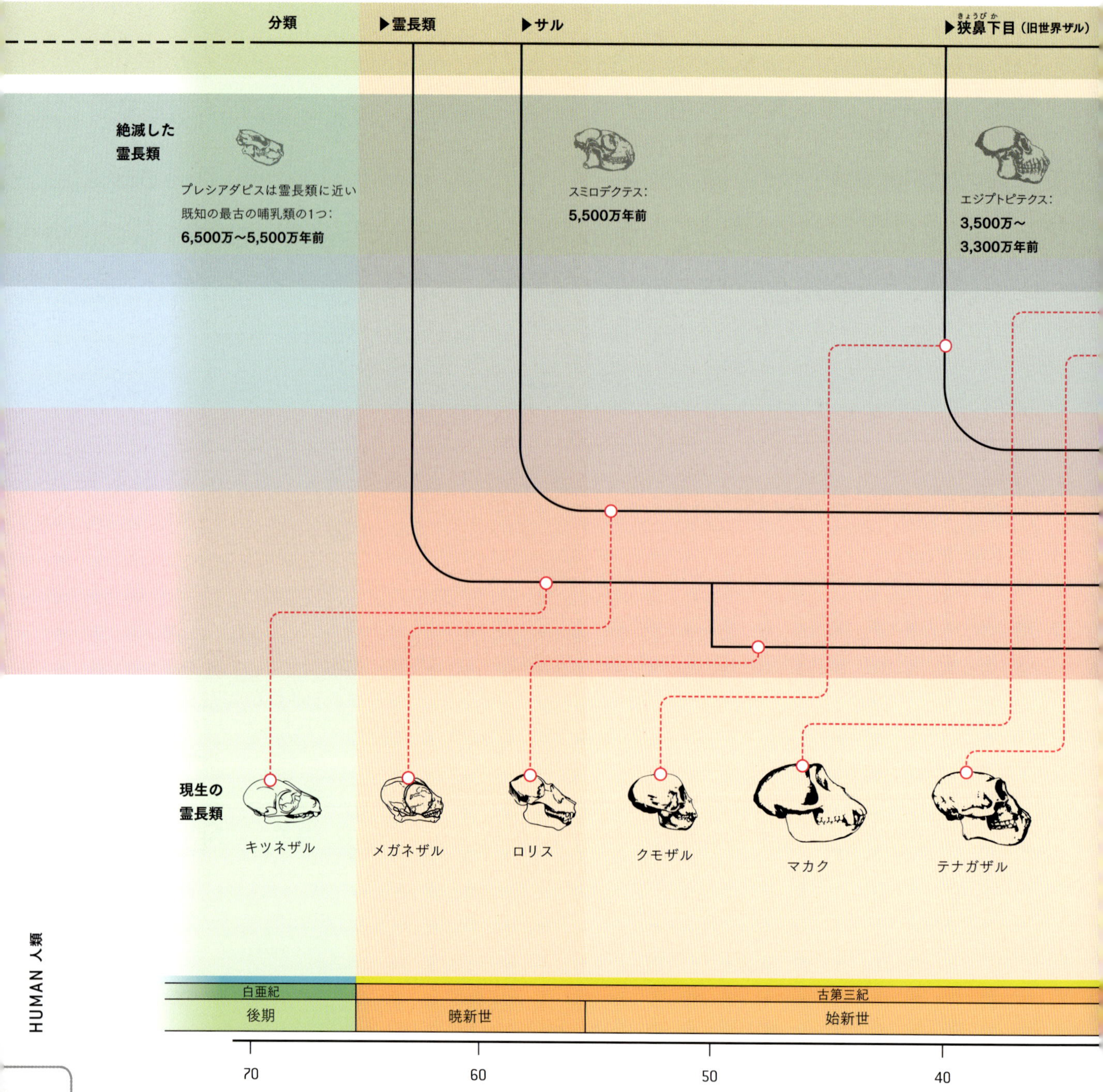

分類
▶霊長類
▶サル
▶狭鼻下目（旧世界ザル）
絶滅した霊長類
プレシアダピスは霊長類に近い既知の最古の哺乳類の1つ：
6,500万～5,500万年前
スミロデクテス：
5,500万年前
エジプトピテクス：
3,500万～3,300万年前
現生の霊長類
キツネザル
メガネザル
ロリス
クモザル
マカク
テナガザル
白亜紀
後期
古第三紀
暁新世
始新世
70
60
50
40

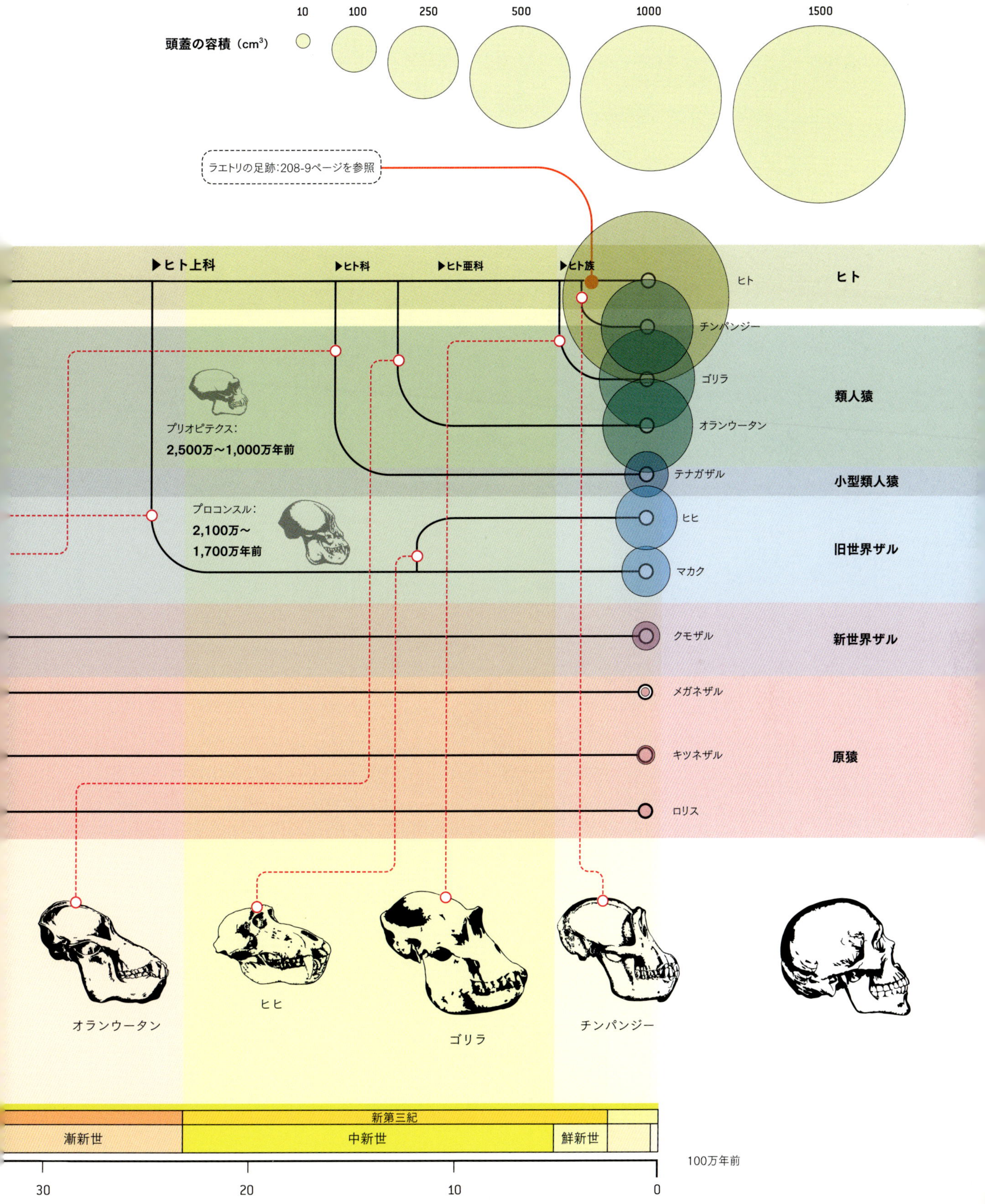

頭蓋の容積（cm³）
10
100
250
500
1000
1500
ラエトリの足跡：208-9ページを参照
▶ヒト上科
▶ヒト科
▶ヒト亜科
▶ヒト族
ヒト
チンパンジー
ゴリラ
オランウータン
テナガザル
ヒヒ
マカク
クモザル
メガネザル
キツネザル
ロリス
ヒト
類人猿
小型類人猿
旧世界ザル
新世界ザル
原猿
プリオピテクス：
2,500万～1,000万年前
プロコンスル：
2,100万～
1,700万年前
オランウータン
ヒヒ
ゴリラ
チンパンジー
新第三紀
漸新世
中新世
鮮新世
100万年前
30
20
10
0

初期の人類

370万年前、現代のタンザニアのラエトリの近くで、３人の初期人類が湿った火山灰の上を歩いた。足跡はその後の噴火によって覆われて保存され、初期の人類——おそらくアウストラロピテクス・アファレンシス——が残した既知の最古の足跡となった。

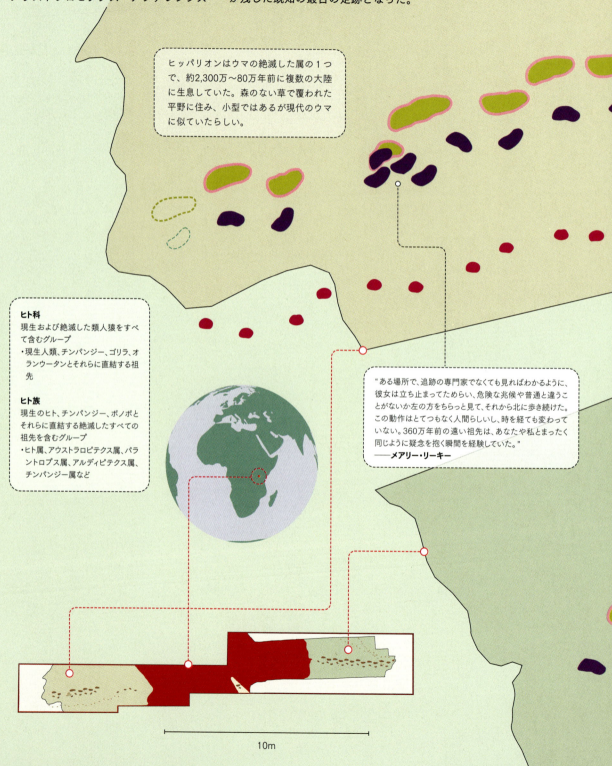

ヒッパリオンはウマの絶滅した属の１つで、約2,300万～80万年前に複数の大陸に生息していた。森のない草で覆われた平野に住み、小型ではあるが現代のウマに似ていたらしい。

ヒト科
現生および絶滅した類人猿をすべて含むグループ
- 現生人類、チンパンジー、ゴリラ、オランウータンとそれらに直結する祖先

ヒト族
現生のヒト、チンパンジー、ボノボとそれらに直結する絶滅したすべての祖先を含むグループ
- ヒト属、アウストラロピテクス属、パラントロプス属、アルディピテクス属、チンパンジー属など

“ある場所で、追跡の専門家でなくても見ればわかるように、彼女は立ち止まってためらい、危険な兆候や普通と違うことがないか左の方をちらっと見て、それから北に歩き続けた。この動作はとてつもなく人間らしいし、時を経ても変わっていない。360万年前の遠い祖先は、あなたや私とまったく同じように疑念を抱く瞬間を経験していた。”
——**メアリー・リーキー**

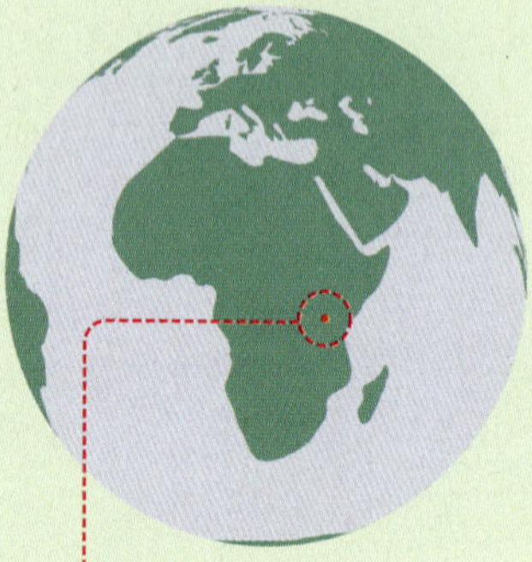

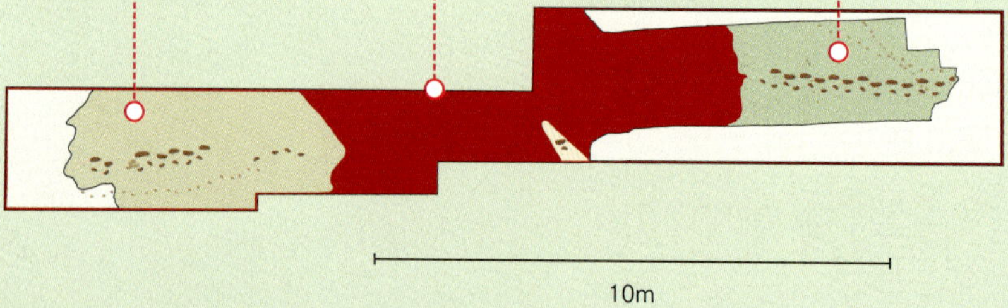
10m

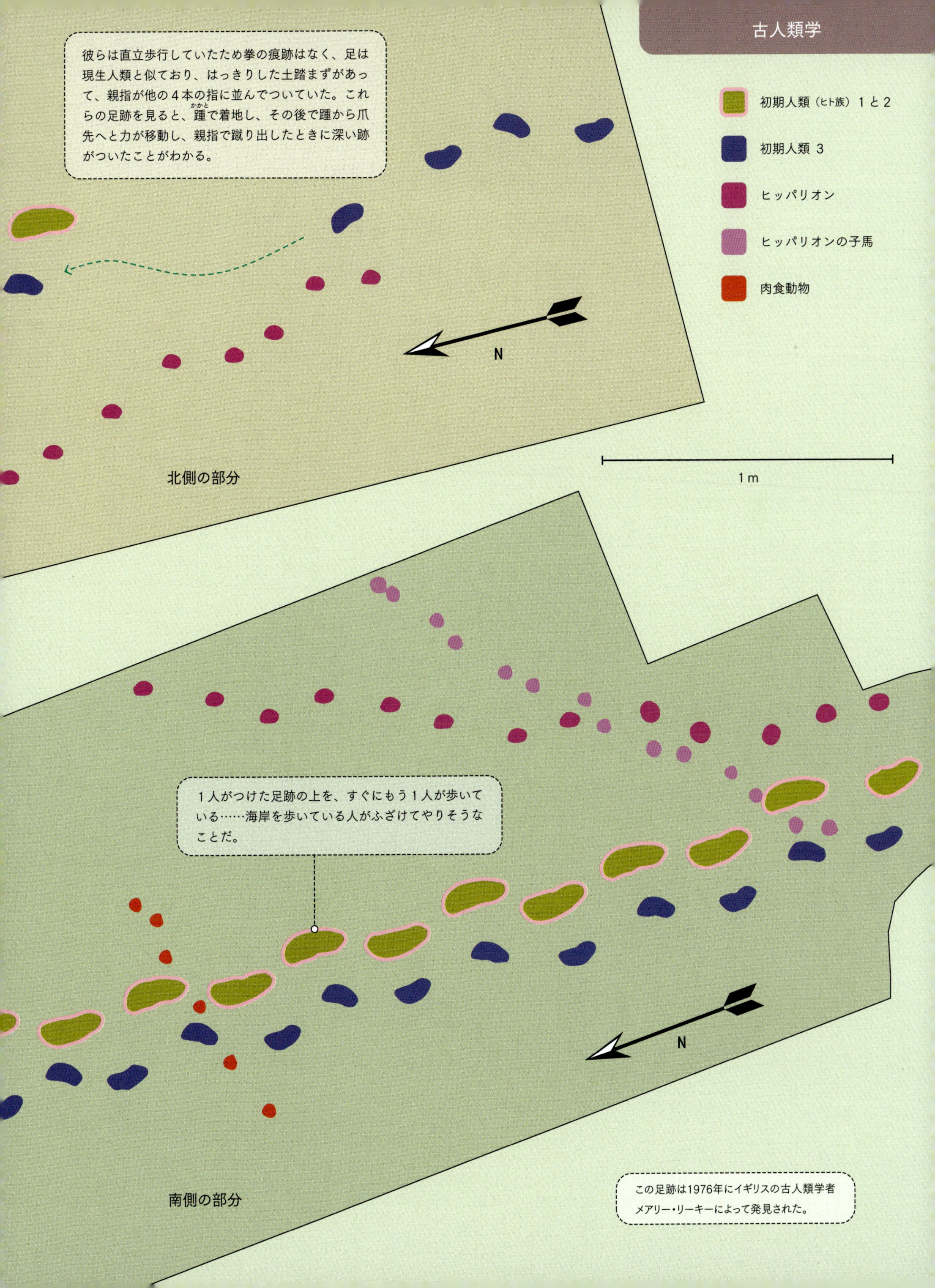
彼らは直立歩行していたため拳の痕跡はなく、足は現生人類と似ており、はっきりした土踏まずがあって、親指が他の４本の指に並んでついていた。これらの足跡を見ると、踵で着地し、その後で踵から爪先へと力が移動し、親指で蹴り出したときに深い跡がついたことがわかる。
初期人類（ヒト族）１と２
初期人類 ３
ヒッパリオン
ヒッパリオンの子馬
肉食動物
N
北側の部分
1 m
１人がつけた足跡の上を、すぐにもう１人が歩いている……海岸を歩いている人がふざけてやりそうなことだ。
N
南側の部分
この足跡は1976年にイギリスの古人類学者メアリー・リーキーによって発見された。

人類の拡散：ホモ・サピエンスの移動

初期の人類の祖先は、現生人類がアフリカを出て移住する前から、
地球規模で何度も移住していた。

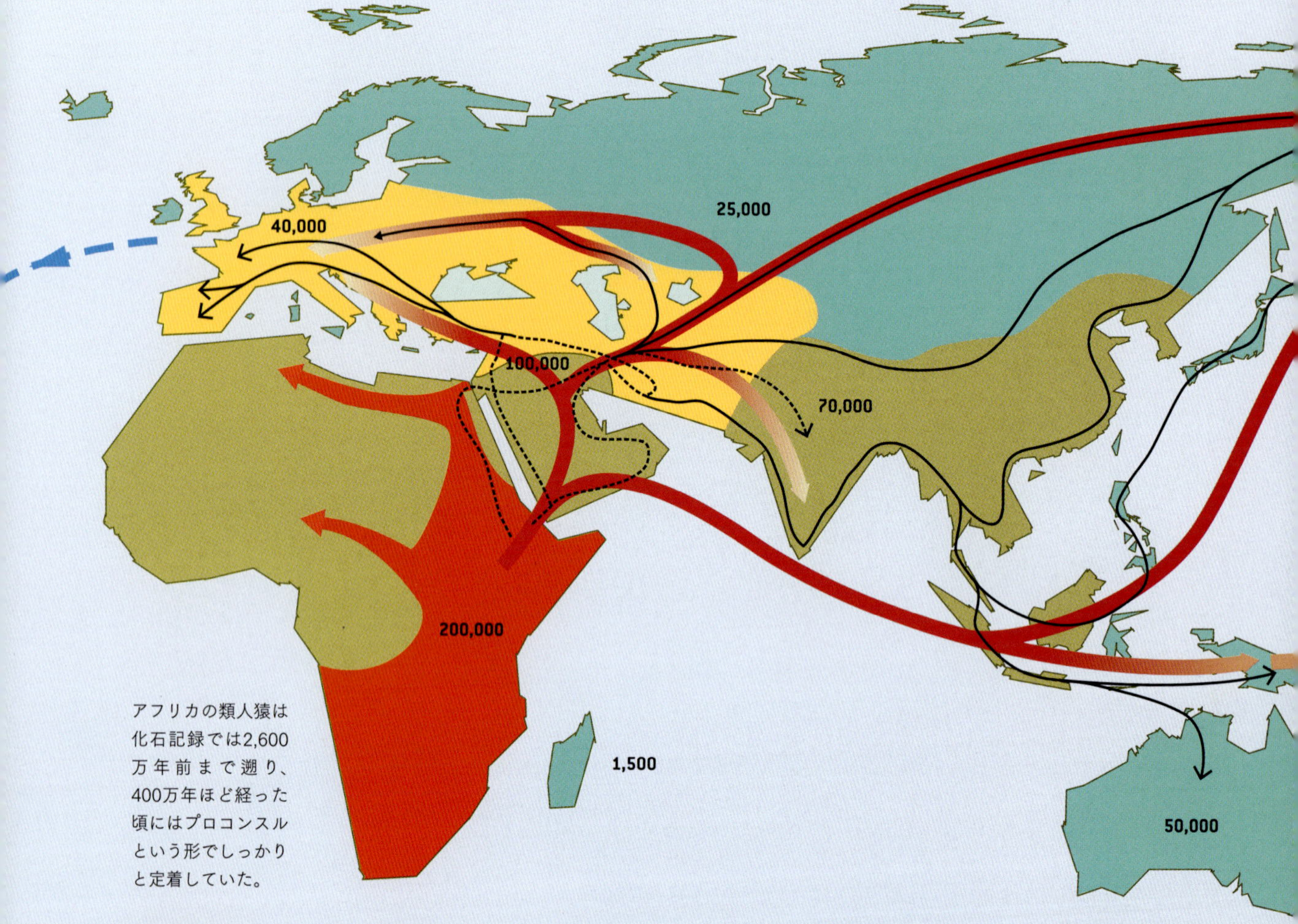
25,000
40,000
100,000
70,000
200,000
1,500
50,000

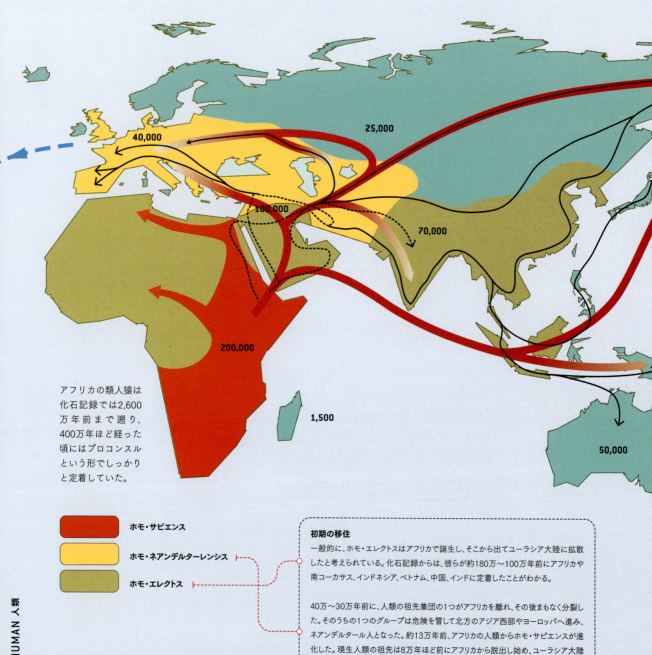

アフリカの類人猿は化石記録では2,600万年前まで遡り、400万年ほど経った頃にはプロコンスルという形でしっかりと定着していた。

ホモ・サピエンス
ホモ・ネアンデルターレンシス
ホモ・エレクトス

初期の移住

一般的に、ホモ・エレクトスはアフリカで誕生し、そこから出てユーラシア大陸に拡散したと考えられている。化石記録からは、彼らが約180万～100万年前にアフリカや南コーカサス、インドネシア、ベトナム、中国、インドに定着したことがわかる。

40万～30万年前に、人類の祖先集団の1つがアフリカを離れ、その後まもなく分裂した。そのうちの1つのグループは危険を冒して北方のアジア西部やヨーロッパへ進み、ネアンデルタール人となった。約13万年前、アフリカの人類からホモ・サピエンスが進化した。現生人類の祖先は8万年ほど前にアフリカから脱出し始め、ユーラシア大陸に進出して遠い親戚にあたる種と遭遇した。

ミトコンドリアDNAの遺伝子系統樹を世界地図上にプロットすることで、現生人類が拡散するときに辿(たど)ったおおよそのルートが見えてきた。系統樹の分岐の順番と位置は、実際の集団の地理的分離と一致しているようだ。

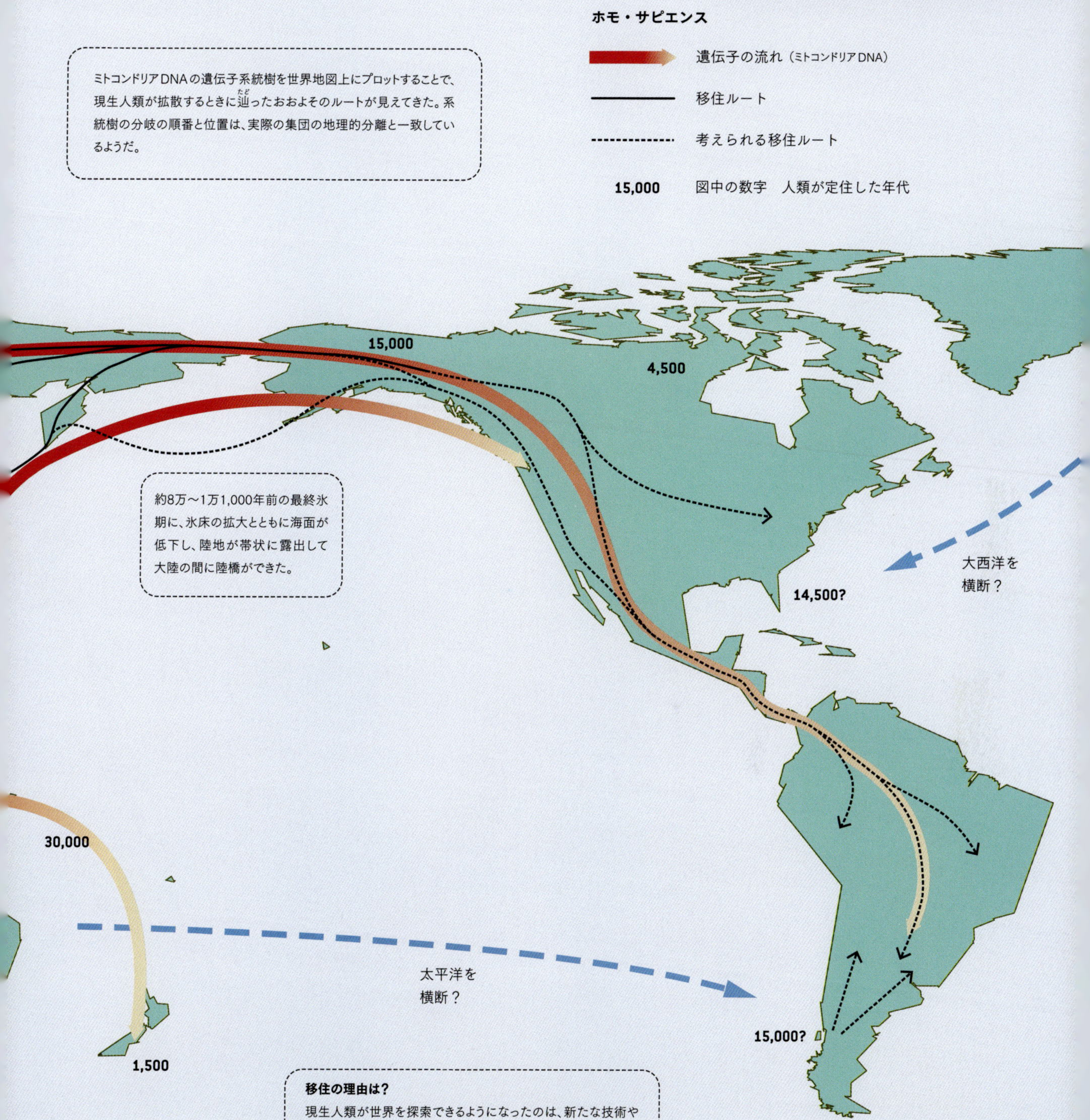
ホモ・サピエンス
遺伝子の流れ（ミトコンドリアDNA）
移住ルート
考えられる移住ルート
15,000　図中の数字　人類が定住した年代
15,000
4,500
約8万〜1万1,000年前の最終氷期に、氷床の拡大とともに海面が低下し、陸地が帯状に露出して大陸の間に陸橋ができた。
大西洋を横断？
14,500?
30,000
太平洋を横断？
15,000?
1,500

移住の理由は？

現生人類が世界を探索できるようになったのは、新たな技術や栄養状態の向上、あるいは何らかの遺伝的変化のおかげだったのだろうか？　最近の研究から、アフリカの現生人類の集団は、大移動以前に起きた大規模な干ばつによって小規模の孤立したグループに分断され、絶滅の恐れもあったことがわかっている。最初に脱出した人々は1,000〜5万人だった可能性がある。ただし、海や温暖な気候から遠く離れたり、なじみのある食べ物が得られなくなったりする移住ルートは一度も取らなかった。

人類の解剖学的特徴

他の類人猿との違いをもたらした人類特有の特徴とは何か。また、人類はいつそれらの特徴を進化させたのか？

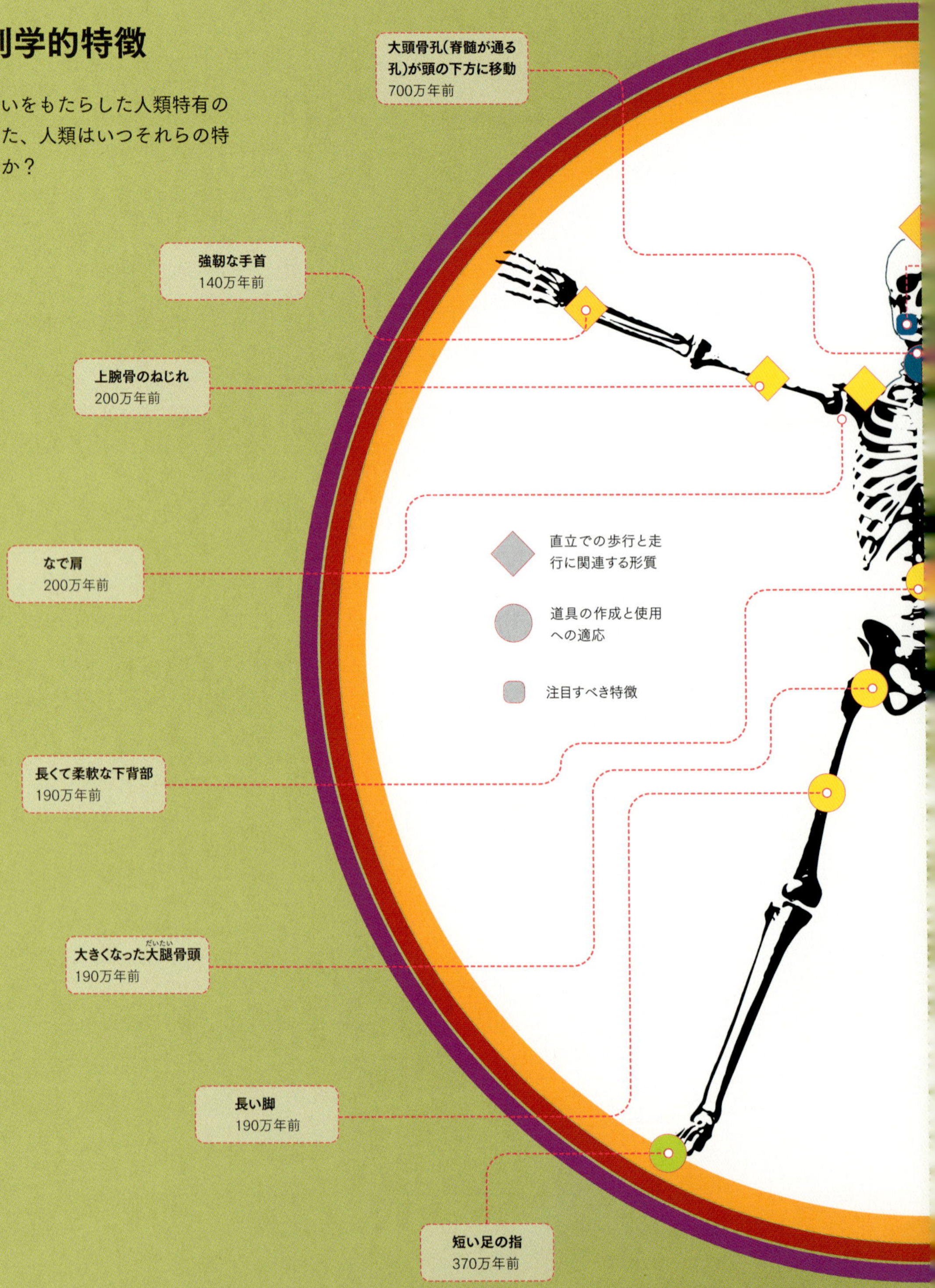

大頭骨孔（脊髄が通る孔）が頭の下方に移動
700万年前
強靱な手首
140万年前
上腕骨のねじれ
200万年前
なで肩
200万年前
長くて柔軟な下背部
190万年前
大きくなった大腿骨頭
190万年前
長い脚
190万年前
短い足の指
370万年前
直立での歩行と走行に関連する形質
道具の作成と使用への適応
注目すべき特徴

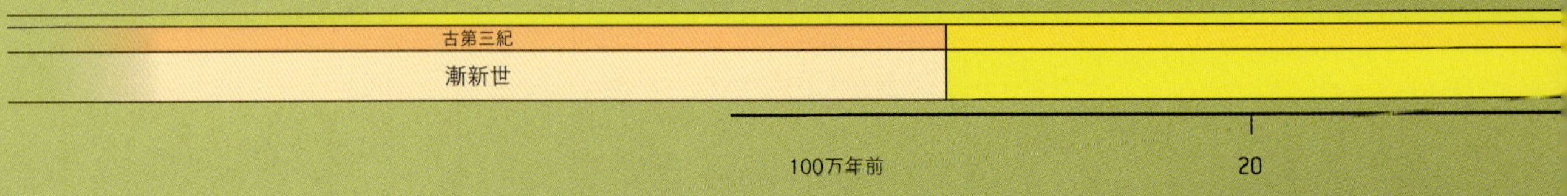

古第三紀
漸新世
100万年前
20

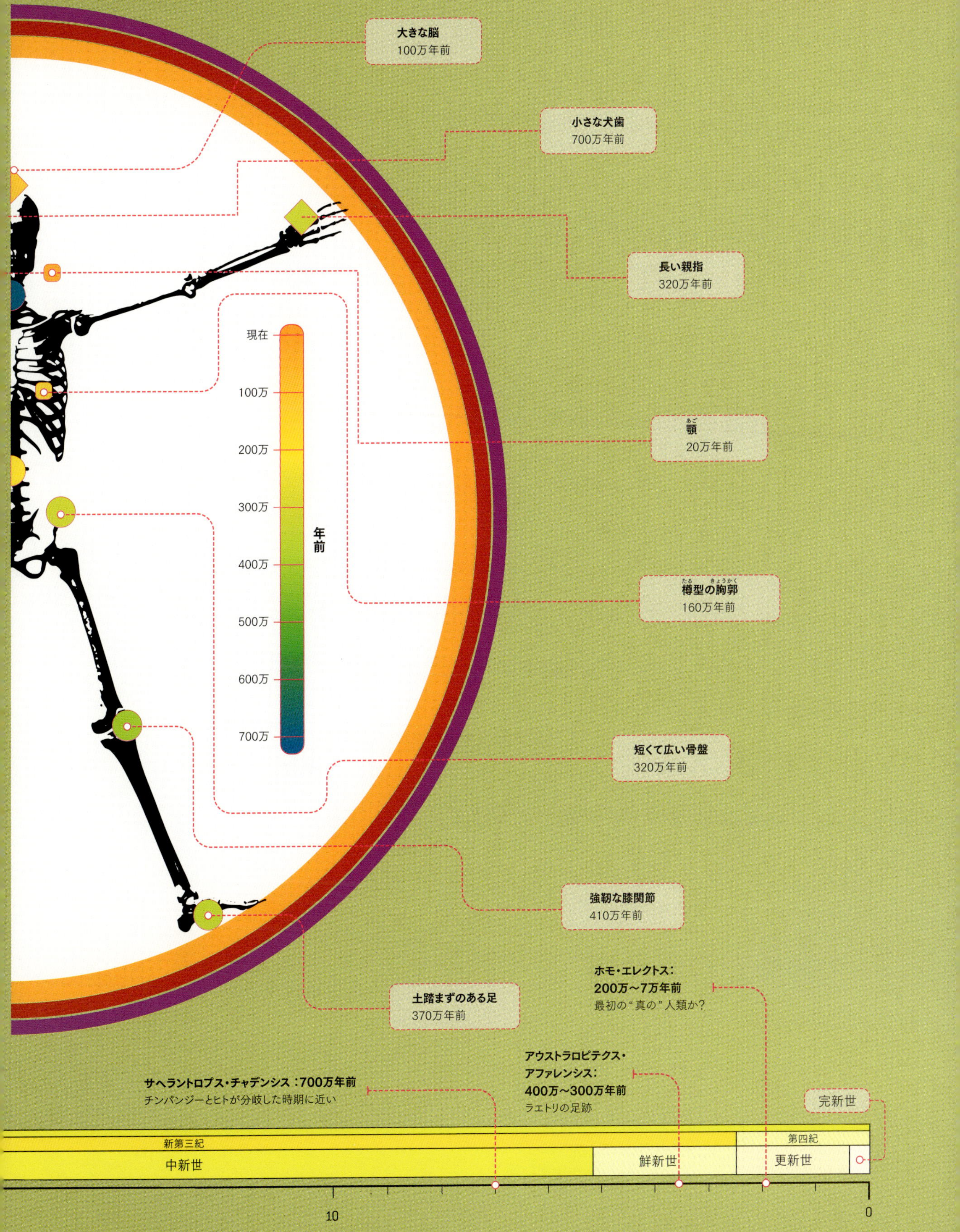
大きな脳
100万年前
小さな犬歯
700万年前
長い親指
320万年前
顎（あご）
20万年前
樽型（たる）の胸郭（きょうかく）
160万年前
短くて広い骨盤
320万年前
強靭な膝関節
410万年前
土踏まずのある足
370万年前
現在
100万
200万
300万
400万
500万
600万
700万
年前
ホモ・エレクトス：
200万～7万年前
最初の“真の”人類か？
アウストラロピテクス・
アファレンシス：
400万～300万年前
ラエトリの足跡
サヘラントロプス・チャデンシス：700万年前
チンパンジーとヒトが分岐した時期に近い
完新世
新第三紀
第四紀
中新世
鮮新世
更新世
10
0

消化

人間の消化管は平均して長さが平均5m、
表面積が$32m^2$ある。

口

分泌

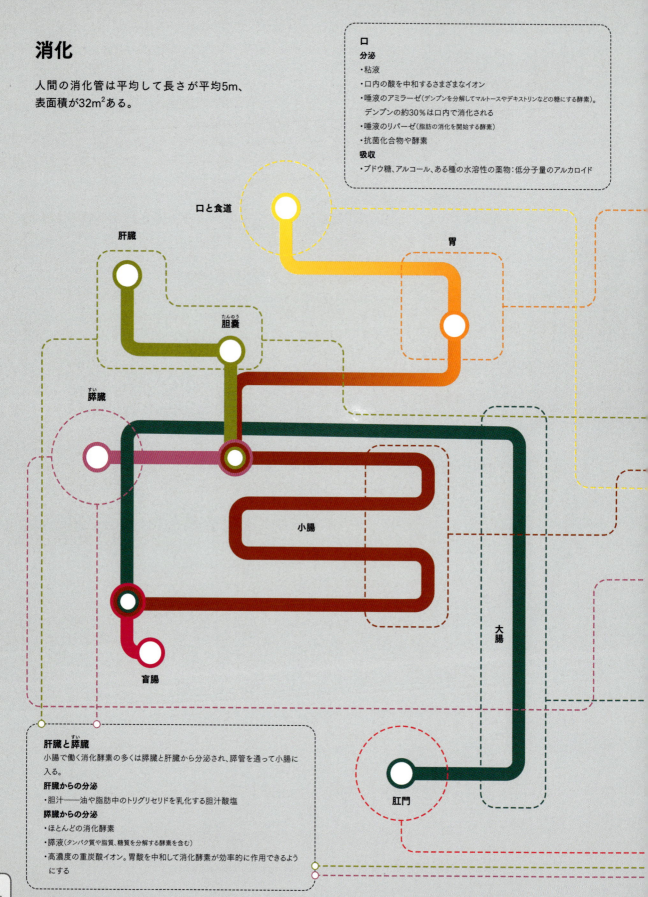

- 粘液
- 口内の酸を中和するさまざまなイオン
- 唾液のアミラーゼ(デンプンを分解してマルトースやデキストリンなどの糖にする酵素)。デンプンの約30%は口内で消化される
- 唾液のリパーゼ(脂肪の消化を開始する酵素)
- 抗菌化合物や酵素

吸収

- ブドウ糖、アルコール、ある種の水溶性の薬物:低分子量のアルカロイド

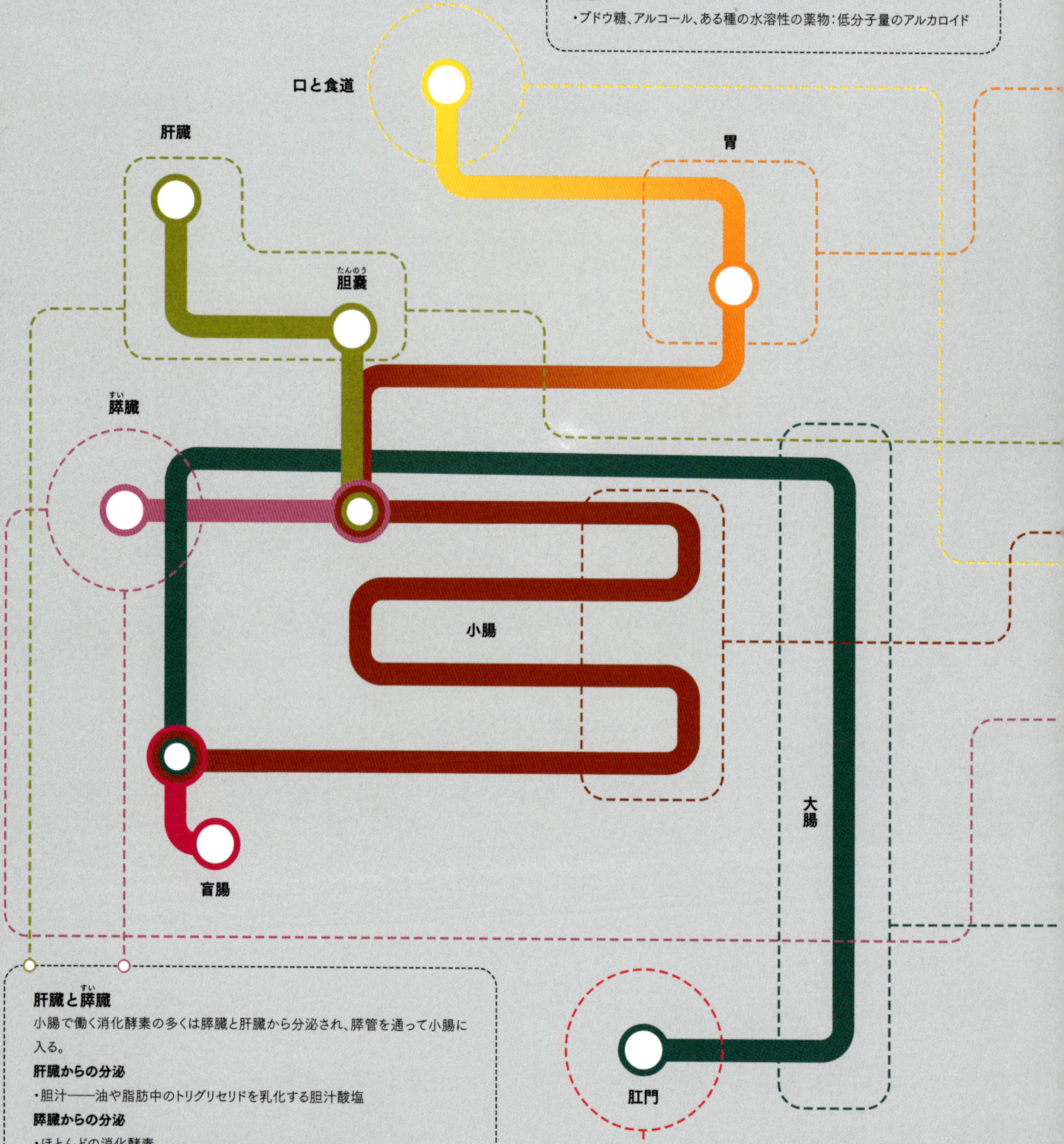

口と食道
肝臓
胃
たんのう
胆嚢
すい
膵臓
小腸
大腸
盲腸
肛門

肝臓と膵臓

小腸で働く消化酵素の多くは膵臓と肝臓から分泌され、膵管を通って小腸に入る。

肝臓からの分泌

- 胆汁——油や脂肪中のトリグリセリドを乳化する胆汁酸塩

膵臓からの分泌

- ほとんどの消化酵素
- 膵液(タンパク質や脂質、糖質を分解する酵素を含む)
- 高濃度の重炭酸イオン。胃酸を中和して消化酵素が効率的に作用できるようにする

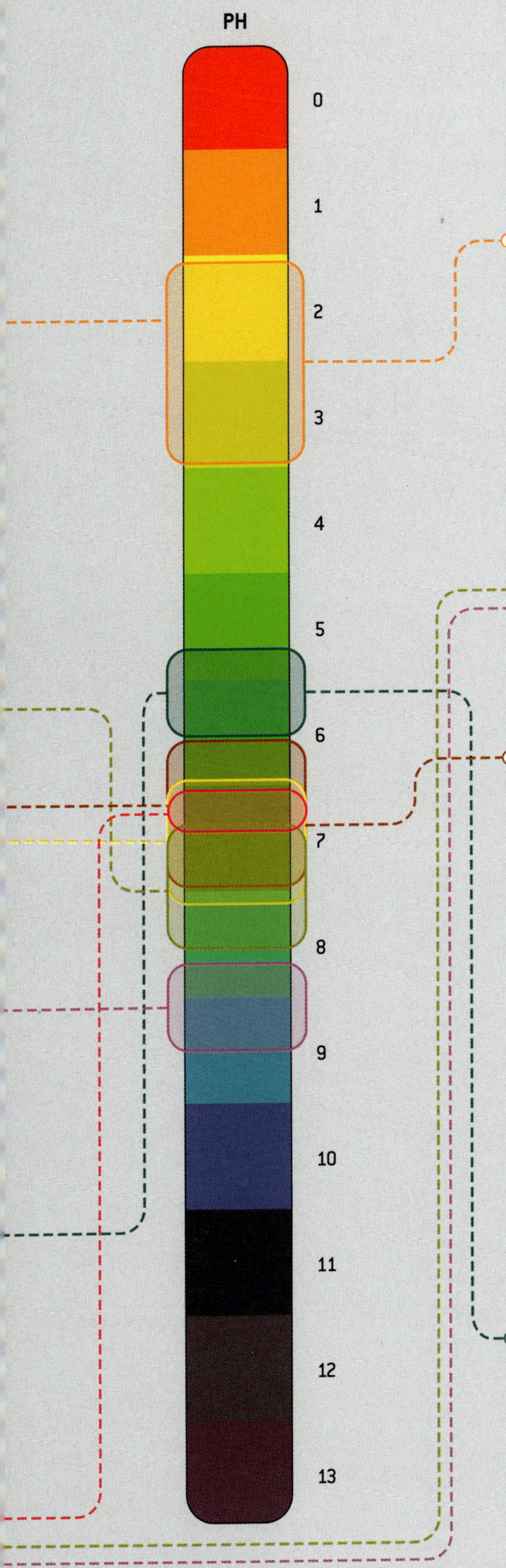
PH
0
1
2
3
4
5
6
7
8
9
10
11
12
13

吸収と排泄

胃

分泌

- 粘液
- 胃酸（塩酸）と内因子（ビタミンBの吸収を助ける）
- 酵素：ペプシン（タンパク質の分解）と胃リパーゼ（脂質の分解）
- ホルモン

吸収

- 水（体が脱水状態の場合）
- アスピリンなどの医薬品
- アミノ酸
- 摂取されたエタノールの10〜20%
- カフェイン
- 水溶性ビタミン（ビタミンBとビタミンC）

小腸

■ 十二指腸：長さ20〜25cm。胃とつながっていて"C"に似た形をしている

分泌

- ブルンナー腺で産生した、粘液が豊富で重炭酸塩を含むアルカリ分泌物
- 肝臓と膵臓からの豊富な消化分泌液
- ホルモン：セクレチンとコレシストキニンは肝臓と膵臓からの酵素の分泌を制御する
- 鉄、カルシウムおよびマグネシウム
- 受動拡散による水と脂質

■ 空腸：長さ約2.5m。小腸の中央部

分泌

- 消化を制御する一部のホルモン
- タンパク質と糖質をさらに分解するさまざまな酵素

吸収

- マグネシウム
- 消化された大半の栄養素：脂質、糖質、アミノ酸
- 水

■ 回腸：長さ約3m。小腸の最後の部分

分泌

- ホルモン（ガストリン、セクレチン、コレシストキニン）：血液中に分泌
- 酵素（プロテアーゼとグリコシダーゼ）：タンパク質と糖質の消化の最終段階

吸収

- 残りの栄養素
- 胆汁酸
- 脂溶性ビタミン（A、D、E、K）およびビタミンB12
- 水

大腸

分泌

- 粘液
- 重炭酸塩：腸内細菌叢（そう）による酸を中和するのに役立つ
- カリウムと塩素イオン
- 水

吸収

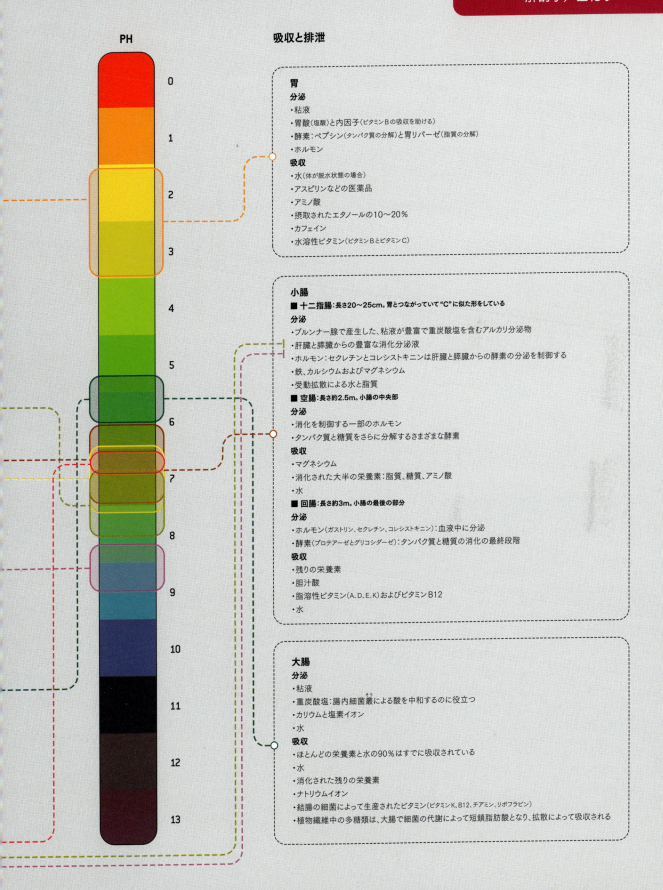

- ほとんどの栄養素と水の90%はすでに吸収されている
- 水
- 消化された残りの栄養素
- ナトリウムイオン
- 結腸の細菌によって生産されたビタミン（ビタミンK、B12、チアミン、リボフラビン）
- 植物繊維中の多糖類は、大腸で細菌の代謝によって短鎖脂肪酸となり、拡散によって吸収される

循環系

人体の血管の総延長は約10万kmと、地球を２周半できる長さがある。
また、心臓は生きている間に30億回以上鼓動するとされる。

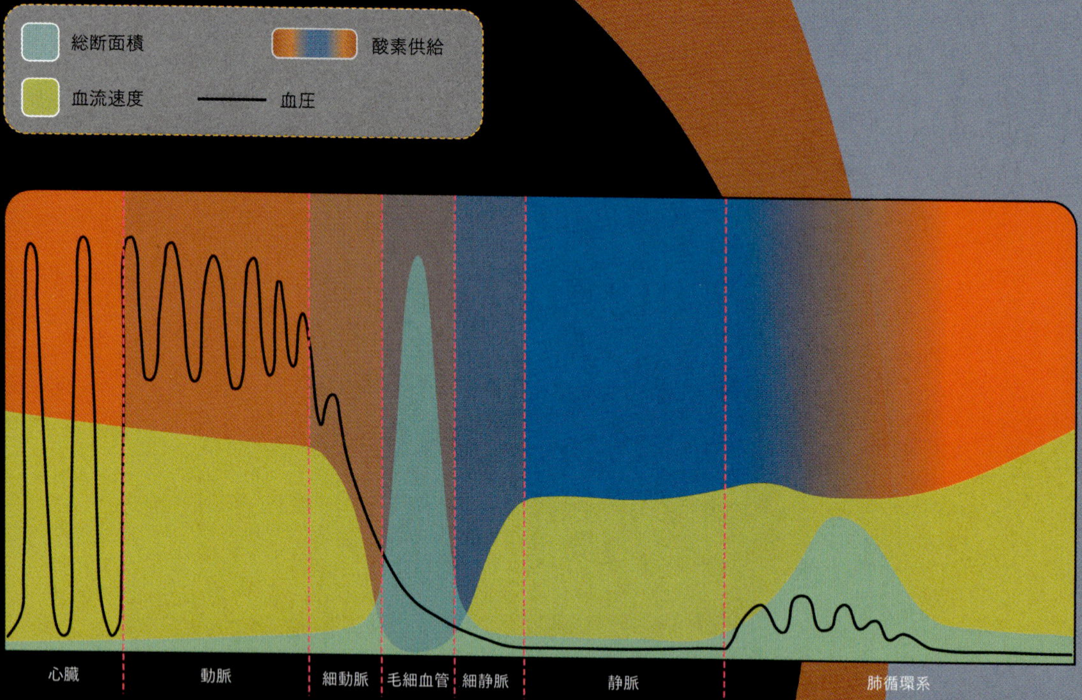

総断面積
酸素供給
血流速度
血圧
心臓
動脈
細動脈
毛細血管
細静脈
静脈
肺循環系

大きさを100倍に拡大した血管

細動脈
・**直径の平均**：0.03mm
・**血管壁の厚さの平均**：0.006mm

細静脈
・**直径の平均**：0.02mm
・**血管壁の厚さの平均**：0.001mm

毛細血管
・**直径の平均**：0.008mm
・**血管壁の厚さの平均**：0.0005mm

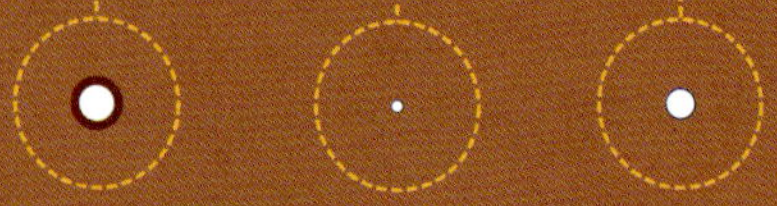

動脈
・**直径の平均**：4mm
・**血管壁の厚さの平均**：1mm

静脈
・**直径の平均**：5mm
・**血管壁の厚さの平均**：0.5mm

循環系の容積の割合

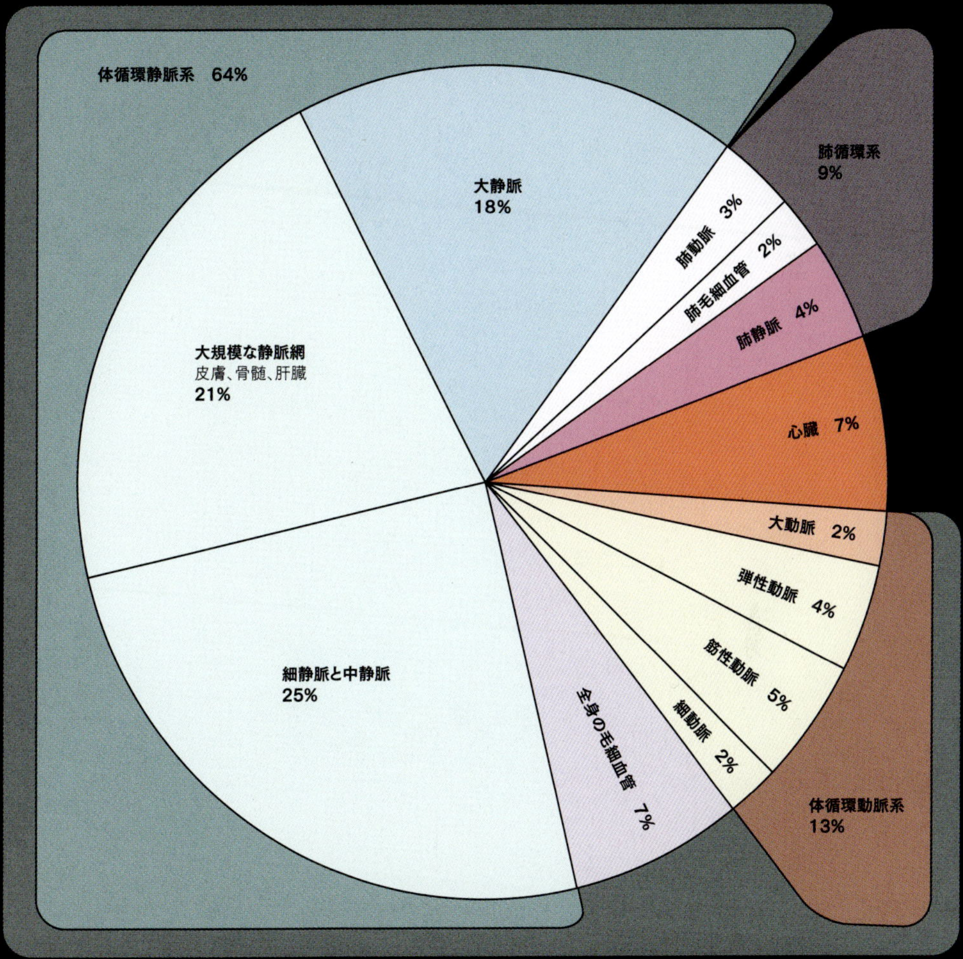

体循環静脈系　64%
大静脈
18%
大規模な静脈網
皮膚、骨髄、肝臓
21%
細静脈と中静脈
25%
全身の毛細血管　7%
肺循環系
9%
肺動脈　3%
肺毛細血管　2%
肺静脈　4%
心臓　7%
大動脈　2%
弾性動脈　4%
筋性動脈　5%
細動脈　2%
体循環動脈系
13%

ホルモン

内分泌系は神経系と同じような情報伝達システムだが、作用するまで時間がかかり、反応はずっと長く続く。しかし、この2つの系は密接に関係し、統合的な指令管制システムを形成している。

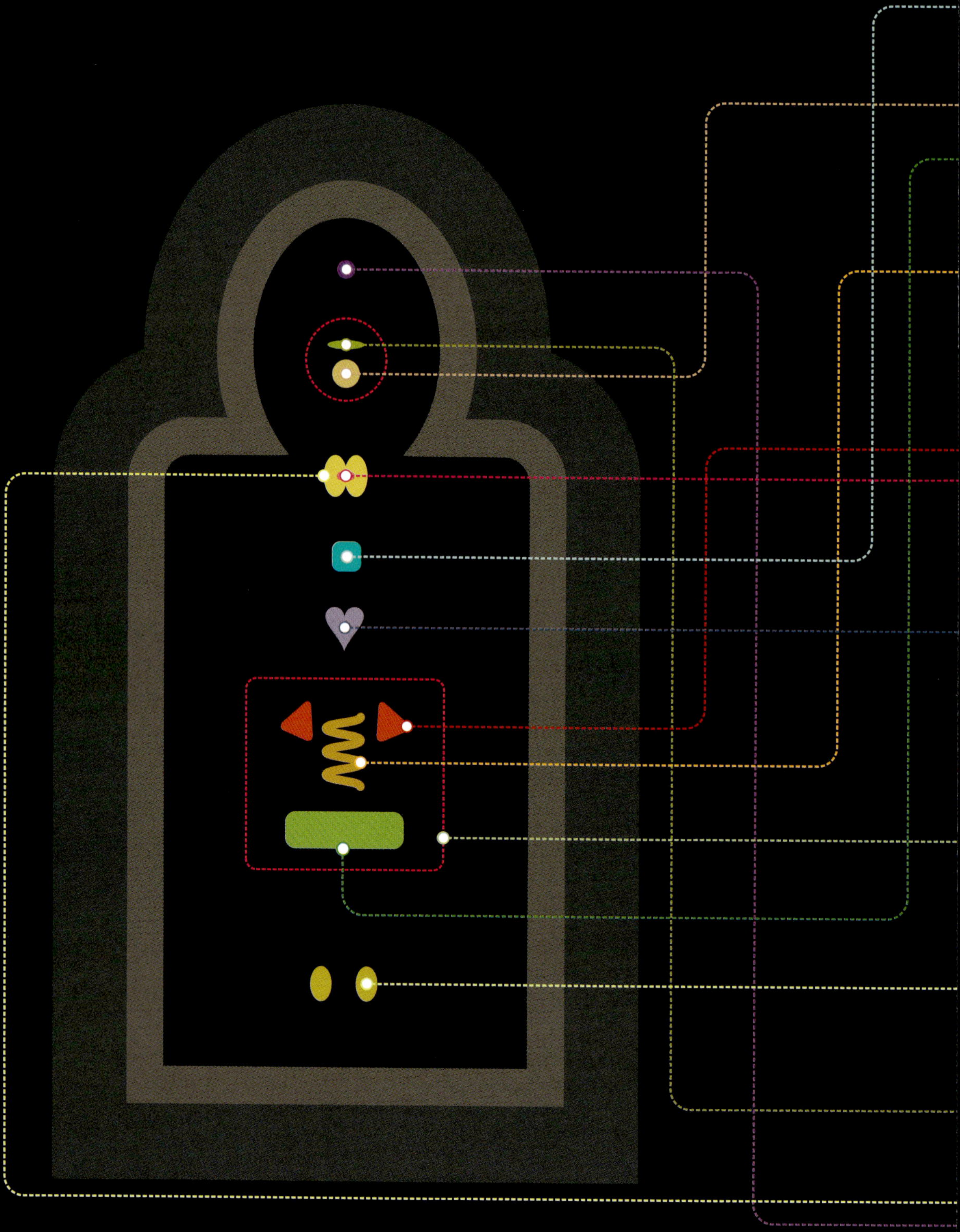

恒常性

恒常性とは人体内の系に備わっている性質だ。こうした系では、互いに複雑につながりあい、体内や環境による影響で変化しやすい実にさまざまなプロセスが、能動的な調節によってバランスを維持し、ほぼ一定の状態を保ち続け、正常な範囲の機能へ戻るようになっている。脳は視床下部と自律神経系と**内分泌系**を介してこのしくみを管理している。内分泌系とは、ホルモンを循環系に直接分泌する腺の総称で、分泌されたホルモンは遠く離れた標的の器官まで届くことになる。

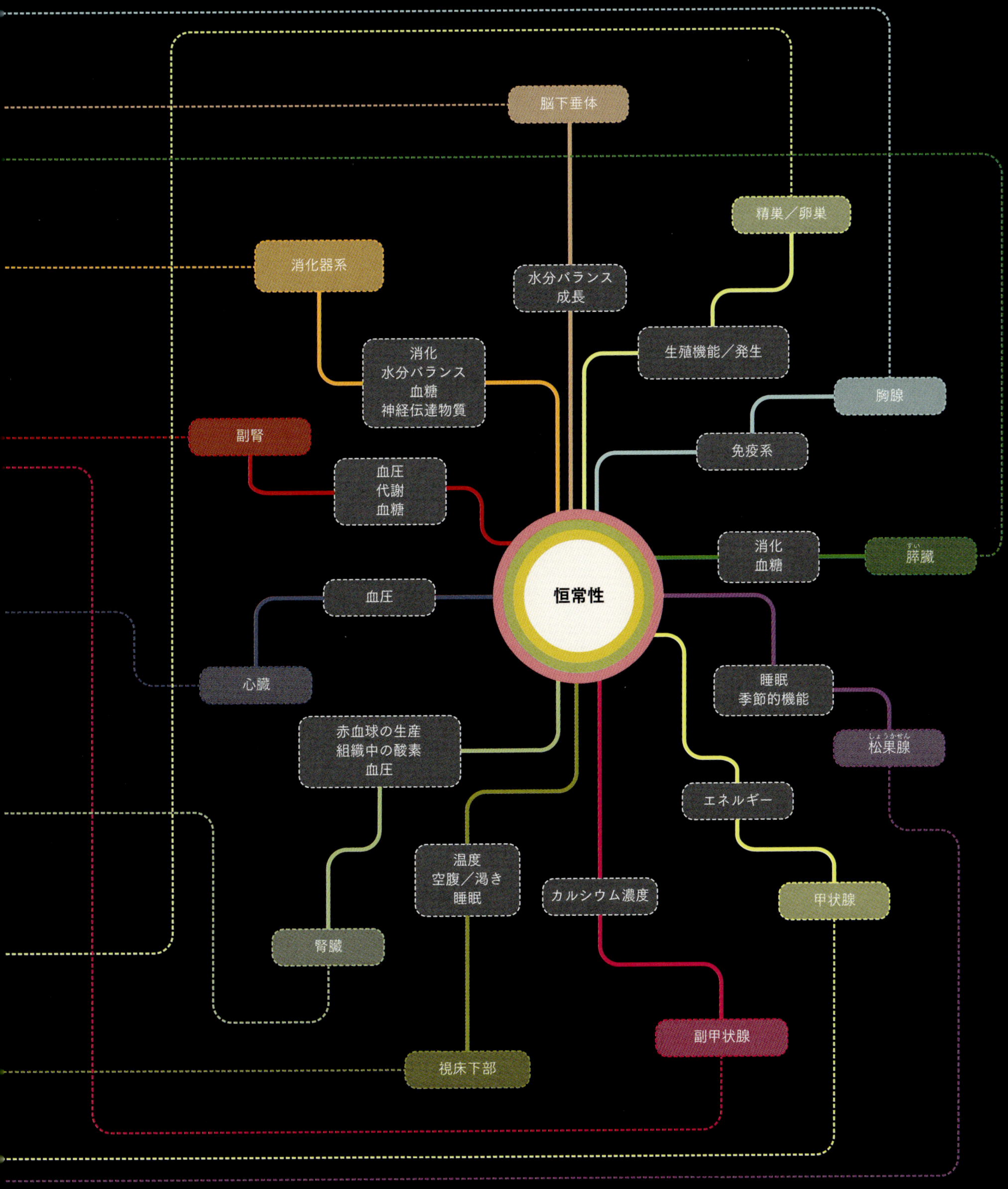

脳下垂体
水分バランス
成長
精巣／卵巣
生殖機能／発生
消化器系
消化
水分バランス
血糖
神経伝達物質
胸腺
免疫系
副腎
血圧
代謝
血糖
消化
血糖
膵臓
血圧
恒常性
心臓
睡眠
季節的機能
松果腺
赤血球の生産
組織中の酸素
血圧
エネルギー
温度
空腹／渇き
睡眠
カルシウム濃度
甲状腺
腎臓
副甲状腺
視床下部

言語の進化

現在世界に存在する言語の数は5,000～7,000と推定されている。言語は、ヒト族の初期人類が自分たちの霊長類としてのコミュニケーション手段を少しずつ変え始め、他者の心の理論や共感、共有志向性を形成する能力を獲得した頃に誕生した。

文語の存続期間

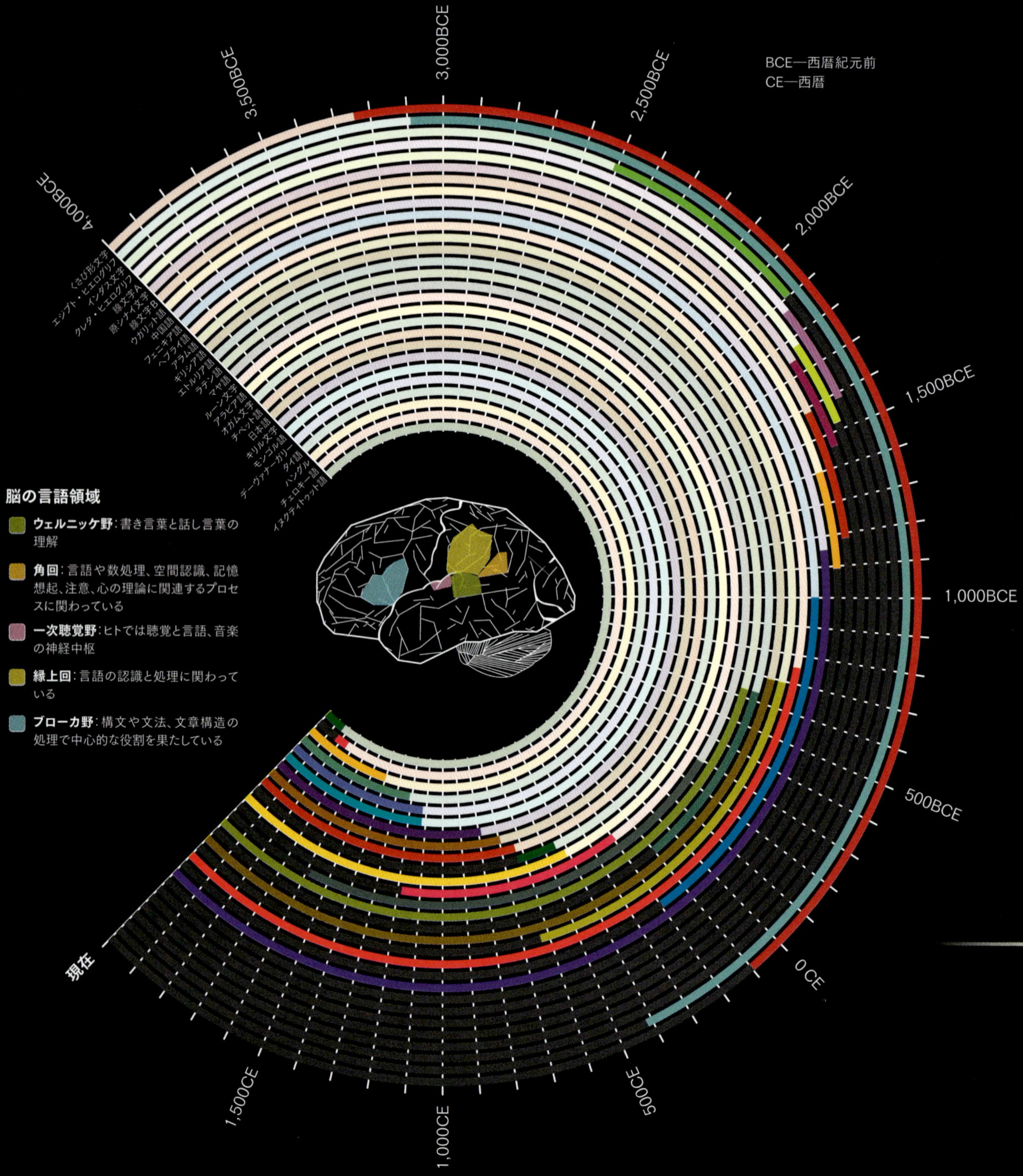

BCE—西暦紀元前
CE—西暦
4,000BCE
3,500BCE
3,000BCE
2,500BCE
2,000BCE
1,500BCE
1,000BCE
500BCE
0CE
500CE
1,000CE
1,500CE
現在
くさび形文字
エジプト・ヒエログリフ
インダス文字
クレタ・ヒエログリフ
線文字A
原シナイ文字
線文字B
ウガリット語
中国語
フェニキア語
ヘブライ語
アラム語
ギリシア語
エトルリア語
ラテン語
マヤ語
ルーン文字
アラビア語
オガム文字
チベット語
日本語
キリル文字
モンゴル語
デーヴァナーガリー
タイ語
ハングル
チェロキー語
イヌクティトゥット語
脳の言語領域
ウェルニッケ野：書き言葉と話し言葉の理解
角回：言語や数処理、空間認識、記憶想起、注意、心の理論に関連するプロセスに関わっている
一次聴覚野：ヒトでは聴覚と言語、音楽の神経中枢
縁上回：言語の認識と処理に関わっている
ブローカ野：構文や文法、文章構造の処理で中心的な役割を果たしている

インド・ヨーロッパ語族に属する103の言語の系統樹

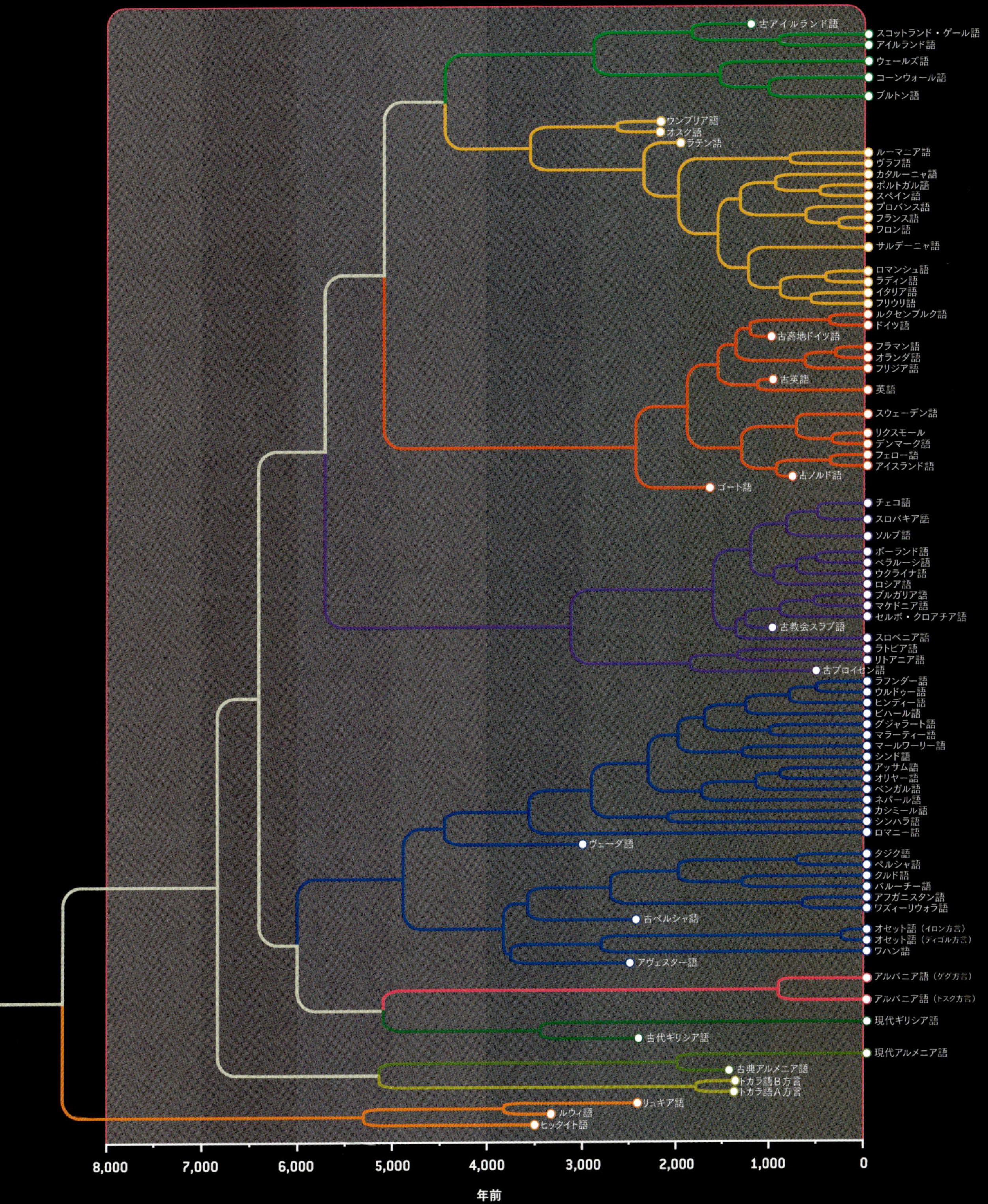

古アイルランド語
スコットランド・ゲール語
アイルランド語
ウェールズ語
コーンウォール語
ブルトン語
ウンブリア語
オスク語
ラテン語
ルーマニア語
ヴラフ語
カタルーニャ語
ポルトガル語
スペイン語
プロバンス語
フランス語
ワロン語
サルデーニャ語
ロマンシュ語
ラディン語
イタリア語
フリウリ語
ルクセンブルク語
ドイツ語
古高地ドイツ語
フラマン語
オランダ語
フリジア語
古英語
英語
スウェーデン語
リクスモール
デンマーク語
フェロー語
アイスランド語
古ノルド語
ゴート語
チェコ語
スロバキア語
ソルブ語
ポーランド語
ベラルーシ語
ウクライナ語
ロシア語
ブルガリア語
マケドニア語
セルボ・クロアチア語
古教会スラブ語
スロベニア語
ラトビア語
リトアニア語
古プロイセン語
ラフンダー語
ウルドゥー語
ヒンディー語
ビハール語
グジャラート語
マラーティー語
マールワーリー語
シンド語
アッサム語
オリヤー語
ベンガル語
ネパール語
カシミール語
シンハラ語
ロマニー語
ヴェーダ語
タジク語
ペルシャ語
クルド語
バルーチー語
アフガニスタン語
ワズィーリウォラ語
古ペルシャ語
オセット語（イロン方言）
オセット語（ディゴル方言）
ワハン語
アヴェスター語
アルバニア語（ゲグ方言）
アルバニア語（トスク方言）
現代ギリシア語
古代ギリシア語
現代アルメニア語
古典アルメニア語
トカラ語B方言
トカラ語A方言
リュキア語
ルウィ語
ヒッタイト語
8,000
7,000
6,000
5,000
4,000
3,000
2,000
1,000
0
年前

脳の進化：大きさと複雑さ

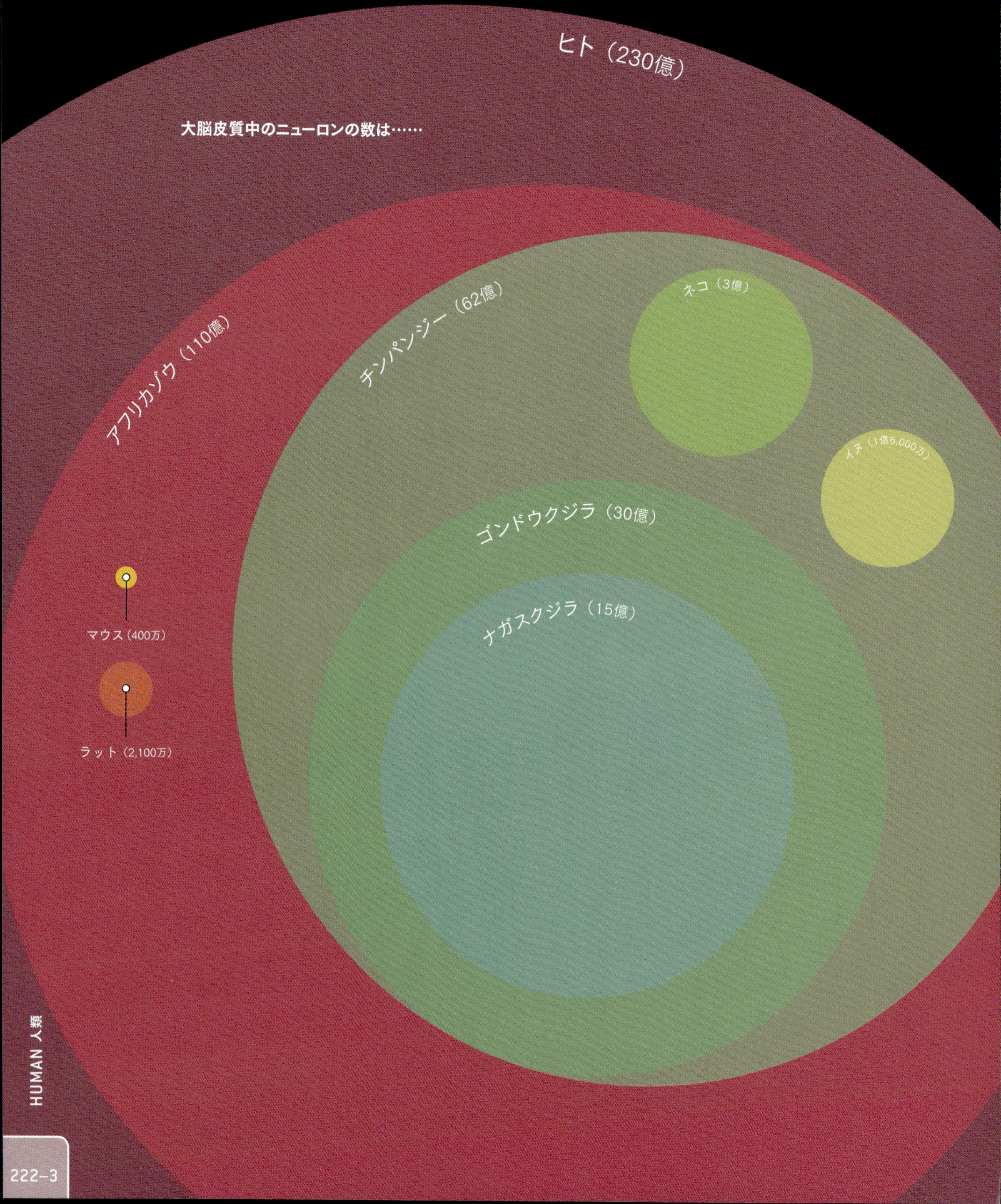

ヒト（230億）
大脳皮質中のニューロンの数は……
アフリカゾウ（110億）
チンパンジー（62億）
ネコ（3億）
イヌ（1億6,000万）
ゴンドウクジラ（30億）
ナガスクジラ（15億）
マウス（400万）
ラット（2,100万）

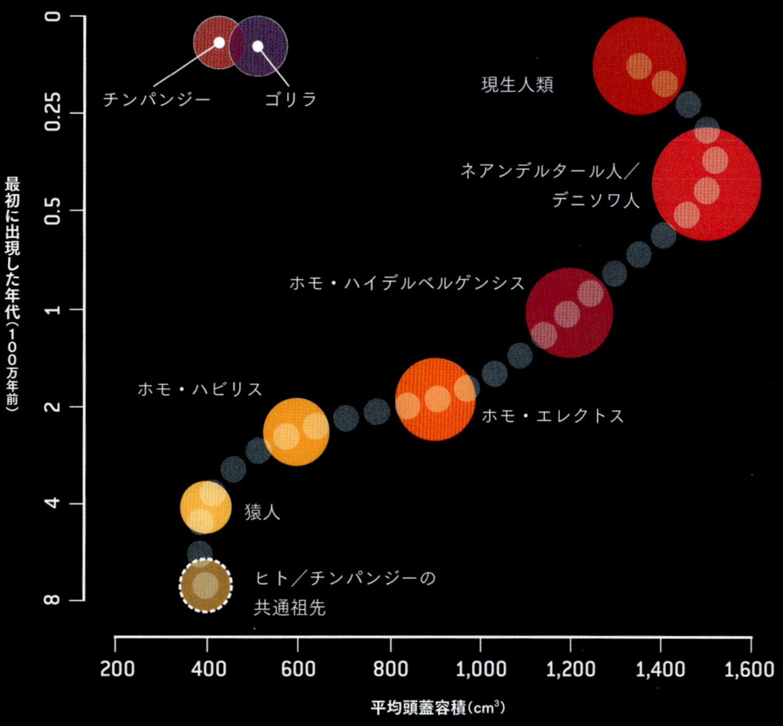
最初に出現した年代（100万年前）
0
0.25
0.5
1
2
4
8
チンパンジー
ゴリラ
現生人類
ネアンデルタール人／
デニソワ人
ホモ・ハイデルベルゲンシス
ホモ・ハビリス
ホモ・エレクトス
猿人
ヒト／チンパンジーの
共通祖先
200
400
600
800
1,000
1,200
1,400
1,600
平均頭蓋容積（cm³）

ヒトコネクトームプロジェクトは、ヒトの脳の接続性に関する“ネットワークマップ”を構築することを目的とした国際的な研究プロジェクトで、主に機能的磁気共鳴画像法を用いた脳の“配線”――ミエリンの豊富な白質路――の解明に注目している。これによってヒトの脳の解剖学的、機能的な接続性が解明され、脳障害の研究に役立つデータが得られると期待されている。右の図には、磁気共鳴画像法で得られた脳の接続性を示した。一番外側のリングの色は皮質の領野を表し、内側のリングはそれぞれ、領野の平均容積、表面積、厚さ、曲率、特異的な接続性の程度を表している。**強い人工知能**の開発も、ヒトの脳の接続を将来のコンピューターに反映させてこそ、実現可能なのかもしれない。

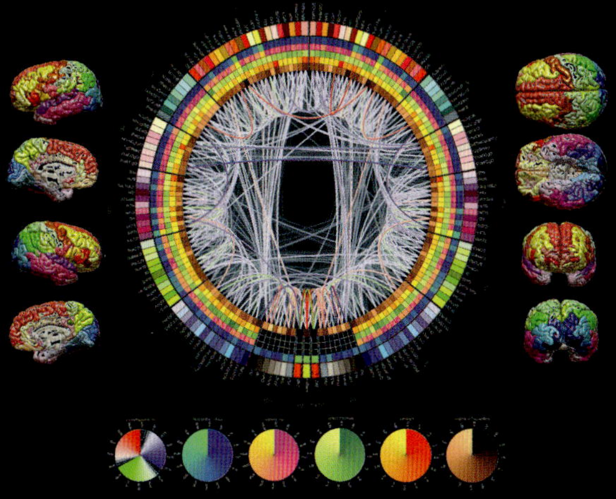

一般的な20歳の人間の中枢神経系の有髄線維の総延長

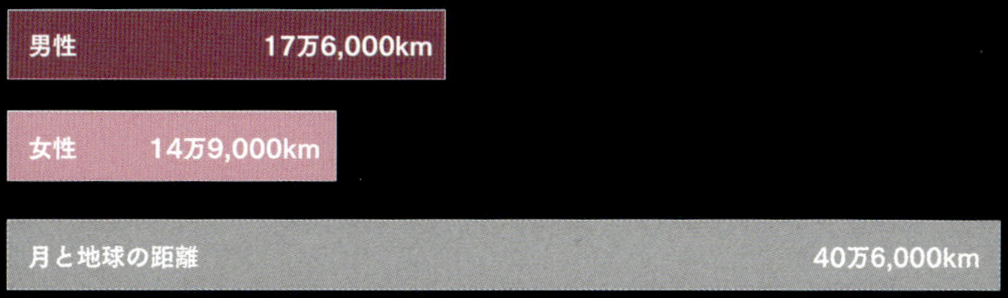
男性 17万6,000km
女性 14万9,000km
月と地球の距離 40万6,000km

知覚

人間は、それぞれがまったく異なる複数の特異的な知覚システムが完全に統合されているおかげで、万物のさまざまな心象を得ることができる。

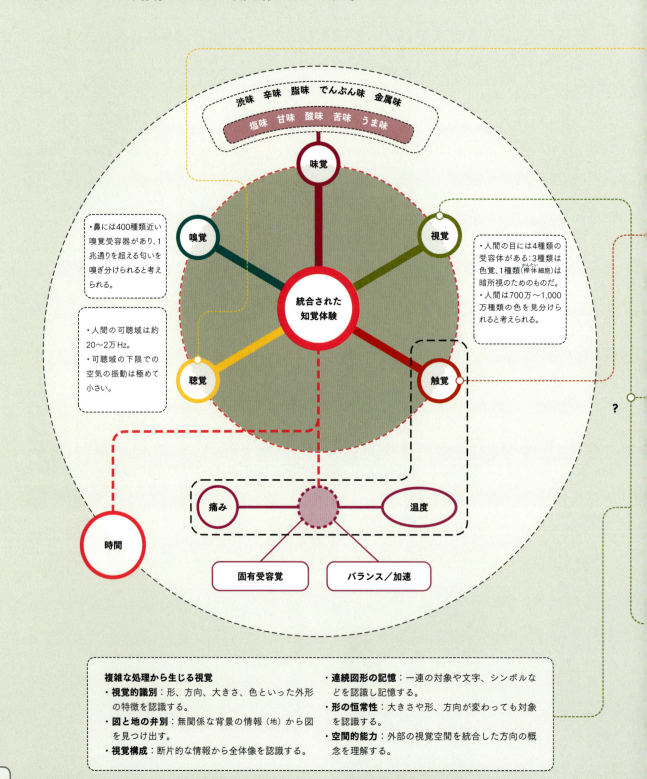

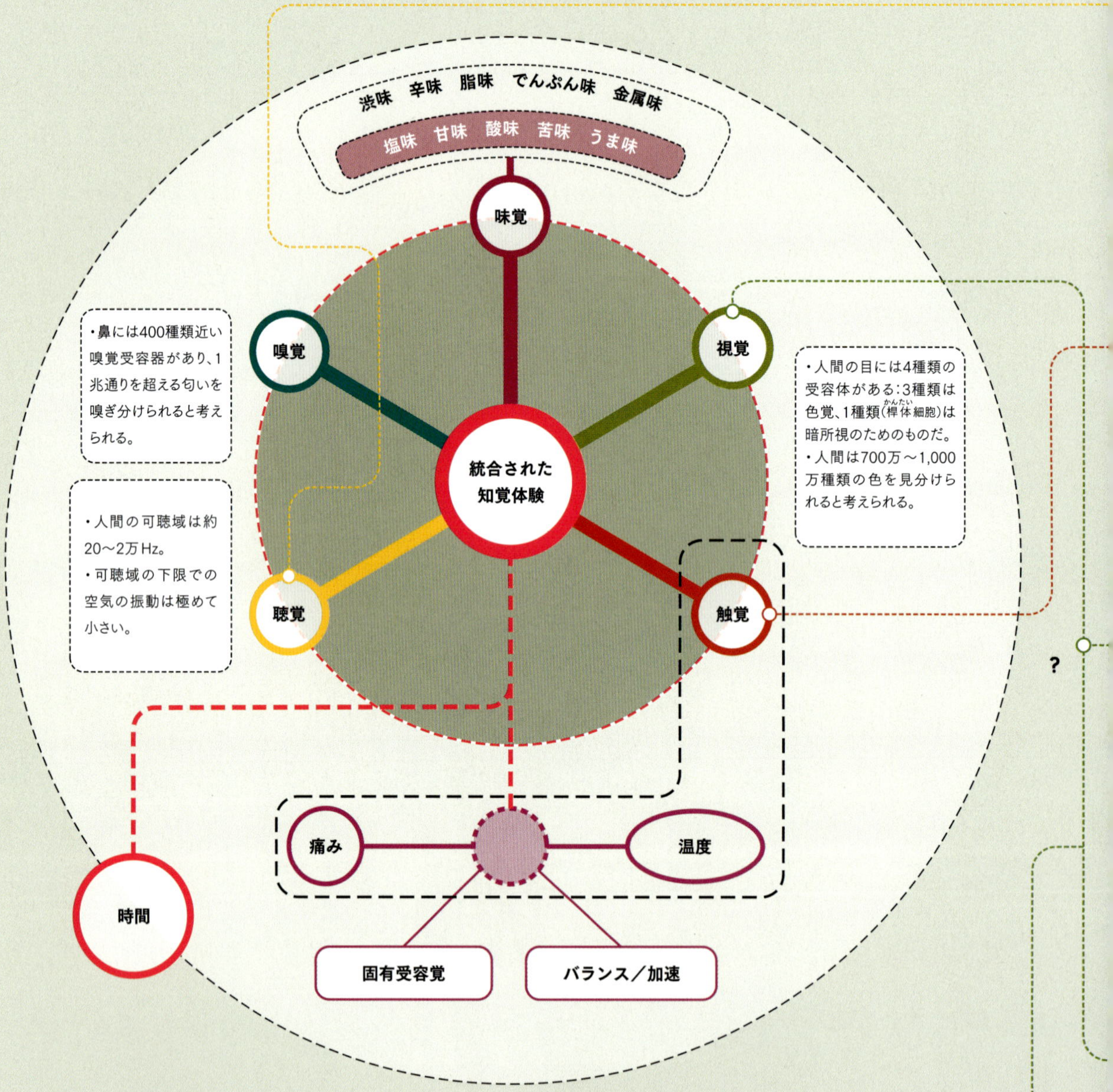
渋味　辛味　脂味　でんぷん味　金属味
塩味　甘味　酸味　苦味　うま味
味覚
嗅覚
視覚
統合された知覚体験
聴覚
触覚
・鼻には400種類近い嗅覚受容器があり、1兆通りを超える匂いを嗅ぎ分けられると考えられる。
・人間の可聴域は約20～2万Hz。
・可聴域の下限での空気の振動は極めて小さい。
・人間の目には4種類の受容体がある：3種類は色覚、1種類（桿体細胞）は暗所視のためのものだ。
・人間は700万～1,000万種類の色を見分けられると考えられる。
?
痛み
温度
時間
固有受容覚
バランス／加速

複雑な処理から生じる視覚

- **視覚的識別**：形、方向、大きさ、色といった外形の特徴を認識する。
- **図と地の弁別**：無関係な背景の情報（地）から図を見つけ出す。
- **視覚構成**：断片的な情報から全体像を認識する。
- **連続図形の記憶**：一連の対象や文字、シンボルなどを認識し記憶する。
- **形の恒常性**：大きさや形、方向が変わっても対象を認識する。
- **空間的能力**：外部の視覚空間を統合した方向の概念を理解する。

風変わりな感覚

反響定位（エコーロケーション）

反響定位を行う動物は、周囲に向けて音を発してその反響を聞くことで物体の位置を知り、それが何かを特定する。反響定位は移動や食料探し、狩りで利用される。反響定位を利用する動物は、主にコウモリやイルカ、ネズミイルカ、ハクジラ類といった哺乳類だが、夜行性の鳥や洞窟に住む鳥など、数種の鳥類もいる。ただし、鳥類の場合は反響定位を利用する哺乳類ほど精度が高くない。

コウモリが反響定位に用いる周波数は、下は1万1,000Hzから上は20万Hzにわたる。ちなみにヒトの可聴範囲は約20〜2万Hzだ。

視覚障害者は、機械装置や口から発した音を使い、反響定位で周囲の様子を知る方法を身につけることができる。

電気受容感覚

電気受容感覚は電場を知覚する能力で、脊椎動物だけに存在すると考えられていたが、最近の研究で、ミツバチは花びらの上の静電気の強さとパターンを認識できることがわかってきた。電気受容感覚はヤツメウナギや軟骨魚類（サメやエイ）、ナマズ、ハイギョ、シーラカンス、チョウザメ、ヘラチョウザメで見られるが、数種の哺乳類、特に単孔類の哺乳類であるカモノハシやハリモグラ、クジラ類の1種であるギアナコビトイルカでも見られる。これらのグループの電気受容器は、発生学的にはどれも機械受容器に由来する。

磁覚

磁覚とは、生物が周囲に広がる磁場を感知し、磁場の地域的な変動や特徴に関する詳細な地図を頭の中で作成することを可能にする感覚だ。動物は移動のためにその地図を使い、自分の方向や高度、位置を確認する。最も研究と解明が進んでいるのが渡り鳥だ。

鳥の磁覚には驚くべき特性がある。目に備わっている磁覚が働くには光が必要で、鳥は特定の波長の青い光がないと磁場を感じることができない。磁覚の正確なメカニズムはまだはっきりしていないが、**クリプトクロム**と呼ばれる特殊なタンパク質が関わっている可能性がある。鳥のコンパスは**伏角（ふっかく）だけのコンパス**でもある。つまり、磁力線の水平方向に対する傾き（角度）の変化は感知できるが、磁力線の極性は感じ取れない。自然条件下では、鳥は地磁気の強さと同程度のごく狭い範囲の強さの磁界しか感じとれないが、実験条件下で訓練すると、磁界の強さがもっと高い場合や低い場合でも自分の位置を見定めることができる。

偏光の感知

視色素は視覚プロセスの第一段階である光受容体に含まれる分子で、もともと**二色性**、つまり偏光軸によって光の吸収が異なる性質を持つ。ヒトは光の直線偏光をわずかに認識できるが、それは水晶体か網膜の中心部の構造がもたらす副産物で、生物学的機能はないと考えられている。偏光を知覚する能力は何度も独立して進化し、昆虫やクモ、甲殻類、頭足類、魚類、両生類、爬虫類、鳥類の多くの目（もく）など、幅広い動物で見られる。偏光の感知は、一般に方位の決定や移動のような行動課題と関係しているが、色覚に類似した高レベルの視覚に組み込まれることがある。その場合、動物は目にした1つの光景を、偏光が異なる複数の領域として認識できる。こうしたコントラストを強化し、擬態を見破り、物体を認識し、シグナルを感知する能力は、深い水の中では特に重要だ。

味覚

このフレーバーホイールはアメリカスペシャルティコーヒー協会が開発したもので、一口のおいしいコーヒーから桁外れに複雑な知覚体験が得られることを示している。

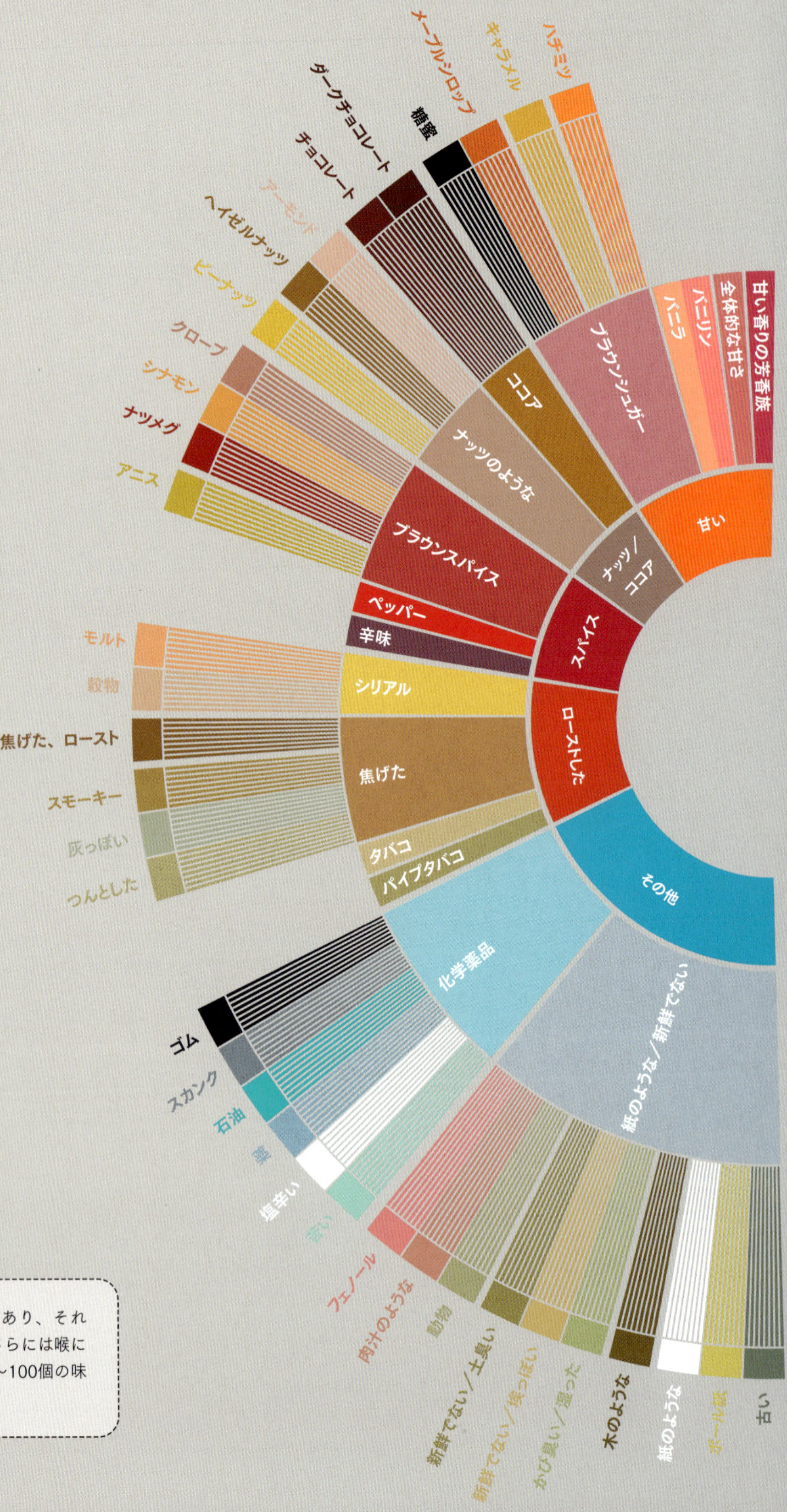

甘い
ナッツ／ココア
スパイス
ローストした
その他
甘い香りの芳香族
全体的な甘さ
バニリン
バニラ
ブラウンシュガー
ココア
ナッツのような
ブラウンスパイス
ペッパー
辛味
シリアル
焦げた
タバコ
パイプタバコ
化学薬品
紙のような／新鮮でない
ハチミツ
キャラメル
メープルシロップ
糖蜜
ダークチョコレート
チョコレート
アーモンド
ヘイゼルナッツ
ピーナッツ
クローブ
シナモン
ナツメグ
アニス
モルト
穀物
焦げた、ロースト
スモーキー
灰っぽい
つんとした
ゴム
スカンク
石油
薬
塩辛い
苦い
フェノール
肉汁のような
動物
新鮮でない／土臭い
新鮮でない／埃っぽい
かび臭い／湿った
木のような
紙のような
ボール紙
古い

舌には2,000～5,000個の味蕾があり、それ以外には口蓋、口の両側と奥、さらには喉にもある。それぞれの味蕾には50～100個の味覚受容体細胞が含まれている。

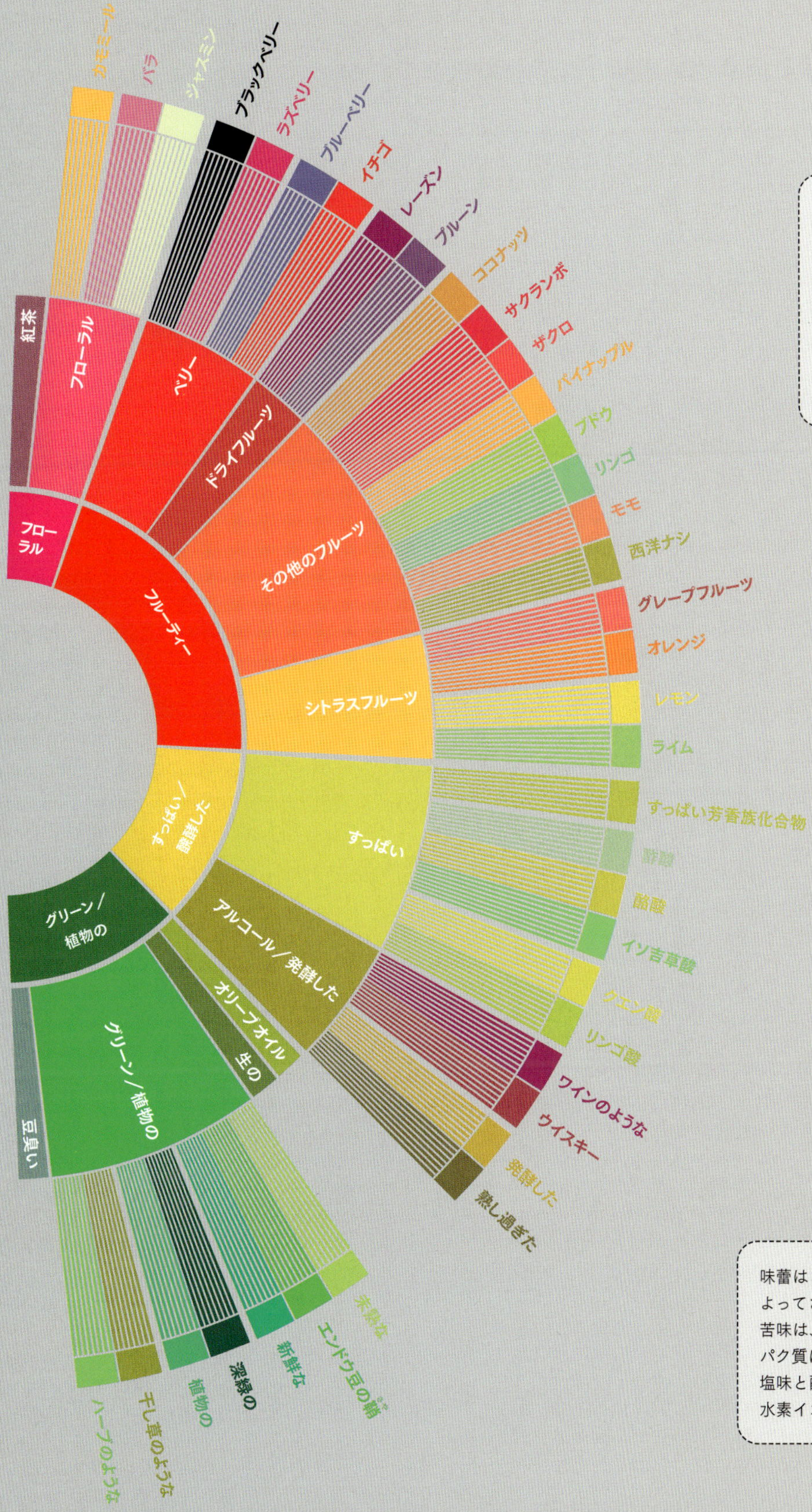
カモミール
バラ
ジャスミン
ブラックベリー
ラズベリー
ブルーベリー
イチゴ
レーズン
プルーン
ココナッツ
サクランボ
ザクロ
パイナップル
ブドウ
リンゴ
モモ
西洋ナシ
グレープフルーツ
オレンジ
レモン
ライム
すっぱい芳香族化合物
酢酸
酪酸
イソ吉草酸
クエン酸
リンゴ酸
ワインのような
ウイスキー
発酵した
熟し過ぎた
未熟な
エンドウ豆の鞘
新鮮な
深緑の
植物の
干し草のような
ハーブのような
紅茶
フローラル
ベリー
ドライフルーツ
その他のフルーツ
シトラスフルーツ
すっぱい
アルコール／発酵した
オリーブオイル
生の
グリーン／植物の
豆臭い
フローラル
フルーティー
すっぱい／発酵した
グリーン／植物の

その他の味の次元

- 冷たい感覚
- 辛味
- 渋味
- しびれ
- 金属
- カルシウム（チョークのような味）
- 脂肪／油脂
- 温度

味蕾はさまざまな分子やイオン間の相互作用によってさまざまな味を感じとる。甘味、うま味、苦味は、味蕾の細胞膜にある特定の受容体タンパク質に分子が結合することで引き起こされる。塩味と酸味は、味蕾がそれぞれアルカリ金属か水素イオンに接触したときに認識される。

神経伝達

ニューロン間の情報伝達は、化学物質（神経伝達物質）が1つのシナプスを介して移動することで行われる。ニューロンはシナプスを通して他のニューロンからの入力情報を受け取って処理し、シナプスを通して他のニューロンや筋肉へ出力情報を送り出す。

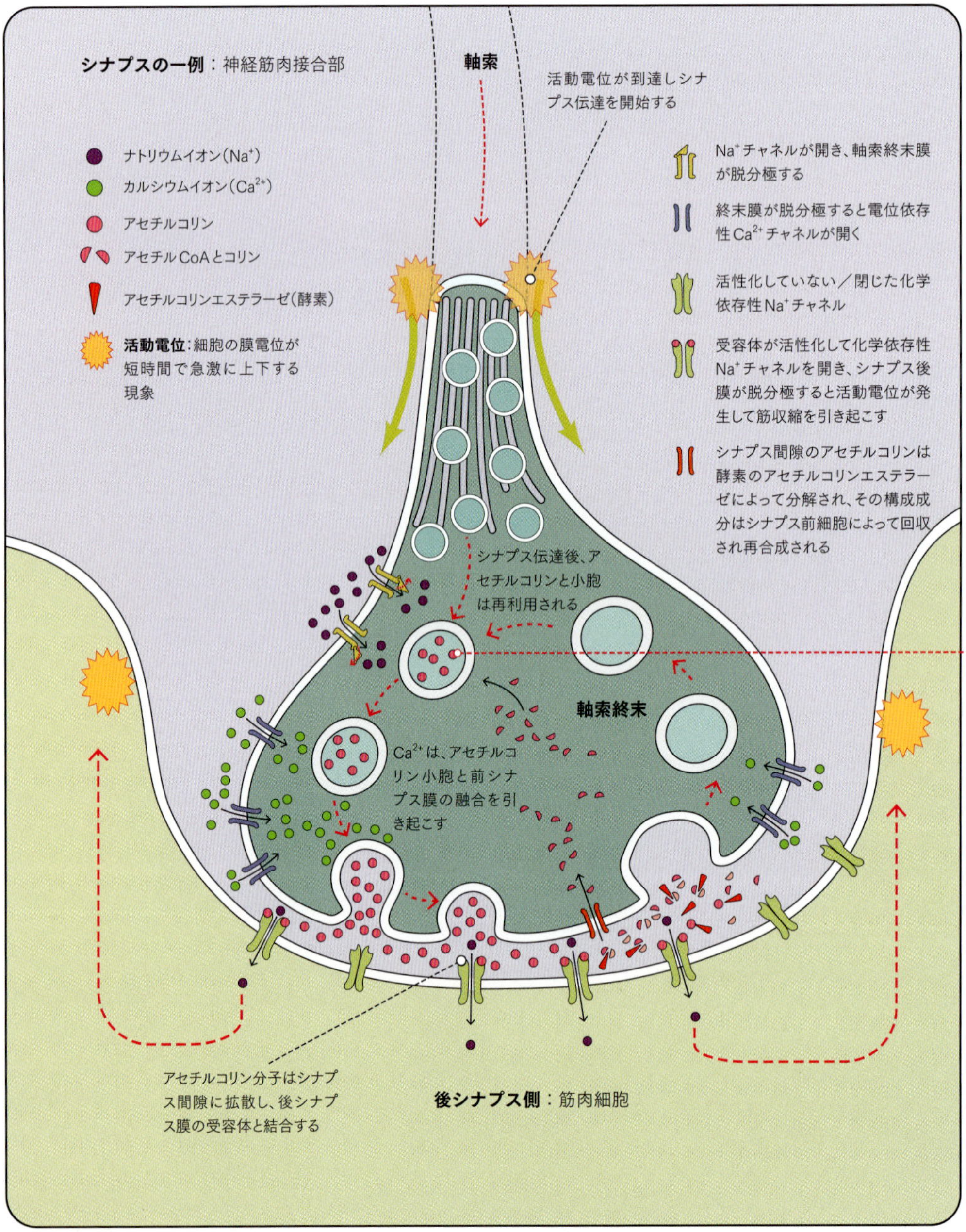
シナプスの一例：神経筋肉接合部
軸索
活動電位が到達しシナプス伝達を開始する
ナトリウムイオン(Na^+)
カルシウムイオン(Ca^{2+})
アセチルコリン
アセチルCoAとコリン
アセチルコリンエステラーゼ（酵素）
活動電位：細胞の膜電位が短時間で急激に上下する現象
Na^+チャネルが開き、軸索終末膜が脱分極する
終末膜が脱分極すると電位依存性Ca^{2+}チャネルが開く
活性化していない／閉じた化学依存性Na^+チャネル
受容体が活性化して化学依存性Na^+チャネルを開き、シナプス後膜が脱分極すると活動電位が発生して筋収縮を引き起こす
シナプス間隙のアセチルコリンは酵素のアセチルコリンエステラーゼによって分解され、その構成成分はシナプス前細胞によって回収され再合成される
シナプス伝達後、アセチルコリンと小胞は再利用される
軸索終末
Ca^{2+}は、アセチルコリン小胞と前シナプス膜の融合を引き起こす
アセチルコリン分子はシナプス間隙に拡散し、後シナプス膜の受容体と結合する
後シナプス側：筋肉細胞

神経伝達物質：機能と化学的構造と分子量

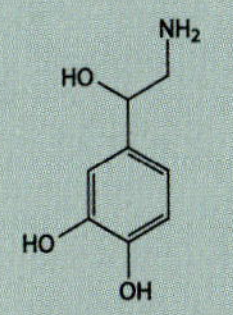

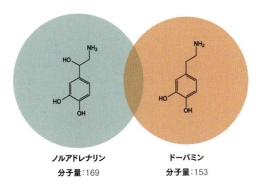

ノルアドレナリン
分子量：169

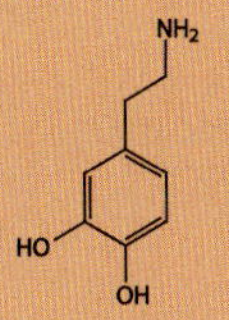

ドーパミン
分子量：153

低分子のモノアミン

ドーパミン
報酬に動機づけされた行動で重要な役割を果たす。ほとんどの種類の報酬が脳内のドーパミン濃度を上昇させる一方で、中毒性薬物はドーパミンの活性を高める。ドーパミンは中枢神経系以外にも免疫系、腎臓、膵(すい)臓で重要な役割を果たしており、ノルアドレナリンとアドレナリンの前駆体でもある。

ノルアドレナリン
中枢神経系と自律神経系の交感神経系によって合成・放出され、脳と体の活動を促す作用を持つ。ノルアドレナリンの放出量は睡眠中に最も低く、覚醒時に上昇して、ストレスや危険にさらされた状況で最高レベルに達する——これがいわゆる闘争・逃走反応だ。

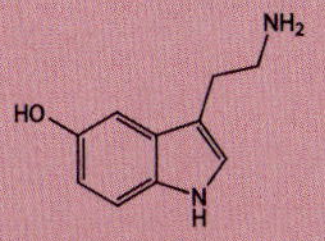

セロトニン
分子量：176

モノアミン

GABA
ヒトの中枢神経系の主要な抑制性神経伝達物質で、神経系全体のニューロンの興奮性を低下させる。筋緊張の調節にも関与している。

グルタミン酸
神経系で最も大量にある興奮性神経伝達物質。学習や記憶といった認知機能に関係している。

セロトニン
人体のセロトニンはほとんどが消化管にあり、腸の運動の調節に使われている。それ以外では中枢神経系に存在し、気分や食欲、睡眠の調節に関わっている。また、記憶や学習といった一部の認知機能に関与している。

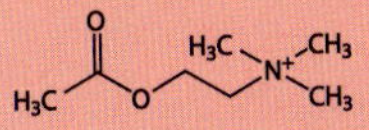

アセチルコリン
分子量：146

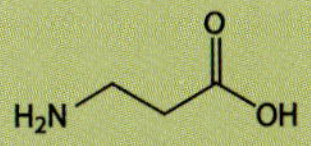

γアミノ酪酸（GABA）
分子量：103

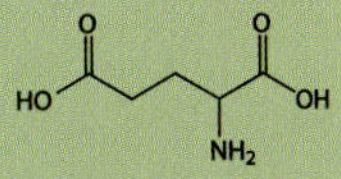

グルタミン酸
分子量：147

低分子アミノ酸

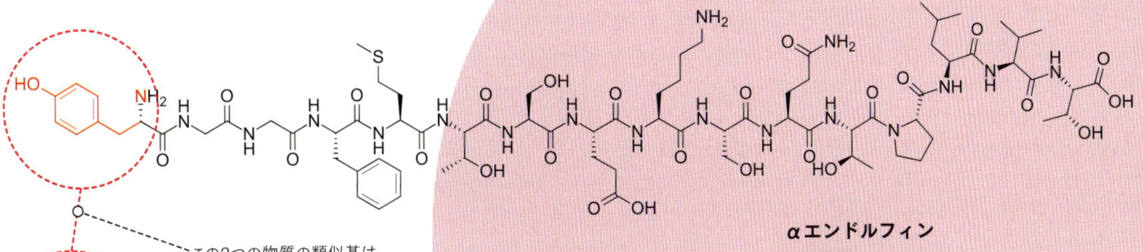

αエンドルフィン
分子量：1,746

ペプチド

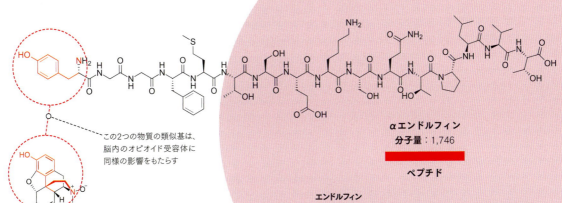

この2つの物質の類似基は、脳内のオピオイド受容体に同様の影響をもたらす

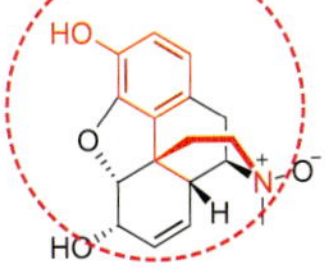

モルヒネ
分子量：285

エンドルフィン
脳内のオピオイド受容体と結合する。モルヒネやコデインなどの鎮静剤は、これらのペプチドの作用を模倣したものだ。エンドルフィンは動機づけ、感情、愛着行動、ストレスや痛みに対する反応で重要な役割を果たすことがわかっている。痛みに応じて自然に生産されるが、激しい運動や笑いといった活動によって分泌されることもある。

感情

心理学者は人間の心の最も強力かつ摑み（つか）どころのない、非認識的な特性——欲求と感情——を分析しようとしている。

プルチックの感情の輪

基本感情	反対の感情
喜び	悲しみ
信頼	嫌悪
心配	怒り
驚き	予測

感情の組み合わせ	応用感情	反対の感情
予測 + 喜び	楽観	非難
喜び + 信頼	愛	自責
信頼 + 心配	服従	軽蔑
心配 + 驚き	畏怖	攻撃
驚き + 悲しみ	非難	楽観
悲しみ + 嫌悪	自責	愛
嫌悪 + 怒り	軽蔑	服従
怒り + 予測	攻撃性	畏怖

- 憎悪　激しい感情
- 喜び　基本的な感情
- 不安　弱い感情
- 自責　複合的な感情
- 中立的な感情

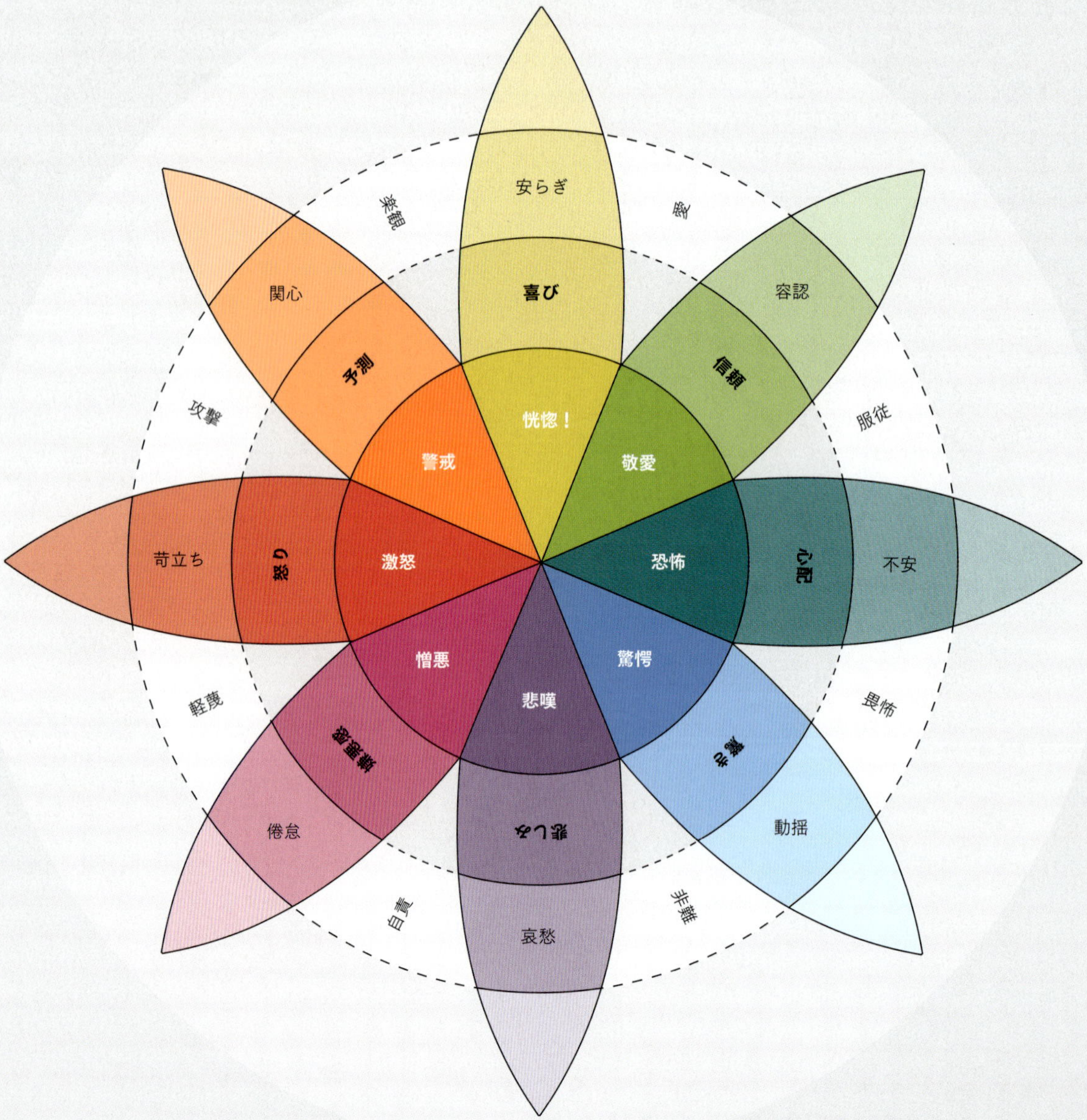

安らぎ
喜び
恍惚！
愛
容認
信頼
敬愛
服従
恐怖
心配
不安
畏怖
驚愕
驚き
動揺
非難
悲嘆
悲しみ
哀愁
自責
憎悪
嫌悪感
倦怠
軽蔑
激怒
怒り
苛立ち
攻撃
警戒
予測
関心
楽観

マズローによる人間の欲求のピラミッド

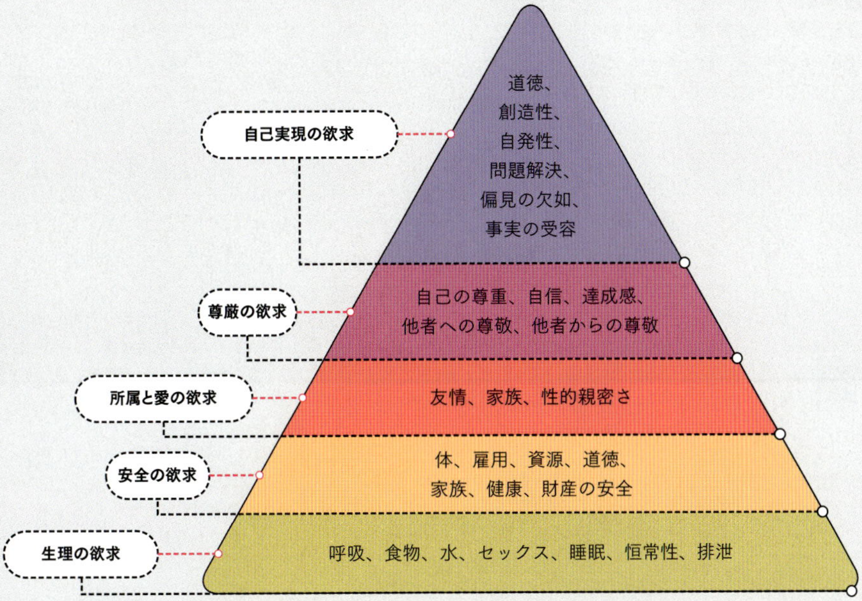
自己実現の欲求
道徳、
創造性、
自発性、
問題解決、
偏見の欠如、
事実の受容
尊厳の欲求
自己の尊重、自信、達成感、
他者への尊敬、他者からの尊敬
所属と愛の欲求
友情、家族、性的親密さ
安全の欲求
体、雇用、資源、道徳、
家族、健康、財産の安全
生理の欲求
呼吸、食物、水、セックス、睡眠、恒常性、排泄

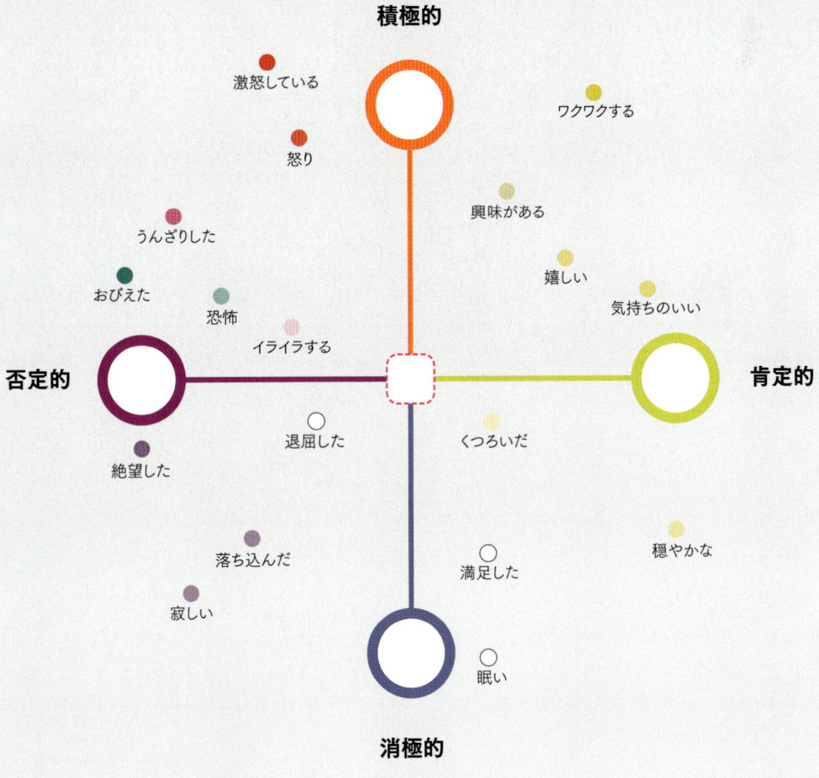
積極的
激怒している
ワクワクする
怒り
興味がある
うんざりした
嬉しい
おびえた
恐怖
気持ちのいい
イライラする
否定的
肯定的
退屈した
くつろいだ
絶望した
落ち込んだ
満足した
穏やかな
寂しい
眠い
消極的

学習と記憶：情報の処理

認知科学の中心的信条は、１つの階層だけを調べていても脳や精神を完全に解明することはできないというものだ。

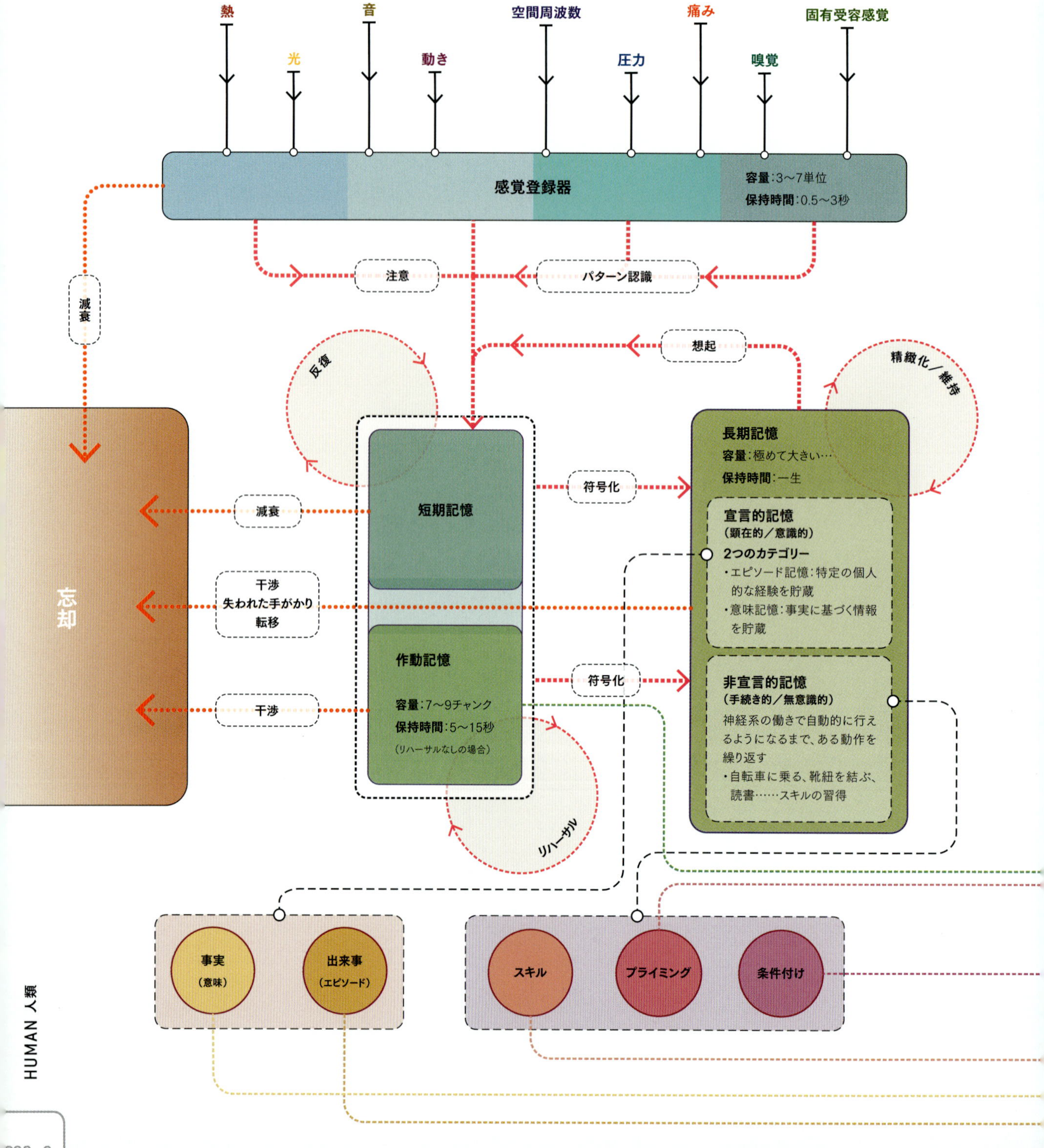

熱
光
音
動き
空間周波数
圧力
痛み
嗅覚
固有受容感覚
感覚登録器
容量：3〜7単位
保持時間：0.5〜3秒
注意
パターン認識
減衰
想起
反復
精緻化／維持
短期記憶
作動記憶
容量：7〜9チャンク
保持時間：5〜15秒
（リハーサルなしの場合）
リハーサル
符号化
符号化
長期記憶
容量：極めて大きい…
保持時間：一生
宣言的記憶
（顕在的／意識的）
2つのカテゴリー
・エピソード記憶：特定の個人的な経験を貯蔵
・意味記憶：事実に基づく情報を貯蔵
非宣言的記憶
（手続き的／無意識的）
神経系の働きで自動的に行えるようになるまで、ある動作を繰り返す
・自転車に乗る、靴紐を結ぶ、読書……スキルの習得
忘却
減衰
干渉
失われた手がかり
転移
干渉
事実
（意味）
出来事
（エピソード）
スキル
プライミング
条件付け

学習と想起、リハーサル、忘却

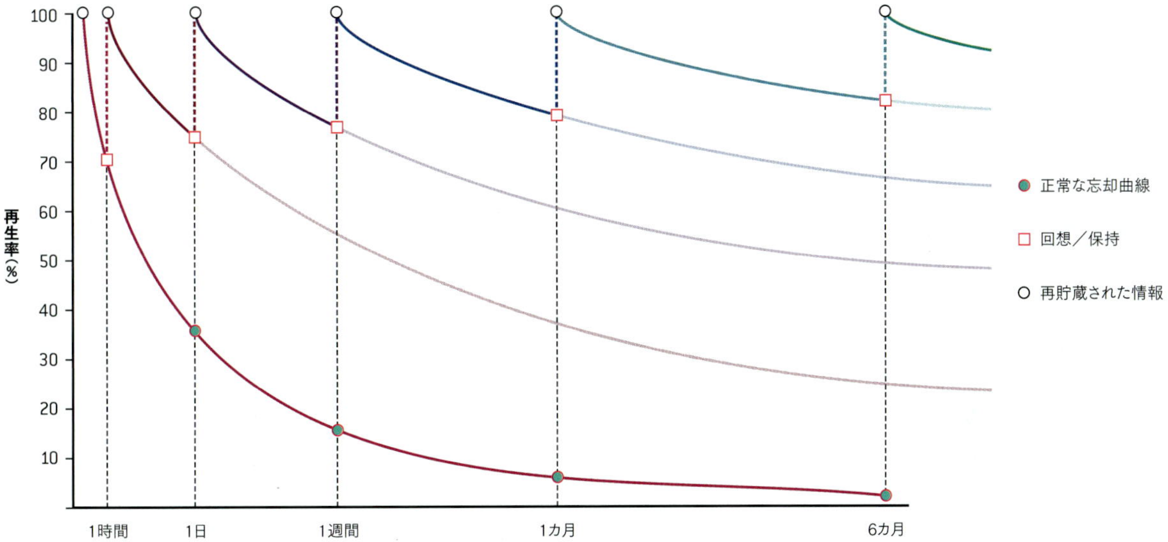
100
90
80
70
60
50
40
30
20
10
再生率（%）
1時間
1日
1週間
1カ月
6カ月
正常な忘却曲線
回想／保持
再貯蔵された情報

意識的学習
宣言的記憶は時間とともに指数関数的に自然に減衰し、失われて再生できなくなる。事実や細かいエピソードを、間隔を広げながら何度も回想することで、情報は貯蔵されてその後の減衰はずっと遅く少なくなる。最終的には情報は永久的に貯蔵され、減衰は相対的に最小となる。

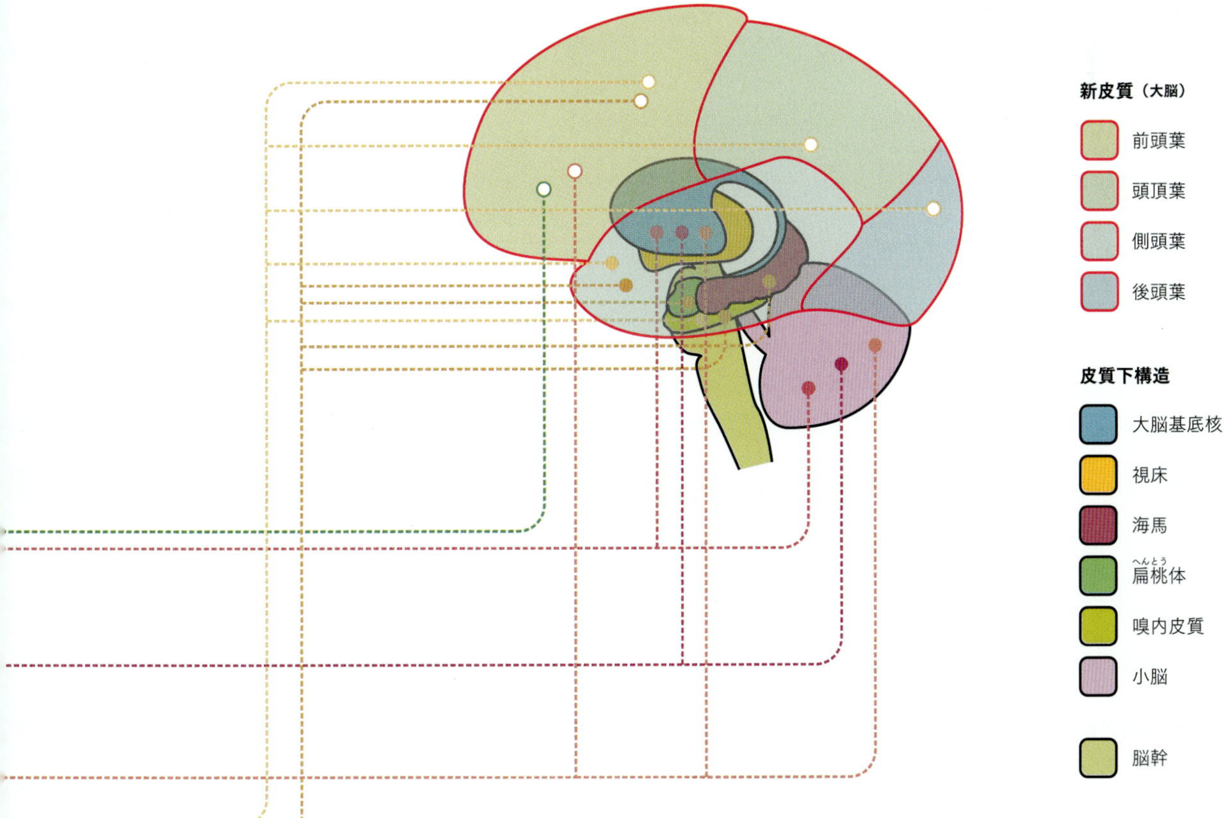
新皮質（大脳）
前頭葉
頭頂葉
側頭葉
後頭葉
皮質下構造
大脳基底核
視床
海馬
扁桃体
嗅内皮質
小脳
脳幹

記憶と学習に関わる神経構造

コンピューターの使用

コンピューターの能力が指数関数的に向上しているため、私たちの日常生活には桁外れの変化が起きているが、その基盤は集積回路の密度とスケールの爆発的な増加にある。シリコンチップは人類の文明に起きたこの革命的変化の中心的存在であり、将来はコンピューターが人間の知能を超える可能性を示している。

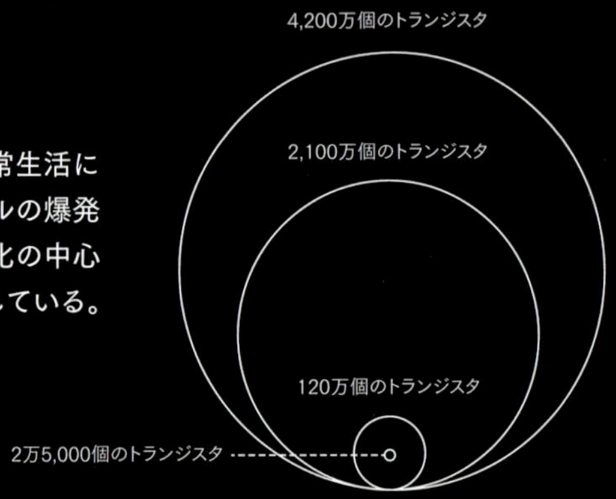

4,200万個のトランジスタ
2,100万個のトランジスタ
120万個のトランジスタ
2万5,000個のトランジスタ

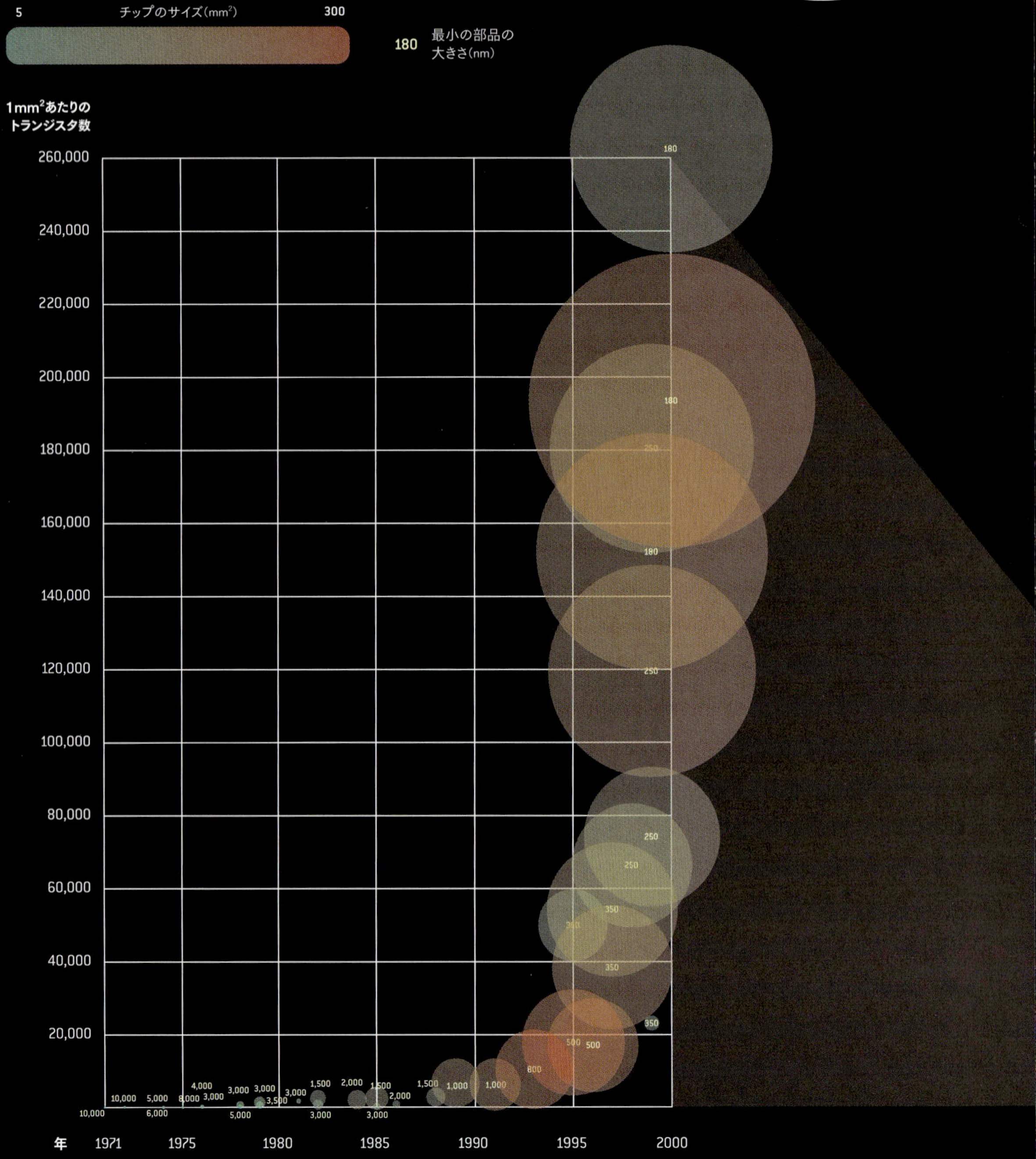

5
チップのサイズ（mm²）
300
180
最小の部品の
大きさ（nm）
1mm²あたりの
トランジスタ数
260,000
240,000
220,000
200,000
180,000
160,000
140,000
120,000
100,000
80,000
60,000
40,000
20,000
180
180
250
180
250
250
250
350
350
350
500
500
800
1,000
1,000
1,500
2,000
1,500
2,000
3,000
3,000
1,500
3,000
3,000
3,500
3,000
3,000
5,000
4,000
3,000
8,000
5,000
6,000
10,000
10,000
年
1971
1975
1980
1985
1990
1995
2000

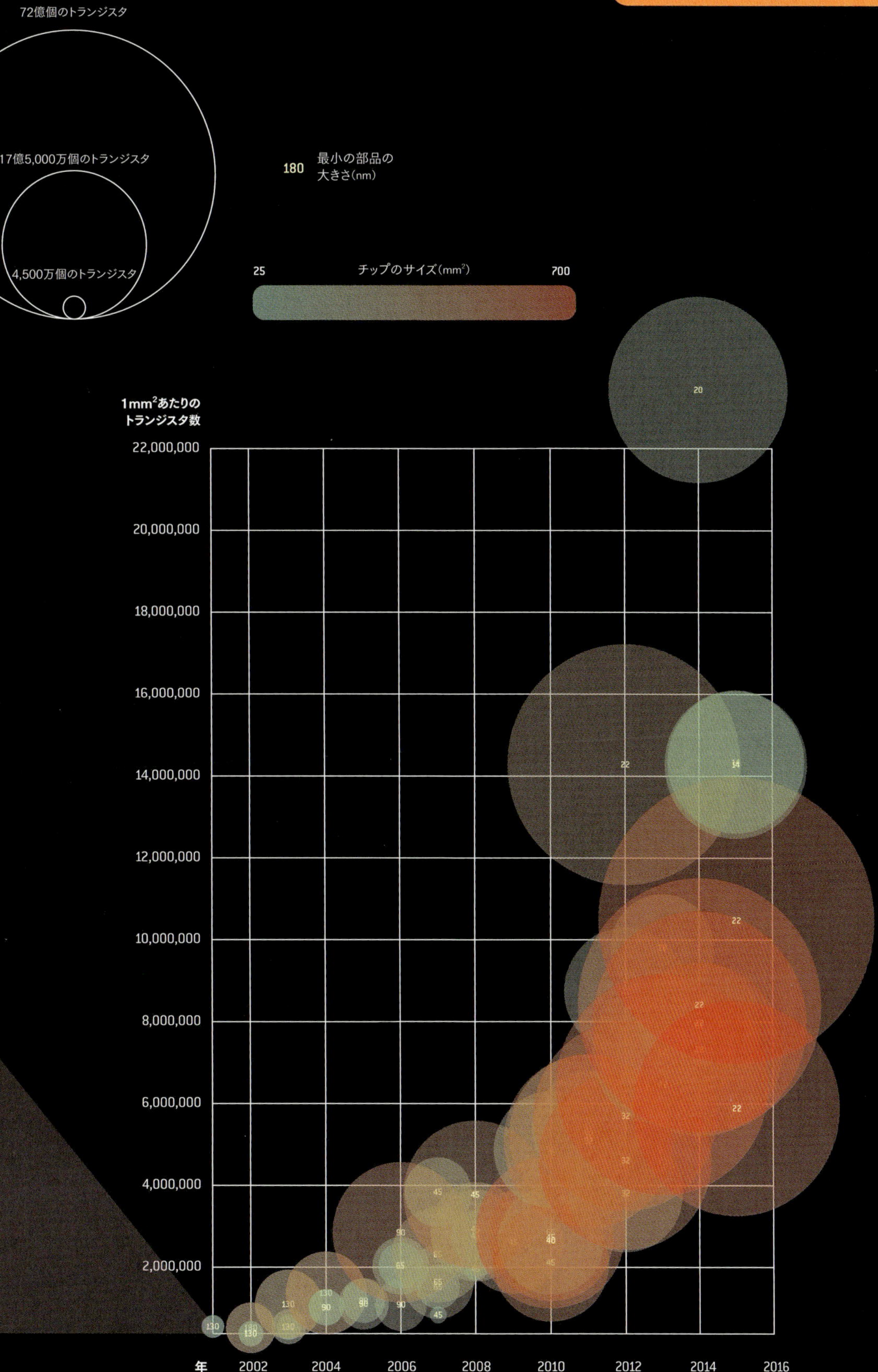
72億個のトランジスタ
17億5,000万個のトランジスタ
4,500万個のトランジスタ
180 最小の部品の大きさ(nm)
25
チップのサイズ(mm²)
700
1mm²あたりのトランジスタ数
22,000,000
20,000,000
18,000,000
16,000,000
14,000,000
12,000,000
10,000,000
8,000,000
6,000,000
4,000,000
2,000,000
年
2002
2004
2006
2008
2010
2012
2014
2016

人工知能

ここ50年間のコンピューターの急激な進歩と発達により、人間の知能に匹敵または超越すらするような真の人工知能が、今にも創り出されそうに見える。しかし、真の人間性とはデジタル処理で複製したり改良したりできるものだろうか？

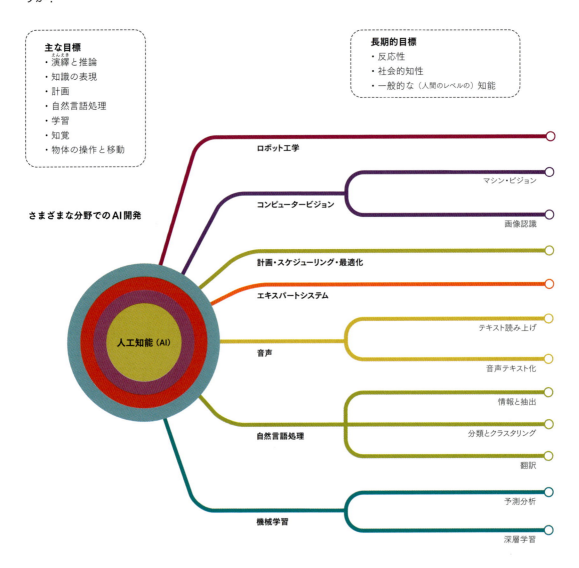

主な目標
- 演繹と推論
- 知識の表現
- 計画
- 自然言語処理
- 学習
- 知覚
- 物体の操作と移動

長期的目標
- 反応性
- 社会的知性
- 一般的な（人間のレベルの）知能

さまざまな分野でのAI開発

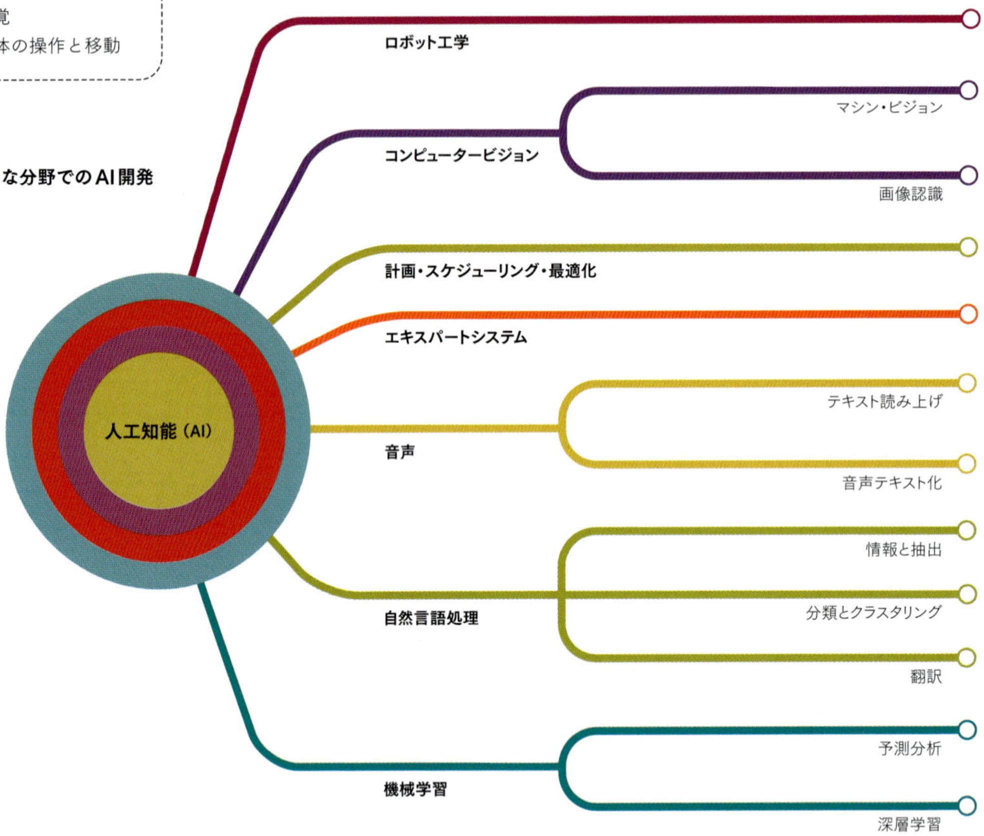

人工知能（AI）
ロボット工学
コンピュータービジョン
マシン・ビジョン
画像認識
計画・スケジューリング・最適化
エキスパートシステム
音声
テキスト読み上げ
音声テキスト化
自然言語処理
情報と抽出
分類とクラスタリング
翻訳
機械学習
予測分析
深層学習

弱い／狭いAI
1つの特定の課題に集中し、自己認識も本物の知能も関係ない人工知能のこと。アップルが開発した音声アシスタント機能「Siri」は、弱いAIの好例であり、複数の弱いAI技術（音声認識、自然言語処理、検索アルゴリズム、音声合成）を組み合わせたものだ。ユーザーのために多くのことができるが、アプリの能力を超えた質問では役に立たない。弱いAIはすでに身近にあり、多くの特定の問題を解決している。グーグルのアプリは、複数のアルゴリズムとデータ・マイニング、データ抽出によって動いている。

強い／汎用のAI
人間レベルのAI、すなわち人間の頭脳に匹敵し、主な性質や能力を再現するようになったコンピューターのこと。強いAIは、人間に可能なすべての課題を実行することができるだろう。強いAIには、**意識のハード・プロブレム**も関わってくる。これは、人間はなぜ、またどのようにして思考し、自己を認識し、明確な現象的経験を感じるのか――感覚にどのようにして“紫の色”や“草の味”といった性質が備わるのか――という問題だ。

思考という難問

AIの長期的目標の1つは、コンピューターに人間の知能に備わっている複数の特徴を実装することだ。コンピューターモデリングでは、シミュレーションを使って人間の知能がどのように構築されるのかを追求している。心を、膨大な数のニューロンのような小さな構成要素が集まったものとみなすか、もしくは記号や構想、計画、規則といった高次構造の集合とみなすか、どちらが最適なのかについては議論が分かれている。また、ニューロンすなわち人間の脳を構成する**神経回路マップ**（コネクトーム）を正確にシミュレーションすることなく、人間の脳をコンピューターで正確にシミュレーションすることはできるのかという問題も残っている。

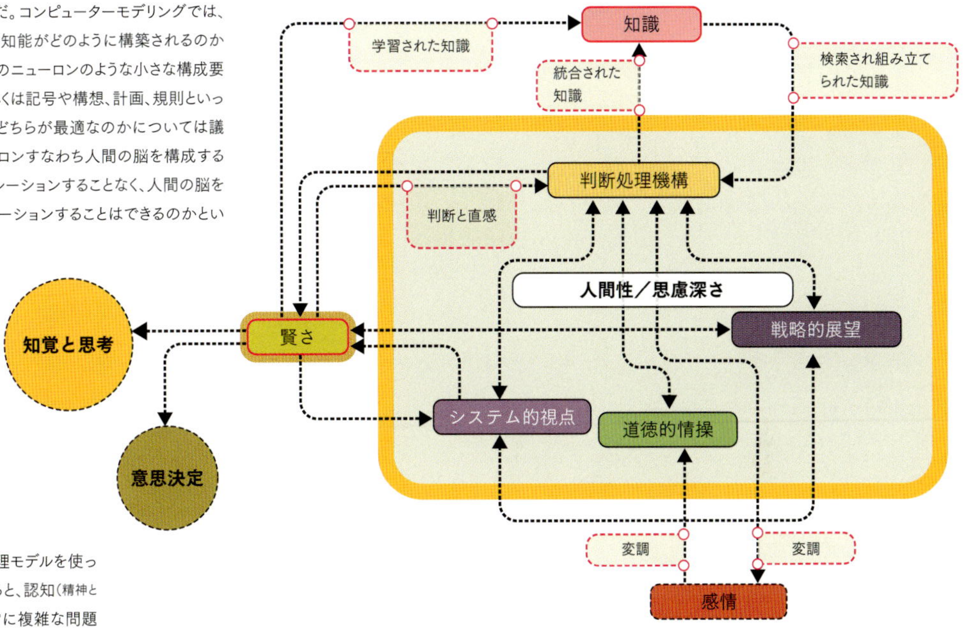

知識
学習された知識
統合された知識
検索され組み立てられた知識
判断処理機構
判断と直感
人間性／思慮深さ
知覚と思考
賢さ
戦略的展望
システム的視点
道徳的情操
意思決定
変調
変調
感情

結びつけ問題

AI分野で人間の思考の情報処理モデルを使って人間の経験を模倣しようとすると、認知（精神とそのプロセス）と感覚に関わる非常に複雑な問題にぶつかることになる。

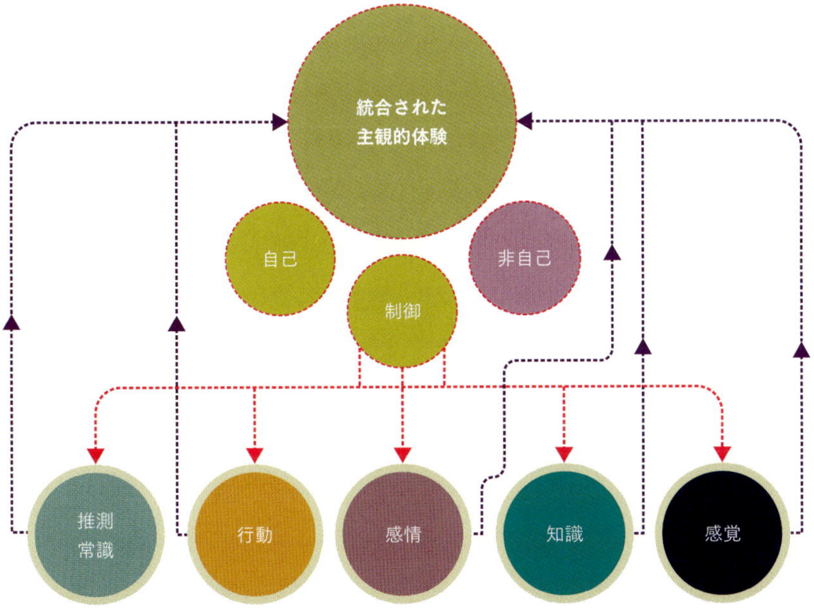

統合された主観的体験
自己
非自己
制御
推測常識
行動
感情
知識
感覚

結びつけ問題は、AIや神経科学、認知科学、心の哲学の接点で使われる用語であり、主に2つの側面がある。

最初に**分離問題**がある。これは、脳はどのようにして感覚入力の複雑なパターンに含まれている要素を分離し、個々の物体に割り当てるのかという実際の計算問題だ。言い換えると、イスの上にある本を見たとき、本とイスはどんな神経機構によって、異なる機能と性質を持つ別々の物体として分類されるのだろうか？　分離の問題は、**BP1**と呼ばれることがある。

次に**組み合わせ問題**がある。こちらは分離された物体、背景、抽象的な感覚、感情的特性が、どうやって1つの統一された主観的経験に組み合わされるのかという問題だ。組み合わせ問題は**BP2**と呼ばれることもある。

人工超知能

科学的創造性や一般的な知恵、社会的知性など、事実上すべての分野で最も優秀な人間の頭脳を超える人工知能のこと。

$H_{2,500,000,000}$ O_{970}

$N_{47,000,000}$ $P_{9,000,000}$

$Na_{1,900,000}$ $S_{1,600,000}$

$Fe_{55,000}$ $F_{54,000}$ $Zn_{12,0}$

Cr_{98} Mn_{93} Ni_{87} Se_{65}

000,000 C 490,000,000

Ca 8,900,000 K 2,000,000

Cl 1,300,000 Mg 300,000

00 Si 9,100 Cu 1,200 B 710

Sn 64 I 60 Mo 19 Co 17 V 1

人体を構成しているさまざまな元素

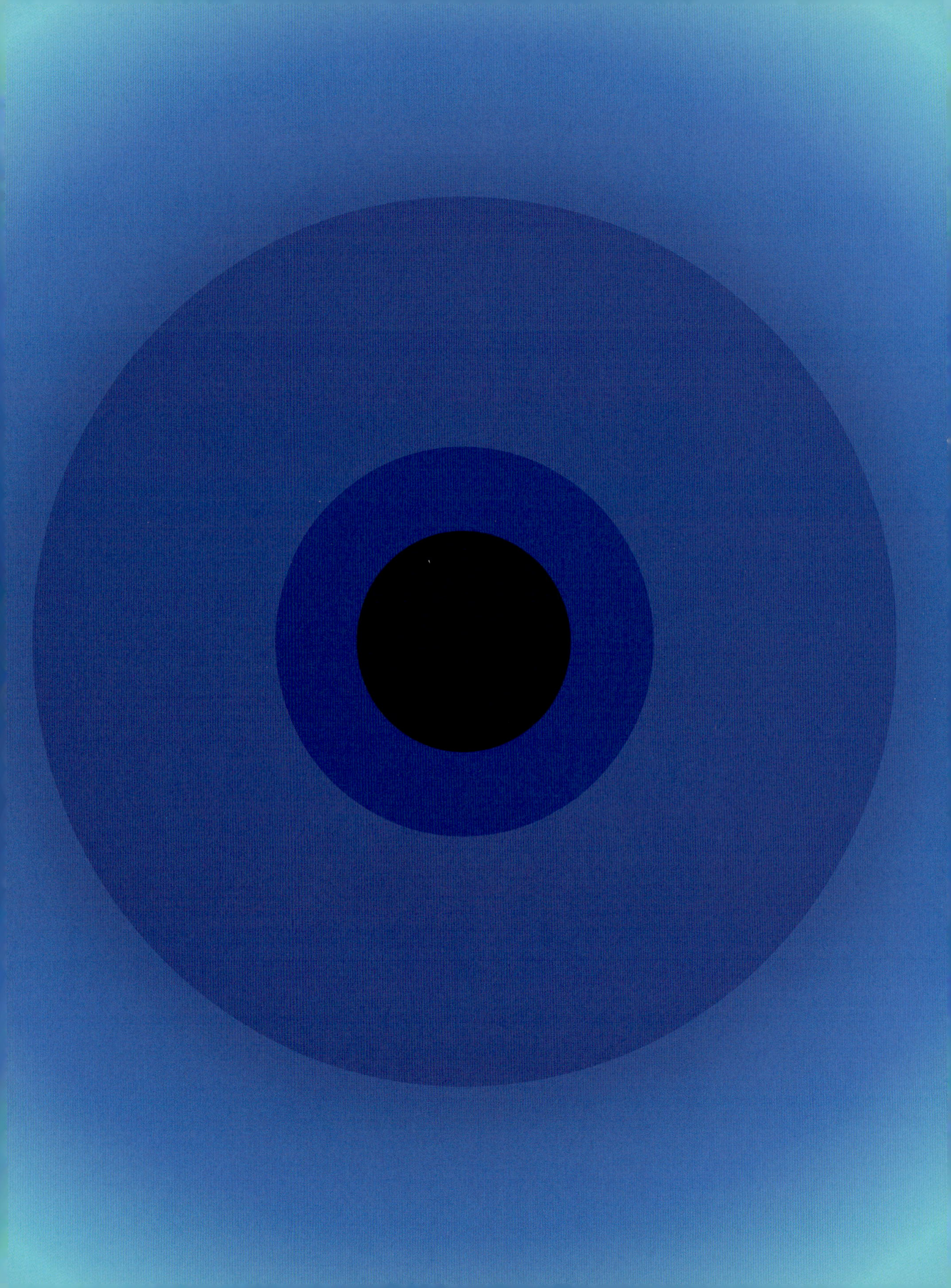

参考情報

16–7 パワーズオブテン Ray and Charles Eamesの傑作Powers of Ten (www.eamesoffice.com/the-work/powers-of-ten)に着想を得た. Cosmic View: The Universe in 40 Jumps, by Kees Boeke (www.vendian.org/mncharity/cosmicview)も参照. 画像の一部はwww.atlasoftheuniverse.com; Google Earthによる地球の画像; NASA/ESAによるハッブル宇宙望遠鏡からの画像を加工.

22–3 宇宙の幾何学 Degrees of Freedomは優れた記事を掲載する素晴らしいブログだ: blogs.scientificamerican.com/degrees-of-freedom

24–5 基本的な力の展開 ヒッグス粒子について知りたければ良い記事がここにある: 健闘を祈る！(http://quantum-bits.org/?p=233)

28–9 物質と見えない物質 現代科学最大の謎にはまだ結論が出ていない (www.fnal.gov/pub/science/particle-physics/experiments/dark-matter-and-dark-energy.html)

30–1 ビッグバンから38万年後まで en.wikipedia.org/wiki/Recombination_(cosmology); ウィルキンソン・マイクロ波異方性探査機によるCMBの画像: NASA/WMAP Science Team

34–5 相対論 LIGOが観測した重力波の図は'Observation of Gravitational Waves from a Binary Black Hole Merger', B. P. Abbott et al. (LIGO Scientific Collaboration and Virgo Collaboration) Physical Review Letters 116, 11 February 2016 (http://journals.aps.org/prl/abstract/10.1103/PhysRevLett.116.061102)に掲載のものを改変. www.newscientist.com/article/dn25243-einsteins-ripples-your-guide-to-gravitational-wavesも参照(LIGOによる発見があって内容は古くなった).

36–7 原子論 en.wikipedia.org/wiki/Atomic_theory

38–9 量子エネルギー状態 en.wikipedia.org/wiki/Quantum_state; en.wikipedia.org/wiki/Energy_level

40–1 星形成 チャンドラX線観測衛星からの素晴らしい画像: chandra.harvard.edu/photo/category/stars.html

42–3 恒星内元素合成 図の構成要素の一部はcommons.wikimedia.org/wiki/User:Borbにある核分裂の図を改変.

50–1 炭素 同素体の構造図はJozef Sivekの作品を改変: commons.wikimedia.org/wiki/File:Carbon_allotropes.svg

56–7 放射性元素 核種についての対話型の図: www.nndc.bnl.gov/chart

58–9 核分裂 www.atomicarchive.com/Effects/effects1.shtml; en.wikipedia.org/wiki/TNT_equivalent; en.wikipedia.org/wiki/Energy_density

62–3 銀河 ド・ボークルールの分類法をもっと知るにはen.wikipedia.org/wiki/Galaxy_morphological_classificationを参照. 天の川銀河の画像はAndrew Z. Colvinによるものを改変.

64–5 ブラックホール www.nasa.gov/audience/forstudents/k-4/stories/nasa-knows/what-is-a-black-hole-k4.html

66–7 太陽 en.wikipedia.org/wiki/List_of_largest_stars. 太陽の図はWikimedia CommonsにあるKelvinsongの作品を改変.

74–5　惑星形成　http://spacemath.gsfc.nasa.gov/astrob/10Page7.pdf

78–9　太陽系：惑星以外の天体　太陽系天体の分類はAriel Provostの作品を改変．

80–1　月とその他の衛星　www.nasa.gov/pdf/58199main_Exploring.The.Moon.pdf

86–7　プレートテクトニクス　www.astrobio.net/newsexclusive/plate-tectonics-could-be-essential-for-life. 海底が広がる様子を描いた地図はウィスコンシン大学で自然科学と応用科学を教授するSteven Dutchの作品を改変．

88–9　地震　地震波の図はIntroduction to Seismology（2nd edn), Peter M. Shearer, Cambridge University Press, 2009に掲載の図を改変．

90–1　大気　オゾンホールの画像 NASA/NOAA

92–3　気候帯：大気循環　北大西洋海流はGeneral Oceanography (trans. H.U. Roll), Dietrich, G. et al., Willey, New York, 1980に従った．

94–5　気象学　図の一部は1950年代からのインフォグラフィックスの先駆者であるLowell Hessの作品から着想を得た．

96–7　気候極値　火星と金星の画像 NASA

98–9　太陽活動と気候　solarscience.msfc.nasa.gov/SunspotCycle.shtml

100–1　気候変化：スノーボールアース　www.snowballearth.org/overview.html

106–7　タンパク質　タンパク質とタンパク質の構造についての貴重な情報源：RCSB Protein Data Bank, 略称PDB (www.rcsb.org/pdb). タンパク質の構造図の構成要素としてWikimediaにあるMariana Ruiz Villarreal: LadyofHatsの作品を改変．

116–7　自然発生　海底の図はウィスコンシン大学Steven Dutchの図を改変．噴出口の図はBrazelton, W. J. et al., 'Methane- and sulfur-metabolizing microbial communities dominate the Lost City hydrothermal field ecosystem', Applied Environmental Microbiology, 72(9), 6257–70, 2006を参照．

124–5　生物の分類　生物の系統樹はIvica Letunic: Iletunic. Retraced by Mariana Ruiz Villarreal: LadyofHatsを改変．

132–3　大酸化イベント　www.theguardian.com/science/2016/may/18/complex-life-on-earth-began-billion-years-earlier-than-previously-thought-study-argues. 縞状鉄鉱床の形成に関するデータ：Isley, A. E. and Abbott, D. H., 'Plume-related mafic volcanism and the deposition of banded iron formation', Journal of Geophysical Research, 104:15, 461–15, 1999.

134–5　光合成と一次生産　Circos図：http://mkweb.bcgsc.ca/tableviewer/

136–7　代謝経路　経路図はKEGG Atlas: Kyoto Encyclopedia of Genes and Genomes (www.kegg.jp/kegg/atlas/?01100)を参照．

138–9　酵素　ヘキソキナーゼの立体構造の変化を示した図はBennett, W. S. and Steitz, T. A., Journal of Molecular Biology, 140, 211, 1980を参照．

140–1　免疫系：生物学的な自己認識　もっと知るにはWikipediaにいいページがある：en.wikipedia.org/wiki/Immune_system

142–3　染色体：構造と凝縮　染色体の凝縮の図はPierce, Benjamin, Genetics: A Conceptual Approach（2nd edn) W.H. Freeman, New York, 2005を参照．

144–5　細胞の増殖　https://publications.nigms.nih.gov/insidethecell/chapter4.html

148–9　細菌　人体の微生物叢の図はアメリカ国立ヒトゲノム研究所 www.genome.gov/imagegalleryを参照．

150–1　単細胞生物　単細胞生物から多細胞生物への移行についての優れた記事：www.wired.com/2014/08/where-animals-come-from. 有櫛動物についてはKunstformen der Natur (Art Forms in Nature) by Ernst Haeckel, 1904を参照．

158–9　カンブリア爆発　Augaptilus filigerusの図はErnst Haeckel (commons.wikimedia.org/wiki/File:Haeckel_Copepoda.jpg)より．図の構成要素の一部はErwin, Douglas H. et al., 'The Cambrian conundrum: Early divergence and later ecological success in the early history of animals', Science, 334:6059, 1091–7, 2011を改変．

160–1　脊索動物　www.britannica.com/animal/chordate; en.wikipedia.org/wiki/Cephalization

162–3　魚類　en.wikipedia.org/wiki/Jaw; www.palaeontologyonline.com

168–9　陸上への進出　陸生動物化についての優れた記事：www.paulselden.net/uploads/7/5/3/2/7532217/elsterrestrialization.pdf

170–1　石炭紀　この研究を参照：DiMichele, William A. and Philips, T. L., 'The response of hierarchically structured ecosystems to long term climate change: a case study using tropical peat swamps of Pennsylvanian age', in Stanley, Steven M., Knoll, A. H. and Kennett, J. P., Effects of Past Global Change on Life (Studies in Geophysics), National Research Council, 1995.

172–3　節足動物　節足動物の輪郭はJarmila Kukalová-Peck, Palaeodiversity, 2, 169–198, 2009を改変．種の図表はSchminke, H. K. (after Wilson, 1992) 'Entomology for the copepodologist', Journal of Plankton Research, 29, i149-i162 (2007)を改変．

174–5　有羊膜類　finstofeet.com/2012/01/05/coming-of-the-amniotes/

178–9　樹木と森林　世界の森林面積のデータはUNEP GEO

Data Portal, compiled from UNEP-WCMC より.

180–1 翼竜:脊椎動物の飛行 翼竜の離陸についてはこの図が興味深い: lorenabarba.com/blog/student-guest-blog-post-pterosaur-quad-launch/. www.pteros.com

184–5 脊椎動物の視覚 en.wikipedia.org/wiki/Evolution_of_the_eye

186–7 チクシュルーブ衝突体 Peter Schulte, et al., 'The Chicxulub Asteroid Impact and Mass Extinction at the Cretaceous-Paleogene Boundary', Science, 327, 1214, 2010.

188–9 鳥の渡り www.rspb.org.uk/discoverandenjoynature/discoverandlearn/funfactsandarticles/migration/

190–1 哺乳類の出現 Felisa A. Smith, et al., 'The Evolution of Maximum Body Size of Terrestrial Mammals', Science, 330, 1216, 2010.

192–3 妊娠期間 en.wikipedia.org/wiki/Gestation_period

196–7 イネ科植物の進化 データはStromberg, Caroline A. E., 'Evolution of Grasses and Grassland Ecosystems', Annual Review of Earth and Planetary Sciences, 2011, 39:517–44 より.

198–9 生物圏と炭素循環 もっと知るにはこのページへ: www.britannica.com/science/biosphere

202–3 http://rstb.royalsocietypublishing.org/content/royptb/369/1653/20130527.full.pdf, 図2を参照

206–7 霊長類 人類の進化についてもっと知るにはWikipediaにいいページがある: en.wikipedia.org/wiki/Human_evolution

208–9 初期の人類 ラエトリの足跡はAgnew, Neville and Martha Demas, 'Preserving the Laetoli Footprints', Scientific American, September 1998, 47–9 より.

210–1 人類の拡散 初期の人類の移住についてもっと知るにはWikipediaにいいページがある: en.wikipedia.org/wiki/Early_human_migrations

212–3 人類の解剖学的特徴 en.wikipedia.org/wiki/Anatomically_modern_human

220–1 言語の進化 Bouckaert, R. et al., 'Mapping the origins and expansion of the Indo-European language family', Science, 337, 957–960, 2012. http://language.cs.auckland.ac.nz/media-material/

222–3 脳の進化 www.humanconnectomeproject.org

226–7 味覚 コーヒーテイスターズフレーバーホイールはthe Creative Commons 4.0 International with book exemption, by the Specialty Coffee Association of America (SCAA/WCR) により使用認可を受けている.

228–9 神経伝達 神経伝達についてもっと知るにはこのページが優れている: www.mind.ilstu.edu/curriculum/neurons_intro/neurons_intro.php

232–3 学習と記憶 www.education.com/reference/article/information-processing-theory/

234–5 コンピューターの使用 Raw at Density Designを用いて視覚化.

236–7 人工知能 http://faculty.washington.edu/gmobus/TheoryOfSapience/SapienceExplained/3.sapiencecomponents/sapienceComponents.html より. 結合問題についてはen.wikipedia.org/wiki/Binding_problemを参照. 未来についてはen.wikipedia.org/wiki/Artificial_general_intelligenceを参照.

索引

あ行

アーキア　124, 125, 132
アインシュタイン , アルベルト　25, 34, 35, 52, 64, 65
アウストラロピテクス・アファレンシス　208, 213
アカントステガ　169
亜原子粒子　25, 28, 38–9
アスタチン　46
アセチル補酵素A（CoA）　117, 129, 228
アデニン　108, 109, 128
アデノウイルス　130, 131
アフリカ（現生人類の移住）　210–1
天の川銀河　32, 35, 62
アミノ酸　104, 106, 107, 108, 109, 114, 117, 130, 135, 215, 229
アメーバ　143, 150
アリエル（天王星の衛星）　77, 81
アルカリ金属　47, 48
アルデバラン（オレンジ色の巨星）　66
αエンドルフィン　229
アルミニウム　49, 80, 82, 84, 119
アングスティナリプテルス　180
イアペタス（土星の衛星）　77, 81
eLISA宇宙探査機　35
イオ（木星の衛星）　81
イオン化　33, 38, 47, 53, 103
イクチオステガ　169
イソテルス・レックス　172
一酸化窒素　117
一般相対性理論　34, 64
遺伝学　33, 108, 121, 124, 125, 130, 138, 142–3, 146–7, 211
移動体通信　32
イネ科植物（進化）　190, 191, 196–7, 205
イリジウム　186
陰イオン　102, 103
インスパイラル　35
隕石　83, 186–7
咽頭部の鰓裂　160
WボソンとZボソン　24, 27
ウイルス　130–1
宇宙　17–69
　円周率　68–9
　化学反応性　46–7
　核分裂　58–9
　幾何学　22–3
　基本的な力　24–5

銀河　62–3
金属　48–9
原子論　36–7
元素　44–5
恒星内元素合成　42–3
恒星のライフサイクル　60–1
相対論　34–5
太陽　66–7
炭素　50–1
超新星　54–5
電磁放射　32–3
ビッグバンから38万年　30–1
物質と見えない物質　28–9
物質の状態　52–3
物質の成分　26–7
ブラックホール　64–5
放射性元素　56–7
星形成　40–1
密度　26
量子エネルギー状態　38–9
宇宙元素合成　30
宇宙線　44, 55, 98
宇宙のインフレーション　25, 35
宇宙の標準模型　27, 31
宇宙背景放射　31, 32, 35, 97
宇宙論　23, 28–9, 30–1, 32–3, 34–5, 40–1, 42–3, 60–1, 62–3, 64–5, 66–7, 78–9
海(組成)　118–9
海の生息環境　164–5
海流　93
ウラン　38, 43, 49, 57, 58, 82
雲形　94
ウンブリエル(天王星の衛星)　77, 81
衛星　76–7, 80–1, 117
H_2O(水)　45, 103, 126, 128
エウステノプテロン　168
エウディモルフォドン　180
エウロパ(木星の衛星)　76, 81
ATP(アデノシン三リン酸)　107, 116, 123, 128, 129, 134
ADP(アデノシンニリン酸)　123, 128, 129
X線　32, 33, 91
エディアカラ生物群　115, 152–3
エピオルニス　174
鰓(と肺)　166–7
エリス(準惑星)　77, 78, 79
エンケラドス(土星の衛星)　77, 81, 117
円周率　68–9
エンドルフィン　27, 229
欧州宇宙機関(ESA)/プランク宇宙望遠鏡　20, 26, 31
黄色矮星　66
大型ハドロン衝突型加速器　25
オオソリハシシギ　189
オールトの雲　78, 79
オーロラ　91
オスミウム　52
オゾン　91
オベロン(天王星の衛星)　77, 81
オルドビス紀　100, 156, 162, 168, 170, 172
オレイン酸　105, 129

か行

カーマン・ライン　90
カー, ロイ　65
海王星　74, 75, 76, 77, 78, 81
カイパーベルト　79
解剖学　154–5, 166–7, 212–3, 214–5, 216–7, 218–9
化学　38–9, 46–7, 48–9, 50–1, 52–3, 73, 90–1, 102–3, 104–5, 114, 118–9
化学反応性　46–7
核種　56–7
学習と記憶　232–3
可視スペクトル　33
カストロカウダ　195
火星　65, 74, 75, 76, 77, 78, 80, 83, 96, 97, 101, 117
化石　82, 83, 115, 153, 168, 169, 180, 197, 205, 210
褐色矮星　60, 61
ガニメデ(木星の衛星)　76, 79, 81
ガリウム　48, 53
カリスト(木星の衛星)　76, 81
カロン(冥王星の衛星)　79, 81
桿菌　148
感情(人類)　230–1
カンブリア紀　100, 115, 152, 153, 156, 158–9, 160, 162, 170, 172

ガンマ線　30, 33, 58, 91
幾何学　22–3, 51
希ガス　46
気候　92–3, 96–7, 98–9, 100–1, 156, 187, 191, 196, 199
　太陽活動　98–9
　変化　100–1, 156, 187, 191, 199
気象　92–3, 96–7
キセノン140　58
輝線　38, 47
基礎物理学　24–5, 28–9
GABA　229
球菌　148, 149
暁新世　187, 190, 206
暁新世始新世境界温暖極大期(PETM)　190
恐竜　157, 175, 176–7, 186, 187, 188, 190, 204, 206
キョクアジサシ　188
極超新星　33, 35
巨大分子雲　40
魚類　160–1, 162–3, 168–9, 194, 225
気象学　94–5
金　49
銀河　62–3
金星　74, 75, 76, 77, 83, 96, 97, 101
金属　44–5, 46, 47, 48–9, 52, 53, 66, 73, 82, 84, 186, 227
クエン酸回路　117, 128, 129, 134
クォーク　21, 24, 25, 27, 28, 30, 52
クォークグルーオンプラズマ　30, 52
クォーク時代　24, 30
クラミドモナス属　150
グルーオン　25, 27, 30
グルコース　104, 107, 122, 129, 134, 138, 139, 214
グルタミン　104, 106, 108
グルタミン酸　229
系統樹　124
KTB超深度掘削坑　85
ケツァルコアトルス　181
“ゲノムの謎”　143
ケレス(準惑星)　77, 79
原核生物　125, 126, 127, 149
言語の進化　220–1
原子　14, 21, 24, 25, 26–7, 31, 32, 33, 44–5
　基本的な力　24–5
　原子半径　46
　原子番号　44, 46, 47
　原子物質　26, 27, 28, 29
　原子励起　38
　原子論　36–7
　元素　44–5
　最初の分子　14
原子核物理学　42–3, 56–7, 58–9, 66–7
　エネルギー　43, 58–9, 88
　爆弾　57, 58, 88
　不安定性　46
　分裂　58–9
原始細胞　120–1
原始星　41, 45, 60
　物質の状態　52–3
　量子エネルギー状態　38, 39
減数分裂　146–7
原生生物　125, 150, 151
元素　44–5
甲殻類　195, 199, 225
後期重爆撃期　82, 83
抗原　141
光合成　126, 132, 134–5, 150, 165, 198, 199
光子　22, 24, 25, 27, 28, 30, 31, 34, 38, 43, 66, 67
高歯冠インデックス　197
恒常性　219, 229
更新世　191, 213
恒星
　黄色矮星　66
　褐色矮星　60, 61
　形成　40–1
　原始星　41, 45, 60
　元素合成　42–3
　恒星内元素合成　42–3, 66
　恒星物理学　54–5, 60–1
　青色巨星　61
　青色超巨星　60
　赤色巨星　60, 61, 66, 67
　赤色矮星　61
　第1世代　40
　第2世代　40
　中性子　35, 61
　超新星爆発　40

白色矮星　61, 67
ライフサイクル　60–1
酵素　106, 121, 122, 123, 138–9, 214, 215
コウモリ　195, 225
小型惑星　79
国際宇宙ステーション（ISS）　90, 91
黒体放射　33
古生物学　116–7, 118–9, 120–1, 124–5, 132–3, 146–7, 152–3, 156–7, 158–9, 160–1, 162–3, 168–9, 170–1, 172–3, 174–5, 176–7, 178–9, 180–1, 182–3, 184–5, 186–7, 188–9, 190–1, 194–5, 196–7, 206–7, 208–9, 210–1, 212–3
古第三紀　101, 157, 163, 171, 173, 183, 187, 190, 195, 206, 212
古典的モデル（原子物理学）　36
ゴニウム　150
コラ半島超深度掘削坑　85
コリフォドン　190
コレステロール　105
昆虫　140, 156, 159, 168, 169, 171, 173, 182–3, 185, 194, 225
コンピューターの使用　234–5

さ行

細菌　124, 125, 148–9
シアノバクテリア　83, 114, 126, 132
人体の微生物叢　149
生命の起原　115
大酸化イベント　132
炭素循環　198, 199
再結合　30, 31
最初の生命　118–19
細胞／細胞生物学　106–7, 108–9, 122–3, 126–7, 128–9, 138–9, 140–1, 144–5, 148–9
原始細胞　120–1
元素組成　119
呼吸　134
周期　144, 145
真核　126–7, 128–9, 133, 150–1
増殖　144–5
単細胞生物　150–1
天然のプロトン勾配　120
人間の寿命　145
分裂（有糸分裂）　144, 145, 151
細胞膜　105, 107, 120, 121, 122–3, 126, 127, 128, 129, 134, 135, 227
免疫系　140–1
老化と死　145
酢酸　117
サメ　162, 163, 169, 193
左右相称動物　154–5
三畳紀　101, 150, 157, 163, 171, 180, 183, 194
三胚葉性　155
シアノバクテリア　83, 114, 126, 132
CNOサイクル　43
紫外線　33, 91, 115
視覚（脊椎動物）　184–5
時空　23, 27, 29, 31, 34, 35, 65
地震　86, 88–9
地震波　88, 89
始生代　82–3, 116, 132
自然発生　116–7
質量組成　44, 45
シトシン　108, 109
シナプス　228
脂肪酸　105, 114, 117, 121, 129, 134, 215
縞状鉄鉱床（大酸化イベント）　132
周期表　44–5
重水素　41
重力　14, 26, 34
基本的な力　24, 25
重力子　25, 27
重力波　34–5
重力波検出器　32
重力レンズ効果　34
スペクトル　35
相対論　34–5
弱さ　35
シュペーラー極小期　99
樹木と森林　178–9
循環系（人体）　216–7
準惑星　77, 78, 79
消化　134, 214–5, 218
鞘翅目　173, 182, 183
“小氷期”　99
小惑星　79, 83
シリウス　66

視力（種）　184, 185
シロナガスクジラ　161
進化（自然発生）　116–7
　イネ科植物　196–7
　鰓と肺の違い　166–7
　カンブリア爆発　158–9
　恐竜　176–7
　魚類　162–3
真核細胞　126–7, 128–9, 133, 150–1
真核生物　124, 125, 133
進化系統樹　125
　細菌　148–9
　最初の細胞　120–1
　左右相称動物　154–5
　樹木　170–1
　生物の分類　124–5
　脊索動物　160–1
　石炭紀　170–1
　脊椎動物の視覚　184–5
　節足動物　172–3
　先カンブリア時代の生物　152–3
　大酸化イベント　132–3
　大量絶滅イベント　156–7
　多様性/自然選択　146–7
　単細胞生物　150–1
　チクシュルーブ衝突体　186–7, 190
　適応とその見返り　194–5
　鳥の渡り　188–9
　妊娠期間　192–3
　被子植物と飛翔昆虫（共進化）　182–3
　哺乳類の出現　190–1
　有羊膜類　174–5
　翼竜　180–1
　陸上への進出　168–9
　霊長類　206–7
神経系　218, 219, 222, 229
神経生物学　224–5
神経生理学　228–9
神経伝達　228–9
人工知能　15, 236–7
親水構造　121, 122
新生代　101, 204
心理学　224–5, 230–1, 232–3
森林　171, 178–9, 191, 196, 204, 205
人類　202–41
　解剖学的特徴　212–3, 216–7
　拡散　210–1
　学習と記憶（情報の処理）　232–3
　感情　230–1
　言語の進化　220–1
　コンピューターの使用　234–5
　循環系　216–7
　消化　214–5
　初期　208–9
　神経伝達　228–9
　人工知能　236–7
　知覚　224–5
　脳　222–3
　ホルモン　218–9
　味覚　226–7
　霊長類の進化　206–7
水銀　38
彗星　16, 79, 157, 186–7
水星　74, 75, 76, 77, 78, 79, 83
水素　14, 21, 29, 30, 31, 37, 38, 40, 41, 42, 43, 45, 48, 49, 52, 55, 57, 66, 72, 74, 75, 83, 91, 102, 103, 104, 105, 106, 107, 109, 116, 117, 119, 121, 122, 126, 129, 227
スクロース　104
ストロンチウム94　58
スノーボールアース　100–1
スピロヘータ　148
スペクトル線　39, 46
ズンガリプテルス　180
生化学　106–7, 108–9, 116–7, 121, 122–3, 126–7, 128–9, 134–5, 136–7, 138–9, 140–1, 144–5, 198–9, 214–5, 218–9
星間物質　40, 43, 55, 66, 78
青色巨星（恒星）　61
青色超巨星（恒星）　60
成層圏　90, 91
生態学　134–5, 164–5, 176–7, 198–9
生物学　104–5, 150–1, 216–17
生物圏（炭素循環）　198–9
生物の分類　124–5
生命　112–201
　イネ科植物（進化）　196–7
　ウイルス　130–1

海の生息環境　164–5
鰓と肺の違い　166–7
カンブリア爆発　158–9
恐竜　176–7
魚類　162–3
原始細胞(最初の細胞)　120–1
光合成と一次生産　134–5
酵素　138–9
細菌　148–9
最初の生命　118–9
細胞の増殖　144–5
細胞膜　122–3
左右相称動物　154–5
自然発生/生命の誕生　116–7
樹木と森林　178–9
真核細胞　126–7
進化的適応とその見返り　194–5
生物圏と炭素循環　198–9
生物の分類　124–5
脊索動物　160–1
石炭紀　170–1
脊椎動物の視覚　184–5
節足動物　172–3
先カンブリア時代の生物　152–3
染色体　142–3
大酸化イベント　132–3
代謝経路　136–7
大量絶滅イベントと進化　156–7
単細胞生物　150–1
チクシュルーブ衝突体　186–7
鳥の渡り　188–9
妊娠期間　192–3
被子植物と飛翔昆虫　182–3
哺乳類(出現)　190–1
ミトコンドリア　128–9, 200–1
免疫系　140–1
有性生殖と多様性　146–7
有羊膜類　174–5
翼竜　180–1
陸上への進出　168–9
赤外線　32
脊索動物　160–1
赤色巨星　60, 61, 66, 67
赤色矮星　61
石炭紀　101, 156, 162, 168, 169, 170–1, 172, 173, 178, 182, 194
脊椎動物(飛行)　180–1
視覚　184–5
セシウム137　58
節足動物　83, 115, 155, 159, 172–3, 193
絶対零度　32, 38, 97
セロトニン　229
先カンブリア時代　83, 132–3, 152–3
染色体　142–3, 146–7
漸深層の魚　165
造山運動　86–7
双翅目　173, 182, 183
相対論　23, 25, 34–5, 64
相転移　53
ゾウリムシ属　150
疎水構造　102, 105, 106, 107, 109, 121, 122, 123
素粒子物理学　26–7

た行

ダークエネルギー/ダークマター　26, 28–9
第1波(P波)　88
大酸化イベント　126, 132–3
代謝経路　134–5
対数目盛　67, 81, 107, 192
タイタニア(天王星の衛星)　77, 81
タイタン(土星の衛星)　77, 80, 81
大統一時代　25
第2波(S波)　89
耐熱金属　52
ダイモス(火星の衛星)　76
太陽　66–7
一生　67
大きさ　66, 67, 74
球形　67
形成　66
惑星以外の天体　78–9
光球　66
太陽系　76–7, 78–9
太陽黒点　98, 99
地球の気候　92, 93, 98–9
年齢　66
太陽系　76–7, 78–9

外縁天体　79
形成　72–3, 74–5
小天体　72, 79
対流圏　90
大量絶滅　100–1, 156–7, 188, 190, 195
タウ粒子　27, 28, 30
多細胞生物　115, 145, 151
ダチョウ　174, 175, 176
ダルトン極小期　99
タングステン　27, 48, 52
炭素　50–1, 104–5
共有結合　50
恒星内元素合成　42, 43
単結合炭素の基本構造　50
炭素鎖　51
炭素12　83, 152, 186
炭素13　83, 152, 186
炭素14　56, 98, 99
炭素循環　186, 198–9
同素体　51
フラーレン　51
分子の幾何学的形状　51
埋没　170
タンパク質　102, 104, 106–7, 108, 109, 114, 116, 121, 122, 123, 129, 130, 134, 138, 141, 143, 144, 150, 214, 215, 225, 227
タンボラ山の噴火(1815年)　98
チオエステル　116, 117
知覚　205, 220, 224–5, 226–7, 236, 237
地球　71–109
液体の水の形成　82, 83
海底の年代　86–7
海洋　93, 118–9
化学組成　80, 82
化学組成に基づく層構造　82
気候極値　96–7
気候帯　92–3
気候と太陽活動　98–9
気候変化　100–1, 156, 187, 191, 199
気象学　94–5
形成　72–3, 74, 75
コア形成　82
後期重爆撃期　82, 83
最初の化石　82, 83
最初の生命　82, 83
地震　88–9
人類が掘った最も深い穴　85
生命　82–3
造山運動　86–7
相対的大きさ　61
大気　74, 83, 84, 90–1, 101, 118
太陽活動と気候　98–9
太陽系　76–9
タンパク質　106–7
地殻　82, 84–5, 118
地上風　93
月の形成　80–2
DNAコード　108–9
テクトニクス　86–7, 88–9
内部対流とテクトニクス　85
熱　82
物理的性質に基づく層構造　82
マントル　82, 84, 85
水と水の化学　102–3
水を基準とする物質密度　82
密度　75
モホ面(モホロビチッチ不連続面)　84
有機化学　104–5
リソスフェア　82, 84–5, 116, 198
地球科学　88–9, 92–3, 96–7, 118–9, 164–5
チクシュルーブ衝突体　186–7, 190
テクネチウム　57
地形学　86–7
地上風　92, 93
中間圏　90
中新世　191, 197, 207, 213
中性子　21, 24, 25, 26, 27, 28, 29, 30, 35, 37, 41, 43, 44, 52, 54, 56, 57, 58, 61
中性子縮退物質　52
中性子星　35, 54, 61
中生代　101, 133, 195
中世の温暖期(950〜1100年)　98
虫媒　182
超新星　21, 33, 40, 42–3, 44, 54–5, 59, 61, 72
長鼻目　191
月　65, 74, 79, 80–1, 83, 85
強い核力　25
テイア　80

DNA（自然発生） 116
ウイルス 130
ゲノムの大きさ 143
コード 108–9
細胞 121, 126, 145, 146
人体のDNAの全長 143
人類の移住 211
人類の拡散 211
水素結合 102
染色体 142, 143
放射 33
有性生殖と多様性 146, 147
ディオネ（土星の衛星） 77, 81
ティクターリク 169
ディケンズ, チャールズ 99
デオキシリボース 109
デカントラップ 186, 187
テクトニクス 73, 82, 85–7, 88–9, 117
テチス（土星の衛星） 77, 81
鉄 42–3, 45, 48, 49, 56, 73, 80, 82, 83, 84, 85, 107, 117, 119, 132, 134, 215, 219
デボン紀 101, 156, 162, 168, 170, 172, 182, 194
テルビウム 48
テルル 56
電気受容感覚 225
電子 14, 24, 25, 27, 28, 29, 30, 31, 32, 33, 36, 37, 38, 39, 43, 44, 46, 47, 48, 49, 50, 114
軌道 24, 37, 39, 46
原子価 38, 46, 47, 49
光合成 134
発見 37
ミトコンドリア 128, 129
電磁気力 24, 25, 32–3, 35, 39, 56, 67, 104
電弱時代 25
天体物理学 33, 78–9
天王星 65, 74, 75, 76, 77, 78, 81
電波 32, 91
電波望遠鏡 32
天文学 80–3
天文単位 78, 79
銅 49
同位体 56
凍結線 72, 75
ドーパミン 229
土壌圏 198
土星 48, 52, 74, 75, 76, 77, 78, 80, 81, 117
トップクォーク 27
トムソン, J.J. 37
トムソンの原子模型, 原子物理学 36–7
トリトン（海王星の衛星） 77, 81
トリプルアルファ反応 43

な行

内部共生説 126
鉛 52, 56, 57, 58, 67
二酸化炭素 73, 74, 91, 101, 117, 134, 205
ニュートリノ 27, 28, 29, 30, 43, 54, 66, 67
ニュートン, アイザック 34
妊娠期間 192–3
ネオジム 48
熱水噴出孔 114, 117, 121, 124, 164
ネミコロプテルス 181
ノルアドレナリン 229

は行

バーサ・ロジャーズ坑 85
バージェス頁岩 153, 158
バーバートングリーンストーンベルト 187
BICEP2（望遠鏡） 35
ハウメア（準惑星） 77
パエドフリン・アマウンシス 161
白亜紀 101, 157, 163, 171, 173, 181, 183, 186, 187, 188, 190, 195, 196, 204, 206
白亜紀-古第三紀の大量絶滅 157, 187, 190, 204
白色矮星 61, 67
バクテリオファージ 130, 131
白熱 33
ハシグロヒタキ 189
ハシボソミズナギドリ 189
ハツェゴプテリクス 181
白金 49
ハッブル, エドウィン 62
ハドロン 26, 27, 28, 29, 30
ハドロン時代 30
ハビロイトトンボ 173
パラケラテリウム 191

バリオン　25, 27, 28, 30
パルサーのタイミング　35
ハレー彗星　79
ハロゲン　45, 46, 47
パワーズオブテン　16–17
反響定位　195, 225
半減期　29, 47, 56, 57, 58
パンデリクティス　169
板皮類　162
反物質　28, 30, 43
ヒカゲノカズラ植物門　171
被子植物　182–3
飛翔昆虫　182–3
ピストル星　67
微生物学　130–1
微生物叢（人体）　149
ヒッグス粒子/ヒッグス場　24, 27
ビッグバン　24, 25, 30–1, 35, 44, 45, 61, 64, 65, 66, 67, 83
ヒッパリオン　209
ヒト科　207, 208
ヒトコネクトームプロジェクト　223
ヒト族　205, 207, 208, 209, 220
ヒドロキシ基　104, 105
ヒペリオン（土星の衛星）　77
氷河期　99, 179, 211
表層域　165
フォースキャリア　24, 25, 27
フォボス（火星の衛星）　76
物質　46–7, 48–9, 50–1, 52–3
物質（成分）　26–7
物質の状態　52–3
プテラノドン　181
フラー, バックミンスター　51
フラーレン　51
ブラックホール　34, 35, 60, 61, 62, 64–5
　大きさ　65
　原始　64
　事象の地平線　64, 65
　自転しないシュワルツシルト　62
　自転するカー・ブラックホール　65
　シュワルツシルト半径　64, 65
　超大質量　35, 62
　特異点　64, 65
　不可思議な　65
プランク時間　24
プランクスケール　25
フランシウム　46, 47
プルチックの感情の輪　230
プルトニウム　57, 58
ブロイ, ルイ・ド　37
プロキシマ・ケンタウリ　79
プロテウス（海王星の衛星）　81
プロメチウム　56
分子生物学　134–5, 140–1
ヘール・ボップ彗星　79
ベテルギウス　67
ペデルペス　169
ペプチド　27, 106, 107, 116, 117, 122, 123, 229
ヘリウム　14, 21, 29, 30, 31, 38, 40, 42, 43, 45, 46, 53, 66, 91, 102
ヘリオポーズ/太陽圏　78
ベルナニマルキュラ　152–3
ペルム紀　101, 157, 163, 170, 171, 173, 182, 194
ペルム紀の大量絶滅　157
ペンギン　195
偏光の感知　225
ホイッスラー（超長波電波）　32
放射能　45, 46–7, 56–7, 58, 82
ボーアの原子模型　37, 39
ボース＝アインシュタイン凝縮体　52
母体栄養依存型胎生　193
哺乳類（卵）　175
　出現　190–1, 204–5
ボボリンク　188
ホモ・エレクトス　210, 213, 223
ホモ・サピエンス　177, 182, 210–1
ポリペプチド　106, 107
ボルボックス　150, 151
ホルモン　215, 218–9
ボレアル亜氷期　179
ポロニウム210　210 57

ま行

マイクロ波　23, 31, 32, 35
マウンダー極小期　99
膜翅目　173, 182, 183

マケマケ（準惑星） 77
マズローによる人間の欲求のピラミッド 231
魔法数 57
マメハチドリ 174
味覚 226–7
ミサゴ 188
水 45, 103, 126, 128
水の化学 73, 102–3
密度（原子物質） 26, 29
　地球の物質 82
　惑星 75
ミトコンドリア 123, 126, 128–9, 134, 200–1, 211
ミドリムシ 124, 150
ミマス（土星の衛星） 77, 81
ミランダ（天王星の衛星） 77, 81
ムカシオオホホジロザメ 163
無限 22, 31
冥王星（準惑星） 77, 78, 79, 81
冥王星型天体 79
メガネウラ・モニイ 172, 173
メソン 27, 28, 29
免疫グロブリンA 141
免疫系 123, 130, 140–1, 150, 219, 229
木星 48, 52, 61, 74, 75, 76, 77, 78–9, 81, 143
モノアミン 229
モンモリロン石 121

や行

有機化学 104–5
ユークリッド 23, 34
有櫛動物 151
有性生殖と多様性 146–7
融点 48, 52–3
有羊膜類 171, 174–5
ユウロピウム 48
陽子 14, 20, 24, 25, 26, 27, 28, 29, 30, 32, 37, 41, 43, 44, 56, 57, 58, 117, 120, 123, 128, 129
翼竜 180–1, 195
弱い核力/相互作用 24, 25

ら行

LIGO検出器 32, 35
ラエトリ（タンザニア） 205, 207, 208, 213
ラザフォード, アーネスト 37
ラザフォードの原子模型 37
ランフォリンクス 181
リーキー, メアリー 208, 209
陸上への進出 168–9
リグニン 170
リソスフェア（岩石圏） 82, 84–5, 86, 117, 198
リチウム 30, 44, 47
リボ核酸（RNA） 108, 116, 121, 124, 130, 200–1
竜脚類 175, 176
粒子と波動の2重性 36, 39
量子雲モデル 36–7
量子エネルギー 37, 38–9
量子重力 24, 25
量子跳躍 37
量子論 25, 36, 37, 38–9
リン酸化 129
リン脂質 105, 120, 121, 122, 129
鱗翔目 173, 182, 183
ルビジウム 56
レア（土星の衛星） 77, 81
霊長類（進化の歴史） 206–7
レイリー波（グラウンドロール） 89
レプトン 27, 28, 30, 31
レプトン時代 30
ロストシティー熱水噴出域 117

わ行

惑星/惑星科学 74–5, 76–7, 80–5, 90–1, 98–9, 100–1, 102–3
惑星以外の天体 78–9
惑星状星雲 61, 67

【著者】

トム・キャボット Tom Cabot

ロンドンを拠点に活動する編集者。実験心理学や自然科学、グラフィックデザインに造詣が深い。2007年より編集プロダクション兼デザイン会社Ketchupを率い、英国映画協会や王立英国建築家協会、ペンギンブックスやハーパーコリンズといったクライアントから数多くの書籍やイラスト制作の依頼を受けている。レイ・イームズとチャールズ・イームズの『Powers of Ten（パワーズオブテン）』に感銘を受け、以来、宇宙や自然界の驚異を図解によって分かりやすく伝えることを使命にしている。本書は著者初めての著作。

【訳者】

柴田浩一（しばた・こういち）

北海道大学大学院工学研究科修士課程修了。釧路工業高等専門学校情報工学科勤務を経て、現在は自然科学分野の翻訳に従事。

千葉啓恵（ちば・ひろえ）

東北大学大学院農学研究科修士課程修了。化学会社研究所勤務を経て、現在は自然科学分野の翻訳業に従事。主な訳書に『海のミュージアム——地球最大の生態系を探る』『樹のミュージアム——樹木たちの楽園をめぐる』（いずれも創元社）、『ENDANGERED 絶滅の危機にさらされた生き物たち』（青幻舎）など。

【翻訳協力】

宮本寿代、株式会社トランネット
http://www.trannet.co.jp/

インフォグラフィックで見(み)る
サイエンスの世界(せかい)
――ビッグバンから人工知能(じんこうちのう)まで

2018年8月10日　第1版第1刷発行

著　者　トム・キャボット
訳　者　柴田浩一、千葉啓恵
発行者　矢部敬一
発行所　株式会社 創元社
http://www.sogensha.co.jp/
〔本社〕
〒541-0047 大阪市中央区淡路町4-3-6
Tel.06-6231-9010 Fax.06-6233-3111
〔東京支店〕
〒101-0051 東京都千代田区神田神保町1-2 田辺ビル
Tel.03-6811-0662

組版・装丁　HON DESIGN

ISBN978-4-422-40039-6 C0040